高等职业技术教育土建类专业系列教材

工程力学

Engineering Mechanics

（第3版）

主　编　张雅静　李治国
副主编　代洪伟　王　赞　韩艳红
主　审　申向东

本书相关在线课程网络平台：
(1)超星“泛雅”平台网址 http://imaa.fanya.chaoxing.com/portal;
(2)本书为市政工程技术专业教学资源库《市政工程力学与结构》配套教材，市政教学资源库平台现已将本课程移至“职教通”：http://www.zhijiaotong.com/index。

武汉理工大学出版社
·武汉·

内 容 提 要

“工程力学”为高等职业技术教育土建类专业的必修课程。本书除绪论外共有14章:工程力学基本知识、平面杆件体系的几何组成分析、静定结构的平衡计算、变形固体的基本知识与杆件的变形形式、轴向拉伸和压缩、截面的几何性质、静定梁的内力与强度、平面弯曲变形与梁的刚度及结构位移、扭转、组合变形、压杆稳定、位移法、力矩分配法和影响线。通过本课程的学习,可培养学生解决与工程相关问题的能力。

本书除了可作为高等院校土建类专业的教材外,还可作为相关专业的教学参考用书。

图书在版编目(CIP)数据

工程力学/张雅静,李治国主编. —3版. —武汉:武汉理工大学出版社,2024.1
ISBN 978-7-5629-6991-4

Ⅰ.①工… Ⅱ.①张… ②李… Ⅲ.①工程力学 Ⅳ.①TB12

中国国家版本馆CIP数据核字(2024)第006805号

项目负责人:田道全 高 英
责任编辑:高 英
责 任 校 对:张 晨
排版设计:正风图文
出 版 发 行:武汉理工大学出版社
地 址:武汉市洪山区珞狮路122号
邮 编:430070
网 址:http://www.wutp.com.cn
经 销:各地新华书店
印 刷:武汉乐生印刷有限公司
开 本:787×1092 1/16
印 张:16.5
字 数:422千字
版 次:2024年1月第3版
印 次:2024年1月第1次印刷
定 价:41.00元

高等职业技术教育土建类专业系列教材
编审委员会名单

序

由内蒙古自治区高职土建类专业建设指导委员会组织编写的特色系列教材出版发行了。这是全区高职教育教学改革、专业与教材建设的一件大事，对进一步推进高职教育教学改革、强化内涵、打造品牌、提高质量，办人民满意的高职教育意义积极而深远。

近十年来，特别是进入"十一五"时期以来，自治区高等职业教育蓬勃发展，其中土建类专业引人注目，其院校分布广，在校生人数多，市场需求持续旺盛，在各专业中一路走红。按照教育部文件要求，从自治区建设专业发展的实际出发，全区各院校的土建类专业，积极开展专业整合、课程开发和教材编写等工作，取得了阶段性成果。但总体上看，能反映高职教育规律、工学结合人才培养模式改革要求、区域特色鲜明的教材相对缺乏，教材建设的任务十分紧迫而繁重。2009 年，自治区高职教育研究会成立了土建类专业建设指导委员会，由国家高职示范院校内蒙古建筑职业技术学院担任主任委员单位，全区 20 余所院校的相关土建类专业带头人组成。土建类专业建设指导委员会成立后，围绕土建类专业教育标准、专业人才培养方案、课程教学改革等开展了一系列专业建设的专题研究活动，院校间进行了合作与交流，同时在专业师资队伍建设、实习实训基地建设和教材建设中，充分体现了校企合作、工学结合的先进理念及"以工作过程为导向"的课程开发思路，"双证融合，教学做合一"的教学新模式等。

专业特色教材是高职教育教学成果的集中体现，教材编写是教学改革的重点、难点和切入点。特色优秀教材已成为先进高职理念和教育教学模式的载体，是师生双主体互动的平台，是实现培养动手能力强、高技能人才目标的基本抓手。由自治区高职土建类专业指导委员会组织编写的系列教材，是一个时期以来优秀教改成果的结晶，是各高职院校通力合作打造精品的成功范例，具有鲜明的应用性、系统性、先进性和创新性，相信此系列教材在应用中会不断充实完善，为推动自治区乃至土建类专业建设发挥积极作用并做出应有贡献！

内蒙古自治区高职土建类专业建设指导委员会

2012 年 2 月

第3版前言

为适应高职教育大众化的发展趋势，培养高素质技术技能型人才，为专业课学习和施工实践奠定基础，内蒙古建筑职业技术学院一线教师团队联合高校与企业专家，针对力学课程少学时的改革实际编写了《工程力学》。该书的编写本着“适度够用”的原则，立足体现高职教学改革的指导方针，顺应“互联网＋职业教育”的要求，实践“三教”改革，将数字化资源引入教材内容，结合开放的网络平台，力求提高教材信息化效率，引入产教融合应用案例，做到结合专业，强化技能培养，为科教兴国战略服务。本书将课程思政融入教材内容，落实“立德树人”的根本任务。

教材的编写充分考虑了高职学生的文化基础，在内容的编排上淡化逻辑论证，例题与能力训练尽量贴近专业，着重培养学生解决与工程相关问题的能力。

本书适用于高职院校交通工程、道路桥梁工程、市政工程、给排水工程、土木工程、机械工程等专业的力学教学，本教材是市政工程技术专业教学资源库《市政工程力学与结构》课程的配套教材，编者将课程积累的大量的资源：微课、视频、动画、图片、参考文献、图文、规范、小结、题库等以二维码的形式添加在相关知识点处，方便学生课内课外学习。

本书由内蒙古建筑职业技术学院张雅静、内蒙古工业大学李治国任主编，内蒙古建筑职业技术学院代洪伟、王赞、韩艳红任副主编，内蒙古建筑职业技术学院何荧、呼和浩特达能仁公路工程检测有限责任公司张树森参编，由内蒙古农业大学申向东教授担任主审。具体编写分工如下：张雅静编写绪论、第一章、第六章、第八章，李治国编写第二章、第三章、第九章，代洪伟编写第四章、第五章、第七章，王赞编写第十二章，张树森编写第十章，韩艳红编写第十一章、第十四章，何荧编写第十三章。教材使用的数字化资源由张雅静、杨慧、颉明军、刘奉侠、韩艳红、李凡编录。

《工程力学》教材第一版、第二版由张慧珍、张雅静任主编，在此对前两版的编者表示衷心感谢。教材在编写过程中吸收和采纳了许多专家和读者的宝贵意见，在此表示感谢！

在本书编写过程中，参考了部分相同学科教材等文献，在此向文献作者表示感谢。

由于我们的水平有限，编写过程中难免有不妥之处，恳请专家、同行及读者批评指正。

编　者

2023年7月

扫码获取 工程力学

知识拓展包

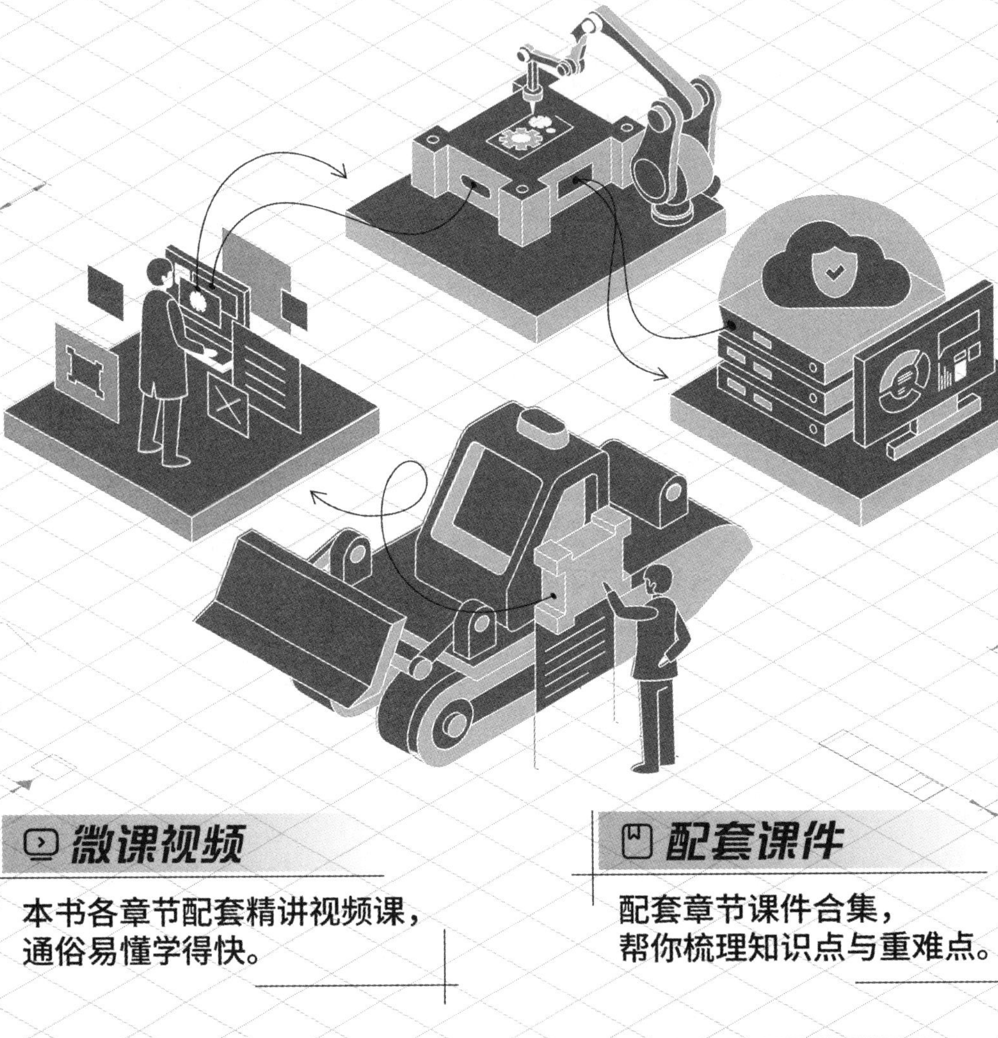

微课视频

本书各章节配套精讲视频课，
通俗易懂学得快。

配套课件

配套章节课件合集，
帮你梳理知识点与重难点。

力学动画

配套工程力学动画合集，
轻松看懂背后的原理。

思政元素

思政元素资料集，
带你挖掘梳理，与专业结合。

目　录

见此图标
微信扫码
获取工程力学
知识拓展包

0 绪　论

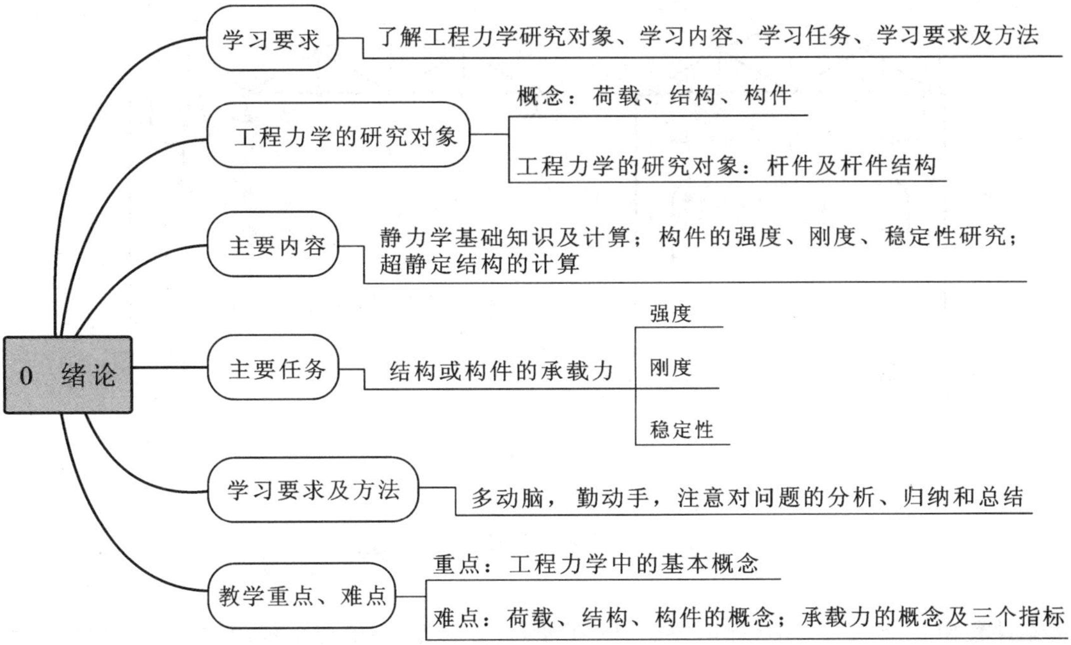

0.1 工程力学的研究对象

思政元素 1

微课 0 绪论

在人类生活、生产的环境中，存在着多种建筑(图 0-1)。这些建筑的设计和计算都与力学知识密切相关。

(a)　　(b)

图 0-1

思政元素 2

在建筑物中承受并传递荷载同时又起骨架作用的部分称为**结构**。组成结构的基本部分(每一个单个物体)叫作**构件**。例如，建筑物中的梁、柱、板以及道路与桥梁工程中的梁、支柱、桥墩、基础等都是常见的构件。在工程中，人们总是习惯于把主动作用在建筑物和工程结构上的力叫作**荷载**。任何建筑在其建造和使用的过程中都要受到荷载的作用。

构件一般有三种主要形式:薄壁构件、实体构件和杆件构件。其中杆件构件是指一个方向的尺寸远大于另外两个方向的尺寸的构件。杆件是工程结构中应用较多的构件,图 0-2(c)的梁、图 0-2(d)的柱均为单个杆件式的结构,而图 0-2(a)的排架和图 0-2(b)的桁架则都是由多根杆件组成的结构。本课程主要讲述杆件及平面杆件结构的力学计算问题。

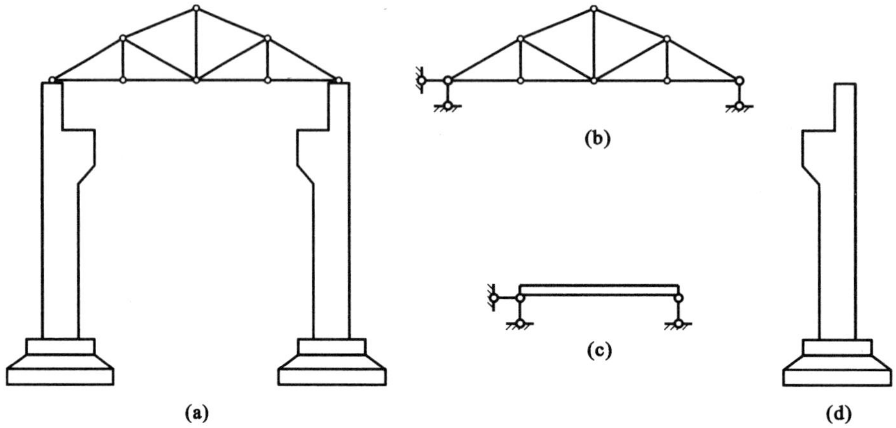

图 0-2

0.2　课程的主要内容

本课程由传统三大力学(理论力学、材料力学、结构力学)中与工程结构设计密切相关的内容整合而成。它集合了三大力学与传统建筑力学之经脉,涵盖了静力学理论基础,静力平衡计算基础,结构的几何组成分析以及两种常见基本变形构件的强度、刚度和稳定性的计算,部分超静定结构的内力计算等内容。

0.3　课程的任务

本课程的任务就是要为结构和构件的设计提供理论依据和计算方法。这些理论依据和计算方法是结构或构件安全正常而又经济合理使用的保障,其实质就是要研究结构和构件的承载能力。

承载能力是指研究对象承受荷载的能力。它包括结构和构件的强度、刚度、稳定性。

强度是指结构或构件抵抗破坏的能力。结构或构件应该满足相应的强度条件,才能够安全正常地投入使用。有关这方面的计算统称为强度计算。

刚度是指结构或构件抵抗变形的能力。在一定荷载作用下,刚度小就意味着会产生较大的变形。为了使构件或结构不至于因受力后产生的变形影响其正常使用甚至是造成危险,应该对一些安全性能要求较高的构件或结构进行刚度计算,以使得它能够满足有关变形方面的要求,即满足刚度要求。

稳定性是指构件保持原有的平衡状态的能力。这里,稳定性主要是针对受轴向压力作用的细长杆件进行的一种特殊计算,是为了防止受轴向压力作用的立柱类构件因受压变弯,失去原有的直线状态的平衡能力而最终导致安全隐患的产生。

0.4 学习本课程的基本要求和学习方法

工程力学是学习其他专业知识的必要的专业基础。在学习过程中，同学们应注意掌握各部分内容之间的联系以及分析解决问题的基本方法；要注重多练——通过一定数量的习题训练，对所学内容加以复习巩固。要注意对问题的分析、思考和归纳总结，明确力学中解决问题的一般方法和思路。具体要求如下：

（1）掌握物体在平衡状态下所受到的各个力之间的关系，熟练地对一些物体系统进行受力分析，准确地选取研究对象并以它为分离体画出其受力图；

（2）熟练地应用平衡条件和平衡方程进行平衡计算；

（3）理解杆件基本变形的形式及其所产生的内力，掌握重要变形形式杆件的内力、应力、变形的计算方法；

（4）能够应用强度和刚度条件进行主要变形杆件的强度计算、刚度计算；

（5）理解受压杆件的临界力的计算方法及其保持稳定的条件；

（6）了解低碳钢及铸铁的力学性能；

（7）掌握杆件结构的几何组成规律，正确判断结构的类型；

（8）了解超静定结构的特征，至少掌握一种超静定结构内力的计算方法。

见此图标
微信扫码
获取工程力学
知识拓展包

1　工程力学基本知识

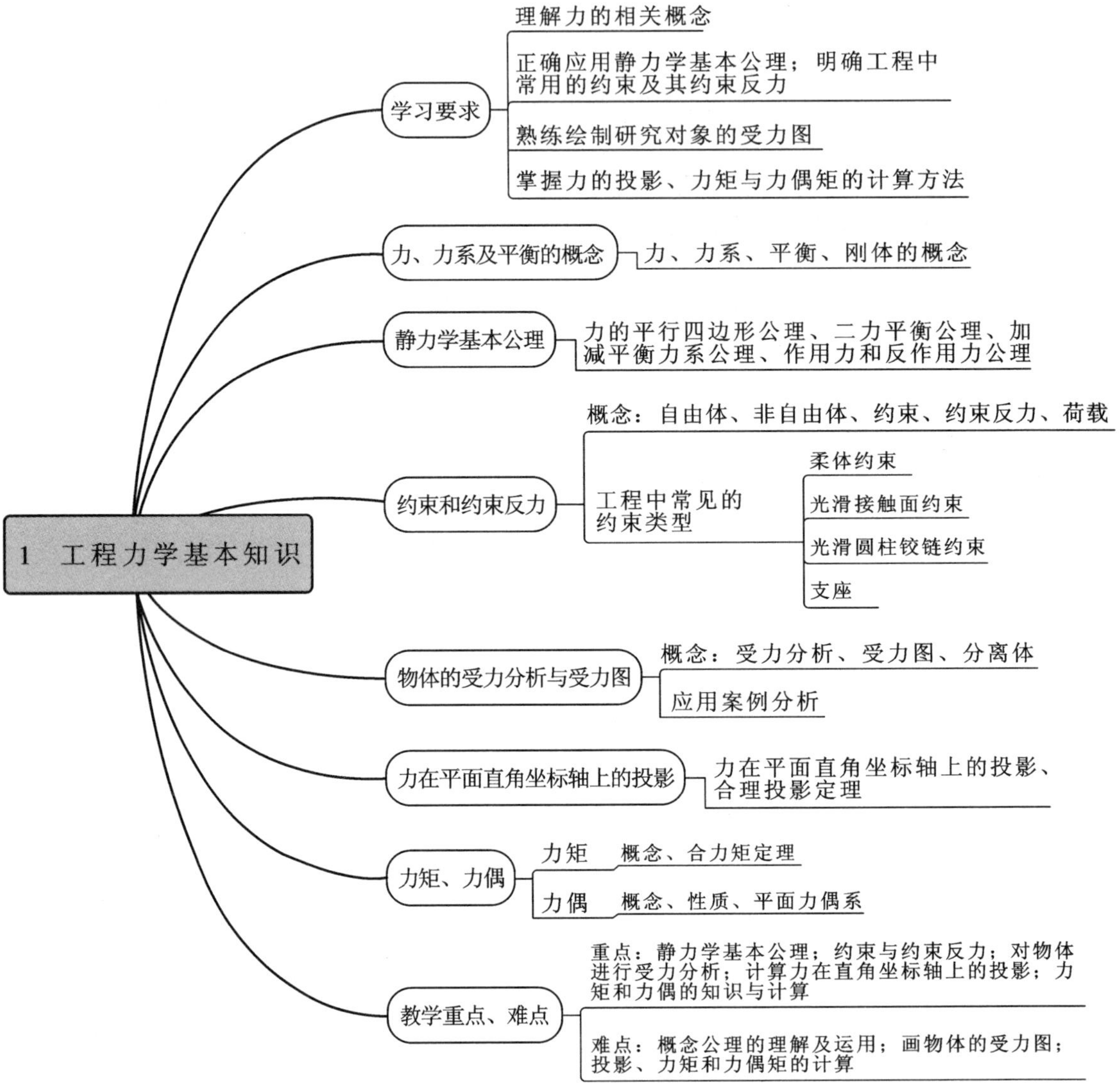

1.1　力、力系及平衡的概念

动画 1.1
力的基本概念
和力的三要素

1.1.1　力的概念

力是物体间相互的机械作用，这种作用的效果会使物体的运动状态发生变化（外效应），使物体发生变形（内效应）。既然力是物体与物体之间的相互作用，那么，力不可能脱离物体而单独存在。有受力物体就必定有施力物体。

在工程力学中，力的作用方式一般有两种情况：一种是两物体相互接触时，它们之间产生的相互作用力；另一种是地球对物体产生的吸引力，也就是物体的重力。

实践经验告诉我们，力对物体的作用效果取决于**力的大小、方向和作用点，即力的三要素**。力的大小表示力对物体作用的强弱，由数据和计量单位组成，其常用计量单位是牛(N)或千牛(kN)；力的方向包括力的作用线在空间的方位以及力的指向；力的作用点表示力对物体的作用位置(力的作用位置实际上有一定的范围，不过当作用范围与物体相比很小时，可近似地看作是一个点，这个点在一般情况下都是指物体在接触处的几何中心)。力的三要素中，有任一要素改变时，力都会对物体产生不同的作用效果。

微课 1.1
静力学基础知识

三维动画 1.1
力的基本概念和力的三要素

因为力是一个有大小和方向的量，所以**力是矢量**。通常，力矢量用一条带箭头的线段来表示，如图 1-1 所示。图 1-1 中：线段的长度表示力的大小；线段与某参照直线(通常为 x 轴)的夹角表示力的方位角，箭头表示力的指向；带箭头线段的起点或终点都可以是力的作用点。当用图解的办法根据已知力求解未知力时，必须如实地在图中反映已知力的要素。在图 1-1中，按所取比例尺可以量得力 $\boldsymbol{F}$ 的大小是 $2h$ kN，力 $\boldsymbol{F}$ 与水平线成 α 角，指向右上方且作用在物体的 A 点上。

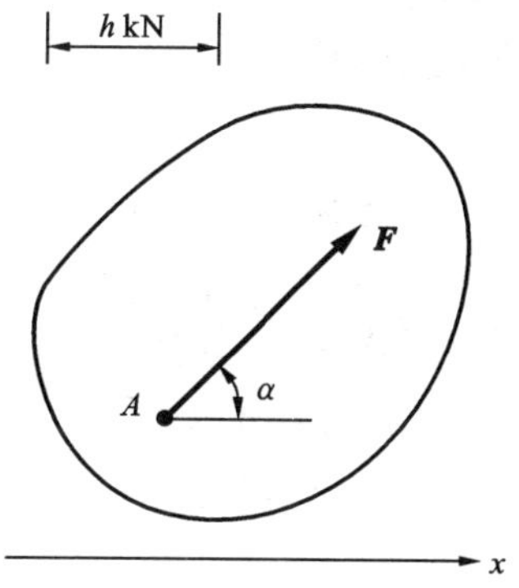

图 1-1 力的概念

力矢量常用黑体、大写字母表示，如“$\boldsymbol{F}$”“$\boldsymbol{Q}$”等。而 F 只表示力矢量的大小。例如图 1-1 中力 $\boldsymbol{F}$ 的大小就写作：$F=2h$ kN。

1.1.2 力系的概念

同时作用于同一个物体上的一群力或多个力叫作一个力系。建筑物中的任何一个构件都承受着力系的作用。没有哪个物体只受一个力的作用就能处于静止状态的。

1.1.3 平衡的概念

(1) 平衡是指相对于地面保持静止或做匀速直线运动的状态。

例如，桥梁、房屋、被吊起而做匀速直线运动的重物等，都处于平衡状态。平衡是物体运动中的一种特殊状态，也是绝大多数建筑物所处的状态。

(2) 物体平衡时，作用于其上的各力所必须满足的条件称为力系的**平衡条件**。

力系的平衡条件在工程实际中有着十分重要的意义。在设计工程结构及构件时，需要先分析构件的受力情况，再应用平衡条件计算其所受到的未知力，最后结合材料的性能确定其几何尺寸或其他参数。因此，力系的平衡条件是设计结构及构件时进行力学计算的基础。由此可知，工程力学在工程实际中有着广泛的应用，它所涉及的力系大都是平衡力系。

(3) 能使物体处于平衡状态的力系就叫作**平衡力系**。或者说：满足平衡条件的力系称为平衡力系。

1.1.4　刚体的概念

在分析计算物体的平衡问题时，人们总是忽略该物体在受力后发生的小变形，即认为物体在力的作用下不发生变形。

这种在力的作用下不发生变形的物体叫作刚体。刚体只是人们为了研究方便而抽象出来的一种理想的力学模型。

1.2　静力学基本公理

微课 1.2　静力学基本公理

动画 1.2　力的四边形法则、三角形法则及多边形法则

要研究物体的受力及平衡条件等问题，就必须首先理解人们在生活和生产实践中长期积累的经验。这些经验符合客观实际的普遍规律，由这些经验可得出静力学基本公理。

公理 1　力的平行四边形公理

作用在物体上同一点的两个力，可以合成一个合力，合力的作用点也在该点，合力的大小和方向，由以这两个力为邻边构成的平行四边形的对角线确定，如图 1-2 所示。

这个公理说明：力的合成必须遵循矢量加法，即

$$\boldsymbol{F}_R = \boldsymbol{F}_1 + \boldsymbol{F}_2$$

$\boldsymbol{F}_R$ 称为 $\boldsymbol{F}_1$、$\boldsymbol{F}_2$ 的合力，$\boldsymbol{F}_1$、$\boldsymbol{F}_2$ 则都是合力 $\boldsymbol{F}_R$ 的分力。这个公理是用几何法求平面共点力系或平面汇交力系合力的基础，是使复杂力系简化的基础。

在解决问题时，经常把一个力 $\boldsymbol{F}$ 沿平面直角坐标系中坐标轴的方向分解成两个互相垂直的分力 $\boldsymbol{F}_x$ 和 $\boldsymbol{F}_y$，如图 1-3 所示。$\boldsymbol{F}_x$ 和 $\boldsymbol{F}_y$ 的大小可由三角公式求得：

$$\left.\begin{aligned} F_x &= F\cos\alpha \\ F_y &= F\sin\alpha \end{aligned}\right\} \tag{1-1}$$

式中　α——力 $\boldsymbol{F}$ 与 x 轴所夹的锐角。

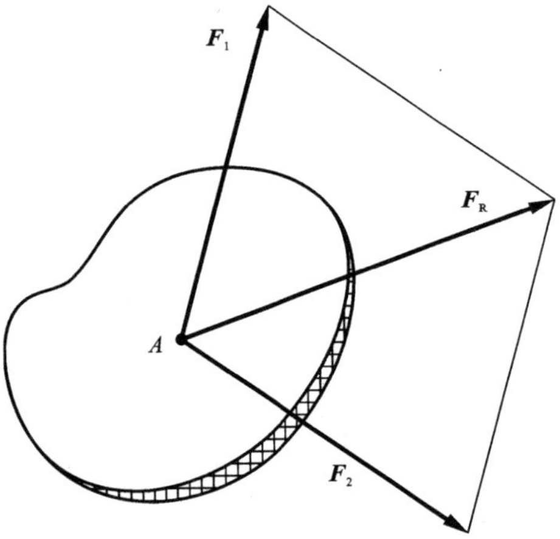

图 1-2

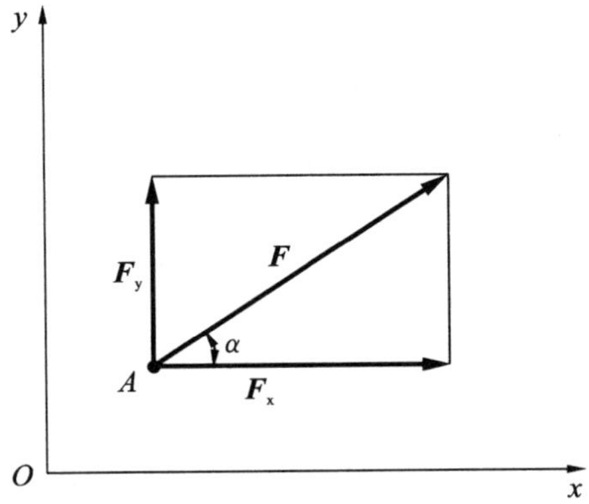

图 1-3

公理 2 二力平衡公理

作用在同一刚体上的两个力，使该刚体处于平衡状态的充分必要条件是：这两个力大小相等、方向相反且作用在同一条直线上。

如图 1-4 所示，即 $F_A = F_B$，$\boldsymbol{F}_A = -\boldsymbol{F}_B$。

对于刚体来说，这个条件既必要又充分；但对于变形体，这个条件必要但并不充分。例如，柔绳受两个等值反向的拉力作用可以平衡，而受两个等值反向的压力作用时就不平衡了。

动画 1.3 二力平衡公理

★★ 只受两个力的作用而处于平衡状态的构件称为**二力构件**(当二力构件的轴线为一条直线时也称为**二力杆**)。二力构件所受到的两个力必定是沿着此二力各自作用点的连线，且大小相等、方向相反。当你知道结构中某刚体仅在两个接触点处受力时，你就该想到它所受到的这两点处的力有什么关系了。

图 1-5 所示的结构中，(在忽略重力时)构件 AB 只在点 A 和点 B 受力。因此，就有：$F_A = F_B$，$\boldsymbol{F}_A = -\boldsymbol{F}_B$。

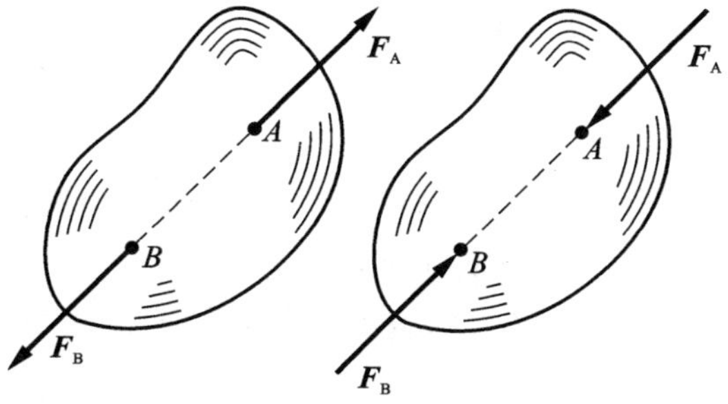

(a) (b)

图 1-4

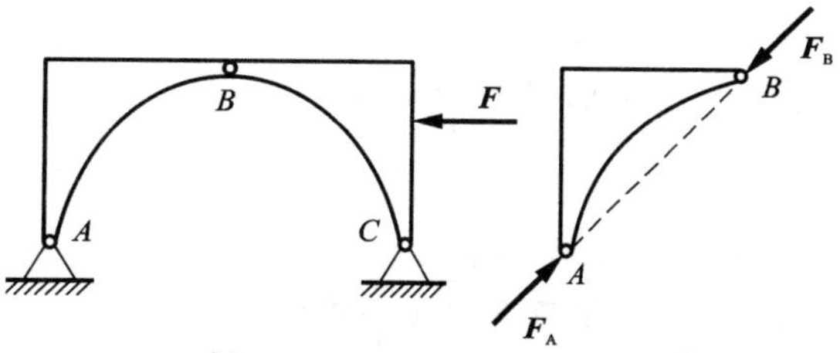

(a) (b)

图 1-5

公理 3 加减平衡力系公理

在作用于刚体的已知力系中，加上或减去任意的平衡力系，并不改变原力系对刚体的作用效应。

就是说，如果两个力系只相差一个或几个平衡力系，则它们对刚体产生的作用效果是相同的，因此也是可以等效替换的。

这个公理对于我们在第 3 章中研究复杂力系的简化问题很重要。根据上述公理可以得出下述推论：

推论 1 力的可传性

作用于刚体上某点的力，可以沿着自身的作用线移动到刚体内的任意一点，而不改变该力对刚体的作用效应。

其证明过程，如图 1-6 所示。

★★ 同学们可按照看图说话的方式来理解此证明过程。

由此可见，对于刚体来说，力的作用点已不再是决定力的作用效果的要素。因此，**作用于刚体上的力的三要素是：力的大小、力的方向和力的作用线。**

应当注意的是，加减平衡力系公理和力的可传性原理只适用于刚体而不适用于变形体，只适用于研究力的外效应(运动效果)，而不适用于研究力的内效应(变形效应)。例如，直杆 AB

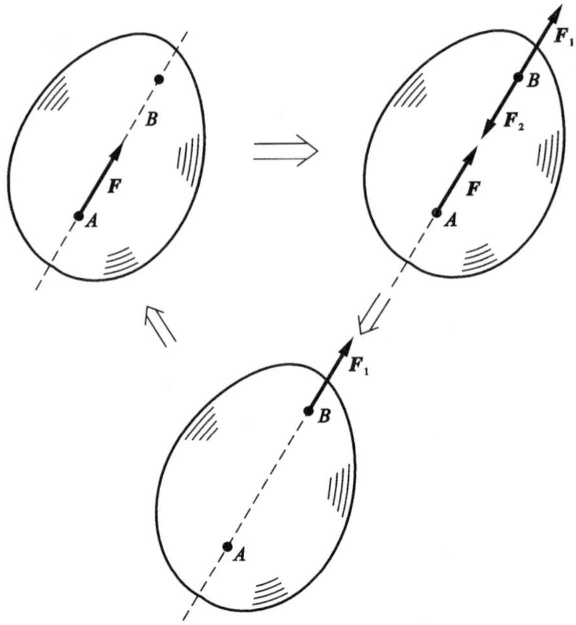

图 1-6

的两端受到等值、反向、共线的两个力 $\boldsymbol{F}_1$、$\boldsymbol{F}_2$ 作用而处于平衡状态，如图 1-7(a)所示。如果将这两个力各沿其作用线移到杆的另一端[图 1-7(b)]，杆 AB 仍然处于平衡状态。但是，它的变形就大不相同了。图 1-7(a)的直杆变形是轴向拉伸，而图 1-7(b)的直杆变形是轴向压缩，这就说明：当研究物体的变形效应时，不能使用力的可传性原理。

倘若图 1-7 中的 AB 不是刚体（直杆）而是绳索，它就只能在拉力作用下发挥其功能，一旦将两个力移动成为图 1-7(b)的受压状态时，平衡就无从谈起了。

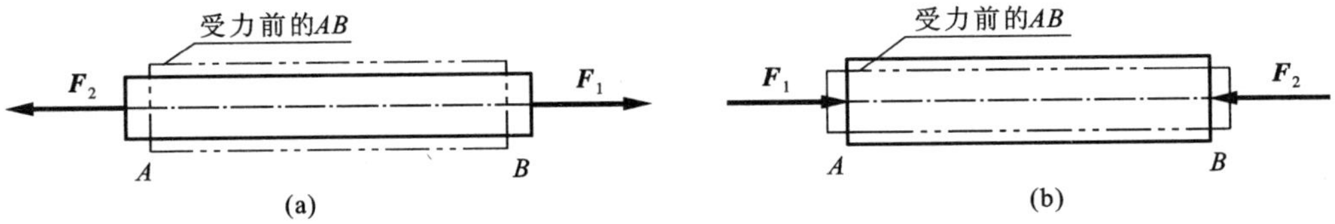

图 1-7

推论 2　平面三力汇交定理

任何刚体受共面而不平行的三个力作用并保持平衡时，此三个力的作用线必定汇交于同一点。

已知：某刚体在 A_1、A_2、A_3 三点受到共面而不平行的三个力 $\boldsymbol{F}_1$、$\boldsymbol{F}_2$、$\boldsymbol{F}_3$ 的作用，处于图 1-8(a)所示的平衡状态。

(1) 根据力的可传性原理，力 $\boldsymbol{F}_1$、$\boldsymbol{F}_2$ 可沿各自的作用线滑移到此两个力作用线的交点 A，并按力的平行四边形公理合成合力 $\boldsymbol{F}_{R12}$，合力 $\boldsymbol{F}_{R12}$ 也作用在 A 点。

(2) 因为 $\boldsymbol{F}_1$、$\boldsymbol{F}_2$、$\boldsymbol{F}_3$ 三力成平衡状态，所以力 $\boldsymbol{F}_{R12}$ 应与力 $\boldsymbol{F}_3$ 平衡。由二力平衡公理可知，力 $\boldsymbol{F}_3$ 和 $\boldsymbol{F}_{R12}$ 一定是大小相等、方向相反且作用在同一直线上。就是说，力 $\boldsymbol{F}_3$ 的作用线必通过力 $\boldsymbol{F}_1$ 和 $\boldsymbol{F}_2$ 的交点 A，即三个力 $\boldsymbol{F}_1$、$\boldsymbol{F}_2$、$\boldsymbol{F}_3$ 的作用线必汇交于一点，该定理得到证明。

★★　刚体受共面不平行的三个力作用而平衡时，若已知其中的两个力矢和第三个力的

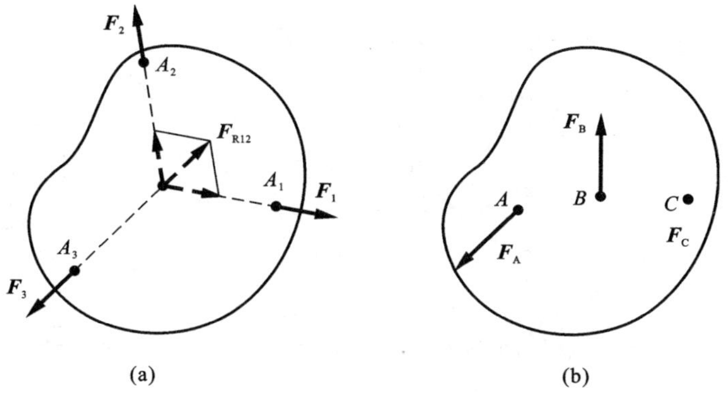

图 1-8

作用点，利用该定理就可以确定第三个力的未知要素了。如图 1-8(b)所示，已知力矢 $\boldsymbol{F}_{\mathrm{A}}$ 和 $\boldsymbol{F}_{\mathrm{B}}$ 时就可确定 $\boldsymbol{F}_{\mathrm{C}}$ 了，你可以在图中试着画一下。

公理 4　作用力和反作用力公理

作用力和反作用力总是同时存在、同时消失并且大小相等、方向相反、沿着同一直线，分别作用在两个相互作用的物体上。

这个公理更加证实了力是两个物体间相互作用的结果。

在图 1-9 中：构件 AB 与 BC 在 B 点连接并受力平衡。其中：$F_{\mathrm{B}}=F_{\mathrm{B}}'$ 且 $\boldsymbol{F}_{\mathrm{B}}=-\boldsymbol{F}_{\mathrm{B}}'$，互为作用力与反作用力，分别作用在 AB 和 BC 的接触点 B 上，而 $\boldsymbol{F}_{\mathrm{B}}$ 和 $\boldsymbol{F}_{\mathrm{C}}$ 是作用于同一物体(BC)上的一对平衡力，且满足二力平衡公理。

动画 1.4　作用力与反作用力

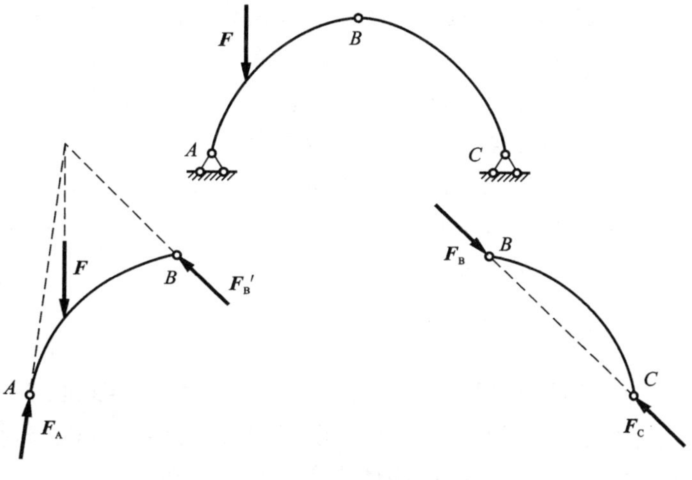

图 1-9

切记：不能把作用力与反作用力的关系与二力平衡问题混淆起来。二力平衡公理中的两个力是作用在同一物体上的；作用力与反作用力却分别作用在两个物体上，尽管它们也大小相等、方向相反、作用在同一直线上，但不能使物体平衡。在图 1-10 中，AB 为二力构件。倘若把 AB 上的 $\boldsymbol{F}_{\mathrm{B}}$ 叫作用力，那么 AB 施加在构件 BC 上 B 点的力则为反作用力，常用"$\boldsymbol{F}_{\mathrm{B}}'$"表示。

★★　请在图 1-10 中体会一下作用力和反作用力公理中所说"沿着同一直线"与二力平衡公理中的"作用在同一条直线上"是否具有同样的意思？另外，图 1-10(c)中的构件 BC 只在

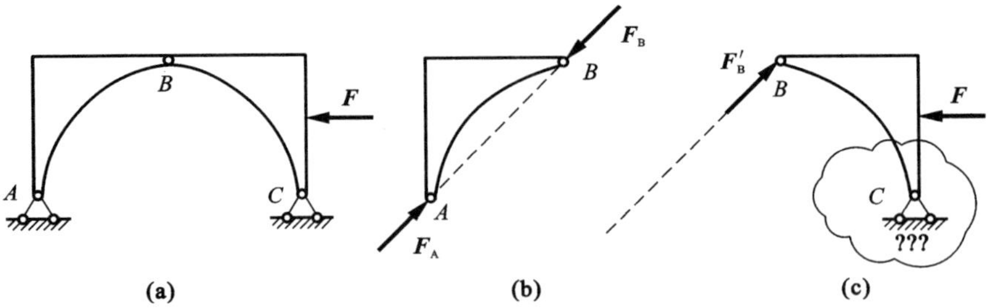

图 1-10

三点受力而平衡，而这三个力中的两个力 $\boldsymbol{F}_{\mathrm{B}}'$、$\boldsymbol{F}$ 是已知力，C 处会受到什么力？

1.3　约束和约束反力

任何构件都要受到与它相联系着的其他构件的限制，而不能自由运动。例如，大梁受到柱子的限制，柱子受到基础的限制等。

微课 1.3　约束与约束反力

若把在空间中可以自由运动的物体称为自由体，某些方向的运动受到限制的物体则称为非自由体。**工程结构和构件都是非自由体。**

当一个物体的运动受到周围其他物体的限制时，这些周围物体就称为该物体（或叫作研究对象）的**约束**。

当物体在某个方向的运动受到约束的限制时，物体与约束之间必然存在着相互作用力。约束作用于物体的力称为约束力，但大家习惯称其为**约束反力，简称反力**。这是由于约束力的方向与其所能限制的物体的运动或运动趋势的方向相反。根据这一点，我们可以确定约束反力的方向或作用线的位置。与约束反力相对应，凡能使物体产生运动或运动趋势的力，称为主动力。主动力在工程上也称**荷载**。

工程上的物体一般都同时受到主动力和约束反力的作用。对物体进行受力分析，就是要分析这两方面的力。通常主动力是已知的，约束反力是未知的。所以，受力分析的关键在于正确地分析约束反力。一般条件下，根据约束的性质只能判断出约束反力作用点的位置、方向，而约束反力的大小要根据作用在物体上的已知力以及物体所处的状态来确定。

现将工程中常见的几种约束及其约束反力分析如下。

动画 1.5　柔体约束

1.3.1　柔体约束

柔体约束是指那些在连接过程中使用的柔绳、胶带、链条等物体。由于柔体只能够在受拉状态下工作，只能拉物体。所以，在忽略绳子的伸长量时，柔体约束只能限制物体沿着柔体约束的中心线并使柔体约束伸长方向的运动，而不能限制物体沿其他方向的运动。因而，**柔体约束的约束反力叫作拉力**。该力作用在柔体与物体的连接点处，沿着柔体约束的中心线背离物体（柔体和物体都受拉力作用），常用符号 $\boldsymbol{F}_{\mathrm{T}}$ 表示，如图 1-11 所示。

1.3.2　光滑接触面约束

当两个物体光滑地接触在一起时，它们彼此称对方为光滑接触面约束。一般来说，若两个物体在接触处的摩擦很小，与其他力相比可以忽略不计时，就可以认为接触面是光滑的。这种由光滑接触面所形成的约束，称为**光滑接触面约束**。

三维动画 1.2
光滑接触面约束

不管光滑接触面的形状如何，它都不能限制物体沿着光滑接触面在接触处的公切线方向的运动，它只能阻止物体沿光滑接触面在接触处的公法线并朝向光滑接触面（内侧）方向的运动。所以**光滑接触面的约束反力必定作用在物体与约束的接触点（接触处的几何中心），沿着光滑接触面在接触处的公法线而指向物体本身（物体受压力）**。该约束反力的方向已知、大小待求，通常用符号 $\boldsymbol{F}_{\mathrm{N}}$ 表示，如图 1-12、图 1-13 所示。

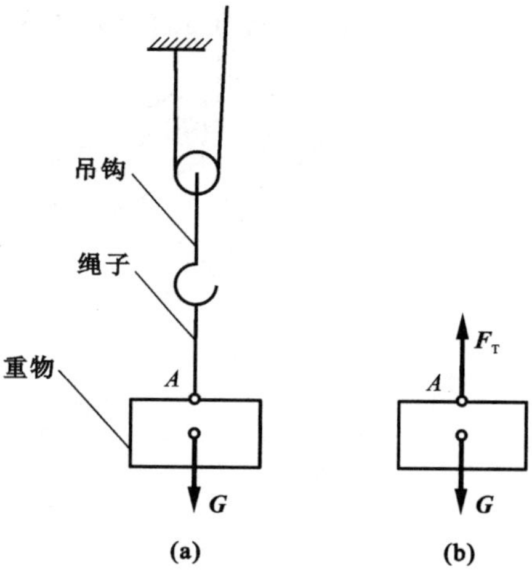

图 1-11

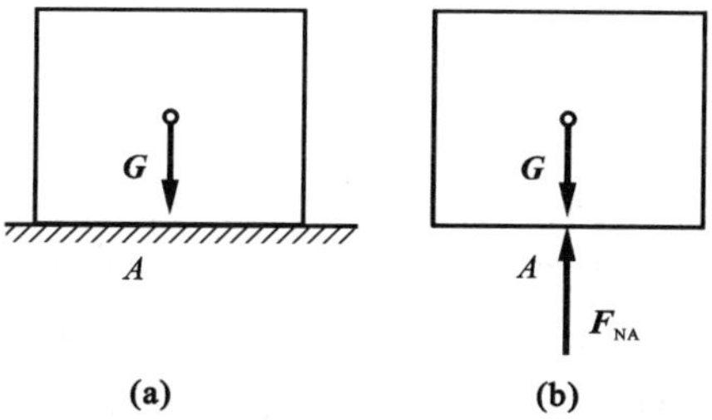

图 1-12

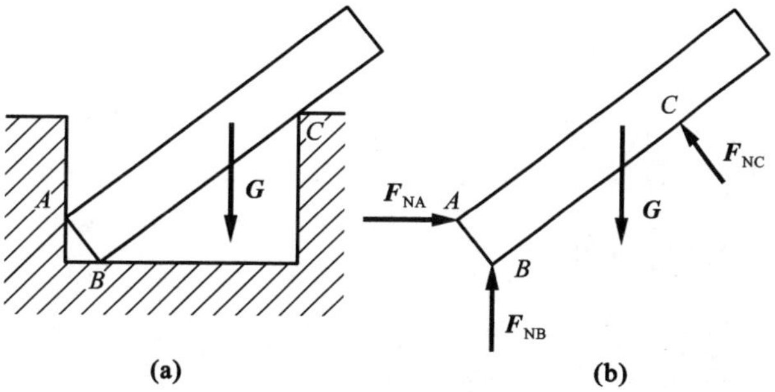

图 1-13

★★ 光滑接触面约束反力与你在中学物理中学习过的支持力一样吗？

1.3.3 光滑圆柱铰链约束

在相互连接的两个构件的连接点处钻上等直径的销孔，并在孔中插入圆柱形销钉（又名铰链），就把两个构件连接起来了。在忽略相互间的摩擦时，这种约束就被称为光滑圆柱铰链约束。

圆柱形铰链简称圆柱铰，是连接两个构件的中间体，是两个构件的约束。圆柱铰所连接的结点称为铰接点，图 1-14(a)表示两个构件被铰接的情形，图 1-14(b)是它的结构计算简图。由于圆柱铰链和两个构件的孔具有相同的中心及直径，所以，圆柱铰链只能限制构件的径向移动而不能限制其绕圆柱销的转动，同时，又由于圆柱销与圆孔是光滑接触的，故此圆柱铰链施加在构件上的约束反力应该是通过构件与铰链在计算状态的瞬间接触点（一般就认为是圆柱铰链的圆心）沿两者在瞬间接触处的公法线指向构件的光滑接触面的约束反力 $\boldsymbol{F}_{\mathrm{N}}$。为了计算方便，**常常用过铰链中心的两个互相垂直的分力 $\boldsymbol{F}_x$、$\boldsymbol{F}_y$ 表示**（阻止 x 和 y 两个方向的直线移动），如图 1-14(c)所示，力的箭头指向是假设的。

三维动画 1.3
光滑圆柱铰链约束

★★ 当被铰接的一个构件的受力假定后，另一个构件在铰接点受到的则是它的“反作用力”，如图 1-14(c)和图 1-14(d)所示。

图 1-14(e)和图 1-14(f)为两构件铰接的另一种情况及其计算简图。

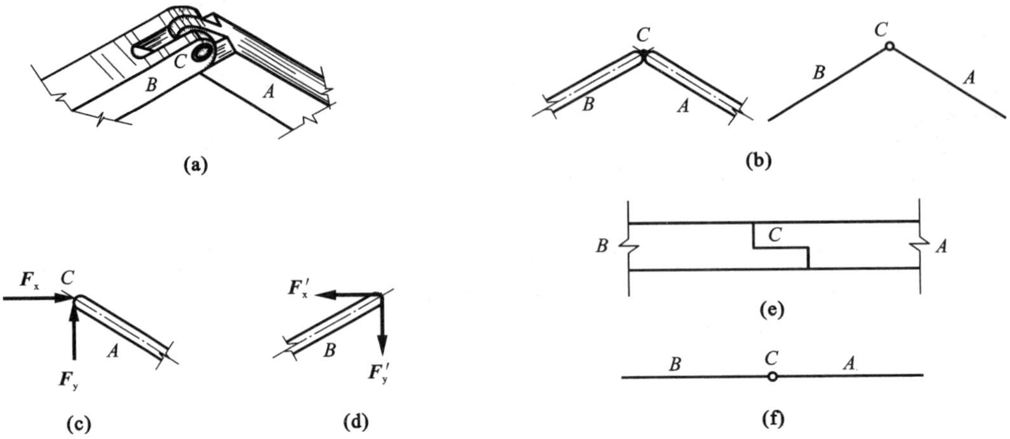

图 1-14

1.3.4　固定铰链支座约束

如果在图 1-14 中用圆柱形铰链连接的两构件里有一个被固定在地面或机架上，这种约束就称为固定铰链支座约束，简称铰链支座或铰支座。

三维动画 1.4
固定铰支座约束

图 1-15(a)示意了铰支座的组成结构，图 1-15(b)所示为铰支座的计算简图。事实表明：铰支座同样可以限制构件在与销轴垂直的平面内沿 x、y 两个方向的移动，而不限制构件绕销钉轴线的转动。所以，铰支座给予构件的约束反力常常用与销轴垂直并过销轴中心、方向待定的两个正交分力 $\boldsymbol{F}_x$、$\boldsymbol{F}_y$ 表示，如图 1-15(c)所示。

图 1-15(a)所示铰支座是桥梁结构所用的理想铰支座，在其他工程中较少采用这种理想支座。通常将那些限制构件移动，只允许构件产生微小转动的支座都视为铰支座。图 1-16(a)所示结构的计算简图就可画成图 1-16(b)所示的固定铰支座。

★★　看出来了吗？对于被研究物体来说，光滑圆柱铰链约束与固定铰链支座约束中的约束物所起的作用是一样的。

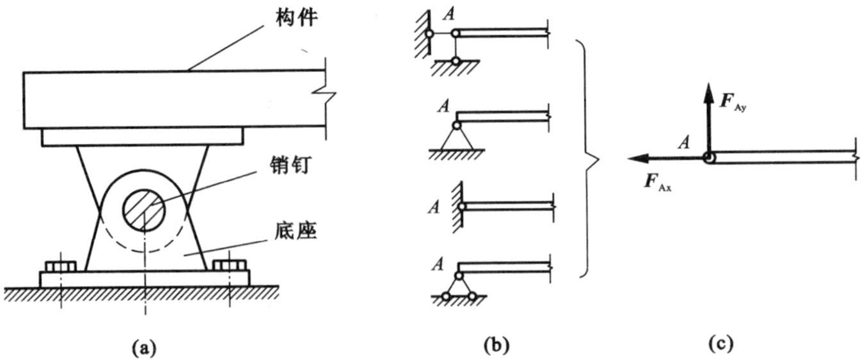

图 1-15

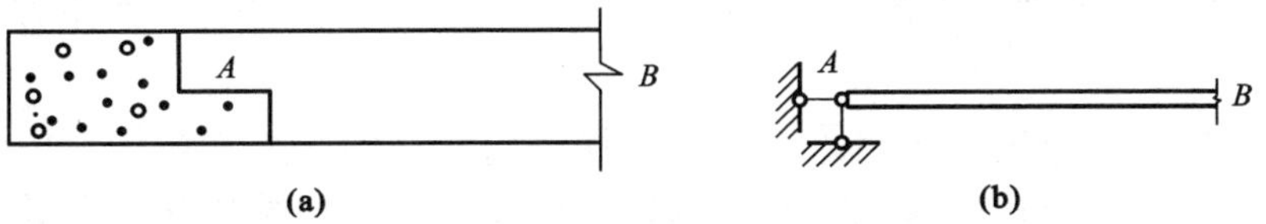

图 1-16

1.3.5 可动铰支座约束

在路桥工程、建筑和其他工程结构上经常采用这种支座，也称为滑动铰支座或滚轴支座。图 1-17(a)为桥梁上采用的滚轴支座，这种支座的最大特点就是底座下方安装有几个圆柱形滚子，可以沿固定面滚动，以便当温度变化而引起构件伸长或缩短时，允许两支座间的距离有微小的变化。

图 1-17(b)是滚轴支座的计算简图。这种支座只能限制构件在垂直于支承面方向的移动，而不能限制构件绕销钉轴线的转动和沿支承面方向的移动。所以，**可动铰支座的约束反力(简称:支反力)通过铰链中心，垂直于支承面，指向待定**。如图 1-17(c)所示，$\boldsymbol{F}_{NA}$ 的箭头指向是假设的(为了方便有时也常用 $\boldsymbol{F}_A$ 表示)。

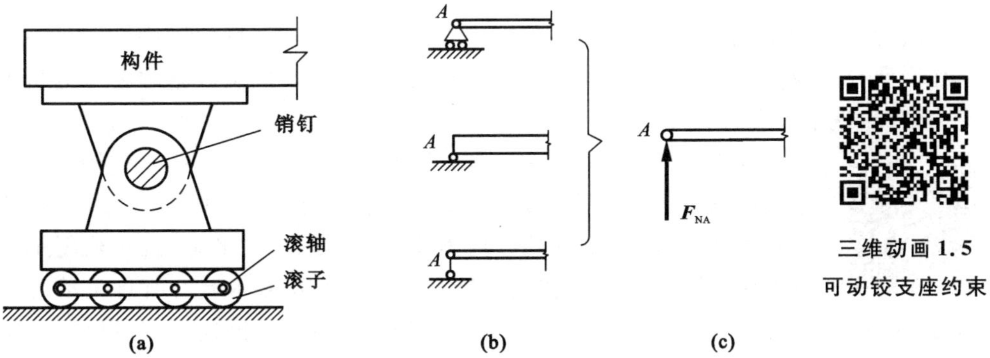

图 1-17

在实际中，一个支撑体只对构件起单方向的支撑和运动限制作用，出现类似图 1-18 所示横梁与支柱间的关系时，若忽略支撑体与构件之间在接触处的摩擦力，支撑体(支柱)就只能限制构件(横梁)沿铅垂方向的移动，而不能限制它的转动和沿水平方向的移动。这样，就可视为构件(横梁)置于滚轴支座(支柱)上。

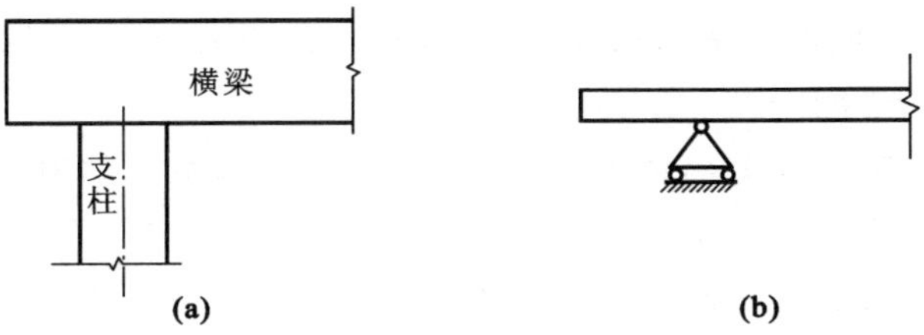

图 1-18

1.3.6 固定端支座约束

悬挑梁的一端牢牢地嵌固在墙壁内而另一端自由，墙壁对悬挑梁的约束，既限制它沿任何方向(在平面内用 x 和 y 两个方向表示)的移动又限制它的转动,这样的约束称为固定端支座约束。

图 1-19(a)和图 1-19(b)表示出了固定端支座的构造简图和计算简图。由于这种支座既限制构件的移动,又限制构件的转动,所以该**固定端支座的约束反力是两个互相垂直的分力 $\boldsymbol{F}_x$、$\boldsymbol{F}_y$ 和一个约束反力偶**,如图 1-19(c)所示。其中两个正交分力和反力偶的指向、大小均为待求量,受力分析时只要先作任意的假设即可。

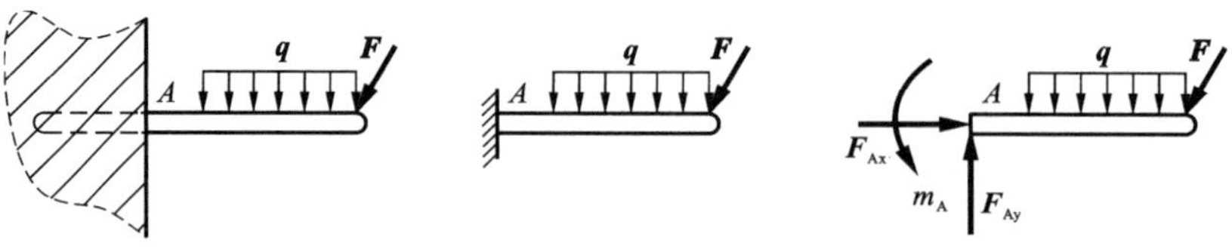

(a)　　(b)　　(c)

图 1-19

1.4　物体的受力分析与受力图

解决力学问题时,首先要根据问题的特点及需求,在结构计算简图中选定某一个或某几个物体作为研究对象,然后根据已知条件、约束类型并结合基本概念和基本公理分析被研究物体的受力情况,这个过程称为受力分析。

微课 1.4　物体的受力分析和受力图

分析物体的受力情况时,必须要把研究对象的约束全部解除,也就是要把它从周围物体中分离出来,用简图单独画出。这种被解除约束的研究对象称为**分离体**,解除约束后的分离体欲保持其原有的平衡,就必须用相应的约束反力来代替原有约束的作用。即:将作用于分离体上的所有主动力和所有约束反力以力矢量的形式画在分离体图上。而这种描述研究对象所受全部主动力和全部约束反力的图形称为该分离体的**受力图**。

受力图能形象而清晰地表达研究对象的受力情况。正确画出分离体的受力图是计算力学问题的前提,如果受力图出现错误,则随后的计算毫无意义。

受力分析和画受力图是本课程要求学习者掌握的重要内容之一。

分离体受力图的画法可以概括为以下几个步骤:

(1) 根据需求(按指定要求或综合分析已知条件及所要解决的问题)正确而又恰当地选取研究对象;再用尽可能简明的轮廓将研究对象单独画出,即选、画分离体。

(2) 画出分离体所受的全部主动力。

(3) 画约束反力。就是在分离体上原来有约束的地方,按照约束类型逐一画出其全部的约束反力。

(4) 检查。要力争做到不多画一个力也不少画一个力。

下面将通过例题来说明物体受力图的画法。

【例 1-1】　试画出图 1-20(a)所示外伸梁的受力图。

【解】

(1) 按题意取外伸梁为研究对象,并画出该梁的分离体图[图 1-20(b)]。

(2) 画梁所受到的主动力即梁的重力——表现为均匀分布荷载 $\boldsymbol{q}$(q 称为荷载集度,此处按 kN/m 计量)。

(3) 画梁所受到的约束反力:梁在 B 点的约束为滚轴支座,其约束反力 $\boldsymbol{F}_B$ 与支承面垂直,指向假设为向上,也可以表示为 $\boldsymbol{F}_{By}$;梁在 A 点的约束为固定铰支座,其约束反力通过铰链中心,但方向未定,常用互相垂直的两个分力 $\boldsymbol{F}_{Ax}$ 与 $\boldsymbol{F}_{Ay}$ 表示,假设指向如图 1-20(c)所示。

把 $\boldsymbol{q}$、$\boldsymbol{F}_B$、$\boldsymbol{F}_{Ax}$、$\boldsymbol{F}_{Ay}$ 都画在梁的分离体对应位置处后就得到了梁的受力图,如图 1-20(c)所示。

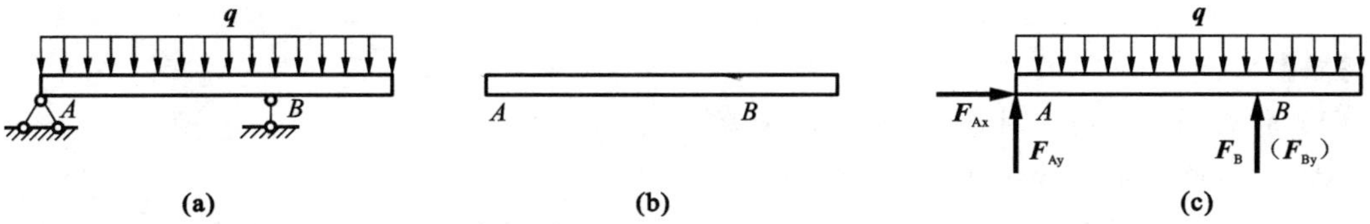

图 1-20

★★　$\boldsymbol{q}$ 是构件上的分布荷载密度,也叫荷载集度。在实际工程中,荷载可能会在某空间、某个平面或是某一条直线范围里均匀或不均匀分布作用着,称为均匀或不均匀分布荷载。其集度 $\boldsymbol{q}$ 的计量单位为:kN/m^3、kN/m^2、kN/m 等。在这里,$\boldsymbol{q}$ 是均匀分布的线荷载密度,常用“kN/m”计量。

★★　图 1-20 中 $\boldsymbol{F}_{Ax}$ 的大小是多少?

【例 1-2】　重力为 G 的小球,按图 1-21(a)所示位置放置,试画出小球的受力图。

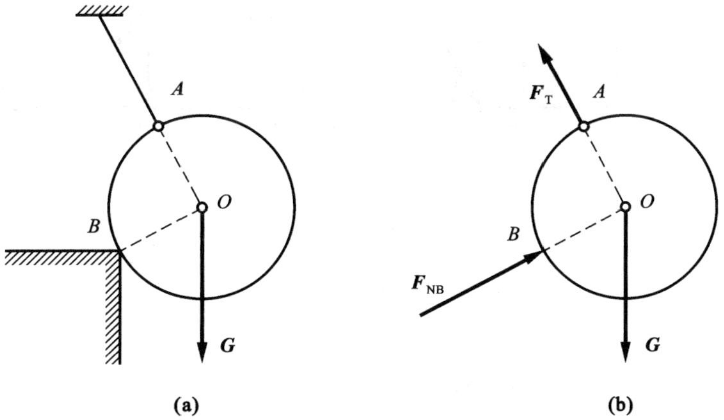

图 1-21

【解】

(1) 根据题意:取小球为研究对象,并画出其分离体图。

(2) 画小球受到的主动力:重力 $\boldsymbol{G}$,作用于球心,竖直向下。

(3) 画小球受到的约束反力:绳子的约束反力 $\boldsymbol{F}_T$,作用于接触点 A,沿绳子的方向,背离小球;光滑面的约束反力 $\boldsymbol{F}_{NB}$,作用于球面和支承面的接触点 B,沿着接触点 B 的公法线(沿半径、过球心),指向小球。

把 $\boldsymbol{G}$、$\boldsymbol{F}_T$、$\boldsymbol{F}_{NB}$ 全部画在小球的相应位置处(三力汇交),就得到小球的受力图,如图 1-21

(b)所示。其中:$\boldsymbol{F}_{T}$、$\boldsymbol{F}_{NB}$的大小是未知的。

【例 1-3】 画出简支梁 AB 的受力图,梁自重不计,如图 1-22(a)所示。

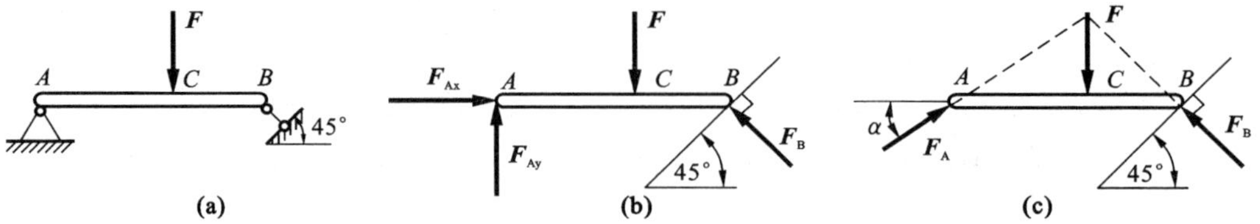

图 1-22

【解】

(1) 取梁 AB 为研究对象,并画出其分离体图。

(2) 画梁受到的主动力 $\boldsymbol{F}$。

(3) 画梁受到的约束反力:A 处是铰支座,约束反力可用两个正交分力 $\boldsymbol{F}_{Ax}$、$\boldsymbol{F}_{Ay}$表示;B 处为特殊的滚轴支座——链杆(二力杆)支座,约束反力 $\boldsymbol{F}_{B}$ 沿该二力杆的轴线,其中 $\boldsymbol{F}_{Ax}$、$\boldsymbol{F}_{Ay}$、$\boldsymbol{F}_{B}$指向均为假设。

此时,我们已经得到了梁 AB 的受力图,如图 1-22(b)所示。

★★ 梁的自重不计时,同学们千万不能随意将它添加在受力图中。另外,不计重力时该简支梁在 A 处约束反力的方向也可用三力平衡汇交定理来确定,有了重力可就不能了。如图 1-22(c)所示。

【例 1-4】 试画出图 1-23(a)所示的悬臂梁 AB 的受力图,梁的自重不计。

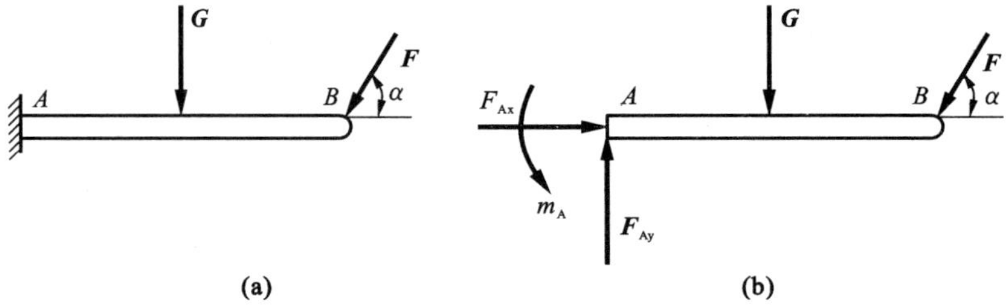

图 1-23

【解】

(1) 取梁 AB 为研究对象并画出其分离体图。

(2) 画出其主动力 $\boldsymbol{G}$、$\boldsymbol{F}$。

(3) 画出其约束反力:A 端是固定支座,它的约束反力有两个正交分力 $\boldsymbol{F}_{Ax}$、$\boldsymbol{F}_{Ay}$及未知反力偶 m_A,且它们的指向均为假设。

梁 AB 的受力图如图 1-23(b)所示。

以上所举各例均是单个构件物体的受力分析,下面将举例说明物体系统中研究对象受力图的画法。所谓**物体系统**就是几个物体(构件)通过一定的约束和联系方式组成的系统,简称物系。画物系整体的受力图或是画物系中某个研究对象的受力图与画单个物体受力图的方法基本相同,只是研究对象(可能是整个物系或物系中的某一部分、某一物体)及其分离体的图形不同而已。

画物系整体受力图时,只需把物系整体作为像单个物体一样的研究对象看待,只考虑整体外部的约束(支座)对它产生的约束反力即可。

【例 1-5】 不计自重的三铰拱结构,如图 1-24(a)所示,已知:左半拱上作用有荷载 $\boldsymbol{F}$、$\boldsymbol{G}$。试分析构件 AB 及三铰拱整体的受力情况。

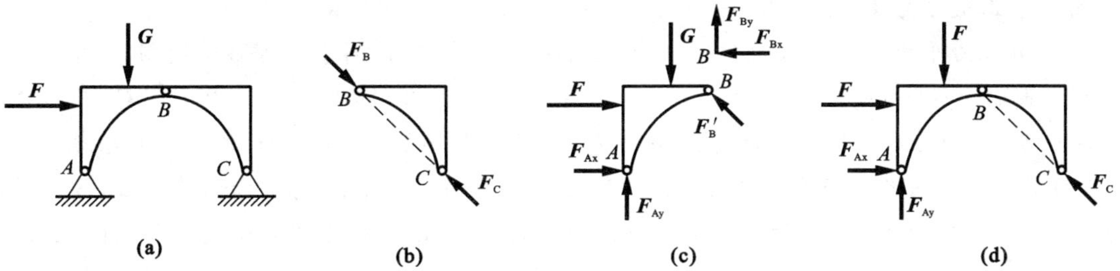

图 1-24

【解】

(1) 取左半拱 AB 为研究对象,画出分离体,并标注主动力 $\boldsymbol{F}$、$\boldsymbol{G}$。下面分析约束反力:A 处是固定铰支座,B 处为光滑圆柱铰链,它们的约束反力都可以用通过圆柱铰中心的正交分力来表示(图 1-24 中的 $\boldsymbol{F}_{Ax}$、$\boldsymbol{F}_{Ay}$ 及 $\boldsymbol{F}_{Bx}$、$\boldsymbol{F}_{By}$)。但是,考虑到右半拱 BC 属二力构件,满足二力平衡公理。这样一来,右半拱上 B、C 两点的约束反力必会沿 B、C 两点的连线且等值反向,如图 1-24(b)所示,箭头指向可以假设。再根据作用力与反作用力公理,即可确定左半拱 AB 上 B 点的约束反力 $\boldsymbol{F}_B'$ 的方向;A 处的约束反力仍然用两个正交分力 $\boldsymbol{F}_{Ax}$、$\boldsymbol{F}_{Ay}$ 来表示,如图 1-24(c)所示。

(2) 取拱整体为研究对象,将整体从约束中分离出来并单独画出,标注主动力 $\boldsymbol{F}$、$\boldsymbol{G}$ 后将图 1-24(b)和图 1-24(c)中 C 和 A 处所受到的约束反力分别标注在整体分离体的 C 点和 A 点即可得到整体的受力图,如图 1.24(d)所示。

★★ AB 上的荷载若只有 $\boldsymbol{F}$ 或 $\boldsymbol{G}$ 时,它就只受三个力的作用而平衡,就可根据三力平衡汇交定理,确定 A 处铰支座约束反力的作用线方位,箭头指向假设。三铰拱整体的受力图也是如此,如图 1-25 所示。

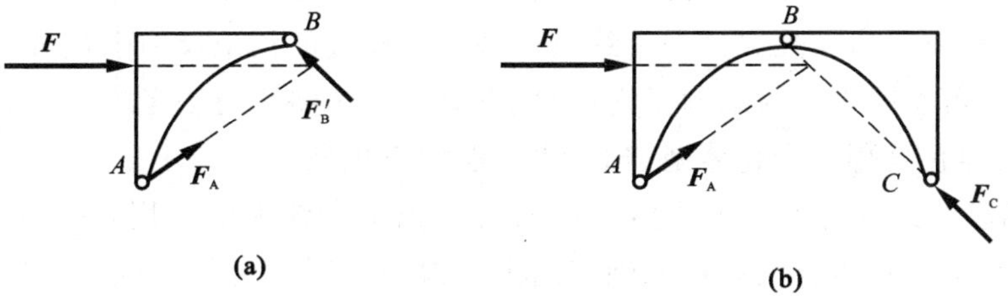

图 1-25

值得注意的是,公共铰接点 B 处的约束反力属于物系整体内部的相互作用力,叫作系统内力,不应出现在结构整体的受力图上。必须指出,内力与外力的区分不是绝对的,它们在一定的条件下,可以相互转化。例如,当我们单独取 AB 构件或 BC 构件为研究对象时,B 处的约束反力就属于 AB 或 BC 在 B 点受到的外力,但取整体为研究对象时,B 处的约束反力又成为整体的内力了。可见,内力与外力的区分,只有对于确定的研究对象才有意义。

【例 1-6】 构件 ABC 和 CD 用铰链 C 连接并支承在三个支座上,如图 1-26(a)所示,试画出构件 ABC、CD 及整体 AD 的受力图(不计自重)。

【解】

(1) 先取约束较少又有已知力的 CD 为研究对象，画出其分离体。CD 上受到的主动力为 $\boldsymbol{F}$。D 处为滚轴支座，其约束反力垂直于支承面，指向假设向上；C 处为圆柱铰链约束，其约束反力由两个正交分力 $\boldsymbol{F}_{Cx}$、$\boldsymbol{F}_{Cy}$ 表示，指向为假设，如图 1-26(b)所示。

亦可用三力平衡汇交定理确定 C 处铰链约束反力的方向，同学们可自行绘制。

(2) 再取 ABC 为研究对象，画出分离体。C 处为圆柱铰链，其约束反力 $\boldsymbol{F}'_{Cx}$、$\boldsymbol{F}'_{Cy}$ 与作用在 CD 梁上的 $\boldsymbol{F}_{Cx}$、$\boldsymbol{F}_{Cy}$ 是作用力与反作用力的关系，而且是 ABC 上的已知力。A 处为固定端支座，其约束反力可用两个正交分力 $\boldsymbol{F}_{Ax}$、$\boldsymbol{F}_{Ay}$ 和约束反力偶 m_A 表示，箭头指向为假设；B 处为滚轴支座，其约束反力 $\boldsymbol{F}_B$ 垂直于支承面，指向假设向上；ABC 的受力图如图 1-26(c)所示。

(3) 取 AD 整体为研究对象，画出分离体并作受力分析得其受力图如图 1-26(d)所示。

★★　请记住研究对象的选择顺序。

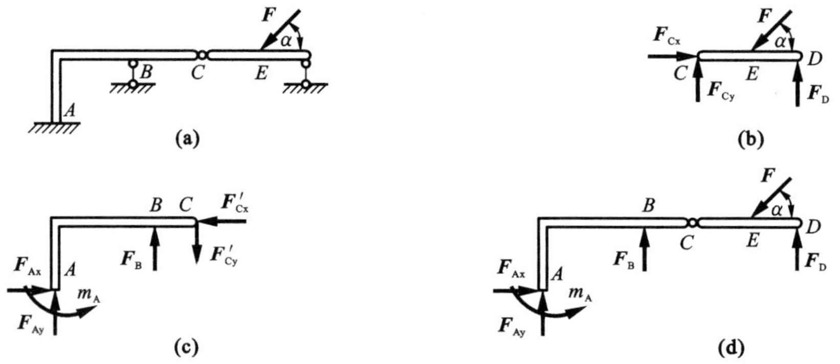

图 1-26

上述各例的分析告诉大家：

(1) 必须首先明确研究对象并把研究对象当作分离体单独画出。不同的研究对象有不同的分离体及其受力图。

(2) 不能漏画任何一个力也不能多画一个力——其意是指要在研究对象上画出它所受到的全部主动力和约束反力。凡去掉一个约束就必须用相应的约束反力来代替。重力是特殊的主动力，不要在不可忽略重力时漏画了它，却也不要在可忽略它时去考虑它。对图中所标画的每一个力都应明确它是哪一个物体施加的，决不能凭空想象。

(3) 正确画出约束反力。一个物体往往同时受到多个约束的作用，这时应分别根据每个约束单独作用时，该约束本身的特性来确定约束反力的作用方式及方向。一般地说，可以先标注那些作用线可以确定的(柔绳的拉力、光滑接触面的支持力、滚轴支座的支撑力等)约束反力，最后结合基本公理考虑铰接点、固定铰支座的约束反力是用正交分力表示或是用合力表示。

(4) 同一个支座式连接点在单个物体受力图中的支座约束反力应与它在整体受力图中的支座约束反力的标注符号以及方向的假设一致。

(5) 相互铰接着的两物体在铰接点处的约束反力存在着作用力和反作用力关系，画它们各自的受力图及系统整体的受力图时必须考虑内外力的关系问题。

(6) 注意识别二力构件。二力构件在工程实际中经常遇到，它所受的两个力必定沿两力作用点的连线且等值、反向。这样就确定了其上两个约束反力的方向，使受力图大大简化，并且减少了未知量的个数。

1.5 力在平面直角坐标轴上的投影及合力投影定理

1.5.1 力在平面直角坐标轴上的投影

如图 1-27 所示，在力 **F** 的作用线所在平面内建立平面直角坐标系 xOy，过力 **F** 的两个端点 A 和 B 分别向 x、y 轴作垂线，垂线在 x、y 轴上所截得的线段 ab 和 $a'b'$ 在冠以力学所规定的正号或负号后分别称为力 **F** 在 x、y 轴上的投影，记作：F_x、F_y。

微课 1.5 力在直角坐标轴下的投影

力在平面直角坐标轴上的**投影是代数量**，有大小和正负之分。从力的始端(A)的投影（a 或 a'）到末端(B)的投影（b 或 b'）的方向与投影轴的正方向一致时，力的投影用正号表示；反之，投影就为负值。

若已知力 **F** 及它与 x 轴所夹的锐角为 α，投影 F_x 与 F_y 可用下列式子计算：

$$\left.\begin{aligned} F_x &= \pm F\cos\alpha \\ F_y &= \pm F\sin\alpha \end{aligned}\right\} \tag{1-2}$$

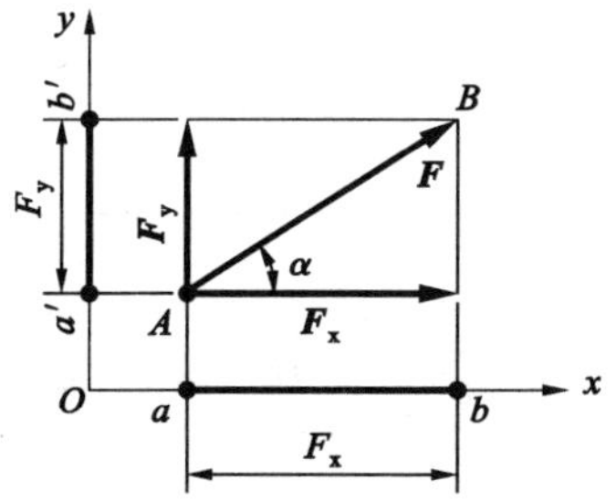

图 1-27

可见：当力与某坐标轴垂直时，力在该轴的投影为零；而力与某坐标轴平行时，力在此轴上投影的绝对值等于该力的大小。

而当已知力 **F** 在坐标轴上的投影为 F_x、F_y 时，亦可求出该力矢量（大小和方向）。即

$$\left.\begin{aligned} F &= \sqrt{F_x^2 + F_y^2} \\ \tan\alpha &= \left|\frac{F_y}{F_x}\right| \end{aligned}\right\} \tag{1-3}$$

动画 1.6 力在直角坐标轴上的投影

式中 α——力 **F** 与 x 轴所夹的锐角。

若将力 **F** 沿 x、y 轴分解，可得分力 $\boldsymbol{F}_x$、$\boldsymbol{F}_y$，如图 1-27 所示。

应当注意：投影和分力是两个不同的概念，投影是代数量，分力是矢量。只有在直角坐标系中，分力 $\boldsymbol{F}_x$ 与 $\boldsymbol{F}_y$ 的大小才分别与投影 F_x、F_y 的绝对值相等。

力在坐标轴上的投影是研究力系平衡的基础，引入力在轴上的投影的概念后，就可将力的矢量计算转化为代数量计算。

动画 1.7 利用投影求力矢

【例 1-7】 试分别求出图 1-28 中各力在 x 轴和 y 轴上的投影。已知：$F_1 = F_2 = 200$ N，$F_3 = F_4 = 300$ N，$F_5 = 400$ N。

【解】

由式(1-2)可得出各力在 x、y 轴上的投影为：

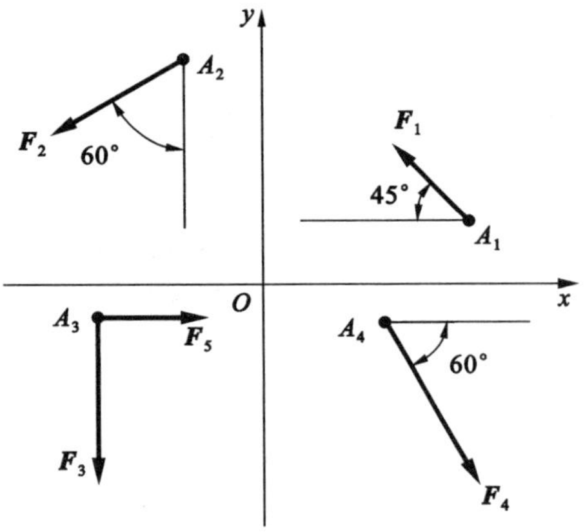

图 1-28

$F_{1x}=-F_1\cos45°=-200\times0.707=-141.4\ \text{N}$

$F_{1y}=F_1\sin45°=200\times0.707=141.4\ \text{N}$

$F_{2x}=-F_2\cos30°=-200\times0.866=-173.2\ \text{N}$

$F_{2y}=-F_2\sin30°=-200\times0.5=-100\ \text{N}$

$F_{3x}=F_3\cos90°=300\times0=0$

$F_{3y}=-F_3\sin90°=-300\times1=-300\ \text{N}$

$F_{4x}=F_4\cos60°=300\times0.5=150\ \text{N}$

$F_{4y}=-F_4\sin60°=-300\times0.866=-259.8\ \text{N}$

$F_{5x}=F_5\cos0°=F_5=400\ \text{N}$

$F_{5y}=F_5\sin0°=0$

★★　同学们也可以将上述计算转换为表格来完成(表 1-1)。例如：

表 1-1

力	投影 F_x	投影 F_y
$\boldsymbol{F}_1$		
$\boldsymbol{F}_2$		
$\boldsymbol{F}_3$		
$\boldsymbol{F}_4$		
$\boldsymbol{F}_5$		

1.5.2　合力投影定理

在图 1-29 所示的平面力系中，$\boldsymbol{F}_R$ 为合力，$\boldsymbol{F}_1$、$\boldsymbol{F}_2$、$\boldsymbol{F}_3$、$\boldsymbol{F}_4$ 为 $\boldsymbol{F}_R$ 的四个分力，将各力投影到 x 轴上后，有：

$$ae = ab + bc + cd - de$$

ae 为合力 $\boldsymbol{F}_R$ 在 x 轴上的投影，等式右端为四个分力在 x 轴上的投影的代数和。即

$$F_{Rx} = F_{1x} + F_{2x} + F_{3x} + F_{4x}$$

将上式推广到任意多个力的情况时，有

$$F_{Rx} = F_{1x} + F_{2x} + \cdots + F_{ix} + \cdots + F_{nx} = \sum F_x \tag{1-4}$$

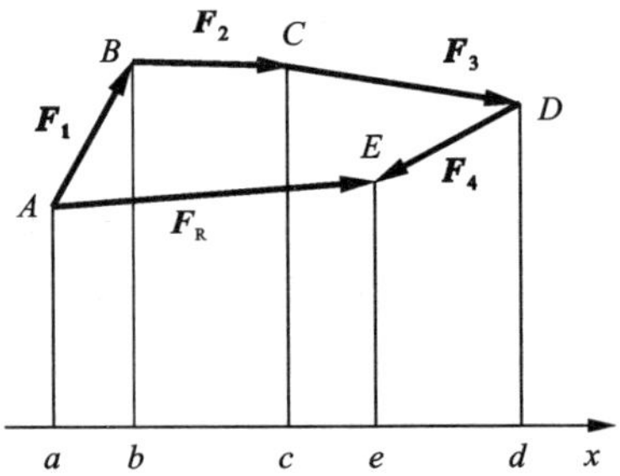

图 1-29

上式表明：

合力在任一轴上的投影等于它的各个分力在同一轴上投影的代数和。此即合力投影定理。

合力投影定理建立了合力的投影与分力的投影之间的关系。

合力是一个力。在求出合力 $\boldsymbol{F}_R$ 的投影 F_{Rx} 及 F_{Ry} 后，就可按式(1-5)求出合力 $\boldsymbol{F}_R$ 的大小

及方向角：

$$F_R = \sqrt{F_{Rx}^2 + F_{Ry}^2}$$

$$\tan\alpha = \left|\frac{F_{Ry}}{F_{Rx}}\right| = \left|\frac{\sum F_y}{\sum F_x}\right| \quad (1\text{-}5)$$

式中 α——合力 $\boldsymbol{F}_R$ 与 x 轴所夹锐角，合力的指向由 $\sum F_x$ 与 $\sum F_y$ 之正负号决定。

【例 1-8】 吊环上套有三根绳，其位置如图 1-30 所示。已知三绳之拉力分别为：$F_1=500$ N，$F_2=1000$ N，$F_3=2000$ N，试求此三力之合力。

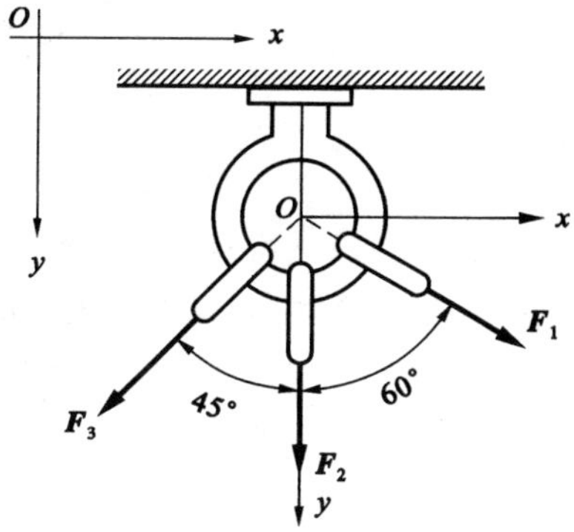

图 1-30

【解】

建立坐标系 xOy 如图 1-30 所示，由合力投影定理得

$$F_{Rx} = F_{1x} + F_{2x} + F_{3x} = 500\cos30° + 1000\cos90° - 2000\cos45° \approx -980.5\ \text{N}$$

$$F_{Ry} = F_{1y} + F_{2y} + F_{3y} = 500\sin30° + 1000\sin90° + 2000\sin45° \approx 2664\ \text{N}$$

合力的大小和方向分别为：

$$F_R = \sqrt{F_{Rx}^2 + F_{Ry}^2} = \sqrt{(-980.5)^2 + 2664^2} \approx 2838.7\ \text{N}$$

$$\alpha = \arctan\left|\frac{F_{Ry}}{F_{Rx}}\right| = \arctan\left|\frac{2664}{-980.5}\right| = 69.8°$$

因 $\sum F_x$ 为负，说明 $\boldsymbol{F}_R$ 向左与 x 轴的正向相反；$\sum F_y$ 为正，说明 $\boldsymbol{F}_R$ 向下与 y 轴正向一致。故合力指向左下方并与 x 轴所夹锐角为 69.8°，或记作：$F_R=2838.7$ N(↙)。

★★ 将坐标系移出力系所在物体时，不改变上述计算结果。

1.6 力矩和力偶

1.6.1 力矩

生产与生活的实践告诉人们，要使物体绕某一点（或轴）发生转动，必须使所施加的力的作用线与该点（或轴）之间保持一定的垂直距离，称该距离为**力臂**（用符号“d”表示）。

在平面问题中，力使物体转动的效果既与力的大小成正比，又与力臂的大小成正比。为了度量力 $\boldsymbol{F}$ 使物体绕某点 O 转动的效应，将力的大小与力臂之乘积 $F \cdot d$ 冠以力学计算所需的正负号后称为力对点之矩。记作 $m_O(\boldsymbol{F})$，即

微课 1.6
力对点之矩

$$m_O(\boldsymbol{F}) = \pm F \cdot d \quad (1\text{-}6)$$

被选定计算力矩的参考点 O 叫作矩心，力臂就是力的作用线到矩心的垂直距离。矩心和力的作用线所决定的平面，称为力矩作用面。

动画 1.8
力对点之矩

力矩的常用单位为:牛·米(N·m)或千牛·米(kN·m)等。

在视觉平面内(图 1-31),物体绕矩心转动的方向有逆时针和顺时针两种。习惯上:力矩使物体顺时针转动时用负号表示;逆时针转动时则用正号表示(也可反之)。需注意的是:在同一问题中采用一种形式的正负号制度即可。图 1-31(a)中 $m_O(\boldsymbol{F})=-F\cdot d$,而图 1-31(b)中 $m_O(\boldsymbol{F})=F\cdot d$。

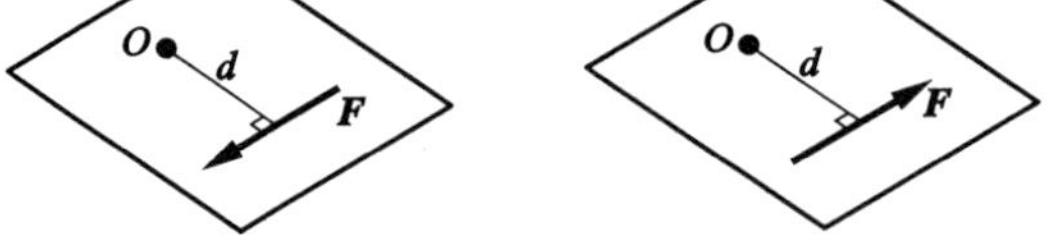

(a)　　(b)

图 1-31

力矩具有以下特点:

(1) 力矩的大小、正负与矩心的位置有关,同一个力对不同的矩心能产生不同的力矩。

(2) 刚体上力沿其作用线任意移动时,它对某个固定参照点的力矩保持不变。

(3) 合力对平面内任一点之力矩等于各分力对同一点之力矩的代数和,即

$$m_O(\boldsymbol{F}_R)=m_O(\boldsymbol{F}_1)+m_O(\boldsymbol{F}_2)+\cdots+m_O(\boldsymbol{F}_i)+\cdots+m_O(\boldsymbol{F}_n)$$

简记为

$$m_O(\boldsymbol{F}_R)=\sum m_O(\boldsymbol{F}_i) \tag{1-7}$$

上式称为:平面力系的**合力矩定理**。

应用合力矩定理,可以极大地简化力矩的计算过程。

★★　在求一个力对某点的力矩时,倘若力臂不易计算,就可将该力分解为两个相互垂直的分力(通常两分力的力臂很容易求得)并通过两分力对该点之力矩的代数和,来代替原力对该点的力矩。即

$$m_O(\boldsymbol{F})=m_O(\boldsymbol{F}_x)+m_O(\boldsymbol{F}_y) \tag{1-8}$$

【例 1-9】　如图 1-32 所示,墙体上有作用力 $\boldsymbol{F}$,试计算力 $\boldsymbol{F}$ 对点 A 的力矩。$\boldsymbol{F}$、α、a、b 为已知。

【解】

解法Ⅰ:力 $\boldsymbol{F}$ 对点 A 的力矩,可直接按力矩的定义求得,由图知

$$m_A(\boldsymbol{F})=-F\cdot d\quad(\text{为顺时针力矩})$$

其中

$$d=OA\cdot\sin\alpha=(a-b\cdot\cot\alpha)\sin\alpha$$

则

$$m_A(\boldsymbol{F})=-F(a-b\cdot\cot\alpha)\sin\alpha=F\cdot b\cos\alpha-F\cdot a\sin\alpha$$

解法Ⅱ:根据合力矩定理来求力 $\boldsymbol{F}$ 对点 A 的力矩。即:将力 $\boldsymbol{F}$ 分解为 $\boldsymbol{F}_x$ 和 $\boldsymbol{F}_y$,如图 1-32(b)所示,则

$$m_A(\boldsymbol{F})=m_A(\boldsymbol{F}_x)+m_A(\boldsymbol{F}_y)=F_x\cdot b-F_y\cdot a=F\cdot b\cos\alpha-F\cdot a\sin\alpha$$

转动方向由计算最后结果的正负号决定,正则为逆时针,负则为顺时针。

另外,随图示角 α 的大小不同,力 $\boldsymbol{F}$ 对 A 点的力矩不只是解法Ⅰ中所表现的顺时针情况,还很有可能表现成为逆时针的转动力矩,如图 1-32(c)所示。此时,力矩的符号就截然不同了。

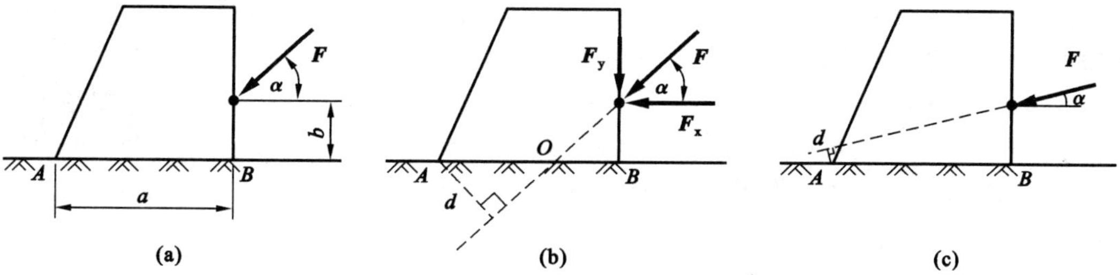

图 1-32

而力臂仍不能直接用已知量 a 和 b 表示。在应用合力矩定理后除了能直接决定两分力对于 A 点的力矩正负进而得知其合力矩的转向外，还可以避免复杂的力臂计算过程。

1.6.2 力偶

大小相等、方向相反且不共线的一对平行力称为（一个）**力偶**。力偶只能使物体产生单纯的转动效应。

例如，用手拧水龙头、用工具拧紧螺钉、转动方向盘等，都是利用力偶实现的。在图 1-33 中，力 $\boldsymbol{F}$ 与 $\boldsymbol{F}'$ 平行且大小相等，构成一个力偶。

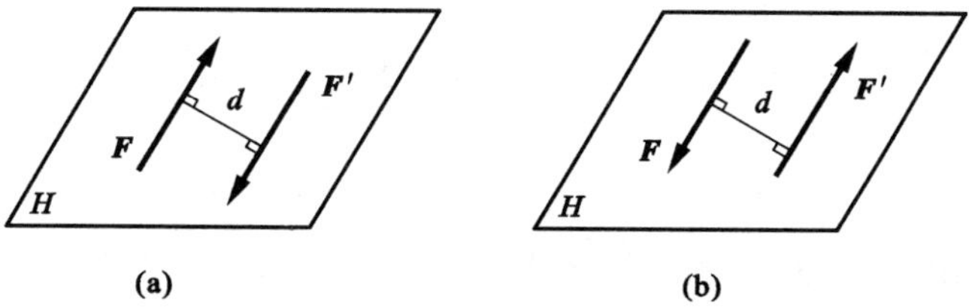

图 1-33

力偶记作：$(\boldsymbol{F},\boldsymbol{F}')$。

力偶对物体的转动效应用**力偶矩**“m”来度量。力偶矩的大小与力偶中力的大小和力偶臂“d”（相互平行的两个力之间的垂直距离）的长短有关。力学上把力偶中任意一个力的大小与力偶臂的乘积 $F \cdot d$ 配上规定的正负号后所得到的参数称为此力偶的力偶矩，力偶矩的大小记为

微课 1.7 力偶

$$m(\boldsymbol{F},\boldsymbol{F}') = \pm F \cdot d \tag{1-9}$$

力偶矩也是代数量。常用计量单位为：牛·米（N·m）或千牛·米（kN·m）等。

当力偶使物体逆时针转动时，力偶矩为正，反之为负（与力矩正负号规定一样，也可顺正逆负）。例如，在图 1-33(b) 中，是一个逆时针的力偶矩。即

$$m(\boldsymbol{F},\boldsymbol{F}') = F \cdot d$$

力偶对物体的转动效应取决于力偶矩的大小、力偶的转向及力偶的作用面，也就是取决于力偶的三要素。

力偶有如下重要性质：

(1) 力偶没有合力，力偶既不能用一个力代替也不能与一个力平衡。

力偶在任一坐标轴上的投影恒等于零，可见力偶对于物体不会产生移动效应，只产生转动效应。并且，**力偶只能与力偶平衡**。

(2) 力偶对其所在平面内任一点的力矩恒等于力偶矩，而与矩心的位置无关。

如图 1-34(a)所示，在力偶作用面内任取一点 O 为矩心，以 $m_O(\boldsymbol{F},\boldsymbol{F}')$ 表示力偶对点 O 的力矩，则

$$\begin{aligned} m_O(\boldsymbol{F},\boldsymbol{F}') &= m_O(\boldsymbol{F}) + m_O(\boldsymbol{F}') = F(x+d) - F' \cdot x \\ &= F \cdot d = F' \cdot d = m(\boldsymbol{F},\boldsymbol{F}') = m \end{aligned}$$

由此可知，力偶对物体的作用效果与矩心的位置无关。

动画 1.9　力偶

(3) 同一平面内的两个力偶，只要其力偶矩(包括大小和转向)相等，则

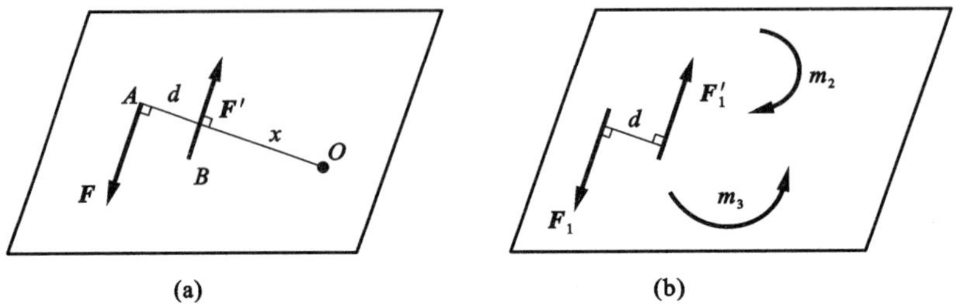

图 1-34

此两力偶彼此等效。

换言之：

① 力偶可以在其作用面内任意移转，而不影响它对刚体的效应。

② 只要力偶矩保持不变，可以同时改变力偶中力的大小和力偶臂的长度，而不改变它对刚体的效应。

③ 在研究有关力偶的问题时，只需考虑力偶矩，而不必论究其力之大小，臂之长短。正因为如此，受力图中常用一个带箭头的弧线来表示其力偶矩 m。其中"m"表示力偶矩的大小，箭头表示力偶在平面内的转向，如图 1-34(b)所示。

(4) 作用在同一个平面内的 n 个力偶，可合成为一个合力偶，其合力偶矩 M 等于各分力偶矩之代数和，即

$$M = m_1 + m_2 + \cdots + m_i + \cdots + m_n = \sum m_i \tag{1-10}$$

式中　M——合力偶矩；

$m_1, m_2, \cdots, m_i, \cdots, m_n$——各分力偶矩。

在图 1-34(b)中，$M=F_1d+m_2+m_3$。其中，F_1d 和 m_3 为正，m_2 为负。

【例 1-10】 刚体在某平面内受到三个力偶的作用，如图 1-35 所示。已知 $F_1=300$ kN，$F_2=600$ kN，$m=500$ kN·m。

(1) 求合力偶矩 M。

(2) A、B 两点处要受怎样的约束反力该刚体才可以平衡？

【解】

(1) 计算合力偶矩

三个共面力偶可以合成为一个合力偶。

各分力偶的力偶矩为

$$m_1 = F_1 \cdot d_1 = 300 \times 1 = 300 \text{ kN} \cdot \text{m}$$

$$m_2 = F_2 \cdot d_2 = 600 \times \frac{0.25}{\sin 30^\circ} = 300 \text{ kN} \cdot \text{m}$$

$$m_3 = -m = -500\ \text{kN} \cdot \text{m}$$

由式(1-10)得合力偶矩为

$$M = m_1 + m_2 + m_3 = 300 + 300 - 500 = 100\ \text{kN} \cdot \text{m}$$

即合力偶矩的大小等于 100 kN·m,转向为逆时针方向,与原力偶共面。

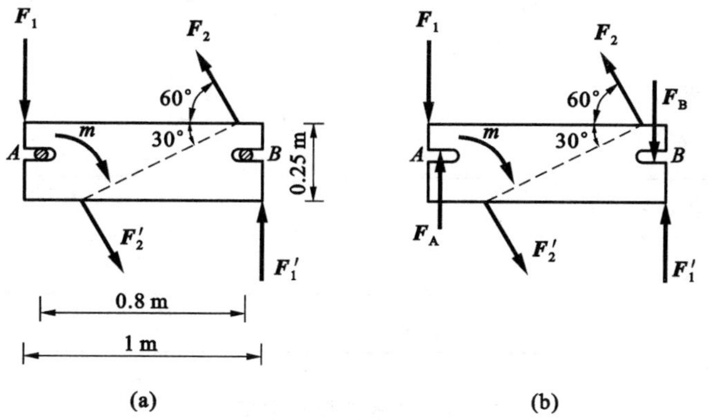

图 1-35

(2) 平衡

因为力偶只能和力偶平衡,刚体目前相当于受到 M=100 kN·m 的一个已知逆时针力偶矩作用,它要平衡就必须再受到另外一个顺时针的,大小为 100 N·m 的力偶矩作用。将此力偶矩转换成 A、B 两点的约束反力时,就须:

$$F_A(\uparrow) = F_B(\downarrow) = \frac{M}{d_{AB}} = \frac{100}{0.8} = 125\ \text{kN}$$

本章要点提示

本章讨论了静力学的基本概念、静力学基本公理以及约束和约束反力,并强调了受力分析和受力图的重要性。详细讲述了力矩、力偶的概念及其性质;阐明了力在坐标轴上的投影与合力投影定理、力矩与合力矩定理、力偶矩与合力偶矩相互间的关系及其计算方法。

1. 静力学的基本概念

(1) 力、力系。

(2) 平衡、平衡力系、平衡条件。

(3) 约束与约束反力(工程中常用的约束有几种?它们分别产生什么样的约束反力?请同学们在表 1-2 中一一列举并巩固之)。

(4) 力在坐标轴上的投影。

(5) 力偶及力偶的基本性质。

2. 几个重要的静力学基本公理、定理

(1) 力的平行四边形公理。

(2) 二力平衡公理。

(3) 平面三力汇交定理。

(4) 作用力和反作用力公理。

(5) 合力投影定理。

(6) 合力矩定理。

同学们在课后复习时要掌握这些公理和定理的具体内容及其作用，并在表 1-3 中进行巩固。

表 1-2 约束及其特性复习

约束名称	图例	约束反力	举例	归纳
柔体约束				
光滑接触面约束				
光滑圆柱铰链约束				
固定铰支座约束				
可动铰支座约束				
固定端支座约束				

表 1-3 基本公理和定理复习

公理与定理	内容	应用举例	备注
力的平行四边形公理			
二力平衡公理			
作用力和反作用力公理			
平面三力汇交定理			
合力投影定理			
合力矩定理			

3. 基本计算参数(表 1-4)

(1) 力在坐标轴上的投影、合力在坐标轴上的投影。

(2) 力对点的力矩、合力矩。

(3) 力偶矩、合力偶矩。

表 1-4 基本计算参数复习

计算项	内容	举例	符号规定	备注
力在平面直角坐标轴上的投影				
合力在某轴上的投影				
力对点的力矩				
合力的力矩				
力偶矩				
合力偶矩				

复 习 题

1-1 画出图 1-36 所示结构中各物体的受力图。

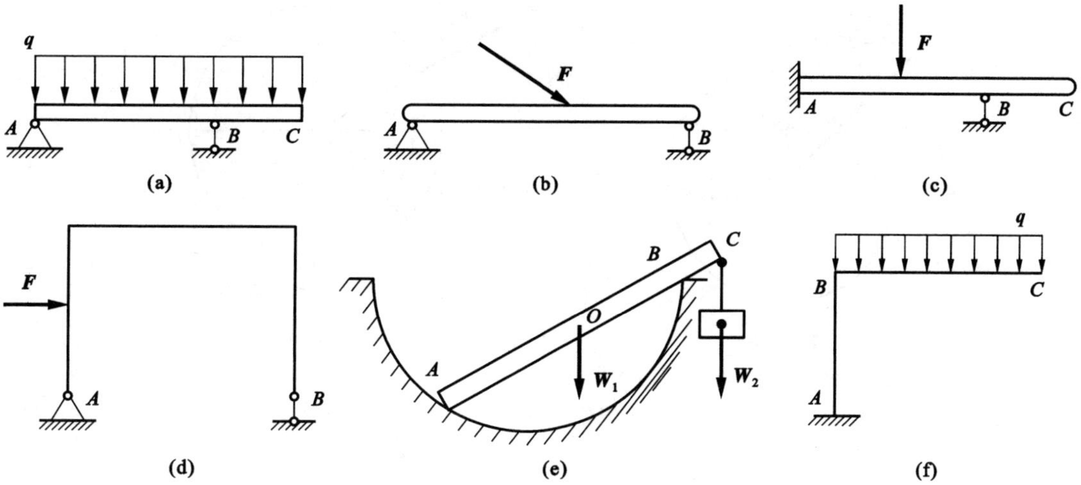

图 1-36

1-2 用多种方式画出图 1-37 结构中各物体及结构整体的受力图。

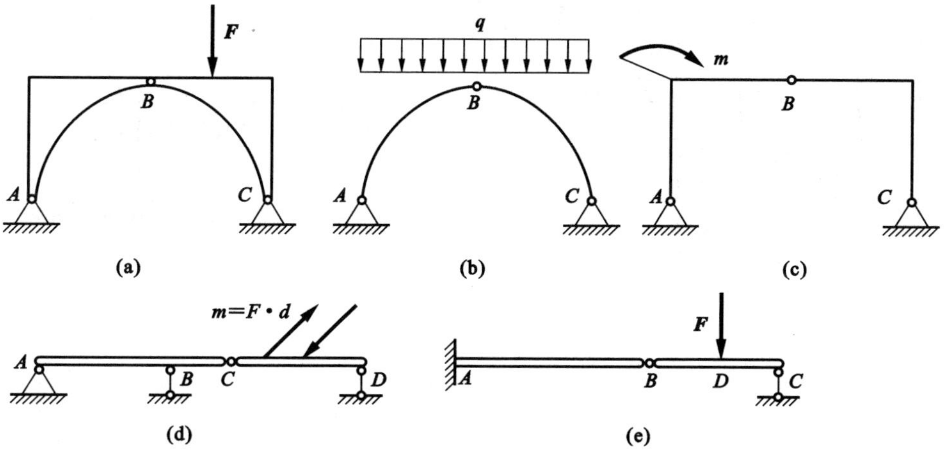

图 1-37

1-3 忽略各杆自重，分析图 1-38 所示两结构中整体的受力有何不同？

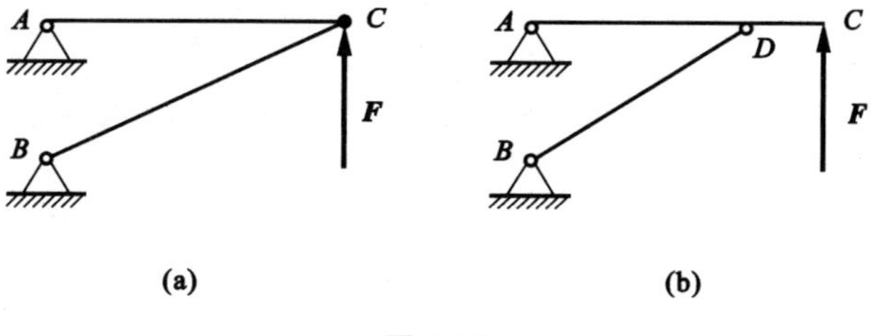

图 1-38

1-4 利用合力投影定理和力的平行四边形公理分别计算图 1-39 中各力的合力。

1-5 已知图 1-40 中的力 $\boldsymbol{F}_1$、$\boldsymbol{F}_3$ 的大小，且 $\boldsymbol{F}_1$、$\boldsymbol{F}_2$、$\boldsymbol{F}_3$ 及 $\boldsymbol{F}_4$ 的合力 $\boldsymbol{F}_R=0$，求 $\boldsymbol{F}_2$ 及 $\boldsymbol{F}_4$ 的大小。

（提示：① 用平行四边形法则时，第一个分力的起点和最后一个分力的终点相重合；② 用合力投影定理时，合力的投影 F_{Rx}、F_{Ry} 等于零。）

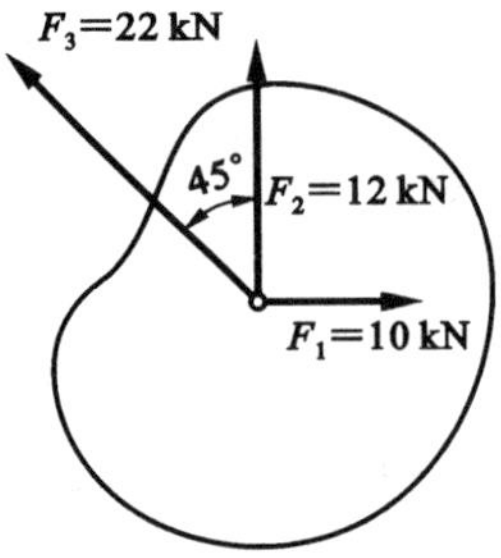

图 1-39

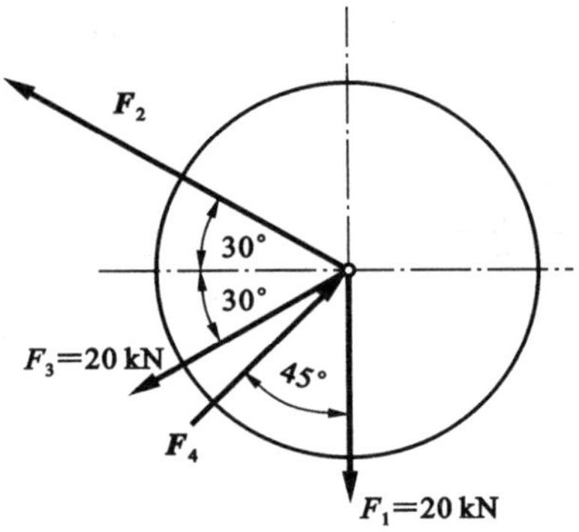

图 1-40

1-6　计算图 1-41 中各力对坐标原点的力矩（每一个单位长是 10 mm）。

1-7　图 1-42 中长度为 a 的杆件 OA，其 A 端作用有三个力，分别计算各力对点 O 的力矩以及它们的合力对点 O 的力矩。

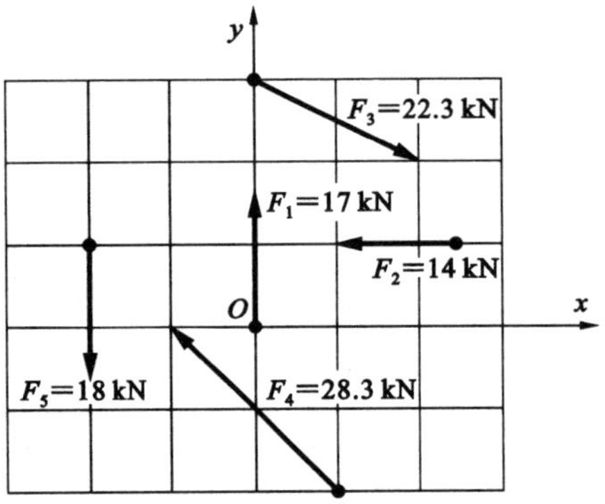

图 1-41

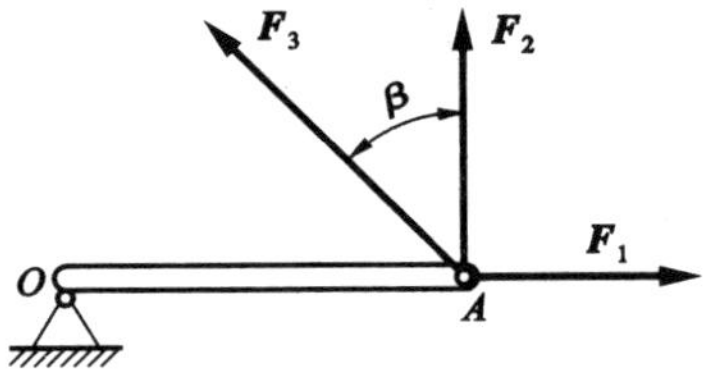

图 1-42

2 平面杆件体系的几何组成分析

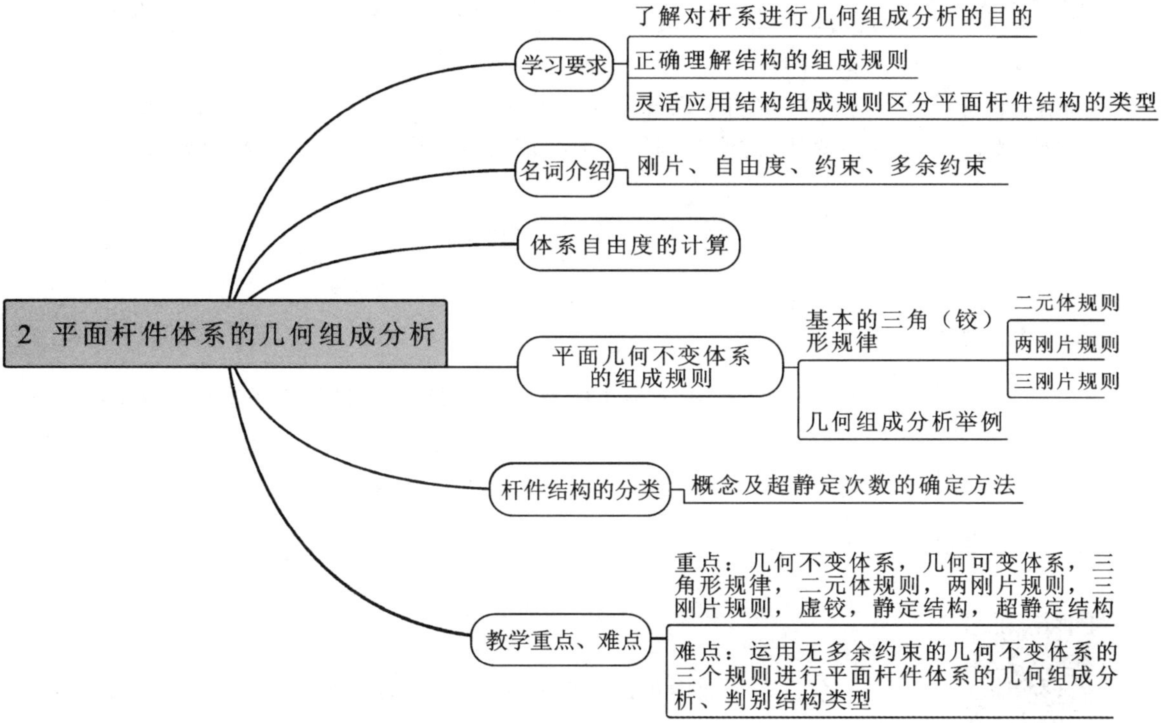

在对物体或构件进行正确的受力分析后，我们接下来的任务就是要计算图中外显的和内含的未知力。用什么样的方法可以完成这样的计算任务，取决于结构的组成特点及所属类型。

结构是用来支承和传递荷载的。因此，结构必须能保证自己(杆件体系，简称为杆系)有确定的几何形状及固定的位置，结构应当是稳固的。图 2-1(a)所示的体系受荷载作用时会因不稳定而倾倒，在其对角线方向增加一根斜杆形成图 2-1(b)所示的几何形状就稳固了。

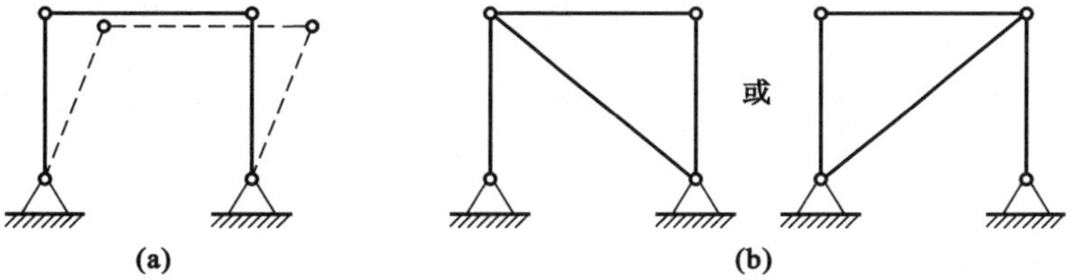

图 2-1

由图 2-1 可以看出，杆件体系可以分为两类：

(1) **几何不变体系**：如图 2-1(b)所示。在不考虑杆件受荷载作用而产生的伸长、缩短或弯曲等小变形的条件下，体系的形状和位置均不发生改变时就称之为几何不变体系。

动画 2.1 几何可变，几何不变体系

（2）**几何可变体系**：如图 2-1(a)所示。在不考虑杆件受荷载作用而产生的伸长、缩短或弯曲等小变形的条件下，体系的形状和位置可以改变时就称之为几何可变体系。

微课 2.1 几何组成分析目的和基本概念

结构必须是几何不变体系，几何可变体系不能用作结构。对平面杆件体系作几何组成分析（又称机动分析或几何构造分析），就是对它的几何不变性进行研究，从而确认体系可否作为结构使用。另外，通过几何不变性分析，还可确定结构的类别，以便选择适合的计算方法。这也是学习本章内容的主要目的。

本章将说明平面杆系结构的组成规则，分析如何保证体系在几何组成上的不变性，讨论结构的几何组成与其静定性和静不定性的关系。

2.1 名词介绍

2.1.1 刚片

对平面体系作几何组成分析时，**把体系中的某一根杆或是某些几何不变的部分**（例如：折杆、曲杆、铰接的三角形、基础等）**称作刚片**，而将另外一些部分看成是对这些刚片的运动起限制作用的约束。然后分析这二者之间的关系，从而提出几何不变体系的组成规则。

2.1.2 自由度

动画 2.2 点和刚片的自由度

确定研究对象空间位置时所必需的、独立的坐标个数称为该对象的自由度（个数）。

一个点在平面内可以有两种独立的运动方式。图 2-2(a)中，动点从 A 运动到 A' 位置，可以说是点分别沿着坐标轴 x、y 运动的结果。可见：一个点在平面内的位置需由两个独立坐标来确定。所以，**一个点在平面内具有两个自由度。**

一条直线段、一根杆件或一个刚片在平面内可有 x 方向的移动、y 方向的移动和转动三种独立运动的方式。

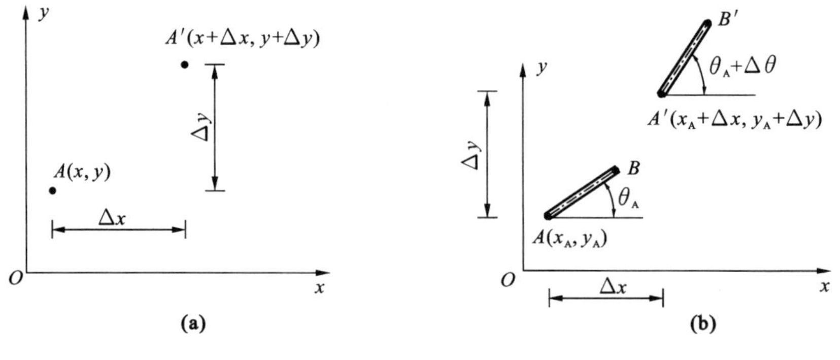

图 2-2

例如，图 2-2(b)中刚片从 AB 运动到 $A'B'$ 位置时，它在平面内的每个位置都需要用三个独立坐标来确定。图中 AB 的坐标为(x_A, y_A, θ_A)，而 $A'B'$位置的坐标是$(x_A+\Delta x, y_A+\Delta y, \theta_A$

$+\Delta\theta$)。所以，一个刚片在平面内有三个自由度。这就意味着：要使刚片静止（几何不变）至少受到 3 个约束的作用。

一个体系的自由度等于这个体系运动时可以独立改变的坐标数目。凡是自由度没有全部受到约束的体系都是几何可变体系。

2.1.3 约束

能使体系减少自由度的装置称作约束，能减少几个自由度的装置就相当于几个约束。

常见约束及其个数分析如下：

(1) 滚轴支座

滚轴支座或链杆支座，又名可动铰支座，如图 2-3(a)、图 2-3(b)所示。

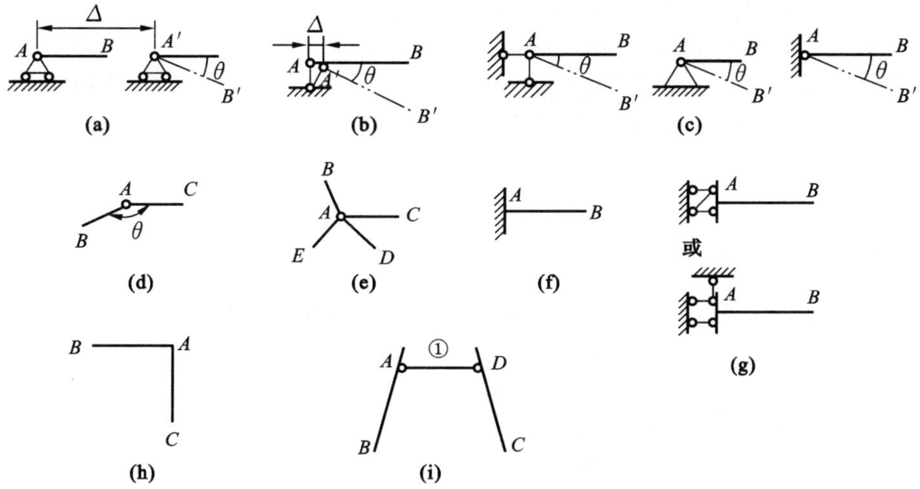

图 2-3

该约束只阻止刚片一个方向的移动，使刚片减少一个自由度，相当于一个约束。

(2) 固定铰支座

固定铰支座能阻止刚片两个方向（上下和左右）的移动，使刚片减少两个自由度，即**一个固定铰支座相当于两个约束**。如图 2-3(c)所示。

(3) 简单铰

简单铰（连接两根杆件的铰），又名“单铰”，如图 2-3(d)所示。AB 与 AC 两根独立的杆原来在平面内共有六个自由度，用铰 A 连在一起后，可先用三个坐标确定 AB 杆的位置，这时，AC 杆只能绕 A 点转动，只需确定一个转角 θ 便可确定 AC 杆的位置。这样，自由度就减少为四个。由此可见，设置一个简单铰使自由度减少两个，所以**一个简单铰相当于两个约束**。

图 2-3(e)所示的铰 A，是连接 n 根杆件的复杂铰，可以看成是 $n-1$ 个简单铰，因而**复杂铰相当于 $2(n-1)$ 个约束**。

(4) 固定端支座

固定端支座，如图 2-3(f)所示。它能阻止刚片上下、左右移动并阻止其转动。所以，固定端支座相当于三个约束。图 2-3(g)所示为用支杆表示的固定端支座。

(5) 刚性连接

刚性连接，如图 2-3(h)所示。AB 和 AC 两根独立杆在平面内原有六个自由度，而 A 处的

刚性连接使 AB 与 AC 不能发生相对的移动和转动（两杆夹角保持不变），使二者成为一个整体（大刚片），该刚片 ABC 只要三个独立坐标便可确定其位置。因此，**刚性连接相当于三个约束**。

（6）链杆连接

链杆连接，如图 2-3(i)所示。AB 和 CD 两个独立刚片在平面内原有六个自由度，用链杆 AD 连在一起后，链杆两端点 A、D 之间的距离不能改变。因此，**链杆连接相当于一个约束**。

2.2 体系自由度的计算

几何不变体系上结点与刚片具有的自由度总数与限制其运动的约束的总数有一定的关系。只有当约束的个数大于或等于其自由度总数时，才有可能组成几何不变体系。

以图 2-4(a)所示的体系为例。把 AB、BD、DEI 与 EF 看成是四个具有自由度的刚片，每一刚片具有三个自由度。于是体系上刚片的总自由度为 $3\times4=12$。把 B、D 和 E 结点看成是刚片间的约束，其中 B、D 为简单铰，各相当于两个约束；E 为刚性连接，相当于三个约束。因此，刚片之间的约束总数为 $2\times2+3\times1=7$。再看体系与地面间的支座约束：链杆 CG 与 FH 各相当于一个约束，而固定端 A 相当于三个约束。所以，支座约束总数为 $1\times2+3\times1=5$。可以看出，体系上刚片自由度总数与约束总数相等，体系可能是（但不一定是）几何不变的。

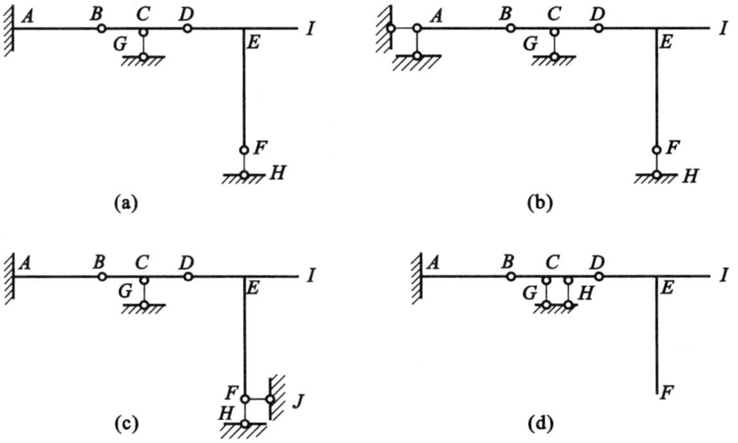

图 2-4

若将 $DEIF$ 看作一个刚片时，自由度如何计算？而 EI 也作为一个刚片时又该如何分析？同学们可自己试算之。

如若把体系上刚片的自由度与约束个数之间的数量关系用公式表示，首先要设定：体系的自由度数为 W，体系中刚片总数为 M，刚片之间的简单铰数为 H，刚性连接数为 R，体系上支座约束的个数为 S，则上述关系可表示为：

$$W = 3M - 2H - 3R - S \tag{2-1}$$

式中　W——体系的自由度。

若 $W>0$，表示体系中刚片的自由度没有全部受到约束，约束的数目不够，体系是几何可变的。

例如，图 2-4(b)中的体系，$M=4$，$H=2$，$R=1$，$S=4$，就会求得 $W=1$。

若 $W<0$ 时，则表示体系中约束的个数多于刚片自由度，有多余约束存在，体系可能是几何不变的。

例如，图 2-4(c)中的体系，$M=4$，$H=2$，$R=1$，$S=6$，于是可求得 $W=-1$。

而当 $W=0$ 时，体系上刚片自由度与约束数相同，约束的数目不多不少，体系可能是几何不变的。

必须注意，**$W\leqslant 0$ 是体系几何不变的必要条件，而不是充分条件**。因为式(2-1)只反映了刚片自由度与约束之间的数量关系，它并不能反映约束的布置方式。

将图 2-4(d)与图 2-4(a)中的体系相比，原支杆 FH 移动了位置，计算自由度的式子仍然是 $W=3\times4-2\times2-3\times1-5=0$。然而，由图 2-4(d)显然可以看出，$DEFI$ 部分缺少一个约束，因而可绕铰 D 自由转动；尽管 BD 部分有一个多余约束，但体系仍属几何可变体系，不能用作结构。

一个刚片与基础或地面连接时，至少需要三根链杆约束，才能够使其具有固定的位置，也才可能形成几何不变体系。对于一个和地面脱离的体系或是尚未安装支座的体系，我们可用"内部可变度 K"来表示其刚片自由度与约束间的数量关系：

$$K=W-3 \tag{2-2}$$

当 $K>0$ 时，体系是内部几何可变的；当 $K\leqslant 0$ 时，则表示体系内部可能是几何不变的。

与计算自由度 W 的性质一样，体系的内部可变度 $K\leqslant 0$ 也只是体系内部几何不变的必要条件，而不是充分条件。换句话说，如果算出 $W>0$ 或 $K>0$，我们可以断定体系或体系内部是几何可变的；但如果算出 $W\leqslant 0$ 或 $K\leqslant 0$，则还必须用组成几何不变体系的规则对体系作进一步的分析，才能得出确定的结论(几何不变体系的组成规律将在下一节讨论)。

【例 2-1】 求图 2-5 所示体系的自由度。

【解】

先计算刚片数：取 AB、BC、CD、DF 与 EG 为刚片，故 $M=5$。

刚片之间的连接：简单铰有 C 和 E，所以，$H=2$；刚性连接有 B、D，所以，$R=2$。

支座约束中，A、F 为刚片与地面之间的固定铰，各相当于两个约束；杆 GH 相当于一个约束。所以，$S=5$。

计算自由度

$$W=3\times5-2\times2-3\times2-5=0$$

满足体系几何不变的必要条件，体系可能是几何不变的。

【例 2-2】 求图 2-6 所示体系的内部可变度 K。

【解】

设每一杆是一个刚片，于是 $M=7$。

刚片之间都是铰链连接，除 B、E 为简单铰外，A、C 和 D 都是复杂铰。其中的铰 A 和铰 D 各相当于两个简单铰，C 则相当于三个简单铰。所以，$H=9$。

于是，$K=3\times7-2\times9-3=0$。表明体系满足内部几何不变的必要条件，可能是内部几何不变的。

★★ 图 2-6 所示的体系是仅由链杆和铰链组成的链杆体系。计算其自由度更方便的做法是：把铰接点看作具有自由度的点，而把链杆看作约束。若用 N 表示结点数，D 表示链杆数。链杆体系自由度 W 可用下式计算：

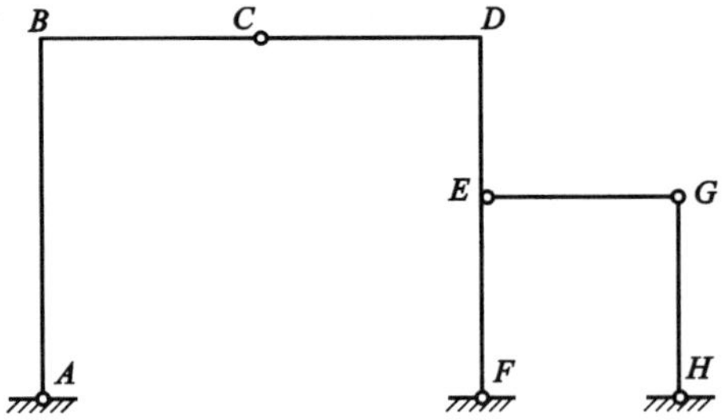

图 2-5

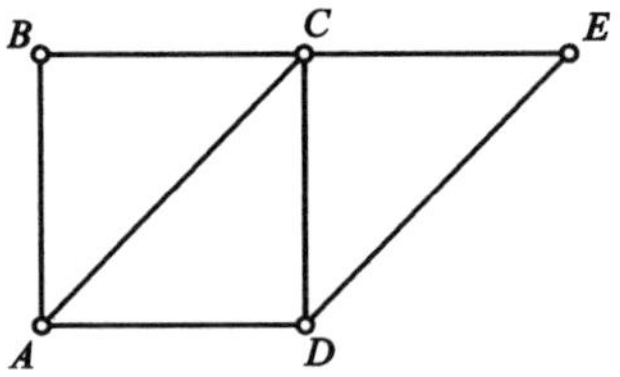

图 2-6

$$W = 2N - D \tag{2-3}$$

其内部可变度 K 仍可按式(2-2)计算。对于图 2-6 所示的体系，$N=5$，$D=7$。所以，仍得到：

$$K = 2 \times 5 - 7 - 3 = 0$$

倘若把减少体系自由度时所必需的约束叫作必要约束，那些在减少自由度时不能发挥作用的约束就叫作多余约束。图 2-4(a)中的约束全部都是必要约束，而图 2-4(c)中就有一个多余约束。

2.3　平面几何不变体系的组成规则

2.3.1　基本的三角(铰)形规律

大家都知道三点确定一面的道理。那么，铰接三角形体系就是最简单的几何不变且无多余约束的体系，如图 2-7 所示。所以，组成几何不变且无多余约束的铰接体系最基本的规律就是**三角(铰)形规律**。

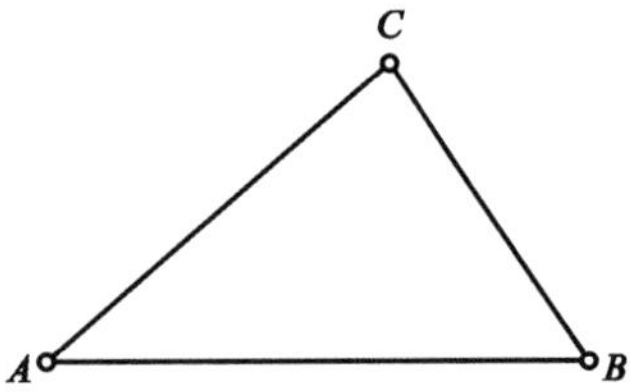

图 2-7

三角(铰)形规律可用下列三个规则来诠释：

规则Ⅰ：

一点 A 与一刚片Ⅰ用两根不共线的链杆①、②相连接所组成的体系几何不变且无多余约束，如图 2-8(a)所示。当把不共线的两根链杆叫作一个“二元体”时，规则Ⅰ又可以叫作**二元体规则**。在图 2-7 中，把三角形的一个边(一根杆)当作刚片，把另两个边当作是链杆即可。

规则Ⅱ：

两刚片Ⅰ、Ⅱ用一个铰链 A 和一根不经过铰链 A 的链杆①即 BC 连接时，所组成的体系几何不变且无多余约束，如图 2-8(b)所示。当我们把图 2-7中的任意两根杆分别看作刚片Ⅰ和Ⅱ时，三角(铰)形规则就成了规则Ⅱ，又可叫作**两刚片规则**。

动画 2.3
三角形规律

微课 2.2　几何组成规则

动画 2.4
两刚片的瞬变体系和常变体系

★★ 在前一章中提到过的简支梁(包括简支刚架)、外伸梁和悬臂梁都是按规则Ⅱ组成的几何不变且无多余约束的体系。

规则Ⅲ:

又名**三刚片规则**。三刚片Ⅰ、Ⅱ、Ⅲ用三个不共线的铰 A、B、C 两两相连所组成的体系几何不变且无多余约束,如图 2-8(c)所示。当把图 2-7 中的三根杆都看成刚片时,即是如此。

在第 1 章的受力分析中,遇到过的三铰拱、三铰刚架和三角支架,都可看作是由三刚片规则组成的几何不变且无多余约束的体系。

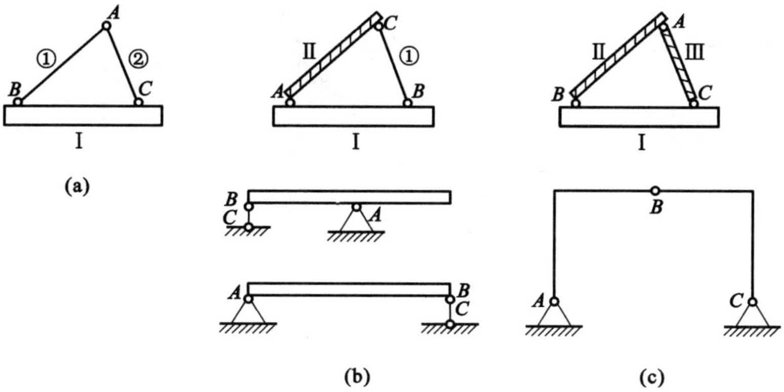

动画 2.5 三刚片的瞬变体系

图 2-8

★★ 结合自由度与约束的知识,参照图 2-9 说明二元体规则中为什么要强调"不共线"的"两根链杆"?

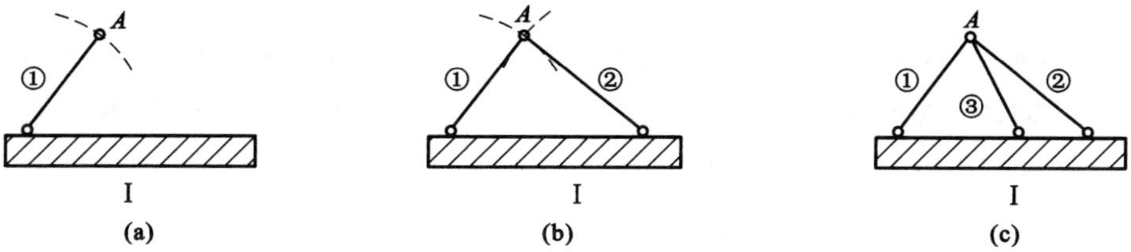

图 2-9

另外,在图 2-10(b)中,两链杆被设定在一条直线上,使得圆弧 1 和圆弧 2 在 A 点相切。因此,A 点可以有微小的竖向位移,体系是可变的。这种**在某一瞬时可以发生微小位移的体系称为瞬变体系**。瞬变体系是可变体系的一种特殊情况,也不能用作结构。所以,在规则Ⅰ中特别指明,连接刚片与点的两根链杆必须是不共线的,这样才能防止瞬变状态的出现。

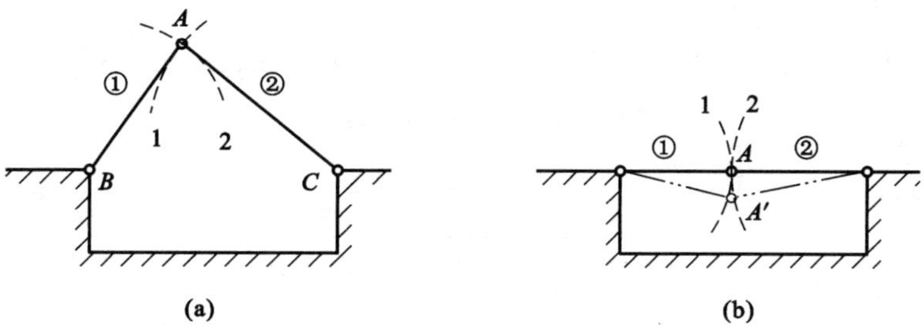

图 2-10

几何不变且无多余约束体系的三个组成规则都是三角(铰)形规则的应用,对于某一个体系的分析有时可以同时用多个规则来进行。这三个规则的区别在于把体系的哪些部分看作刚片，哪些部分看作限制刚片运动的约束。

图 2-11 中的桁架可以看作是多次应用二元体规则组成的无多余约束的几何不变体系。即用四对链杆(1,2)、(3,4)、(5,6)、(7,8)依次固定结点 A、B、C 和 D，其中每一对链杆都是一个二元体。

分析时只要依次拆除(7,8)、(5,6)、(3,4)、(1,2)，最后仅留下刚片基础(刚片)。原来的体系就可以被认为是：在基础上增添四个二元体之后构成的几何不变且无多余约束的体系。

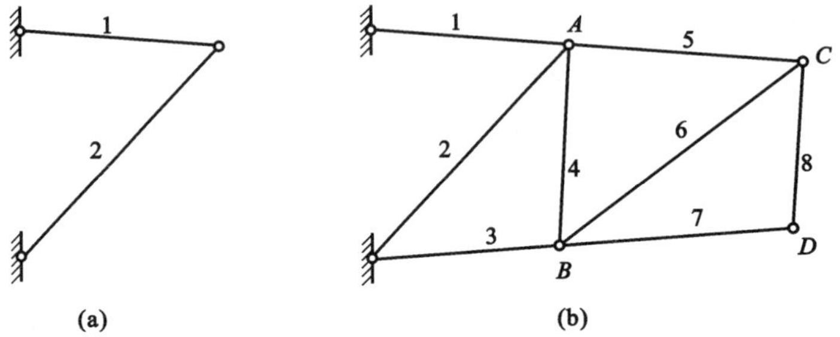

图 2-11

★★　你可以用其他规则来分析图 2-11 吗?

2.3.2　虚铰

一个简单铰或两根链杆都相当于两个约束。因而，连接两个刚片的一个单铰可以用两根链杆代替。

如图 2-12 所示，两个刚片(Ⅰ、Ⅱ)用两根链杆相连。把刚片Ⅰ看作基础(参照物)，则刚片Ⅱ上 A、C 两点只能沿链杆的垂直方向运动，即绕两杆的交点 E 转动。因此，两个刚片可看成是在点 E 处用铰相连。E 点称作转动的瞬时中心。可见两根链杆所起的约束作用与一个在两链杆交点处的铰相同。这个铰称为**虚铰**。

利用虚铰的概念，可将规则Ⅱ按另一方式表达如下：

平面内两刚片用三根既不完全交于同一点也不完全相互平行的链杆相连接，组成的体系几何不变且无多余约束(图 2-13)。

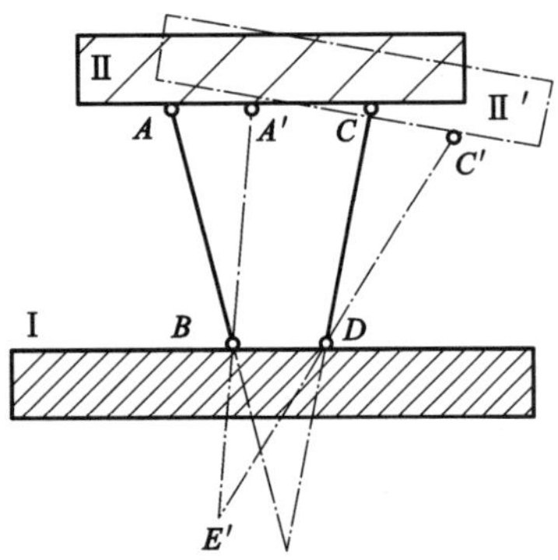

图 2-12

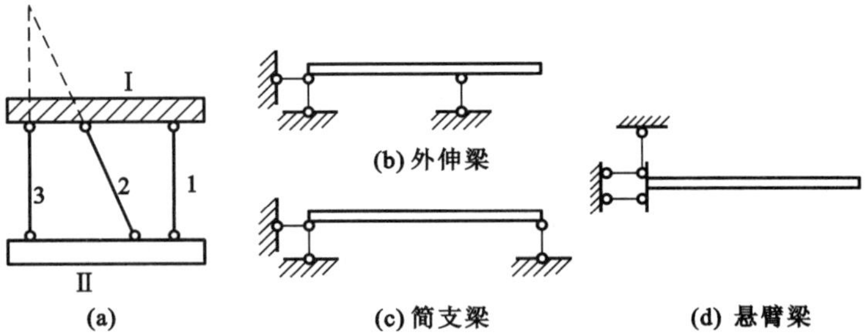

图 2-13

规则Ⅱ中要求三根链杆不共点。如果三链杆交于一点 E，如图 2-14(a)所示，则当基础Ⅰ

不动时，刚片Ⅱ可绕 E 点转动，因而是可变体系。图 2-14(b)中三链杆互相平行，可看作是三杆相交于无穷远处一点，这时，刚片Ⅱ相对于基础Ⅰ可以做水平移动，因而也是几何可变体系。

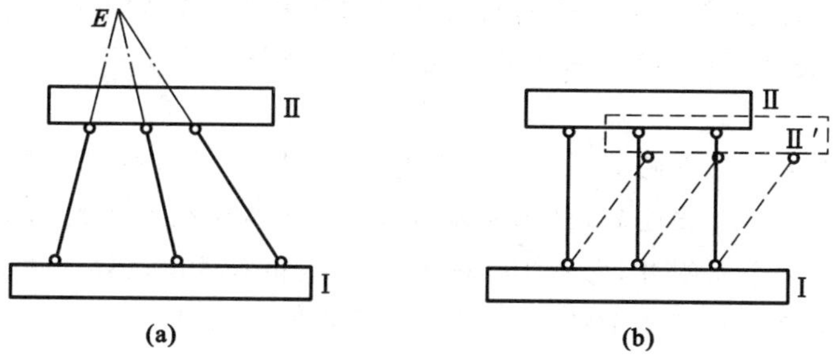

图 2-14

应用虚铰的概念，同样可以将规则Ⅲ作另一种理解，如图 2-15 所示，同学们可以试着归纳一下三刚片规则的第二种表达方式。

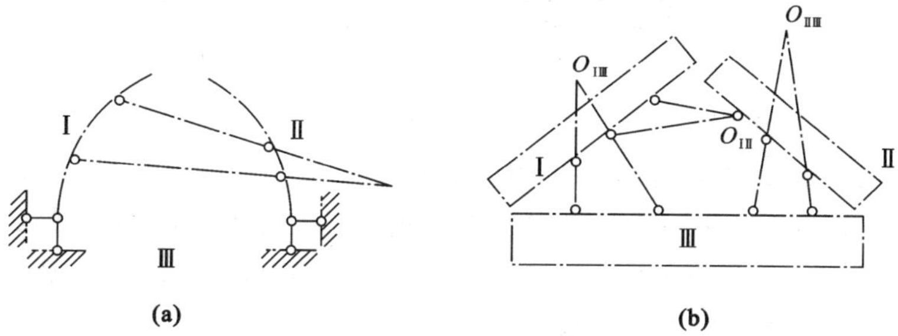

图 2-15

2.4 几何组成分析举例

几何不变体系的组成规则，是进行几何组成分析的依据。灵活使用这些规则，就可以很快地判定体系是否为几何不变体系以及有无多余约束或是确定多余约束的个数。分析要领如下：

微课 2.3 几何组成分析举例

(1) 选择刚片。在体系中任一杆件(特别是折杆、曲杆和那些连接铰不在端部的杆件、具有三个或三个以上连接点的复杂形状杆)以及某个几何不变的部分(如基础、铰接三角形)都可选作刚片。在选择刚片时，要考虑哪些是连接这些刚片的约束。

(2) 先从能直接观察到的几何不变部分开始，应用组成规则，逐步扩大几何不变部分直至整体。或者说，要充分利用第 1 章中所熟悉的那些结构(视其为刚片)。因为它们是几何不变部分，可视为其余部分的基础。

(3) 对于复杂体系可以采用以下方法来简化分析：

① 当体系边缘处有二元体时，应依次从外向内拆除所有的二元体，最后只分析剩余部分的杆系即可。

② 如果体系只用三根不完全交于一点也不完全平行的链杆支座与基础相连，或是用一个固定铰支座和一个可动铰支座将杆系与基础相连接时，可以先拆除支座与基础，只分析杆件体

系本身的内部活动度即可。

③ 利用约束的等效替换。只用两个铰与其他部分相连接的刚片可用一根由两铰间的连线而产生的直链杆代替；连接两个刚片的两根链杆可用其交点处的虚铰代替等。

【例 2-3】 试对图 2-16(a)所示体系进行几何组成分析。

【解】

先将此体系的左半部分中的基础和 AB 同时视为刚片，这两个刚片是用三根不全交于一点也不全平行的链杆 1、2、3 相连的，根据两刚片规则，此部分组成几何不变体系，且没有多余约束。然后将其视为一个大刚片，它与 BC 杆再用铰 B 和不通过该铰的链杆 4 相连，如图 2-16(b)所示，组成几何不变且没有多余约束的体系。同类体系见图 2-17。

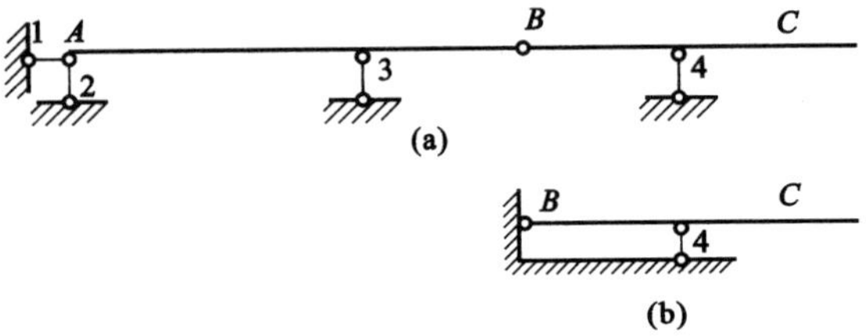

图 2-16

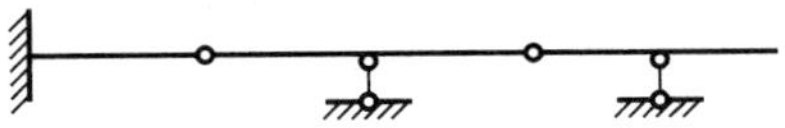

图 2-17

其实这里的 AB 是不用再另行分析的，因为它是同学们在第 1 章里就熟悉了的外伸梁——几何不变且无多余约束。在这里可直接将它看作是右侧 BC 部分的基础，而它与右侧相连接的单铰 B 可以看作是固定铰支座。此时，BC 段与基础间用固定铰 B 和可动铰 C 连接就构成了几何不变且无多余约束的体系。

【例 2-4】 试对图 2-18 所示体系进行几何分析。

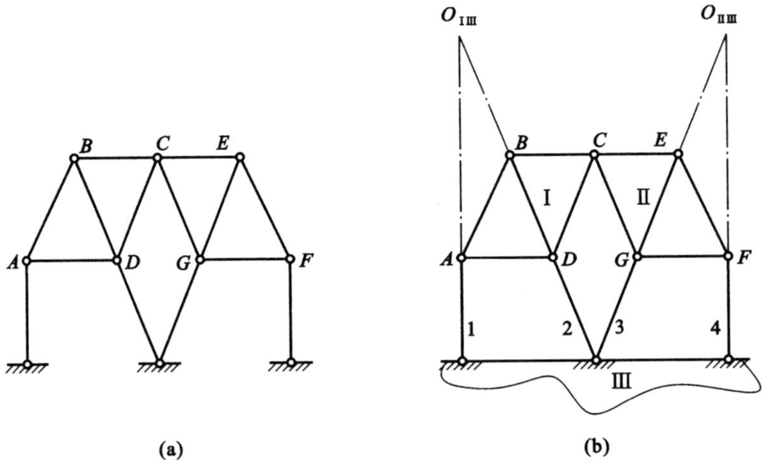

图 2-18

【解】

在此体系中，$ABCD$ 部分是由一个铰接三角形增加一个二元体组成的几何不变部分，同理，$CEFG$ 部分也是几何不变部分，它们均可当作刚片，分别用Ⅰ、Ⅱ表示。再将基础看作刚片，并以Ⅲ表示之。此时，刚片Ⅰ和Ⅱ用铰 C 连接；刚片Ⅰ和Ⅲ用链杆 1、2 构成的虚铰 $O_{\text{I}\,\text{III}}$ 连接；刚片Ⅱ和Ⅲ则用链杆 3、4 构成的虚铰 $O_{\text{II}\,\text{III}}$ 连接，由于铰 C 和虚铰 $O_{\text{I}\,\text{III}}$、$O_{\text{II}\,\text{III}}$ 不在同一直线

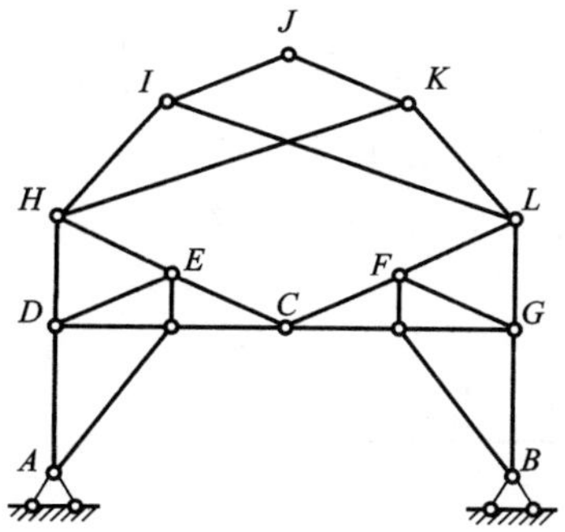

图 2-19

上，它符合三刚片规则的连接要求。所以，此体系为几何不变体系，且没有多余约束。

★★ 当有基础存在时，杆系内部最多只能有两个刚片。

练习：试对图 2-19 所示体系进行几何组成分析。

【例 2-5】 试对图 2-20(a)所示体系进行几何组成分析。

【解】

在此体系中，刚片 AC 只有两个铰与其他部分相连，其作用相当于一根用点画线表示的链杆 1。同理，刚片 BD 也相当于一根链杆 2，如图 2-20(b)所示。于是可得，CDE 部分有三个连接点——它不是链杆——只能叫作刚片。该刚片与基础之间用三根链杆 1、2、3 连接，这三根链杆的延长线交于一点 O，如图 2-20(c)所示。所以，此体系为瞬变体系。

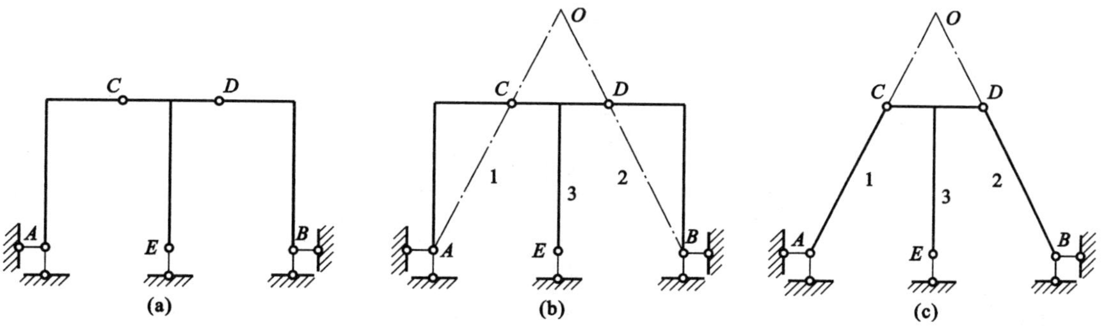

图 2-20

★★ 这里用的是替换法！

【例 2-6】 试对图 2-21(a)所示体系进行几何组成分析。

【解】

这是一种具有特殊性的体系——内含三根互相平行的杆件。

把三根互相平行的链杆看作刚片Ⅰ、Ⅱ、Ⅲ，如图 2-21(b)所示。Ⅰ和Ⅱ之间由链杆 AB 和 EF 连接，它们构成虚铰 $O_{\text{Ⅰ Ⅱ}}$；同理，Ⅱ和Ⅲ之间由链杆 ED 和 BC 构成的虚铰 $O_{\text{Ⅱ Ⅲ}}$ 相连；Ⅰ和Ⅲ之间由链杆 FC 和 AD 构成的虚铰 $O_{\text{Ⅰ Ⅲ}}$ 相连。由于三铰共线，故体系为瞬变体系。

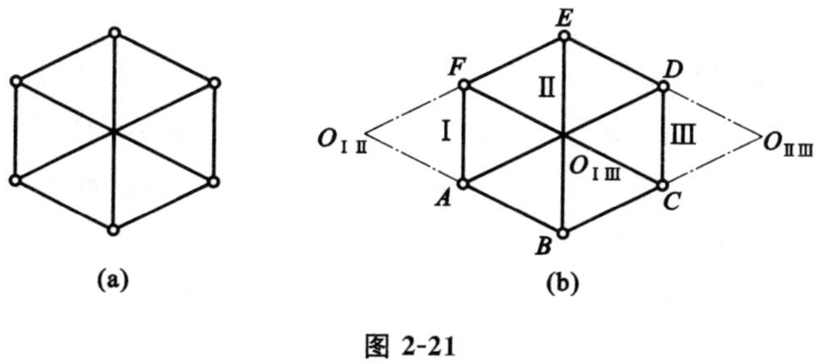

图 2-21

【例 2-7】 试对图 2-22(a)所示体系进行几何组成分析。

【解】

因为该体系只用三根不全交于一点也不全平行的支座链杆与基础相连，故可直接取内部体系进行几何组成分析，如图 2-22(b)所示。将 AB 视为刚片，再在其上增加二元体 AC 与 EC、BD 和 FD，组成几何不变体系，链杆 CD 是添加在几何不变体系上的约束，故此体系为具有一个多余约束的几何不变体系。

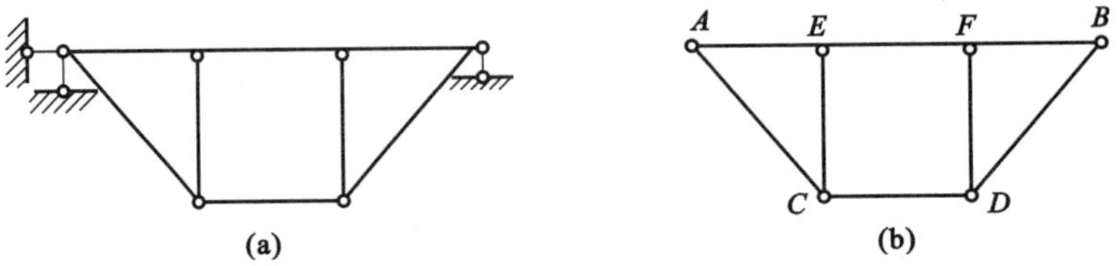

图 2-22

★★　图 2-22(a)中的 AB 为什么必须叫作刚片？体系的多余约束只能是 CD 杆吗？图 2-23的几何组成情况又怎样呢？

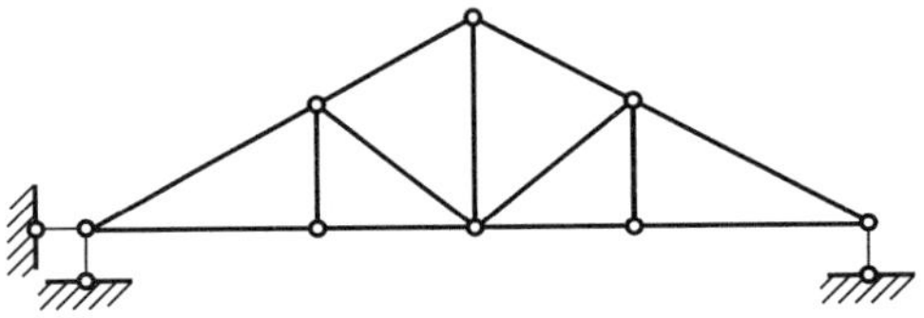

图 2-23

注意：

(1) 在进行几何组成分析时，体系中的每一根杆件和约束都不能遗漏，也不可重复使用(复铰可重复使用，但重复的次数不能超过其相当的单铰数)。当分析进行不下去时，一般是因为所选择的刚片或约束不恰当，应重新选择刚片或约束再试。

(2) 对于某一体系，可能有多种分析途径，但结论是唯一的。

2.5　杆件结构的分类

2.5.1　静定结构与超静定结构

杆件结构可以分为静定结构和超静定结构两类。

微课 2.4　杆件结构的分类

静定结构一定几何不变且没有多余约束，其自由度 $W=0$。

超静定结构是有多余约束的几何不变体系，体系中多余约束的个数称为超静定次数。它也等于按平衡方程求解未知力(见第 3 章)时所缺少的平衡方程的个数。超静定结构的自由度 $W<0$。

图 2-24(b)所示的水平梁有一个多余约束，为一次超静定结构。

其实，自由度 W 不仅是结构几何不变性的一个参数，同时也是其静力性能的一个参数。$W=0$ 体系几何不变又无多余约束，必为静定结构；反之，能从静力平衡方程求得唯一解的体系必定几何不变、无多余约束；若体系由平衡条件不能求得其全解，则必有多余约束存在，是超静定结构。

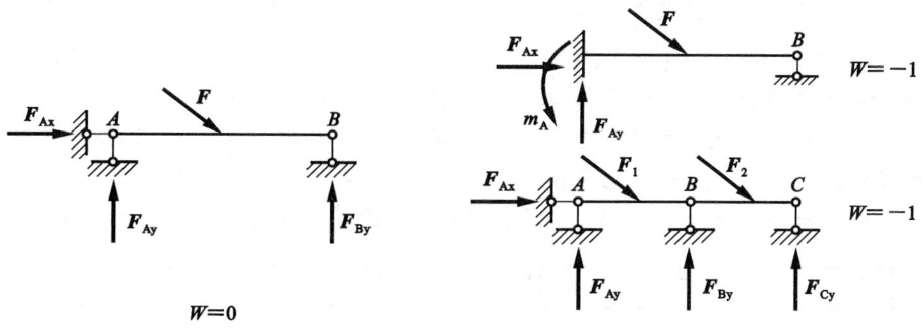

(a) (b)

图 2-24

2.5.2 超静定次数的确定方法

超静定的次数等于多余约束的个数。正确地判定多余约束的个数就可以确定结构超静定的次数，这是解决超静定问题的关键。

★★ 确定超静定结构的超静定次数，常采用撤去某些约束，使体系成为无多余约束的静定结构的方法。这样，凡是在变超静定为静定的过程中可以被撤去的约束就是多余约束，所撤去约束的个数就是体系的超静定次数。

例如，图 2-25(a)所示的连续梁，在链杆 2、3、4 中任意撤去一根，便能成为无多余约束的几何不变体系，如图 2-25(b)所示。而撤去的链杆相当于一个约束，因此，该体系就是一次超静定结构。又如图 2-26(a)所示的刚架，撤去铰 D 的约束，便成为无多余约束的几何不变体系——悬臂刚架，如图 2-26(b)所示。撤去一个铰相当于减少两个约束。因此，这是二次超静定刚架。

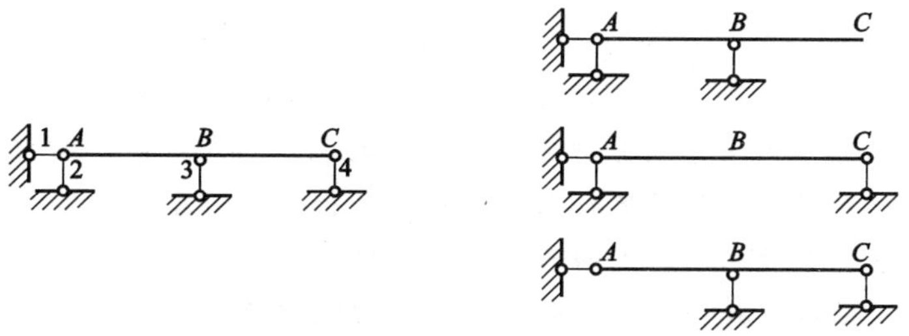

(a) (b)

图 2-25

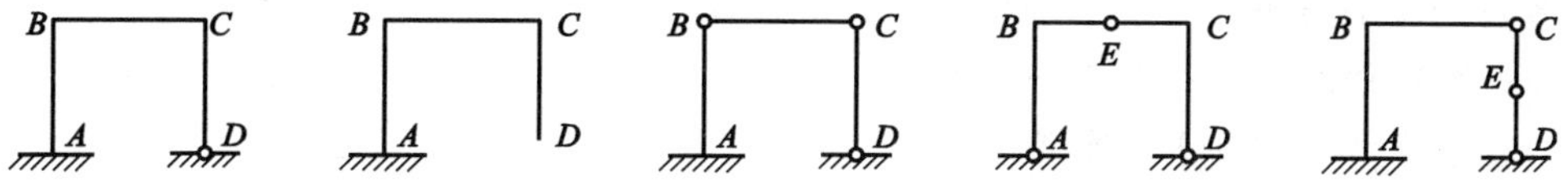

(a) (b) (c) (d) (e)

图 2-26

★★ 撤去约束可以有多种方式，学习者可在几何不变且无多余约束的三个规则引导下根据自己的习惯进行。图 2-26(a)的刚架，如将 B 和 C 处的刚性连接改为铰接，如图 2-26(c)所示，也可成为无多余约束的几何不变体系。另外，在杆系内其他位置处使用两个简单铰也可形成几何不变且无多余约束的静定结构——三铰结构，如图 2-26(d)所示。但是，必须注意，最终出现的三个铰不能在同一直线上，如图 2-26(e)所示，那样就成了几何可变体系。图 2-27(a)为两个超静定闭合框架，它们的图形是两个封闭的框子。如果把其中任意两根横杆切断，就得到图 2-27(b)所示的无多余约束的几何不变体系。每切断一个截面等于撤去一个刚性连接，即相当于撤去三个约束。因此，图 2-27(a)所示刚架是六次超静定结构。

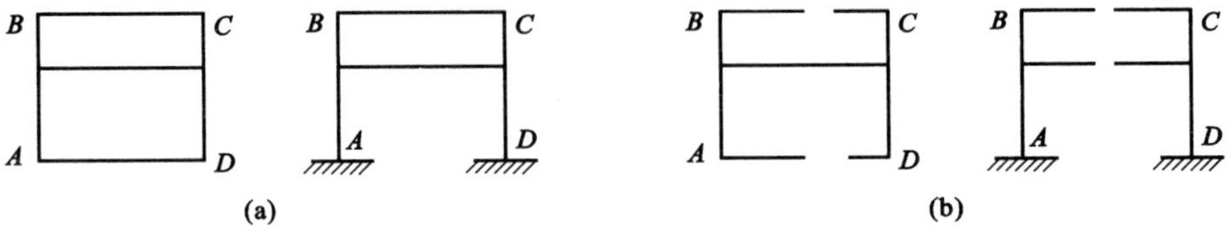

图 2-27

确定多余约束的数目时，要注意以下几点：

(1) 撤去一根支杆或切断一根链杆，等于撤去一个约束。

(2) 切开一个梁式杆(非链杆的杆)等于撤去三个约束。

(3) 在连续杆上加一个铰，或将固定端支座改为铰支座，等于去掉一个约束。

(4) 撤去一个简单铰等于撤去两个约束。

本章要点提示

1. 从几何组成的角度看，体系可以分为两大类：

体系：
- 几何不变体系
  - 无多余约束
  - 有多余约束
- 几何可变体系——不能用作结构

结构：
- 静定结构——几何不变无多余约束
- 超静定结构——几何不变有多余约束

2. 最常用的几何不变无多余约束体系组成规则的表示形式有以下四种：

(1) 用不在同一直线上的两根链杆来连接一个点和一个刚片——二元体规则。

(2) 两刚片用不全平行也不共点的三根链杆连接。

(3) 两刚片用一根链杆和一个不与此链杆共线的铰链连接。

(4) 三刚片用不在同一直线上的三个铰(实铰或虚铰)两两相连。

学习时，要注意这四种形式的实质——三角(铰)形规律。

3. 各种约束的性质：

(1) 一个链杆或支杆相当于一个约束；

(2) 一个简单铰相当于两个约束；

(3) 连接两个刚片的两根链杆的交点相当于一个铰；

(4) 一个刚性连接相当于三个约束。

本章的几何组成分析的目的在于：一方面，在组成各种结构时，它用来保证结构的几何不变性；另一方面，还用于确定结构的超静定次数，以便对超静定结构进行内力分析计算。

复 习 题

2-1 分析图 2-28 所示各体系的几何组成情况。

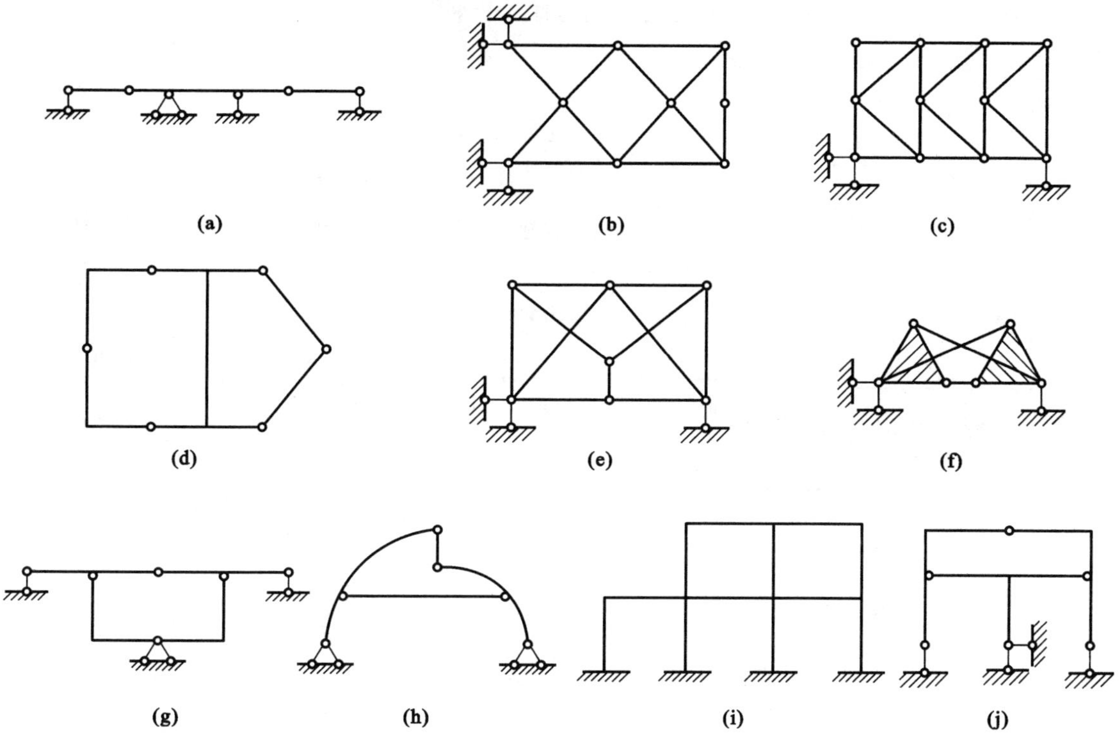

图 2-28

2-2 判断图 2-29 所示各组结构的超静定次数。

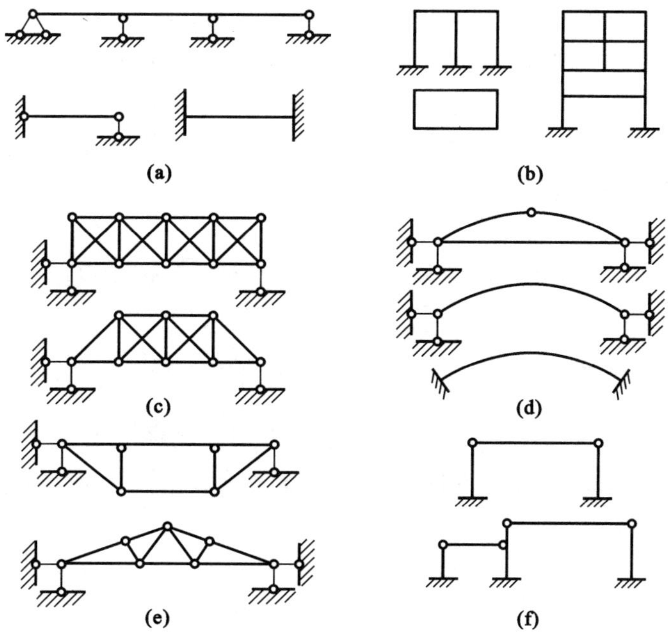

图 2-29

3　静定结构的平衡计算

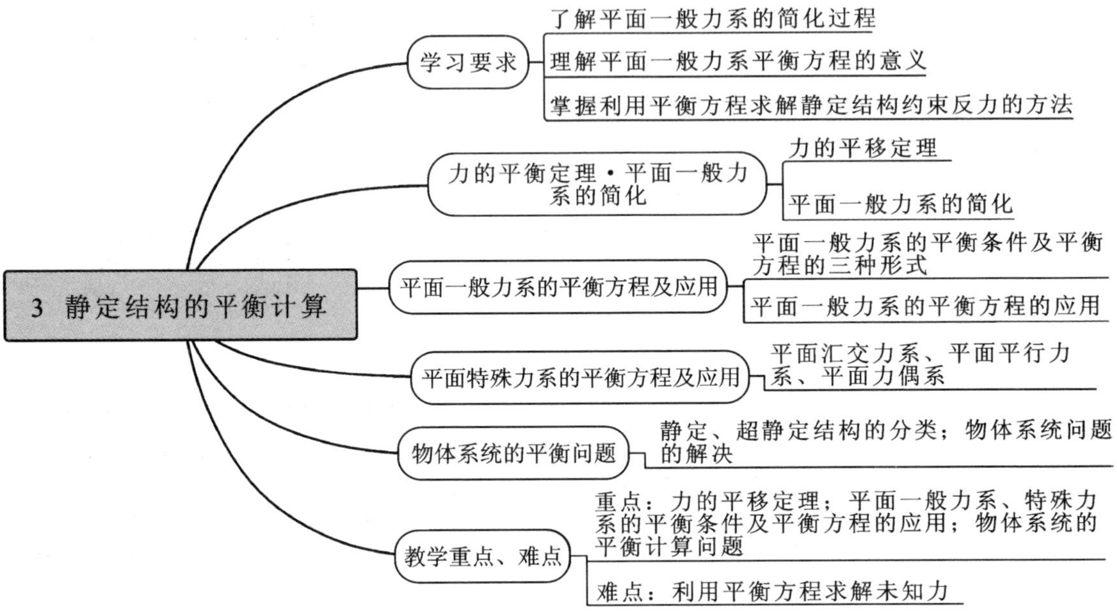

平面力系具有多种形式。比如：平面汇交力系（作用线在同一平面内并能完全汇交于同一点的力系）、平面平行力系（作用线在同一平面内且完全相互平行的力系）和平面力偶系、平面一般力系等。平面一般力系通常是指物体所受各力的作用线都在同一平面内，既不完全相交于一点也不完全相互平行又不能够完全成为平面力偶的力系。平面一般力系是工程中最常见的力系，在理解和掌握了平面一般力系的平衡计算方法之后，那些平面汇交力系、平面平行力系等平面特殊力系的平衡问题就会迎刃而解。

3.1　力的平移定理及平面一般力系的简化

3.1.1　力的平移定理

三维动画 3.1
力的平移定理

如图 3-1(a)所示，已知力 $\boldsymbol{F}$ 作用在刚体上的 A 点，在此刚体上任取一点 O 之后，我们怎样才能把力 $\boldsymbol{F}$ 平移到 O 点，而不改变其原来的作用效应呢？

根据加减平衡力系公理，在 O 点加上一对平衡力 $\boldsymbol{F}'$ 和 $\boldsymbol{F}''$，并使 $\boldsymbol{F}'=\boldsymbol{F}=-\boldsymbol{F}''$，如图3-1(b)所示。那么，由 $\boldsymbol{F}$、$\boldsymbol{F}'$ 和 $\boldsymbol{F}''$ 组成的力系与原力 $\boldsymbol{F}$ 对刚体的作用效应相同，如图 3-1(a)所示。而加上一对平衡力之后，$\boldsymbol{F}''$ 和 $\boldsymbol{F}$ 组成一个力偶($\boldsymbol{F}$ ，$\boldsymbol{F}''$)，其力偶矩为：

$$m(\boldsymbol{F}, \boldsymbol{F}'') = -F \cdot d = m_O(\boldsymbol{F})$$

因此，原先作用于 A 点的力 $\boldsymbol{F}$ 就与目前作用在 O 点的力 $\boldsymbol{F}'$ 和力偶($\boldsymbol{F}$,$\boldsymbol{F}''$)等效，如图 3-1(c)所示。由此可得**力的平移定理**：作用在刚体上某点处的一个力可以平移到该刚体上的另外一点，但必须附加一个力偶，其力偶矩等于原来的力对新作用点的力矩。

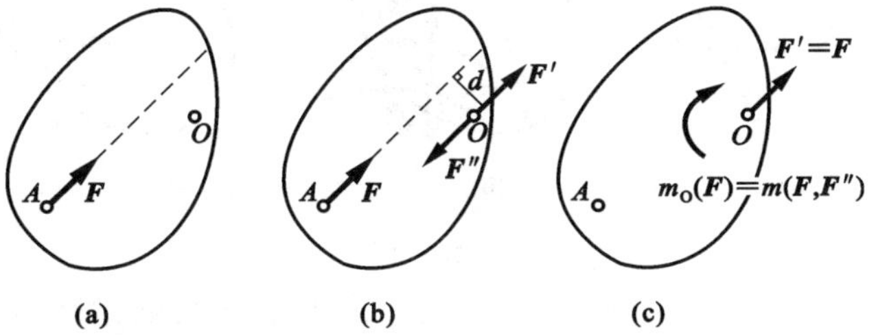

图 3-1

微课 3.1 力的平移定理和平面一般力系的简化

应用力的平移定理时，须注意：

(1) 此定理只适用于刚体。

(2) 新的作用点可以选择在刚体上的任意位置，而平移后的力 $\boldsymbol{F}'$ 与原力 $\boldsymbol{F}$ 矢量相等。但附加力偶矩 $m=\pm Fd$ 的大小和转向与新作用点的位置有关，因为附加力偶矩的力偶臂 d 会因新作用点位置的不同而变化。

力的平移定理表明：作用于刚体上某点的一个力可以和作用于另外一点的一个力和一个力偶等效；反过来，同一平面内的一个力和一个力偶可以合成一个力，就如同将图 3-1(c)等效地转化为图 3-1(a)。图中力 $\boldsymbol{F}'$ 与 $\boldsymbol{F}$ 两作用线间的垂直距离为

$$d = \frac{|m|}{F'} = \frac{|m|}{F}$$

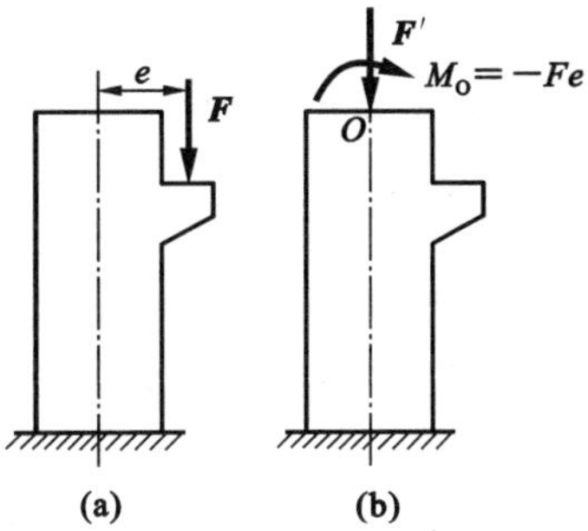

图 3-2

力的平移定理是平面一般力系向同平面内某一点简化的理论依据，也是分析力对物体作用效应的一个重要方法。例如，图 3-2(a)中的牛腿柱受到吊车梁传来的荷载 $\boldsymbol{F}$ 的作用。为了分析 $\boldsymbol{F}$ 的作用效应，可将力 $\boldsymbol{F}$ 平移到柱子轴线上的 O 点处。这时，根据力的平移定理可以得到一个力 $\boldsymbol{F}'$ 和一个附加力偶 M_O，$M_O=-Fe$，如图 3-2(b)所示。可以很明显地看出，力 $\boldsymbol{F}'$ 使柱子轴向受压，力偶 M_O 则使柱子平面弯曲。

3.1.2 平面一般力系向作用面内任一点的简化——主矢量和主矩

动画 3.1 平面一般力系向平面内任意一点的简化

设刚体受平面一般力系 $\boldsymbol{F}_1$、$\boldsymbol{F}_2$、…、$\boldsymbol{F}_n$ 作用，如图 3-3(a)所示。为将这一力系进行简化，首先在力系作用的平面内任意取一点 O 并称之为**简化中心**，然后根据力的平移定理，将各力逐个地平移到 O 点，并附加各自相应的力偶矩，如图 3-3(b)所示。此时，原力系就被等效地分解成两个特殊力系：一个是作用于 O 点的平面汇交力系 $\boldsymbol{F}_1'$、$\boldsymbol{F}_2'$、…、$\boldsymbol{F}_n'$，另一个是平面力偶系 m_1、m_2、…、m_n。

经过第 1 章的学习，大家知道：平面汇交力系 $\boldsymbol{F}_1'$、$\boldsymbol{F}_2'$、…、$\boldsymbol{F}_n'$ 可以合成为一个作用于简化中心 O 的合力，这个力用 $\boldsymbol{F}_R'$ 表示，习惯上称之为原力系的**主矢量**(简称：主矢)；平面力偶系

m_1、m_2、…、m_n 可以合成为一个合力偶，这个合力偶的力偶矩用 M_O 表示，并称之为原力系对 O 点的**主矩**，如图 3-3(c)所示。

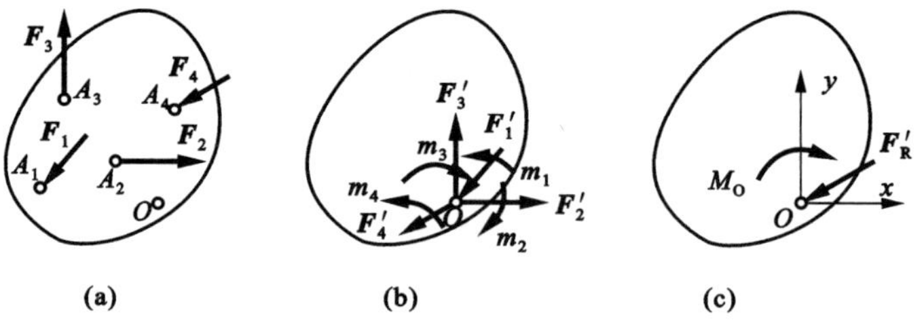

图 3-3

过 O 点建立直角坐标系 Oxy，如图 3-3 所示。应用**合力投影定理**可知主矢量 $\boldsymbol{F}_R{}'$ 在 x 轴和 y 轴上的投影进而求得主矢 $\boldsymbol{F}_R{}'$ 的大小和方向。即

$$\begin{cases}\sum F'_{Rx}=F'_{1x}+F'_{2x}+\cdots+F'_{nx}=F_{1x}+F_{2x}+\cdots+F_{nx}=\sum F_x\\ \sum F'_{Ry}=F'_{1y}+F'_{2y}+\cdots+F'_{ny}=F_{1y}+F_{2y}+\cdots+F_{ny}=\sum F_y\end{cases}$$

式中　F'_{ix}，F'_{iy}，F_{ix}，F_{iy}——分别是力 $\boldsymbol{F}'_i$ 和 $\boldsymbol{F}_i$ 在坐标轴 x 轴和 y 轴上的投影。

由于 $\boldsymbol{F}'_i$ 和 $\boldsymbol{F}_i$ 矢量相等，所以它们在同一轴上的投影相等，即

$$F'_{ix}=F_{ix}$$
$$F'_{iy}=F_{iy}$$

(1) 主矢量 $\boldsymbol{F}_R{}'$

大小：

$$F'_R=\sqrt{F'^2_{Rx}+F'^2_{Ry}}=\sqrt{(\sum F_x)^2+(\sum F_y)^2}\tag{3-1a}$$

方向角：

$$\tan\alpha=\left|\frac{F'_{Ry}}{F'_{Rx}}\right|=\left|\frac{\sum F_y}{\sum F_x}\right|\tag{3-1b}$$

式中　α——$\boldsymbol{F}_R{}'$ 与 x 轴所夹的锐角；

$\boldsymbol{F}_R{}'$——主矢量，其方向由 $\sum F_x$ 和 $\sum F_y$ 的正负号确定。

(2) 主矩 M_O

$$M_O=m_1+m_2+\cdots+m_n=m_O(\boldsymbol{F}_1)+m_O(\boldsymbol{F}_2)+\cdots+m_O(\boldsymbol{F}_n)=\sum_{i=1}^{n}m_O(\boldsymbol{F}_i)\tag{3-2}$$

综上所述，平面一般力系向平面内任意一点简化后可以得到一个力和一个力偶，即主矢量和主矩。主矢量等于原力系中各力的矢量和并且作用在简化中心，它能够使物体产生移动效应。主矩等于原力系中的各力对简化中心的力矩的代数和，它使物体围绕简化中心进行转动。显然，主矢量的大小和方向与简化中心的位置无关，故无论简化中心选在何处，主矢量的大小、方向都不会改变；主矩的大小和转向则随着简化中心位置的不同而不同。所以，谈到主矩时，必须强调是对于哪一点的主矩。

通常，单独的主矢量或主矩并不能与原力系等效。主矢量不是原力系的合力，主矩也不是原力系的合力偶矩，只有主矢量和主矩两者相结合才能与原力系等效。

【例 3-1】　已知：挡土墙自重 $W=400$ kN，水压力 $P=170$ kN，土压力 $Q=340$ kN，各力的

方向如图 3-4(a)所示。试求将这三个力向底面中心 O 点简化的结果。

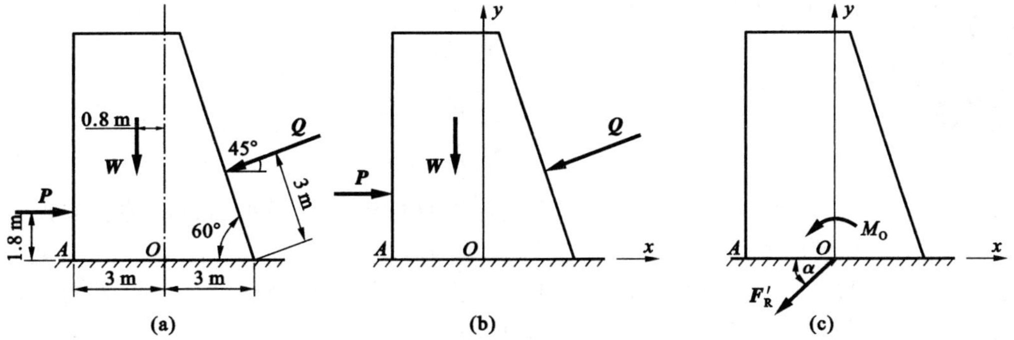

图 3-4

【解】

以底面中心 O 为简化中心，建立坐标系，如图 3-4(b)所示。由式(3-2)可求得主矢量的大小和方向。由于

$$\sum F_x = P - Q\cos 45° = 170 - 340 \times 0.707 = -70.4\ \text{kN}$$

$$\sum F_y = -Q\sin 45° - W = -340 \times 0.707 - 400 = -640.4\ \text{kN}$$

所以

$$F'_R = \sqrt{(\sum F_x)^2 + (\sum F_y)^2} = \sqrt{(-70.4)^2 + (-640.4)^2} = 644.3\ \text{kN}$$

$$\tan\alpha = \frac{\left|\sum F_y\right|}{\left|\sum F_x\right|} = \frac{640.4}{70.4} = 9.1 \quad \alpha = 83.72°$$

因为 F_x 和 F_y 都是负值，故 F'_R 指向第三象限，与 x 轴之夹角为 α。

再由式(3-3)可求得主矩为

$$\begin{aligned} M_O &= \sum m_O(\boldsymbol{F}) \\ &= -P \times 1.8 + Q\cos 45° \times 3 \times \sin 60° - Q\sin 45° \times (3 - 3\cos 60°) + W \times 0.8 \\ &= 277.9\ \text{kN} \cdot \text{m} \end{aligned}$$

计算结果为正，表示 M_O 的方向为逆时针方向。

★★ 若将这三个力向底面的 A 点简化，结果会怎样？将该结果与向底面中心 O 点简化的结果比较看看。

3.2 平面一般力系的平衡方程

3.2.1 平衡方程的基本形式

平面一般力系向平面内任意一点简化后可以得到主矢量 $\boldsymbol{F}_R'$ 和主矩 $M_O(\boldsymbol{F})$。当力系的主矢量 $\boldsymbol{F}_R'=0$，主矩 $M_O(\boldsymbol{F})=0$ 时，原力系既不能使物体产生移动效应，又不能使物体产生转动效应，该力系就使物体处于平衡状态而力系自身也就成了平衡力系。反过来，倘若某一力系是平衡力系，则其主矢 $\boldsymbol{F}_R'$ 和主矩 $M_O(\boldsymbol{F})$ 必定都为零。由此可见，平面一般力系平衡的充分必要条件是:**力系的主矢量和力系对于任一点的主矩都为零。**

微课 3.2
平面力系的平衡方程

根据式(3-1)和式(3-2)可知,平面一般力系的平衡条件可以表示为:

$$\left.\begin{aligned}\sum F_x &= 0\\ \sum F_y &= 0\\ \sum m_O(\boldsymbol{F}) &= 0\end{aligned}\right\}\qquad(3\text{-}3)$$

这三个代数形式的等式就称为**平面一般力系平衡方程的基本形式**。其中,前两式称为投影方程,第三式称为力矩方程。

该平衡方程表明:力系中所有力在任意一个坐标轴上的投影的代数和都为零,而且力系中所有力对任一点力矩的代数和也等于零。

需要指出的是,上述平衡方程中的三个方程式彼此间是相互独立的,在用来求解平面一般力系的平衡问题时,最多只能求解三个未知量。

3.2.2 平衡方程的其他形式

因为简化中心的选取具有任意性就使得平衡方程的形式并非基本形式一种,它还可以写成其他的形式。这些其他形式与基本形式的平衡方程是等效的,都可以帮助我们计算出力系中的未知量,甚至应用起来会更加便捷。它们是:

(1) 二力矩式

$$\left.\begin{aligned}\sum F_x &= 0\\ \sum m_A &= 0\\ \sum m_B &= 0\end{aligned}\right\}\qquad(3\text{-}4)$$

其中,A、B 两点连线不能与 x 轴垂直[图 3-5(a)]。

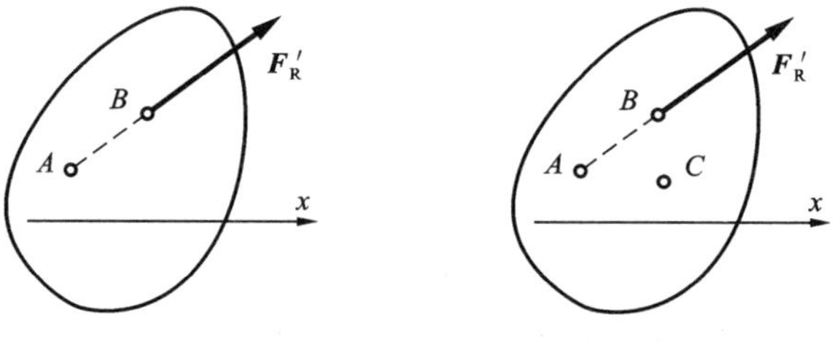

(a)　　　　(b)

图 3-5

在式(3-4)中,若 $\sum m_A = 0$、$\sum m_B = 0$ 两式成立,就极大地满足了主矩等于零的要求,同时也说明原力系只能简化成为其作用线既通过 A 点又通过 B 点的一个合力 $\boldsymbol{F}'_R$,又若 $\sum F_x = 0$ 也成立,并且 A、B 两点的连线不垂直于 x 轴,则合力 $\boldsymbol{F}'_R$ 必为零,否则它在 x 轴上的投影不为零就与 $\sum F_x = 0$ 矛盾。由此可见,同时满足式(3-4)的力系必为平衡力系。因此,式(3-4)同样代表了平面一般力系平衡的充分必要条件,所以它也是平面一般力系的平衡方程。

(2) 三力矩式

$$\left.\begin{aligned}\sum m_{\mathrm{A}} &= 0\\ \sum m_{\mathrm{B}} &= 0\\ \sum m_{\mathrm{C}} &= 0\end{aligned}\right\} \tag{3-5}$$

其中 A、B、C 三点不共线[图 3-5(b)]。

若某力系满足式中的三个力矩式平衡方程，则力系如果存在主矢量，该主矢量的作用线就必须通过 A、B、C 三个不共线的点，故此主矢量只能是零，力系必然平衡。

这样，平面一般力系共有三组不同形式的平衡方程，每一组都只包含三个独立的方程式。因此，任何受平面一般力系作用的物体，也只能列出三个独立的平衡方程并以此来求解三个未知量，任何第四个方程都不是独立的。至于在解题中应选用哪一种形式的平衡方程，则完全取决于个人的习惯及计算的方便性。初学时要注意观察每一种平衡方程形式的特点。

3.2.3 平面一般力系平衡方程的应用

微课 3.3 平面力系平衡方程的应用

平面一般力系的平衡方程，主要是用来计算静定结构的约束反力的。应用平衡方程解决问题的过程有以下几个环节：

(1) 根据所要解决的问题，恰当地选取研究对象：选取研究对象的原则是，要使所取物体上既包含已知条件，又包含较少的未知量。如果某个物体上既有已知力，同时又包含有待求未知量(最多 3 个)，直接取它作为研究对象进行分析计算即可达到目的。

(2) 对已经选定的研究对象进行受力分析，正确地画出受力图：在研究对象上画出它所受到的全部的主动力和约束反力。约束反力的大小和方向一般都是未知量，可以先在受力图中进行假设。

(3) 建立平衡方程式，求解未知量：为简化计算，避免求解联立方程组，应选取适当的坐标轴和矩心以列出最为简便的平衡方程式。

★★ *在应用投影方程时，选取的坐标轴应尽量与多个未知力相垂直；应用力矩方程时，矩心应选在多个未知力的交点上，尽可能做到每个方程只含有一个未知量，以便求解。*

还应注意的是：如果解方程后所求得的未知量结果为正，则表示受力图中假设的方向与实际指向一致；如果其计算结果为负，则表示假设的方向与实际方向相反。

下面分别应用平衡方程的多种形式来求解物体的平衡问题。

【例 3-2】 悬臂梁 AB(一端固定、一端自由)所承受的荷载如图 3-6(a)所示，求支座 A 的约束反力。

【解】

(1) 以梁 AB 为研究对象，画其受力图，如图 3-6(b)所示，图中 A 处支座反力的方向是假设的。从图中可以看出，梁上所承受的荷载和支座反力组成了平面一般力系。

注意：

① 已知力偶 m 与约束反力中的力偶不能够互相取代——要在 A 处设约束力偶矩 m_{A}。

② 均布荷载 $\boldsymbol{q}$ 的合力大小为 q 与分布长度之积，方向与 $\boldsymbol{q}$ 相同，作用在 AB 的中点。

(2) 建立坐标系，如图 3-6(b)所示，列平衡方程：

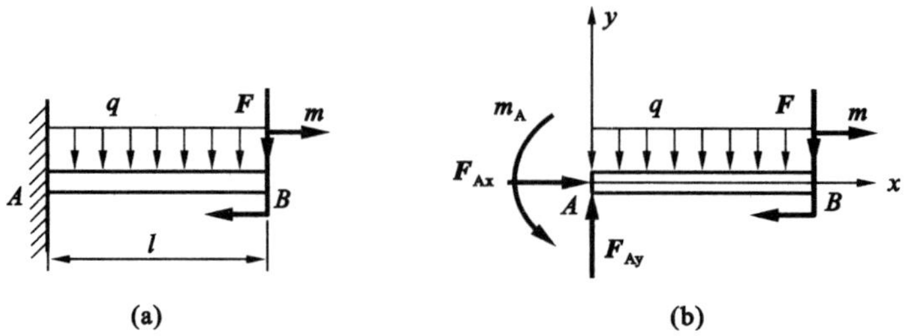

图 3-6

$$\sum F_x = 0 \quad F_{Ax} = 0$$

$$\sum F_y = 0 \quad F_{Ay} - ql - F = 0$$

$$F_{Ay} = ql + F \quad \text{[指向如图 3-6(b) 所示]}$$

$$\sum m_A(\boldsymbol{F}) = 0$$

$$m_A - m - ql \times \frac{l}{2} - Fl = 0 \quad \text{(转向如图所示)}$$

校核：

$$\sum m_B(\boldsymbol{F}) = m_A - m + ql \times \frac{l}{2} - F_{Ay}l = m + Fl + \frac{1}{2}ql^2 - m + \frac{1}{2}ql^2 - (F + ql)l = 0$$

说明计算无误。

★★　该悬臂梁上不存在有不共线的三个点，计算时不能使用三矩式平衡方程。同学们试着用二矩式方程组来计算一下吧。你会发现：悬臂梁（或柱）支座反力的计算，用平衡方程的基本形式是最为便捷的。

【例 3-3】　图 3-7(a)所示为一管道支架，该支架所承受的管重 $G_1 = 12$ kN，$G_2 = 7$ kN，且支架自重不计。求支座 A 和 C 处的约束反力。

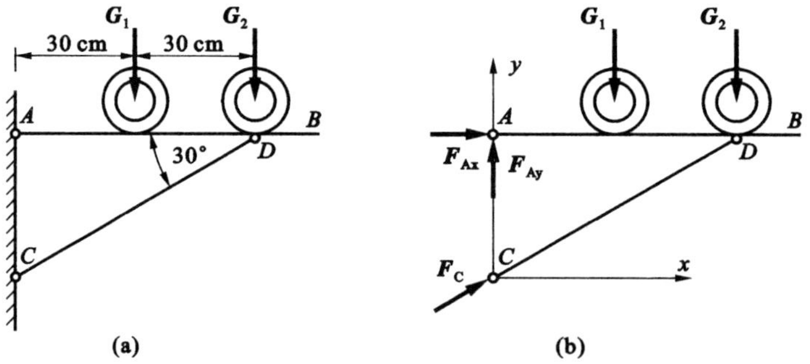

图 3-7

【解】　以架杆整体为研究对象，受力如图 3-7(b)所示。建立直角坐标系后，其平衡方程为

$$\sum m_A(\boldsymbol{F}) = 0 \qquad F_C \cos 30° \times 60 \times \tan 30° - G_1 \times 30 - G_2 \times 60 = 0$$

$$F_C = G_1 + 2G_2 = 26 \text{ kN}(\nearrow)$$

$$\sum m_C(\boldsymbol{F}) = 0 \qquad -F_{Ax} \times 60 \times \tan 30° - G_1 \times 30 - G_2 \times 60 = 0$$

$$F_{Ax} = -\frac{\sqrt{3}}{2}(G_1 + 2G_2) = -22.5 \text{ kN}(\leftarrow)$$

$$\sum F_y = 0 \qquad F_{Ay} + F_C \sin 30^\circ - G_1 - G_2 = 0$$

$$F_{Ay} = G_1 + G_2 - F_C \sin 30^\circ = 6\ \text{kN}(\uparrow)$$

校核：$\sum F_x = F_C \cos 30^\circ + F_{Ax} = 0$ 说明计算无误。

思考：本题采用的是二矩式平衡方程，你知道为什么要这样选择吗？你又能想出什么方程形式来计算呢？大胆地试试吧。

★★ 如果将此例题中杆件 DC 的长度缩短一些，它是不是像链杆支座呢？当图中所标角度由 30°改为 90°时，是不是又成了可动铰支座呢？

没错！就是这样的。也就是说，像这样的结构（仅用一个固定铰支座和一个可动铰支座来支承的结构——简支结构或外伸结构）都能够利用二矩式方程，并达到一个方程只含有一个未知量的目的。下面的例子会再次证实这一点。

【例 3-4】 如图 3-8(a)所示，已知：$q=2$ kN/m，$F=20$ kN，求该简支刚架的支座反力。

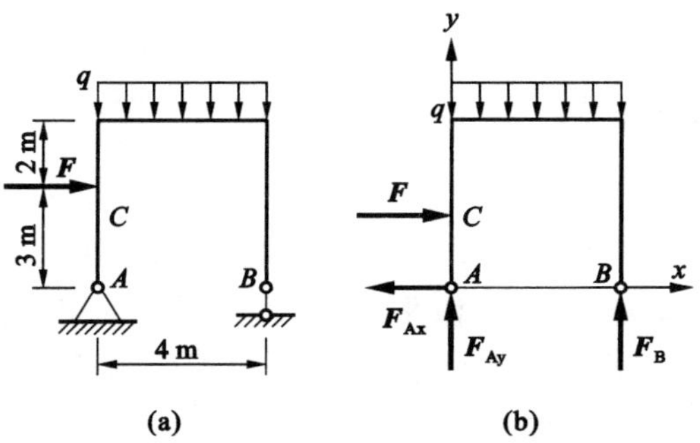

图 3-8

【解】

取刚架为研究对象，受力分析后建立坐标系如图 3-8(b)所示。刚架上所承受的荷载和支座反力组成平面一般力系。则：

$$\sum m_A = 0 \qquad 4F_B - 3F - 4q \times 2 = 0$$

$$F_B = \frac{1}{4}(3F + 8q) = \frac{3 \times 20 + 8 \times 2}{4} = 19\ \text{kN}(\uparrow)$$

$$\sum m_B = 0 \qquad -4F_{Ay} - 3F + 4q \times 2 = 0$$

$$F_{Ay} = \frac{1}{4}(8q - 3F) = \frac{8 \times 2 - 3 \times 20}{4} = -11\ \text{kN}(\downarrow)$$

F_{Ay}为负值，表示力的实际方向与假设方向相反。

$$\sum m_C = 0 \qquad -3F_{Ax} - 4q \times 2 + 4F_B = 0$$

$$F_{Ax} = \frac{4F_B - 8q}{3} = \frac{4 \times 19 - 8 \times 2}{3} = 20\ \text{kN}(\leftarrow)$$

校核：$\sum F_y = F_{Ay} + F_B - 4q = -11 + 19 - 4 \times 2 = 0$ 说明计算无误。

思考：本例中对 F_{Ay}、F_B 的计算可谓简捷，但 F_{Ax} 的计算就显得复杂了。你认为求 F_{Ax} 的最直接的方法是什么？答案是 $\sum F_x = 0$ 。可以看出：用二矩式方程组计算这类结构是最佳选择。再看看图 3-9 就会确定无疑了。

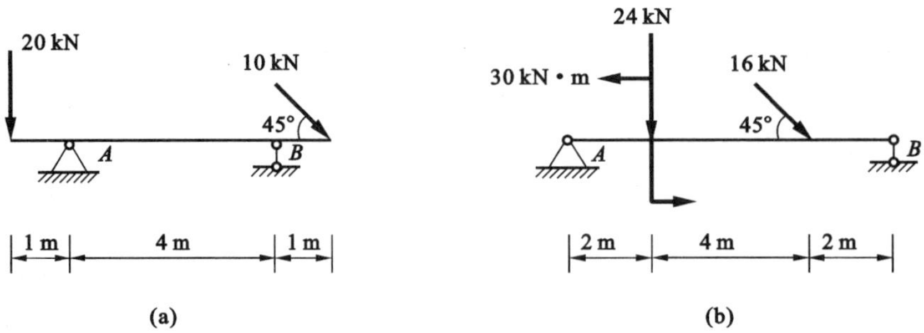

图 3-9

3.3 平面特殊力系的平衡方程及其应用

3.3.1 平面汇交力系的平衡方程

微课 3.4 平面特殊力系的平衡方程及应用

如图 3-10 所示，物体所受各力的作用线均在同一平面内且作用线的延长线全部都汇交于一点 O，因此 $M_O \equiv 0$。此时物体只能随着 O 点做平动。故此，该平面汇交力系使物体平衡的充分必要条件就是要消除平动效应。其平衡方程为

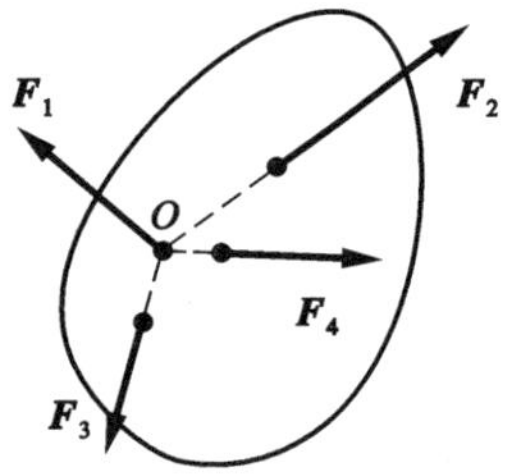

图 3-10

$$\left.\begin{aligned}\sum F_x = 0\\ \sum F_y = 0\end{aligned}\right\} \tag{3-6}$$

平面汇交力系平衡方程的力学意义在于：各力在相互垂直的两个坐标轴上投影的代数和均等于零。这是两个独立的方程，可以求解出两个未知量。

【例 3-5】 已知三角支架系统如图 3-11 所示，不计杆件自重且 $F=20$ kN，求：杆 AB、BC 受到的力。

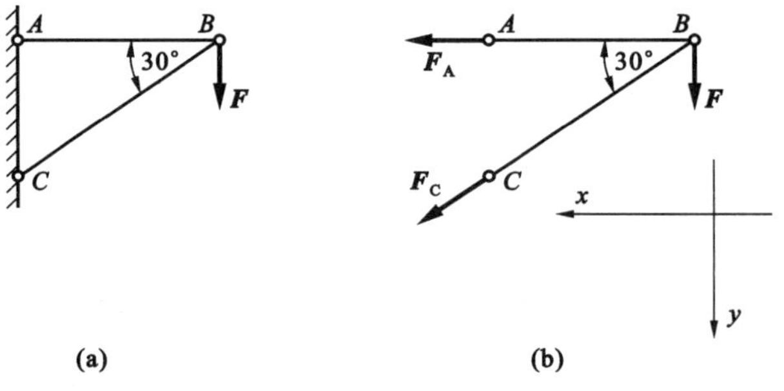

图 3-11

【解】

(1) 选取 AB 和 BC 两杆构成的整体为研究对象，其受力如图 3-11(b)所示，图中各力形

成平面汇交力系。

（2）建立坐标系并列出平衡方程：

$$\sum F_x = 0$$

$$F_A + F_C\cos\alpha = 0$$

$$\sum F_y = 0$$

$$F + F_C\sin\alpha = 0$$

将 $F=20\ \text{kN}$，$\alpha=30°$代入后解得：

$$F_C = -\frac{F}{\sin30°} = -\frac{20}{\sin30°} = -40\ \text{kN}$$

$$F_A = -F_C\cos30° = 40\times\frac{\sqrt{3}}{2} = 34.64\ \text{kN}$$

说明：$\boldsymbol{F}_C$ 的指向与图示方向相反，而 $\boldsymbol{F}_A$ 的指向与图中假设方向一致。

★★ 在计算 AB 和 BC 两杆受力时能否采用力矩式的平衡方程？将方程组 $\sum F_y = 0$，$\sum m_C = 0$ 和 $\sum F_y = 0$，$\sum F_x = 0$ 相比你能得到什么启发？

3.3.2 平面平行力系的平衡方程

如图 3-12 所示，物体受平面平行力系作用。由于所选取的 x 轴与各力垂直，则不论力系是否平衡，每个力在 x 轴上的投影都等于零，即 $\sum F_x \equiv 0$。因而，由平面一般力系平衡方程的基本形式就可以得出平面平行力系的平衡方程为

$$\left.\begin{aligned}\sum F_y &= 0\\ \sum m_O &= 0\end{aligned}\right\} \tag{3-7}$$

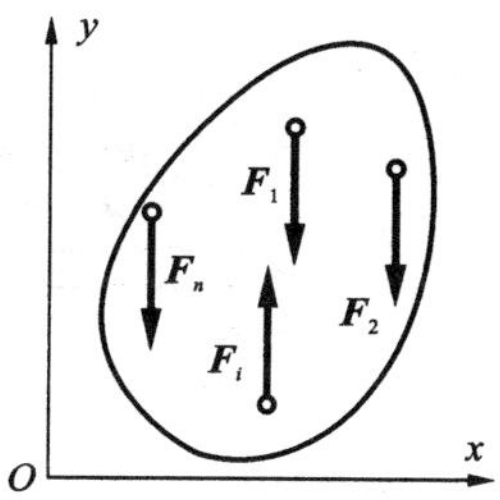

图 3-12

可见：平面平行力系具有两个有效的平衡方程，一次可以求得两个未知量。

【例 3-6】 计算图 3-13(a)所示简支桁架的支座反力。

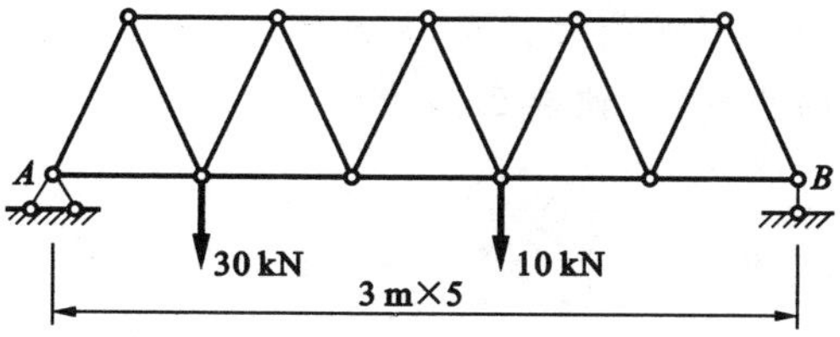

(a)

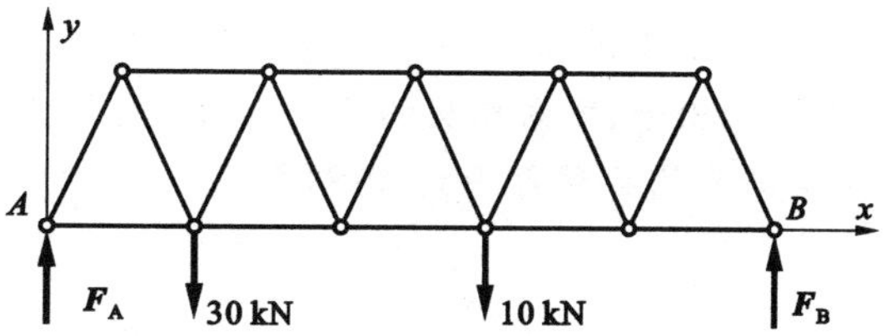

(b)

图 3-13

【解】

取整个桁架为研究对象。画受力图，如图 3-13(b)所示。桁架上有集中荷载及支座 A、B 处的反力 $\boldsymbol{F}_A$、$\boldsymbol{F}_B$，它们组成平面平行力系。选取坐标系，列方程求解。

$$\sum M_B = 0 \qquad 30\times12+10\times6-F_A\times15=0$$

$$F_A = \frac{360+60}{15} = 28\ \text{kN}(\uparrow)$$

$$\sum F_y = 0 \qquad F_A + F_B - 30 - 10 = 0$$

$$F_B = 40 - 28 = 12\ \text{kN}(\uparrow)$$

校核：$\sum M_A = F_B \times 15 - 30 \times 3 - 10 \times 9 = 12 \times 15 - 90 - 90 = 0$　说明计算无误。

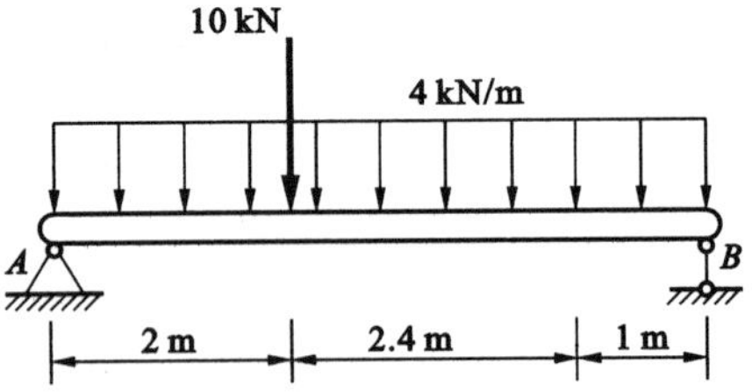

图 3-14

★★　倘若在此问题中直接用方程组 $\sum m_A = 0$，$\sum m_B = 0$，岂不是可以达到一个方程只含有一个未知量的目的。你认为可以吗？另外，受力图中为什么没有 $\boldsymbol{F}_{Ax}$？

参考此例请同学们计算图 3-14 所示简支梁的支座反力。

3.3.3　平面力偶系的平衡方程

由于平面力偶系合成的结果为一合力偶，而合力偶在任一轴上投影的代数和均为零，故平面力偶系的平衡方程为

$$\sum m = 0 \tag{3-8}$$

【例 3-7】　图 3-15(a)所示的 AB 梁受力偶作用，其力偶矩 m=30 kN·m。梁重不计，试求支座反力。

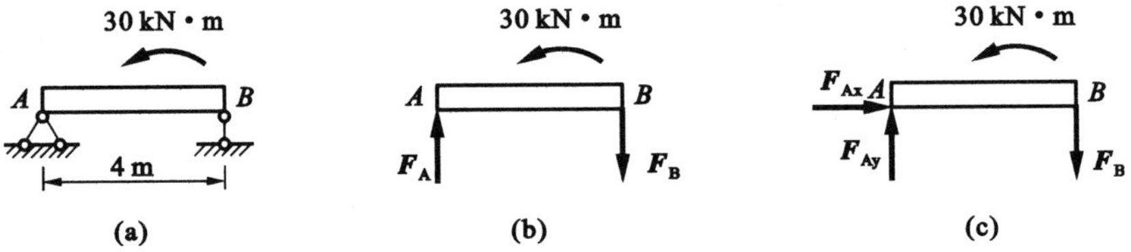

图 3-15

【解】

取 AB 梁为研究对象，分析其受力并画受力图，如图 3-15(b)所示。

图中支座反力 $\boldsymbol{F}_A$、$\boldsymbol{F}_B$ 为未知量。根据力偶只能与力偶平衡的性质，可知 $\boldsymbol{F}_A$ 与 $\boldsymbol{F}_B$ 必定是一对大小相等、方向相反的力，它们组成顺时针转向的力偶，以便和已知力偶相互平衡。这样 AB 梁的平衡方程可由式(3-8)得

$$\sum m = 0 \quad m - F_A \times 6 = 0$$

$$30 - F_A \times 6 = 0$$

得：

$$F_A = F_B = 5\ \text{kN}$$

★★　如果不把约束反力当作一个力偶来计算，而是将上图中各力看作是图 3-15(c)所示的平面一般力系时，按照平面一般力系平衡方程的基本形式和二矩式形式也可以得到同样的计算结果。由此可见，平面特殊力系（汇交力系、平行力系、力偶系）的平衡问题都可当作平面一般力系的平衡问题加以解决。而某一力系的平衡方程形式也都有多种表现形式。

3.4 物体系统的平衡问题

在对单个物体的平衡进行了充分的研讨之后，现在回到工程中应用更多的由物体系统形成的复杂结构的平衡问题上来。由两个或两个以上的物体通过一定的约束方式连成一体的结构，我们称之为物体系统，简称物系。

微课 3.5 物体系统的平衡计算

当物体系统平衡时，组成该系统的每一个物体必然都处于平衡状态。因此，在解决物系的平衡问题时，既可以选整个系统为研究对象，也可以选其中某个物体为研究对象，然后列出相应的平衡方程，以解出所需的未知量。如物系由 n 个物体组成，每个物体又都是在平面一般力系作用下，因此最多可以列出 $3n$ 个独立的平衡方程，求解出 $3n$ 个未知量。当系统中的未知量的数目等于所能列出的独立的平衡方程的数目时，则所有未知量都能由平衡方程求出，这样的问题称为静定问题。否则，就属于静不定问题。

求解物体系统的平衡问题时一般都要经过多次研究对象的选取与计算才能够达到目的。根据结构的特征通常有以下两种方法：

(1) 先取整个物体系统作为研究对象，求得某些未知量；再取其中某个物体或某几个物体的组合部分作为研究对象，求出其他未知量。在我们学习的范围内，一般来说三铰结构比较适合此法。

(2) 先取其中某个物体或几个物体的组合作为研究对象，再取其他物体或整个物体系统作为研究对象，逐步求出所有未知量。一般用在组合结构的平衡计算中。

下面举例说明求解物体系统的平衡问题的方法。

【例 3-8】 钢筋混凝土三铰刚架所受荷载如图 3-16(a)所示，已知 $q=8\ \text{kN/m}$，$F=12\ \text{kN}$，求支座 A、B 和铰 C 的约束反力。

分析：三铰刚架由左、右两部分组成，它们各自都受到平面一般力系的作用，可以列出六个独立的平衡方程。其各个部分和整体的受力如图 3-16(b)、图 3-16(c)、图 3-16(d)所示。可见，系统的未知量总计为六个，解六个平衡方程的方程组就可以求解出六个未知量。如果先取左半刚架或右半刚架为研究对象，都有四个未知量，而三个方程不可能直接求出四个未知量。但是，如果先取整体为研究对象，虽然也有四个未知量，但 F_{Ax}、F_{Ay} 和 F_{Bx} 交于 A 点，F_{Bx}、F_{By} 和 F_{Ax} 交于 B 点，所以若对点 A 或点 B 列力矩方程，可求解出未知量 F_{By} 或 F_{Ay}，然后再以任意的某一半刚架为研究对象，即可求出所有未知量。

【解】

(1) 取整个三铰刚架为研究对象，受力图如图 3-16(b)所示。

$$\sum m_A = 0 \qquad -q\times 6\times 3 - F\times 8 + F_{By}\times 12 = 0$$

$$F_{By} = 20\ \text{kN}$$

$$\sum m_B = 0 \qquad q\times 6\times 9 + F\times 4 - F_{Ay}\times 12 = 0$$

$$F_{Ay} = 40\ \text{kN}$$

$$\sum F_x = 0 \qquad F_{Ax} - F_{Bx} = 0$$

$$F_{Ax} = F_{Bx}$$

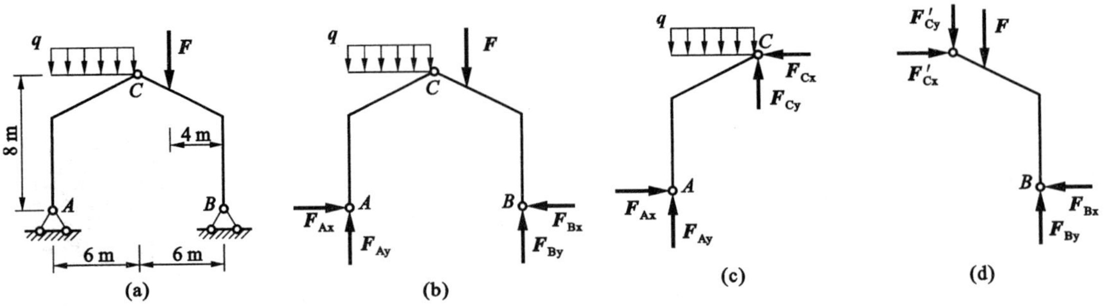

图 3-16

(2) 取左半刚架为研究对象，受力图如图 3-16(c)所示。

$$\sum m_C = 0 \qquad F_{Ax} \times 8 + q \times 6 \times 3 - F_{Ay} \times 6 = 0$$

$$F_{Ax} = 12 \text{ kN}$$

$$\sum F_y = 0 \qquad F_{Ay} + F_{Cy} - q \times 6 = 0$$

$$F_{Cy} = 8 \text{ kN}$$

$$\sum F_x = 0 \qquad F_{Ax} - F_{Cx} = 0$$

$$F_{Cx} = 12 \text{ kN}$$

将 F_{Ax}值代入(1)中第三式，可得：

$$F_{Ax} = F_{Bx} = 12 \text{ kN}$$

(3) 校核：考虑右半刚架的平衡，受力图如图 3-16(d)所示。

$$\sum F_x = F_{Cx} - F_{Bx} = 12 - 12 = 0$$

$$\sum F_y = F_{By} - F_{Cy} - F = 20 - 8 - 12 = 0$$

可见，计算无误。

★★　在例 3-3 和例 3-5 中，均出现有不共线的三个铰链，当你没有意识到其中的二力构件时，尽管用指向任意假定的正交分力去表示各个铰链处的约束反力并依据本例题的方法来计算所需数据。

【例 3-9】 计算图 3-17(a)所示组合梁在支座 A、B、D 处的约束反力。

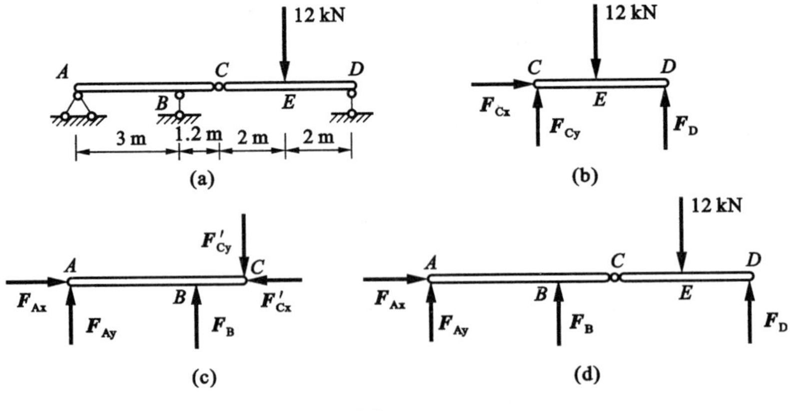

图 3-17

【解】

(1) 选择未知量较少的附属部分 CD 为研究对象，分析其受力，如图 3-17(b)所示。

因 CD 平衡，故有

$$\sum m_C = 0 \quad F_D \times 4 - 12 \times 2 = 0$$

得

$$F_D = 6 \text{ kN}$$

$$\sum F_y = 0 \quad F_{Cy} + F_D - 12 = 0$$

得

$$F_{Cy} = 6 \text{ kN}$$

$$\sum F_x = 0 \quad F_{Cx} = 0$$

这一点从受力图中亦能够作出判断。此时，已知力 F 和 C、D 处的约束反力构成平面平行力系，仅用两个平衡方程即可解决问题。

(2) 选取主体部分 AC 为研究对象，受力如图 3-17(c)所示。直接可知的是：

$$F'_{Cx} = 0$$

$$F_{Ax} = 0$$

$$F'_{Cy} = 6 \text{ kN}$$

唯 $\boldsymbol{F}_B$ 和 $\boldsymbol{F}_{Ay}$ 未知。而

$\sum m_A = 0$，有

$$F_B \times 3 - F'_{Cy} \times 4.2 = 0$$

$$F_B = 8.4 \text{ kN}(\uparrow)$$

$\sum m_B = 0$，有

$$-F_{Ay} \times 3 - F'_{Cy} \times 1.2 = 0$$

$$F_{Ay} = F_A = -2.4 \text{ kN}(\downarrow)$$

(3) 校核：取整体为研究对象，受力如图 3-17(d)所示。图中：

$$\sum F_y = F_{Ay} + F_B - F + F_D = -2.4 + 8.4 - 12 + 6 = 0$$

说明上述计算过程正确无误。

本章要点提示

本章主要讲述的有两大内容。其一是力的平移定理及其应用，其二是平面力系的平衡方程及其应用。本章将第 1 章中的常用规则和工程约束及数理关系加以综合，使枯燥的计算中藏着许多窍门和小秘密，在学习过程中你只要稍加回味就会有所收获。

1. 力的平移定理及其应用

(1) 单个力的平移(图 3-18)

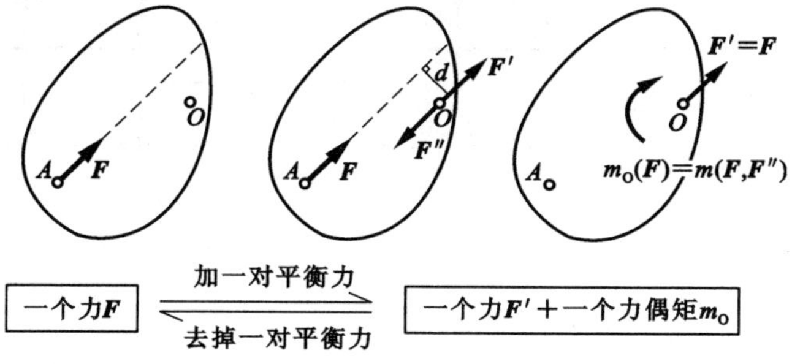

图 3-18

(2) 力系的平移→平面一般力系的简化(图 3-19)

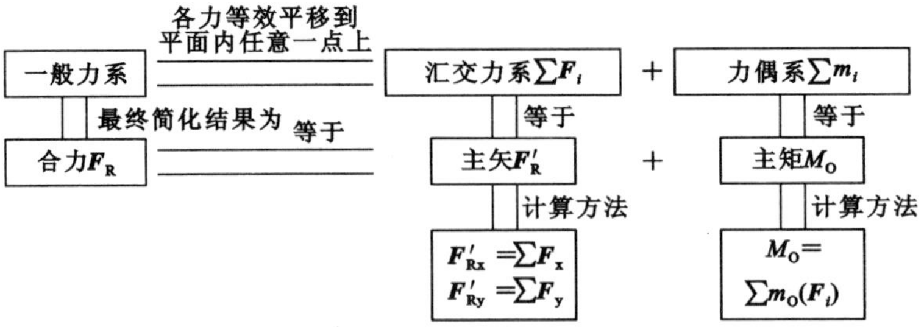

图 3-19

2. 平面力系的平衡方程及其应用

平面上有多种力系,每个力系的平衡方程形式也有多样性的表达和应用方式。表 3-1 列举了不同平面力系的计算特征。

表 3-1　各种平面力系汇总

力系名称	力系特点	平衡方程		
平面一般力系	各力的作用线在同一平面内任意分布	$\sum F_x=0$ $\sum F_y=0$ $\sum m_O=0$	$\sum F_x=0$ $\sum m_A=0$ $\sum m_B=0$	$\sum m_A=0$ $\sum m_B=0$ $\sum m_C=0$
平面平行力系	各力的作用线在同一平面内且相互平行	$\sum F_y=0$ $\sum m_A=0$	$\sum m_A=0$ $\sum m_B=0$	
平面汇交力系	各力的作用线在同一平面内且全部都汇交于同一点	$\sum F_x=0$ $\sum F_y=0$		
平面力偶系	各力的作用线在同一平面内且全部都是力偶	$\sum m=0$		

复　习　题

3-1　物体受到一个力和一个力偶的作用如图 3-20 所示,请将这个力和力偶形成的力系进行简化。

3-2　某构件如图 3-21 所示,其三个组成部分各自的重量已知。试利用力系的平移简化原理计算出此构件的重心位置。

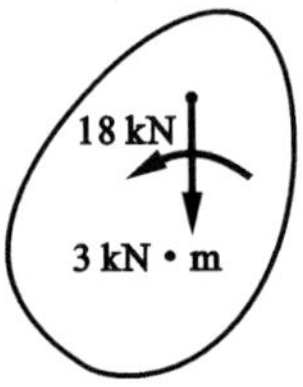

图 3-20

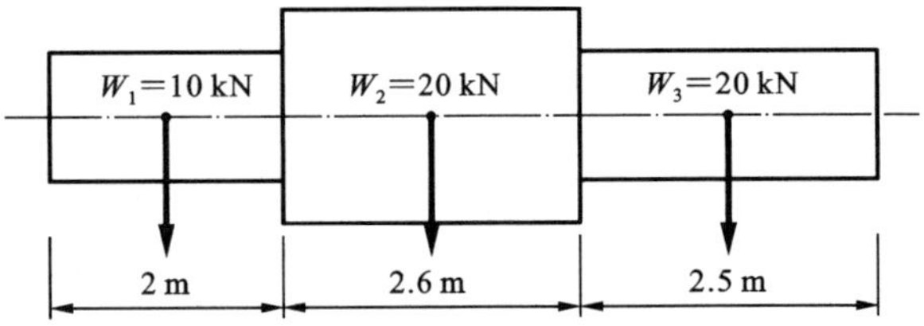

图 3-21

3-3　计算图 3-22 所示静定梁的支座反力。

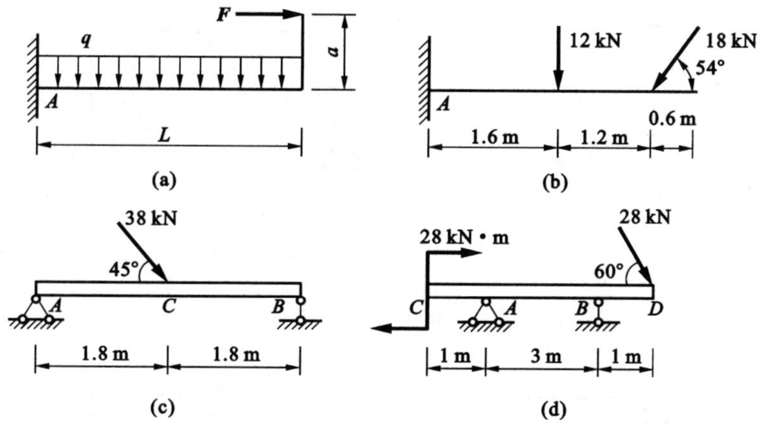

图 3-22

3-4 计算图 3-23 所示静定梁的支座反力。

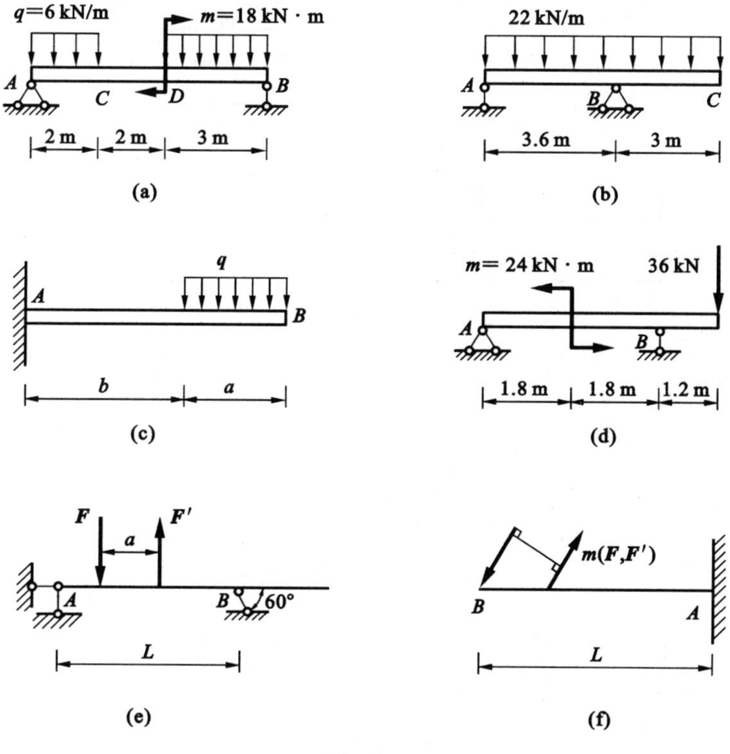

图 3-23

3-5 计算图 3-24 所示静定刚架的支座反力。

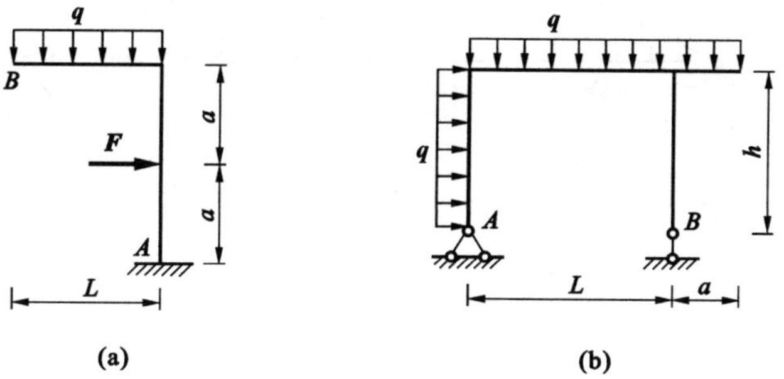

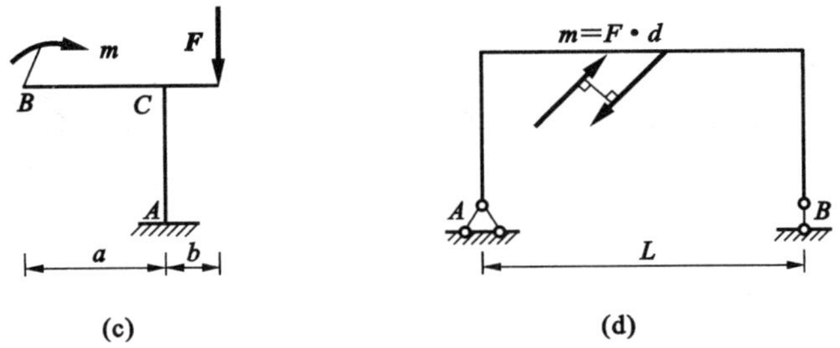

图 3-24

3-6 计算图 3-25 所示的物体系统所受到的约束反力。

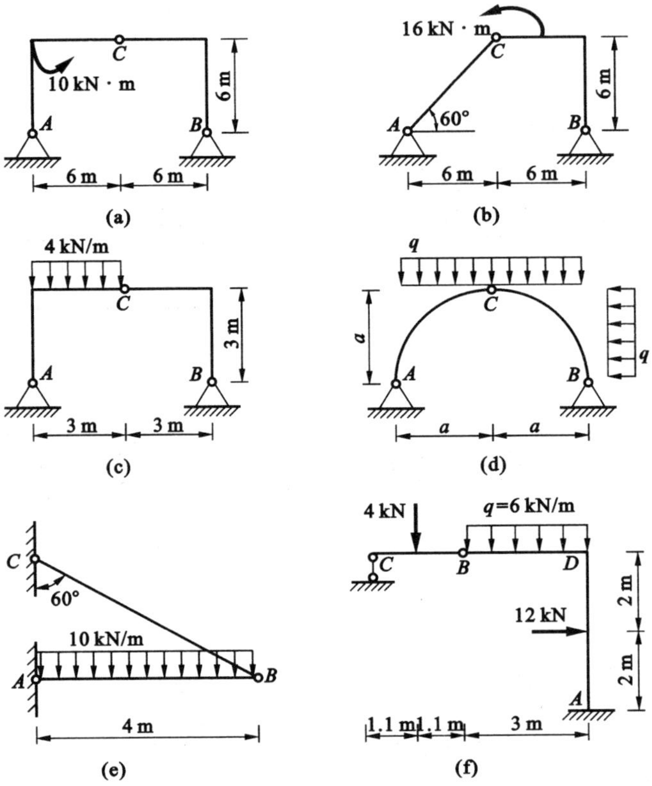

图 3-25

3-7 计算图 3-26 所示三角屋架中各杆受到的力。

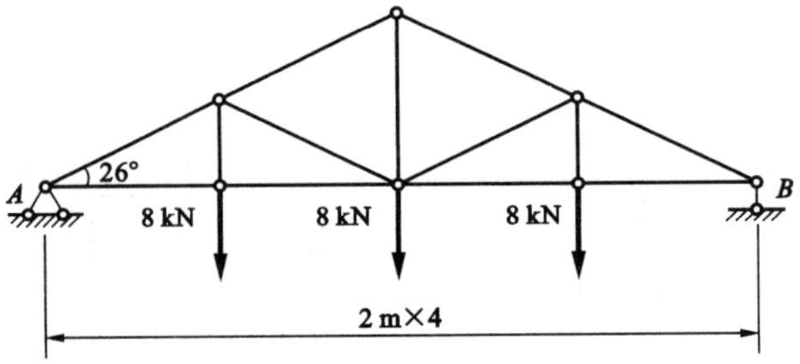

图 3-26

4　变形固体的基本知识与杆件的变形形式

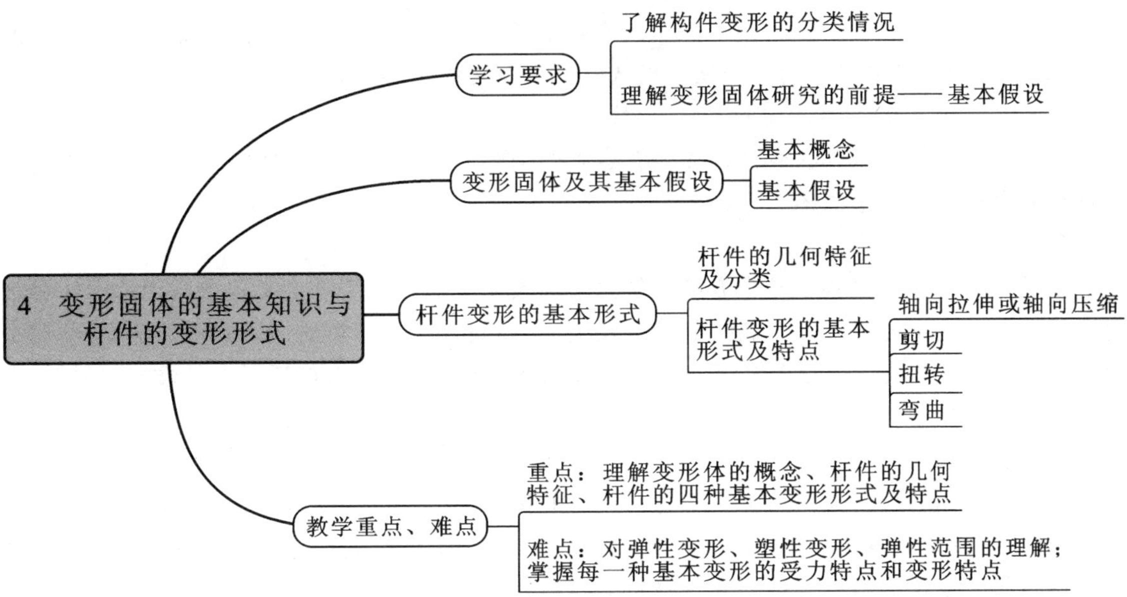

4.1　变形固体及其基本假设

4.1.1　变形固体

工程中的构件(如梁、板、墙、柱等)都是用固体材料制成的，这些用固体材料制成的构件在实际使用时要受到外力的作用并产生变形。通常将在外力作用下能产生一定变形的固体称为**变形固体**。由于工程实际中要研究杆件在外力作用下变形和破坏的规律，我们在研究很多问题时都不能把固体构件视为刚体。

微课 4.1　变形固体的基本知识与杆件的变形形式

变形固体的变形按其性质可分为两种：一是外力解除后，变形也随之消失的弹性变形；二是外力解除后，变形因不能全部消失而保留下来的那部分，通常称其为塑性变形。建筑及其他一些工程中所用的材料，可以近似地看成是只有弹性变形而没有塑性变形。只有弹性变形的物体称为理想弹性体或完全弹性体；只能产生弹性变形的外力范围称为弹性范围。在弹性范围内，构件的变形量与外力的情况有关，变形量可能较大，也可能较小。当变形量与构件本身尺寸相比特别微小时称为小变形。**本课程将只研究杆件在弹性范围内的小变形问题**。

4.1.2　基本假设

制作构件的材料多种多样，其性质也各有不同。为了便于研究分析，对变形固体制成的构件，在进行强度、刚度和稳定性计算时，可略去与计算关系不大的次要因素，并作如下三点基本假设：

(1) 连续性假设

该假设认为在变形固体的整个体积内连续不断地充满了物质，无任何空隙。根据这一假设，在研究问题时就可以在构件内任一点选取一个单元体来研究。

(2) 均匀性假设

均匀性假设就是认为在变形固体内各点处的力学性质完全相同，变形固体内任一点的力学性质完全能代表整个固体。

(3) 各向同性假设

该假设认为固体材料在各个方向上的力学性质完全相同。实际上工程中所用的固体材料并不完全符合这个假设。如金属由晶体颗粒组成，不同方向各晶粒的性质并不完全相同，但是金属沿任意方向的力学性能是各晶粒的统计平均值，在金属构件内包括了数量极多的晶粒，它们无规则地排列着，导致了金属在各个方向上的性质有所不同但又很接近，故而可将它看成各向同性材料。

工程中使用的材料大部分都符合各向同性的特点。但是也有少部分材料，如木料、复合材料等，其力学性质具有明显的方向性。我们把在各个方向上具有不同力学性质的材料称为各向异性材料。本课程不讨论各向异性材料的具体特征。不过，试验结果表明：根据上述假设所得的理论，可以近似地用于各向异性材料。

总之，本课程所研究的构件是均匀连续、各向同性、在小范围内变形的理想弹性体。

4.2　杆件变形的基本形式

4.2.1　杆件的几何特征及分类

实际构件有各种不同的形状。工程力学主要研究长度远大于横截面尺寸的杆件式构件。杆件的轴线是杆件各横截面形心的连线。轴线为直线的杆称为直杆。横截面大小和形状不变的直杆称为等直杆。轴线为曲线的杆称为曲杆。等直杆是本课程的主要研究对象。

三维动画4.1 杆件的基本变形形式

4.2.2　杆件变形的基本形式及特点

工程中，杆件在不同特点的外力作用下，将产生不同形式的变形。经研究发现，杆件变形的基本形式有：

(1) 轴向拉伸或轴向压缩

受力特点：外力或合外力的作用线与杆件的轴线重合。

变形特点：杆件主要沿轴向伸长或缩短，如图 4-1(a)、图 4-1(b)所示。

(2) 剪切

受力特点:外力反向、平行、垂直于杆件轴线并且相距很近。

变形特点:反向外力间的截面沿外力方向产生相对错动,如图 4-1(c)所示。

(3) 扭转

受力特点:外力偶作用在垂直于杆件轴线的平面内。

变形特点:外力偶间的横截面绕轴线发生相对转动,如图 4-1(d)所示。

固体变形 1

(4) 平面弯曲

受力特点:外力垂直于杆轴线且都作用在同一纵向对称面内。

变形特点:杆轴线由直线变成平面曲线,如图 4-1(e)所示。

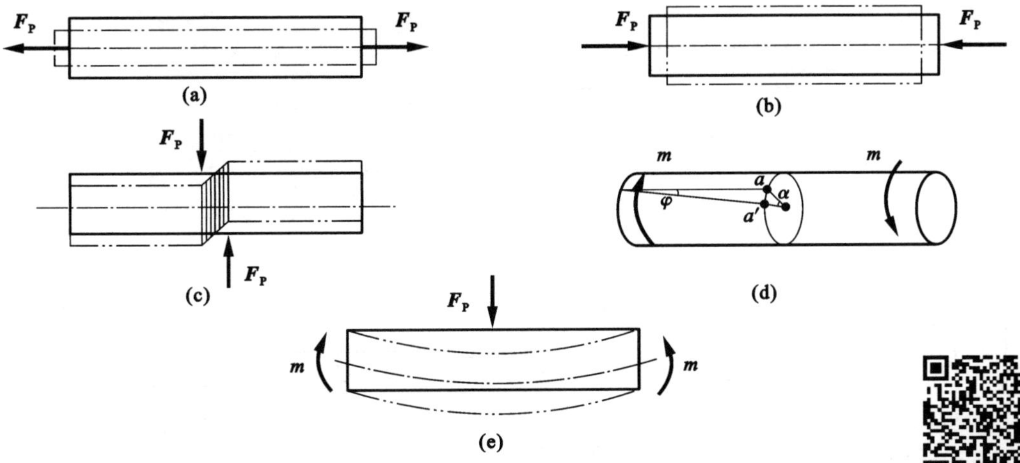

图 4-1

固体变形 2

本章要点提示

本章主要讲述工程力学中用到的主要概念:变形固体、变形及其分类,弹性体和弹性范围,变形固体的基本假设等。复习时要注意它们的具体内容。

思政元素 3

5　轴向拉伸和压缩

- 5　轴向拉伸和压缩
  - 学习要求
    - 抓住轴向拉伸和压缩的杆件受力特征，区分轴向拉(压)与其他基本变形
    - 能用截面法计算各截面轴力、绘制轴力图并正确判定危险截面的位置
    - 熟练计算任意横截面上点的正应力并做出强度判断或计算
    - 熟知塑性和脆性两类材料在拉伸和压缩时的力学性能
  - 轴向拉伸和压缩的概念
  - 轴向拉压杆的内力
    - 内力及求解方法：截面法
    - 轴向拉(压)杆的内力——轴力
      - 截面法
      - 利用外力直接计算
    - 轴力图
  - 轴向拉压杆的应力及强度计算
    - 应力的概念
    - 拉压杆横截面上的应力
    - 轴向拉压杆的强度条件
  - 轴向拉压杆的变形 · 胡克定律
    - 胡克定律
    - 泊松比
  - 材料在拉伸和压缩时的力学性质
    - 拉伸时材料的力学性质
    - 材料压缩时的力学性质
    - 容许应力的确定
  - 应力集中的概念
  - 教学重点难点
    - 重点：①内力的计算方法、轴向拉压杆件的内力(轴力)的计算
      ②画轴力图；轴向拉压杆件横截面上的应力计算；应用强度条件解决工程中的设计、校核问题
      ③用胡克定理计算轴向拉压杆件的变形
      ④塑性和脆性材料在拉伸和压缩时的力学性质
    - 难点：①内力概念的理解、内力的计算，画轴力图
      ②危险截面的判定，应用强度条件解决工程中的设计、校核问题
      ③胡克定理的应用
      ④塑性和脆性材料在拉伸和压缩时的力学性质

5.1 轴向拉伸和压缩的概念

轴向拉伸或压缩变形是杆件的基本变形形式之一。当作用在杆件上的外力的作用线与杆件的轴线重合时，杆件即发生轴向拉伸或压缩变形。当外力表现为拉力时，即为轴向拉伸；而外力为压力时即为轴向压缩。轴向拉伸、压缩又简称为拉伸、压缩。这类杆件称为轴向拉、压杆，如图 5-1(a)、图 5-1(b)所示。

动画 5.1 轴向拉压杆

轴向拉伸或压缩在工程中是很常见的。如图 5-1(c)所示的桁架(屋架)，在结点荷载作用下，组成桁架的各杆件均为轴向拉伸或轴向压缩杆件。其他杆件，如起重设备的吊索、房屋建筑中的某些柱子等也都是拉伸、压缩杆件。

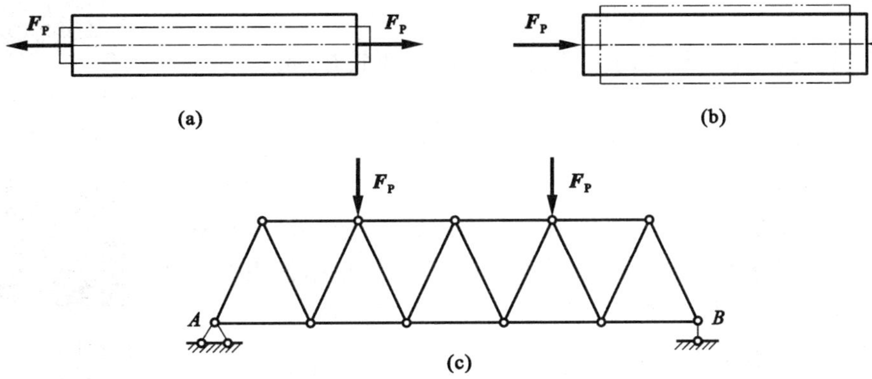

图 5-1

微课 5.1 轴向拉伸和压缩

5.2 轴向拉压杆的内力

5.2.1 内力及其求法

杆件在外力作用下将发生变形，与此同时，杆件内部一部分与另一部分之间(在相邻而又相连接的截面上)将由此而产生相互的作用力，即杆件的内力。内力随外力的变化而变化，外力增大时，内力也将增大。在静定结构中，外力去掉后，内力也随之消失。

动画 5.2 内力定义和截面法及轴向拉压杆内力

杆件的强度、刚度等问题均与内力有关，在分析这些问题时，经常需要知道杆件在外力作用下某一截面上的内力值。求杆件任一截面上的内力，通常采用截面法。

为了计算杆件某截面的内力，需要先用一个假想的平面将杆件"截开"，使杆件在被截开位置处的内力显示出来，然后取杆件的一部分作为研究对象，利用这部分的平衡条件求出杆件被截开处的内力，这种求内力的方法称为截面法。截面法是求杆件内力的基本方法。不管杆件产生何种变形，都可以用截面法求出内力。

下面以轴向拉伸杆件为例，介绍截面法求内力的基本方法和步骤。

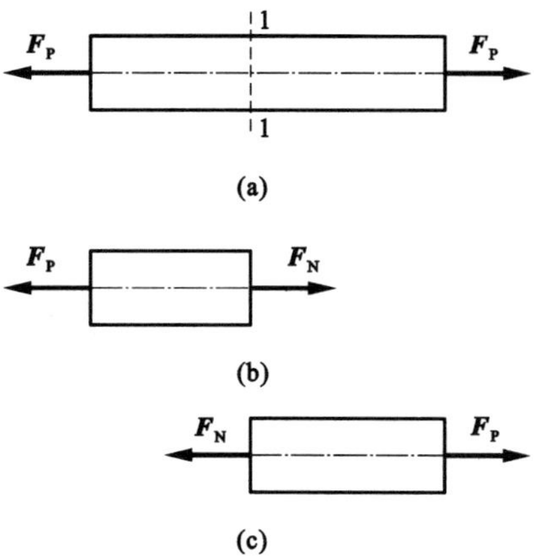

图 5-2

现计算图 5-2(a)中杆件在 1—1 截面上的内力。首先，在 1—1 处用一假想的平面将杆件截开并任取其中一部分作为分离体，例如，取左侧为分离体，将右侧分离体对左侧分离体的作用以力的形式表示之，如图 5-2(b)所示。由于杆件是连续体，内力在截面上是均匀分布的，通常就将截面上的内力用位于截面形心处的合力 $\boldsymbol{F}_N$ 来代替，$\boldsymbol{F}_N$ 即为 1—1 截面上的内力。杆件原来处于平衡状态，截开后的分离体也应保持平衡，所以，分离体的受力图应满足平衡方程 $\sum F_x = 0$，于是可知：$F_N = F_P$，而 $\boldsymbol{F}_N$ 的作用线与杆件的轴线重合。

用截面法计算内力的步骤，可归纳如下：

参考图片——固有内力

(1) 截开　用假想的截面，在欲求内力的位置处将杆件截开，把杆件分为两部分。

(2) 代替　取截开后的任一部分为研究对象，画其受力图。画受力图时，在截开的截面形心处用该截面上的内力代替另一部分对该研究对象的作用。

(3) 平衡　由于整体杆件原本处于平衡状态，如图 5-2(a)所示，因此被截开后的任一部分也都应处于平衡状态。对于被研究部分来说，根据作用在该部分上的力系的情况，列相应的平衡方程，进而可求出截面上的内力。

若取截面的右侧同样可求得 $F_N = F_P$，如图 5-2(c)所示。

参考图片——拉皮筋感受内力

5.2.2　轴向拉压杆的内力——轴力

由图 5-2(b)、图 5-2(c)可知：轴向拉压杆的内力是一个作用线与杆件轴线重合的力，习惯上**把与杆件轴线相重合的内力称为轴力**，并用符号 $\boldsymbol{F}_N$ 表示。通常规定：拉力（轴力 $\boldsymbol{F}_N$ 的方向背离该力的作用截面）为正；压力（轴力 $\boldsymbol{F}_N$ 的方向指向该力的作用截面）为负，由于图 5-2(b)、图 5-2(c)中的轴力 $\boldsymbol{F}_N$ 的方向背离它的作用截面，所以该截面上的轴力为拉力。

轴力的常用单位是“N”或“kN”。

【例 5-1】　一等截面直杆受力如图 5-3(a)所示，试求杆件上 1—1、2—2 截面上的内力。

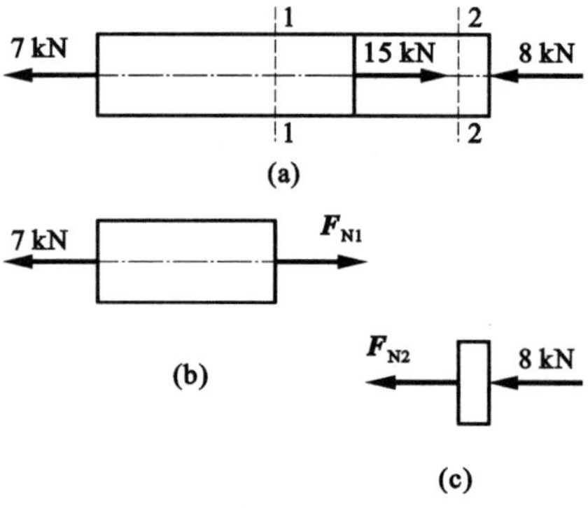

图 5-3

【解】

图 5-3(a)所示杆上作用的外力都与杆的轴线相重合，所以，该杆产生轴向拉（压）变形，杆的内力为轴力。

(1) 求 1—1 截面上的轴力。用假想的截面将杆从 1—1 位置处截开，取截面的左侧为研究对象，画出受力图，如图 5-3(b)所示，在画受力图时，假设 1—1 截面上的轴力为拉力，并用 $\boldsymbol{F}_{N1}$ 表示。

以杆轴线方向为 x 轴，由平衡方程

$$\sum F_x = 0$$

得

$$F_{N1} - 7\ \text{kN} = 0$$
$$F_{N1} = 7\ \text{kN}$$

计算结果为正，说明1—1截面上的轴力与图5-3(b)中假设的方向一致，即1—1截面上的轴力为拉力。

(2) 求2—2截面上的轴力。用假想的截面从2—2位置处将杆件截开，并取右侧研究，画出受力图，如图5-3(c)所示。

由平衡方程

$$\sum F_x = 0$$

得

$$-F_{N2} - 8\ \text{kN} = 0$$
$$F_{N2} = -8\ \text{kN}$$

计算结果为负，说明 $\boldsymbol{F}_{N2}$ 的实际方向与图中假设相反，即2—2截面上的轴力不是图中假设的拉力，而是压力。

★★

(1) 用截面法计算轴力时通常先假设轴力为拉力，这样计算结果为正表示轴力为拉力，计算结果为负表示轴力为压力，符合轴力符号的相关规定。

(2) 列平衡方程时，轴力及外力在方程中的正、负号由其投影的正、负决定，与轴力本身的正、负无关。

(3) 计算轴力时可以取被截开截面处的任一侧研究，计算结果相同。但为了简化计算，通常取杆段上外力较少的一侧研究。

(4) 在计算杆件内力时，将杆截开之前，不能用合力来代替力系的作用，也不能使用力的可传递性原理。因为使用这些方法会改变杆件各部分的内力及变形，它们只适用于刚体。

(5) 杆件在两集中外力之间的所有各截面具有相等的轴力。

【例5-2】 图5-4(a)所示直杆受轴向外力作用，试求杆件各横截面上的轴力。

分析：

为了求杆件各截面上的轴力，首先从各外力作用处将杆分段，然后再在每一段上任取一个截面，用截面法求其轴力。计算出的轴力分别代表杆在该段各截面的轴力。

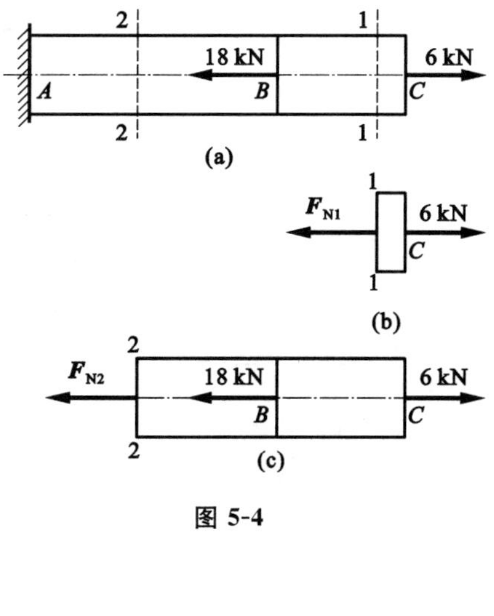

图5-4

【解】

(1) 分段。杆件 AC 分成 AB、BC 两段。

(2) 求轴力。在 AB 段上取截面2—2，在 BC 段上取截面1—1，并分别取截开位置的右侧研究。

BC 段：1—1截面右侧的受力图如图5-4(b)所示。

由 $$\sum F_x = 0$$

得

$$-F_{N1} + 6\ \text{kN} = 0$$
$$F_{N1} = 6\ \text{kN}(拉力)$$

即 BC 段上各截面的轴力为拉力，大小等于6 kN。

AB 段:2—2 截面右侧的受力图如图 5-4(c)所示。

由 $$\sum F_x = 0$$

得

$$-F_{N2} - 18\ \text{kN} + 6\ \text{kN} = 0$$
$$F_{N2} = -12\ \text{kN}(\text{压力})$$

即 AB 段上各截面的轴力为压力,大小等于 12 kN。

★★ 若取截面的左侧研究,应该怎样去做呢?

5.2.3 轴力图

工程中的轴向拉压杆,有些杆只受两个外力作用而平衡,我们称这类杆为**二力杆**。而另有一些杆是受到两个以上外力的作用而平衡的,这类杆称为**多力杆**。从例 5-1 及例 5-2 的计算结果可知,多力杆上各截面的轴力随着外力的变化而改变。为了形象地表明杆件各截面的轴力随横截面位置变化的规律,通常以平行于杆轴线的坐标(即 x 坐标)表示横截面的位置,以垂直于杆轴线的坐标(即 F_N 坐标)表示横截面上的轴力,按适当比例将轴力随横截面位置变化的情况画成图形,这种表明轴力随横截面位置变化规律的图形称为**轴力图**。从轴力图上可以很直观地看出杆件各截面的轴力,更利于找到最大轴力所在位置及数值。习惯上将正轴力画在 x 轴上方,负轴力画在 x 轴下方。

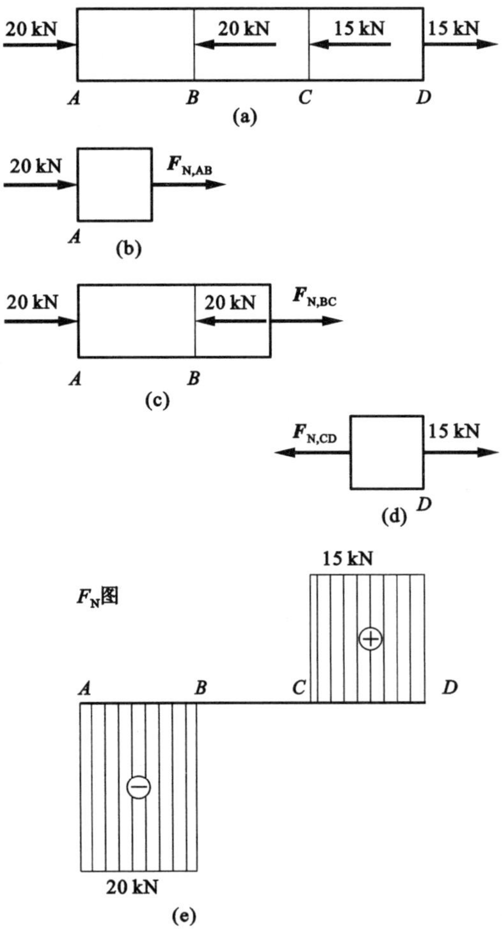

图 5-5

从前面几个例题的计算中我们会发现:截面上的轴力与所研究的杆段上的外力之间存在一种关系,即:轴力等于所取杆段(左段或右段)上外力的代数和。用公式表示为:

$$F_N = \sum F_P^{R(L)}$$

在画受力图时,通常轴力按拉力假设,上式中:若外力能引起拉力(使杆伸长)则取正号;反之,若外力能引起压力(使杆缩短)就取负号。用这种规律求轴力可以省去列平衡方程,使计算简化。

【例 5-3】 试画图 5-5(a)所示等截面直杆的轴力图。

【解】

(1) 用截面法计算杆件各段的轴力。

按作用在杆件上的外力情况,将杆件分为 AB、BC、CD 三段。

AB 段:用任一截面在 AB 段内将杆件截开,并取左侧研究,画出受力图,如图 5-5(b)所示。

由 $$\sum F_x = 0$$

得

$$F_{N,AB}+20\ \text{kN}=0$$
$$F_{N,AB}=-20\ \text{kN}(\text{压力})$$

BC 段：用任一假想的截面在 BC 段内将杆截开，取左侧研究，画出左侧的受力图，如图 5-5(c)所示。

由

$$\sum F_x=0$$

得

$$F_{N,BC}+20\ \text{kN}-20\ \text{kN}=0$$
$$F_{N,BC}=0$$

CD 段：用任一假想的截面，将杆从 CD 段截开，取右侧研究，画出右侧受力图，如图 5-5(d)所示。

由

$$\sum F_x=0$$

得

$$-F_{N,CD}+15\ \text{kN}=0$$
$$F_{N,CD}=15\ \text{kN}(\text{拉力})$$

(2) 画轴力图

杠杆的轴力图，如图 5-5(e)所示。

为了方便起见，通常在画轴力图时，可以不画坐标轴，将轴力图画成如图 5-5(e)所示形式，不过此时一定要写出图名(F_N 图)，标清楚轴力的大小、单位和正负。

由图 5-5(e)可以看出：该杆的最大压力发生在 AB 段各截面，数值为 20 kN，最大拉力发生在 CD 段各截面，数值为 15 kN。

5.3 轴向拉压杆的应力及强度计算

5.3.1 应力的概念

为了解决杆件的强度问题，不仅要知道当外力达到一定值时杆件可能在哪个截面破坏，而且还需知道该截面上哪个点首先开始破坏。因而仅知道杆件截面上内力的合力是不够的，还需进一步研究截面上内力的分布情况，从而引入应力的概念。

图 5-6(a)所示为任意受力构件，先研究截面上 K 点附近的内力，如图 5-6(b)所示。围绕 K 所在截面上取小面积 ΔA，若 ΔA 上分布内力的合力为 $\Delta \boldsymbol{F}_R$，则$\frac{\Delta F_R}{\Delta A}$为 ΔA 范围内单位面积上的内力值，将$\frac{\Delta F_R}{\Delta A}$称为小面积 ΔA 上的平均应力并用 p_m 表示，即

$$p_m=\frac{\Delta F_R}{\Delta A}$$

将 $\Delta \boldsymbol{F}_R$ 沿截面的法向与切向分解为 $\Delta \boldsymbol{F}_N$ 与 $\Delta \boldsymbol{F}_Q$，同理有

$$\sigma_m=\frac{\Delta F_N}{\Delta A}\quad \tau_m=\frac{\Delta F_Q}{\Delta A}$$

σ_m 与 τ_m 分别被称为小面积 ΔA 上的平均正应力与平均剪应力。

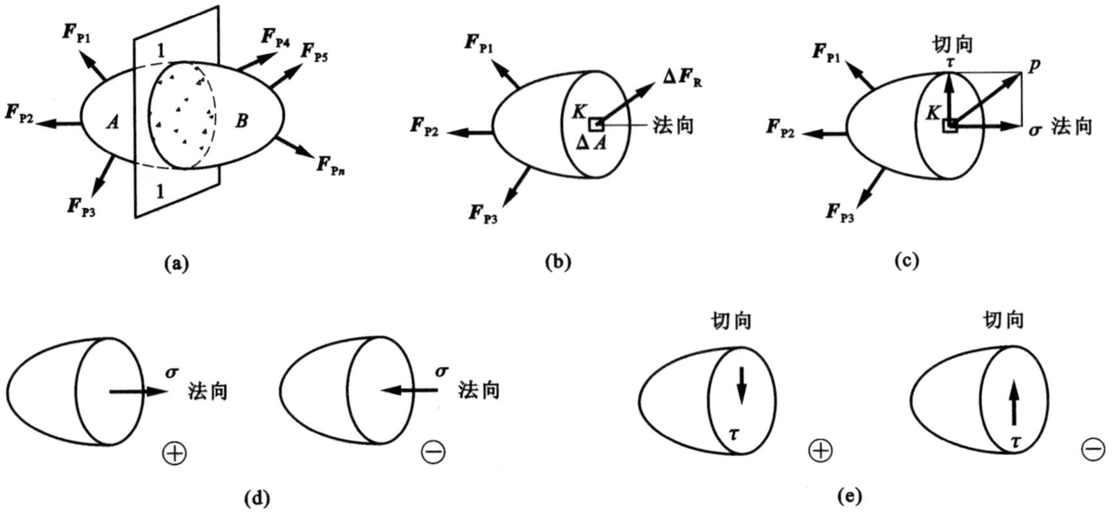

图 5-6

一般来讲，截面上各点处内力的分布是不均匀的。所以，平均应力 p_m、σ_m 和 τ_m 都与所取的 ΔA 的大小有关，ΔA 越小，平均应力就越接近 K 点的实际应力。为了消除 ΔA 大小的影响，取下列极限：

$$\left.\begin{aligned} p &= \lim_{\Delta A\to 0}\frac{\Delta F_R}{\Delta A} \\ \sigma &= \lim_{\Delta A\to 0}\frac{\Delta F_N}{\Delta A} \\ \tau &= \lim_{\Delta A\to 0}\frac{\Delta F_Q}{\Delta A} \end{aligned}\right\} \tag{5-1}$$

式中　p——K 点的实际总应力；

σ——K 点的正应力；

τ——K 点的剪应力。

通常规定：

(1) 正应力 σ：拉应力为正，压应力为负，如图 5-6(d)所示；

(2) 剪应力 τ（也叫切应力）：顺时针（对研究部分内任一点取矩时，力矩的转向为顺时针）为正，逆时针为负，如图 5-6(e)所示。

由式(5-1)可知，**应力就是一点处所分布内力的集度**。而式(5-1)定义的应力是指图 5-6(a)中 1—1 截面上 K 点的应力，也就是说，应力是与“截面”和“点”这两个因素分不开的。一般地说，杆件在外力作用下，同一截面上不同点的应力值是不同的。因此，在谈应力时，应指明点的位置和所在的截面。

有了应力的概念，就可进一步分析杆件的强度。当知道截面上各点的应力后，就可比较不同点的危险程度（应力越大的点就越危险），杆件的破坏往往是从应力最大处开始的。

应力的量纲，其在国际单位制中为“帕斯卡”，1 帕斯卡＝1 牛顿/米^2，“帕斯卡”又简称为“帕”，通常用$\left[\dfrac{\text{力}}{\text{长度}^2}\right]$Pa 表示。由于 Pa 很小，力学中还常用 kPa（千帕）和 MPa（兆帕）表示。

5.3.2　拉压杆横截面上的应力

轴向拉压杆横截面上的内力为轴力 $\boldsymbol{F}_{\mathrm{N}}$，与轴力 $\boldsymbol{F}_{\mathrm{N}}$ 对应的应力为正应力 $\boldsymbol{\sigma}$。

三维动画 5.1 轴向拉压杆横截面上的应力

前面已经知道应力是分布内力的集度，欲求拉压杆横截面上的应力，需首先知道横截面上内力的分布规律。为此可通过实验来观察杆的变形规律，再根据变形规律进一步分析内力的分布规律。

图 5-7(a)为一圆形截面杆，未受力前在 a—a、b—b 处画出这两个横截面的周边轮廓线，然后加轴向拉力 $\boldsymbol{F}_{\mathrm{P}}$，如图 5-7(b)所示。

杆件变形后可观察到下列现象：所有圆周线相对平移的距离均相等且仍为平面曲线，其所在平面仍与杆件的轴线垂直。

根据此现象可作如下假设：变形前的横截面在变形后还是平面，且仍与杆件的轴向垂直，如图 5-7(c)所示。此假设称为平面假设。

据此可作如下推断：

(1) 横截面间所有的平行于杆件轴线的纵向线，其伸长量均相同；

(2) 杆件的材料是均匀的，变形相同时，受力也应相同。

可见，横截面上的内力是均匀分布的，如图 5-7(d)所示。

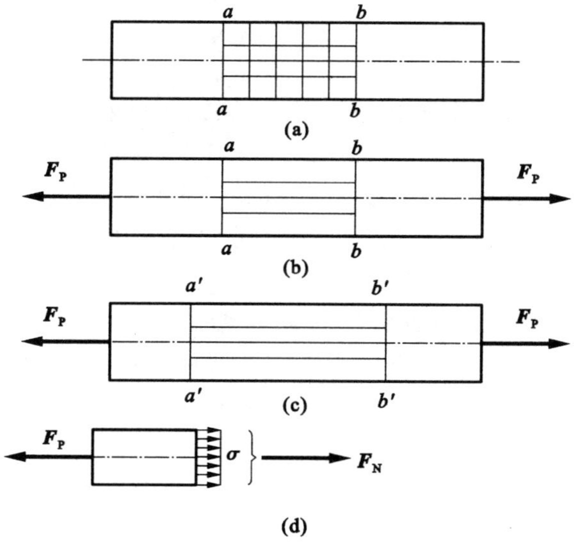

图 5-7

$\boldsymbol{F}_{\mathrm{N}}$ 轴力与正应力 $\boldsymbol{\sigma}$ 的关系则为：

$$\sigma = \frac{F_{\mathrm{N}}}{A} \tag{5-2}$$

式中　A——杆件的计算横截面面积。

当 $\boldsymbol{F}_{\mathrm{N}}$ 为拉力时，$\boldsymbol{\sigma}$ 为拉应力；当 $\boldsymbol{F}_{\mathrm{N}}$ 为压力时，$\boldsymbol{\sigma}$ 为压应力。$\boldsymbol{\sigma}$ 的正负号与 $\boldsymbol{F}_{\mathrm{N}}$ 的正负号一致。

式(5-2)就是轴向拉压杆横截面上正应力的计算公式。

应该指出：轴向拉压杆横截面上正应力均匀分布的规律不适用于外力作用点附近的横截面。外力作用点附近应力的分布规律较为复杂，它还与外力的作用形式有关(此问题的详细研究已超出本篇的研究范围，在此不做探讨)。

【例 5-4】 在图 5-8 中，已知：$A_1=2\times10^3\ \text{mm}^2$，$A_2=4\times10^3\ \text{mm}^2$，试求 1—1 和 2—2 截面上的应力。

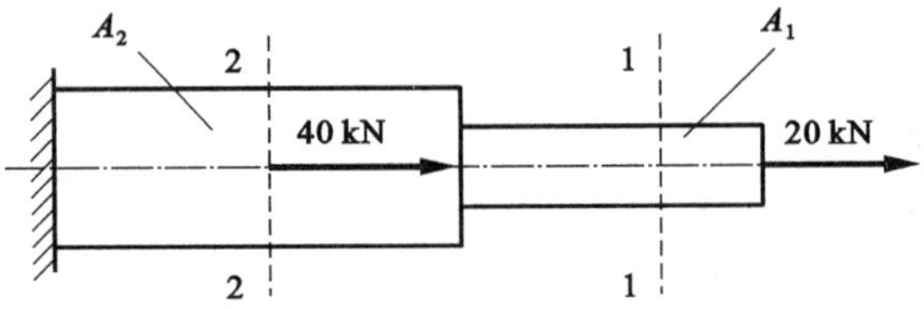

图 5-8

【解】

1—1、2—2 截面上的轴力分别为：

$$F_{N1}=20\ \text{kN(拉)}$$

$$F_{N2}=20\ \text{kN}+40\ \text{kN}=60\ \text{kN(拉)}$$

1—1、2—2 截面上的正应力分别为：

$$\sigma_{1-1}=\frac{F_{N1}}{A_1}=\frac{20\times10^3\ \text{N}}{2\times10^3\ \text{mm}^2}=10\ \text{MPa}$$

$$\sigma_{2-2}=\frac{F_{N2}}{A_2}=\frac{60\times10^3\ \text{N}}{4\times10^3\ \text{mm}^2}=15\ \text{MPa}$$

因为 1—1、2—2 两截面的轴力均为拉力，所以，1—1、2—2 两截面上的正应力均为拉应力。

计算时使用的单位：内力 F_N 用 N，面积 A 用 m^2，计算所得的应力单位为 Pa。

式(5-2)中，当轴力 F_N 的单位用 N，横截面面积 A 的单位用 mm^2 时，正应力 σ 的单位就是工程中常用的 MPa。

★★　应力的大小与横截面的面积有关，轴力呢？

【例 5-5】 在图 5-9(a)所示的三角支架中，AB 为圆形截面杆，BC 为正方形截面杆，已知 $P=15\ \text{kN}$，$d=26\ \text{mm}$，$a=50\ \text{mm}$，试求二杆横截面上的正应力。

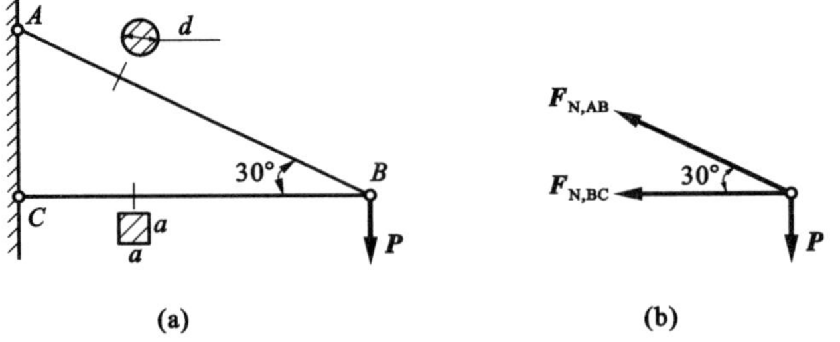

图 5-9

【解】

首先求出 AB 杆和 BC 杆的轴力。力 $\boldsymbol{P}$ 作用下，AB 杆受拉，BC 杆受压，取结点 B 为研究对象，其受力图如图 5-9(b)所示。

由平衡方程

$$\sum F_x = 0 \quad -F_{N,BC} - F_{N,AB} \cdot \cos30^\circ = 0$$

$$\sum F_y = 0 \quad F_{N,AB} \cdot \sin30^\circ - P = 0$$

解得

$$F_{N,AB} = 2P = 30\ \text{kN(拉)} \quad F_{N,BC} = -\sqrt{3}P = -26\ \text{kN(压)}$$

AB 杆和 BC 杆横截面上的正应力分别为

$$\sigma_{AB} = \frac{F_{N,AB}}{A_{AB}} = \frac{30 \times 10^3\ \text{N}}{\frac{\pi}{4} \times 26^2\ \text{mm}^2} = 56\ \text{MPa(拉)}$$

$$\sigma_{BC} = \frac{F_{N,BC}}{A_{BC}} = \frac{-26 \times 10^3\ \text{N}}{50^2\ \text{mm}^2} = -10.4\ \text{MPa(压)}$$

5.3.3 轴向拉压杆的强度条件

分析了轴向拉压杆的内力和应力后，就可进一步研究工程中拉压杆的强度计算问题。

当轴向拉压杆横截面上的正应力达到一定值时，杆件将发生破坏，破坏时的正应力称为**极限应力**，并用 σ^0 表示。显然，轴向拉压杆件在正常工作时，其横截面上的正应力绝不允许达到材料的极限应力。不仅如此，工程中还必须考虑一定的安全储备，因而将材料的极限应力除以大于 1 的安全系数 k，即

$$[\sigma] = \frac{\sigma^0}{k}$$

作为材料允许承受的最大应力值$[\sigma]$，称为材料的**容许应力**。这样，就可以建立杆件在轴向拉压时的强度条件：

$$\sigma = \frac{F_N}{A} \leqslant [\sigma] \tag{5-3}$$

式中 σ——杆件横截面上的正应力，MPa；

F_N——杆件横截面上的轴力，N；

A——杆件的横截面面积，mm^2；

$[\sigma]$——杆件材料的容许应力，其值随材料的不同而不同（有容许拉应力和容许压应力之分），MPa。

工程中设计轴向拉压杆件时，必须满足式(5-3)的要求。

根据强度条件，可解决工程中常见的下列三类强度计算问题：

(1) 校核强度

已知杆件所受的荷载、杆件的截面尺寸和材料的容许应力，验算杆件是否满足强度条件，即是否满足

$$\sigma = \frac{F_N}{A} \leqslant [\sigma]$$

(2) 选择截面

已知杆件所受的荷载和材料的容许应力，求杆件的横截面面积或是截面的具体尺寸，即横截面面积须满足

$$A \geqslant \frac{F_N}{[\sigma]}$$

(3) 求容许荷载

已知杆件的横截面尺寸和材料的容许应力，求杆件容许承受的最大轴力，有

$$F_N \leqslant A \cdot [\sigma]$$

再根据轴力与外力的关系，求出杆件容许承受的最大荷载。该荷载称为容许荷载，通常用$[F_P]$来表示。

【例 5-6】 图 5-10(a)所示等直杆中，已知 $F_P=8$ kN，$A=400$ mm^2，材料的容许应力$[\sigma]=$160 MPa，试校核该杆的强度。

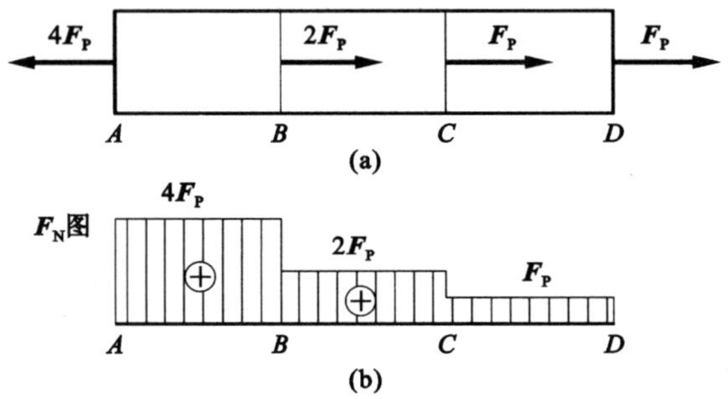

图 5-10

【解】

首先画出杆的轴力图，如图 5-10(b)所示。因是等截面杆，最大正应力发生在轴力最大的截面上，其值为：

$$\sigma_{\max} = \frac{F_{N,\max}}{A} = \frac{4F_P}{A} = \frac{4 \times 8 \times 10^3 \text{ N}}{400 \text{ mm}^2} = 80 \text{ MPa} < [\sigma]$$

该杆满足强度条件。

【例 5-7】 在图 5-11(a)所示结构中，AB 为圆形截面杆，已知 $P=18$ kN，钢材的容许应力$[\sigma]_{钢}=160$ MPa，试求 AB 杆的直径 d。

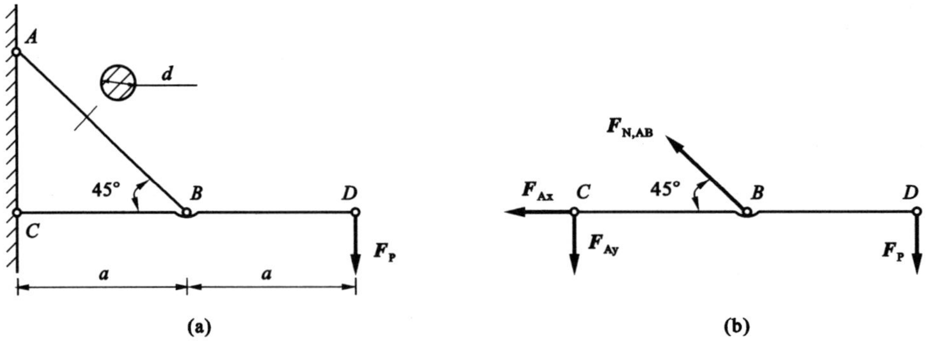

图 5-11

【解】

首先计算 AB 杆的轴力。

取 CD 为研究对象，在 $\boldsymbol{F}_P$ 作用下 AB 杆受拉，CD 受力如图 5-11(b)所示。

由平衡方程

$$\sum M_C = 0 \quad F_{N,AB} \cdot \frac{\sqrt{2}}{2}a - P \cdot 2a = 0$$

得

$$F_{N,AB} = 50.9\ \text{kN}(\text{拉})$$

由 AB 杆的强度条件

$$\sigma = \frac{F_{N,AB}}{A_{AB}} \leqslant [\sigma]$$

即

$$\frac{F_{N,AB}}{\frac{\pi d^2}{4}} \leqslant [\sigma]$$

得

$$d \geqslant \sqrt{\frac{4 \cdot F_{N,AB}}{\pi \cdot [\sigma]}} = \sqrt{\frac{4 \times 50.9 \times 10^3}{3.14 \times 160}} = 20.1\ \text{mm}$$

【例 5-8】 在图 5-12(a)所示的结构中，AB 为圆形截面钢杆，BC 为正方形截面木杆，已知 $d=20$ mm，$a=100$ mm，$P=20$ kN，钢材的容许应力$[\sigma]_{钢}=160$ MPa，木材的容许应力$[\sigma]_{木}=10$ MPa，试分别校核钢杆和木杆的强度。

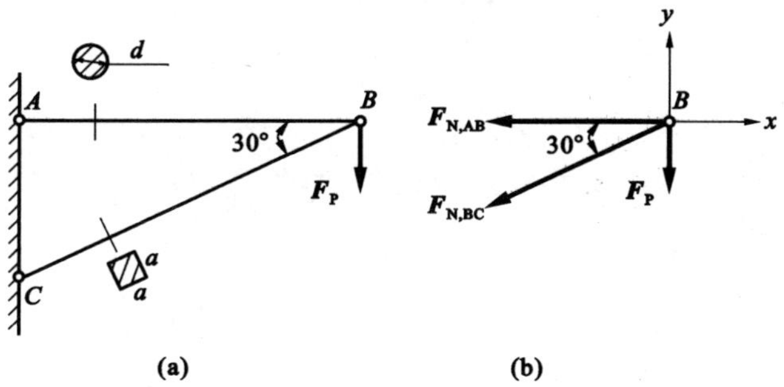

图 5-12

【解】

(1) 首先求 AB 杆和 BC 杆的轴力

取结点 B 为平衡对象，其受力图如图 5-12(b)所示。

由平衡方程

$$\sum F_x = 0$$

$$-F_{N,AB} - F_{N,BC}\cos 30° = 0$$

$$\sum F_y = 0$$

$$-F_{N,BC}\sin 30° - F_P = 0$$

解得

$$F_{N,AB} = \sqrt{3}F_P \qquad F_{N,BC} = -2F_P$$

(2) 校核钢杆

钢杆横截面上的正应力为：

$$\sigma_{AB}=\frac{F_{N,AB}}{A_{AB}}=\frac{\sqrt{3}F_P}{\pi d^2/4}=\frac{\sqrt{3}\times 20\times 10^3}{\pi\times 20^2/4}=110.3\ \text{MPa}<[\sigma]_{钢}$$

满足强度条件。

(3) 校核木杆

木杆横截面上的正应力为：

$$|\sigma_{BC}|=\left|\frac{F_{N,BC}}{A_{BC}}\right|=\frac{2F_P}{a^2}=\frac{2\times 20\times 10^3}{100\times 100}=4\ \text{MPa}<[\sigma]_{木}$$

也满足强度条件。

【例 5-9】 试求例 5-8 中三角支杆的容许荷载(其他已知条件不变)。

【解】

三角支杆是由两个杆组成,求三角支杆的容许荷载时,应分别根据钢杆和木杆的强度条件求出每个杆容许承受的荷载,其中小者即为三角支杆的容许荷载。

(1) 考虑钢杆强度

先求出钢杆的轴力 $F_{N,AB}$ 与荷载 F_P 间的关系。在例 5-8 中,已求得 $F_{N,AB}$ 与 F_P 间的关系为

$$F_{N,AB}=\sqrt{3}F_P$$

将其代入钢杆的强度条件

$$\frac{F_{N,AB}}{A_{AB}}\leqslant[\sigma]_{钢}$$

得

$$\frac{\sqrt{3}[F_P]'}{\pi d^2/4}\leqslant[\sigma]_{钢}$$

由此得

$$[F_P]'\leqslant\frac{1}{\sqrt{3}}\cdot\frac{\pi d^2}{4}\cdot[\sigma]_{钢}=\frac{1}{\sqrt{3}}\times\frac{\pi}{4}\times(20\times 10^{-3})^2\times 160\times 10^6=29\times 10^3\ \text{N}=29\ \text{kN}$$

需说明一点:$F_{N,AB}$与 F_P 间的关系 $F_{N,AB}=\sqrt{3}F_P$ 是由平衡条件求得的,不论 F_P 为何值,该关系都成立,当将其代入强度条件后,F_P 就不是任意值了,因而用$[F_P]'$来表示。

(2) 考虑木杆强度

木杆的轴力 $F_{N,BC}$与荷载 F_P 间的关系在例 5-8 中已求得为

$$F_{N,BC}=-2F_P$$

将其代入木杆的强度条件

$$\frac{F_{N,BC}}{A_{AB}}\leqslant[\sigma]_{木}$$

得

$$\frac{2[F_P]''}{a^2}\leqslant[\sigma]_{木}$$

由此得

$$[F_P]''\leqslant\frac{1}{2}a^2[\sigma]_{木}=\frac{1}{2}\times(100\times 10^{-3})^2\times 10\times 10^6=50\times 10^3\ \text{N}=50\ \text{kN}$$

$[F_P]'$与$[F_P]''$中的小者,即$[F_P]'=29$ kN 为三角支杆的容许荷载。

5.4 拉压杆的轴向及横向变形

杆件在轴向受力时，其轴向和横向尺寸都发生变化，即同时产生轴向变形和横向变形。轴向拉伸时，轴向长度增大，横向尺寸减小；轴向压缩时，轴向长度减小，横向尺寸增大。

5.4.1 轴向变形与胡克定律

图 5-13 所示的轴向拉压杆，其变形前的长度为 l，变形后的长度为 l'，长度的改变量为

$$\Delta l = l' - l$$

Δl 即为轴向绝对变形（拉伸时 Δl 为正值，压缩时 Δl 为负值）。

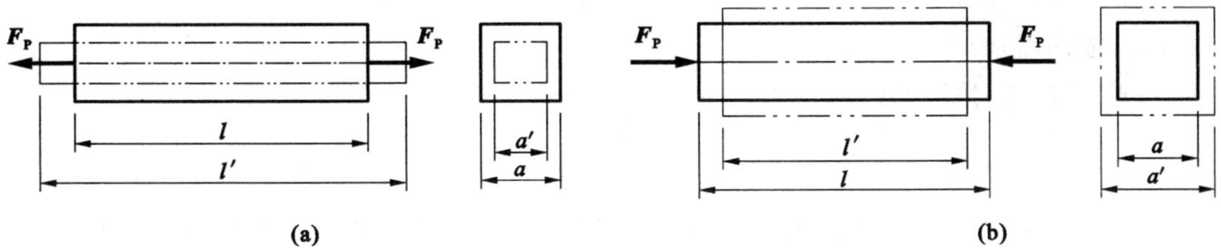

图 5-13

由试验得知，当轴向外力 $\boldsymbol{F}_P$ 不超过某一限度（变形在弹性范围）时，Δl 与外力 $\boldsymbol{F}_P$ 及杆长 l 成正比，与杆件的横截面面积 A 成反比，即

$$\Delta l \propto \frac{F_P l}{A}$$

由于 $F_P = F_N$，此式可改写为

$$\Delta l \propto \frac{F_N l}{A}$$

引入与杆件的材料有关的比例常数 E，则有

$$\Delta l = \frac{F_N l}{EA} \tag{5-4}$$

式(5-4)就是轴向伸长（缩短）量的计算公式。该关系式称为胡克定律。式中 E 为弹性模量，其值随材料而异，通过实验来测定。由式(5-4)可看出：Δl 与 EA 成反比，EA 称为杆件的抗拉（压）刚度，它表示杆件抵抗拉伸（压缩）变形的能力。

为了表示杆件轴向伸长（或缩短）的程度，将 Δl 除以杆的原长 l，得

$$\varepsilon = \frac{\Delta l}{l} \tag{5-5}$$

式中 ε——单位长度杆件的伸长（或缩短）量（相对变形），称为线应变。

式(5-5)表达的胡克定律，可改写为另一种表达形式。将式(5-5)做如下变动

$$\frac{\Delta l}{l} = \frac{F_N}{A} \cdot \frac{1}{E}$$

式中 $\frac{\Delta l}{l} = \varepsilon$，$\frac{F_N}{A} = \sigma$，将其代入上式，得

$$\sigma = E\varepsilon \tag{5-6}$$

式(5-6)即为胡克定律的另一种表达形式。该式表明:在弹性范围内,正应力与线应变成正比例。由该式还可知,E 的单位与 σ 的单位相同(ε 为无量纲量)。

胡克定律是建筑力学中的重要定律,许多公式的推导都是建立在此定律的基础上的。

5.4.2 横向变形与泊松比

图 5-13 所示的轴向拉压杆,其变形前的横向尺寸为 a,变形后为 a',横向尺寸的绝对改变量为

$$\Delta a = a' - a$$

与轴向变形类似,为了表示横向变形的程度,引入横向相对变形,即

$$\varepsilon' = \frac{\Delta a}{a}$$

ε'称为横向线应变。

由试验得知,在弹性范围内,ε'与 ε 的比值为一常量,即

$$\left|\frac{\varepsilon'}{\varepsilon}\right| = \mu \tag{5-7}$$

μ 称为泊松比,又称为横向变形系数,其值随材料而异,具体数据要通过试验来测定。

变形的特点决定了 ε'与 ε 的正负号总是相反的:拉伸时 ε 为正,ε'为负;压缩时 ε 为负,ε'为正,故由式(5-7)可得

$$\varepsilon' = -\mu\varepsilon \tag{5-8}$$

常用材料的数值如表 5-1 所列。

表 5-1 弹性模量及横向变形系数的约值

材料名称	牌号	$E(\times 10^5\ \text{MPa})$	μ
低碳钢		2.0~2.1	0.24~0.28
中碳钢	45	2.09	
低合金钢	16Mn	2.0	0.25~0.30
合金钢	40CrNiMoA	2.1	
灰口铸铁		0.6~1.62	0.23~0.27
球墨铸铁		1.5~1.8	
铝合金	LY12	0.72	0.33
硬质合金		3.8	
混凝土		0.15~0.36	0.16~0.18
木材(顺纹)		0.09~0.12	

【例 5-10】 承受轴向荷载的等截面杆如图 5-14(a)所示,已知杆的横截面面积 $A=400\ \text{mm}^2$,材料的弹性模量 $E=2\times 10^5$ MPa,试求杆长的改变量。

【解】

先画出杆件的轴力图,如图 5-14(b)所示。AB 段和 CD 段的轴力为拉力,该两段杆伸长,BC 段的轴力为压力,该段杆缩短,杆长的改变量为三段杆轴向变形的代数和,即

$$\Delta l = \Delta l_{AB} + \Delta l_{BC} + \Delta l_{CD}$$
$$= \frac{F_{N,AB} l_{AB}}{EA} + \frac{F_{N,BC} l_{BC}}{EA} + \frac{F_{N,CD} l_{CD}}{EA}$$
$$= \frac{1}{EA}(F_{N,AB} l_{AB} + F_{N,BC} l_{BC} + F_{N,CD} l_{CD})$$
$$= \frac{1}{2 \times 10^5 \times 10^6 \times 400 \times 10^{-6}} \times (30 \times 1 - 10 \times 1.4 + 20 \times 1) \times 10^3 \text{ m}$$
$$= 0.45 \times 10^{-3} \text{m}$$

算得 Δl 为正值，表明杆的长度增大了。

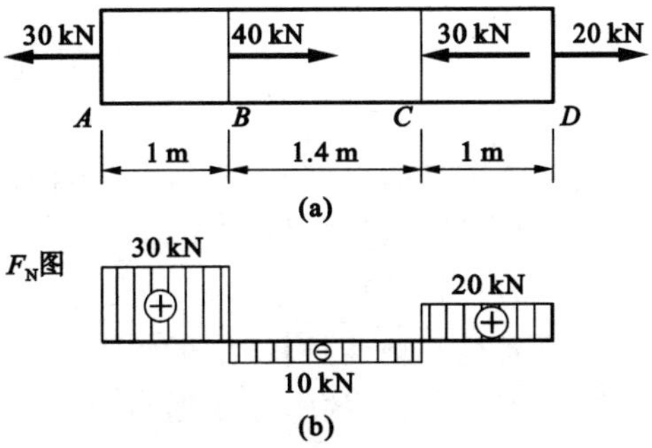

图 5-14

【例 5-11】 一矩形截面钢杆如图 5-15 所示，其截面尺寸 $b \times h = 3\ \text{mm} \times 80\ \text{mm}$，材料的弹性模量 $E = 200$ GPa。经拉伸试验测得：在纵向 100 mm 的长度内，杆伸长了 0.05 mm；在横向 60 mm 的范围内尺寸缩小了 0.0093 mm，试求：

(1) 该钢材的泊松比。

(2) 杆件所受的轴向拉力 F_P。

【解】

(1) 求泊松比

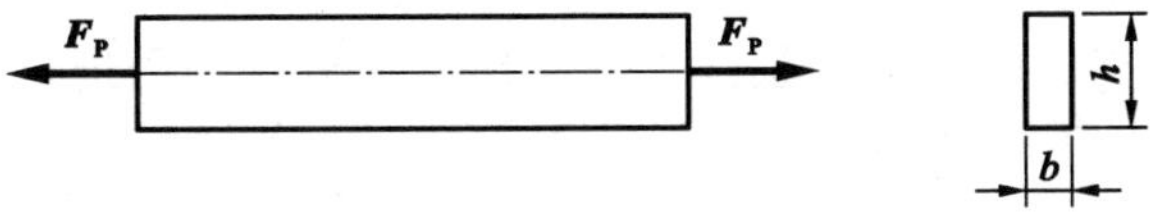

图 5-15

要想通过上述试验测出的数值计算泊松比，首先要计算出纵向线应变及横向线应变。

杆的纵向线应变为：

$$\varepsilon = \frac{\Delta l}{l} = \frac{0.05}{100} = 5 \times 10^{-4}$$

杆的横向线应变为：

$$\varepsilon' = \frac{\Delta a}{a} = \frac{-0.0093}{60} = -1.55 \times 10^{-4}$$

泊松比 μ 为：

$$\mu = \left| \frac{\varepsilon'}{\varepsilon} \right| = \left| \frac{-1.55 \times 10^{-4}}{5 \times 10^{-4}} \right| = 0.31$$

(2) 计算杆受到的轴向拉力

由胡克定律 $\sigma = \varepsilon \cdot E$，计算图 5-15 所示杆件在 $\boldsymbol{F}_P$ 作用下任一横截面上的正应力。

$$\sigma = \varepsilon \cdot E = 5 \times 10^{-4} \times 200 \times 10^3 = 100 \text{ MPa}$$

又按照应力的计算公式 $\sigma = \dfrac{F_N}{A}$，可求得在 $\boldsymbol{F}_P$ 作用下，杆件横截面上的轴力。

$$F_N = \sigma A = 100 \times 3 \times 80 = 24 \times 10^3 \text{ N} = 24 \text{ kN}$$

该杆为二力杆，任一截面上的轴力与两端拉力相等，即 $F_P = F_N$，所以该杆受到的轴向外力 $F_P = 24$ kN。

★★ 受力相同、几何尺寸也相同的不同材料杆件，它们的轴向变形量相同吗？为什么？

5.5　材料在拉伸和压缩时的力学性质

轴向拉压杆的强度和变形除了与杆件几何尺寸和受力情况有关外，还与材料的力学性质有关。因而，学习者应对材料的力学性质有所了解。材料的力学性质需通过试验来测量。

工程中材料的种类很多，通常根据其断裂时所发生的塑性变形的大小分为**塑性材料和脆性材料**两大类。塑性材料(如低碳钢、铝等)在拉断时发生较大的塑性变形，而脆性材料(如铸铁、砖、石等)拉断时的塑性变形则很小，这两类材料的力学性质存在明显的不同。下面以低碳钢和铸铁为代表分别介绍两类材料在拉伸和压缩时的力学性质。

5.5.1　材料拉伸时的力学性质

5.5.1.1　低碳钢拉伸时的力学性质

低碳钢是典型的塑性材料。所谓低碳钢是指含碳量低于 0.3%的碳素钢，钢中含碳量越低，钢质越软，故低碳钢又称软钢。低碳钢是建筑工程中常用的材料。

用低碳钢制成一定尺寸的标准试件，如图 5-16 所示，将试件装在试验机上并施加轴向拉力 $\boldsymbol{F}_P$。$\boldsymbol{F}_P$ 从零开始逐渐增大，直至试件被拉断。试件在 $\boldsymbol{F}_P$ 作用下产生的轴向变形 Δl 与 $\boldsymbol{F}_P$ 是相互对应的，每一 F_P 值均对应一定的 Δl 值，F_P 值与 Δl 间的关系曲线如图 5-17 所示，该曲线称为拉伸图。该曲线在试验中由试验机自动绘出。在对拉伸图进行一定的处理后便得到如图 5-18 所示的 σ-ε 图(应力-应变图)。

微课 5.2　材料拉伸时的力学性质

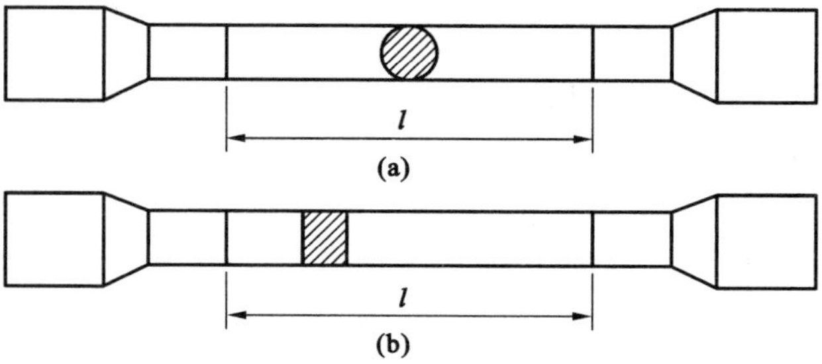

图 5-16

$\boldsymbol{F}_P$ 与 Δl 的对应关系还与试件的尺寸有关，在同一拉力 $\boldsymbol{F}_P$ 作用下，试件尺寸(l、A)不同时，Δl 也不同，为了消除试件尺寸的影响，可用应力 $\sigma=\dfrac{F_P}{A}$作为纵坐标，用应变 $\varepsilon=\dfrac{\Delta l}{l}$作为横坐标，这样，就将拉伸图改造成图 5-18 所示的 σ-ε 曲线，该曲线称为应力-应变图。下面根据应力-应变图说明低碳钢拉伸时的一些力学性能。

σ-ε 曲线可分为下列四个特征阶段：

(1) 弹性阶段(图 5-18 中的 Ob 阶段)

在此阶段内，材料的变形是弹性的，若卸去荷载，试件的变形将全部消失。b 点对应的应力称为材料的**弹性极限**，并用 σ_e 表示。

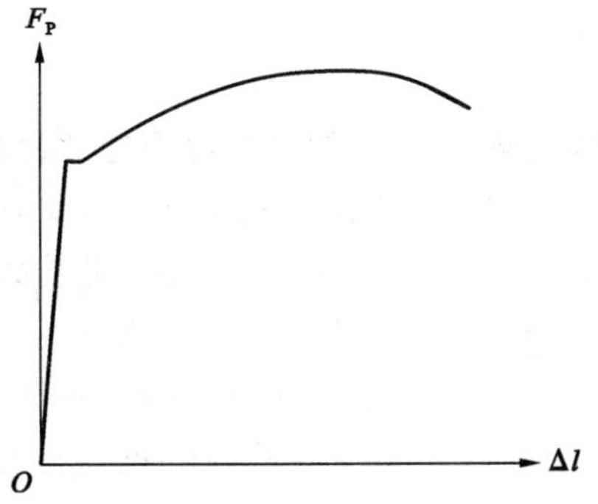

图 5-17

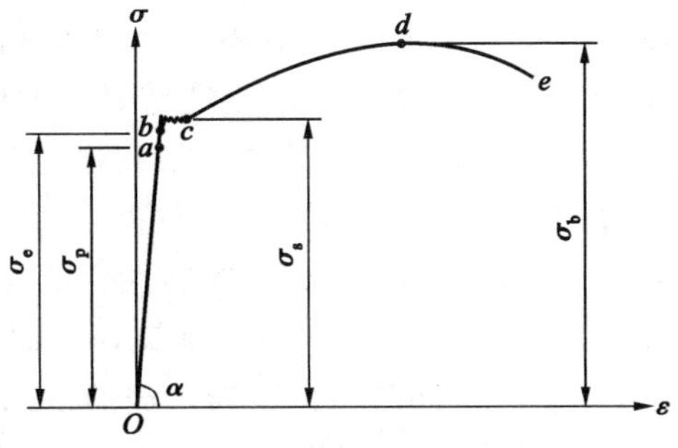

图 5-18

在弹性阶段内，Oa 段为直线，a 点对应的应力称为**比例极限**，并用 σ_p 表示。比例极限是反映材料力学性质的一个重要指标，它确定了胡克定律的使用范围。胡克定律 $\sigma=E\varepsilon$ 反映出 σ 与 ε 成正比关系，在图上为直线。而在 σ-ε 曲线上只在 $\sigma\leqslant\sigma_p$ 时为直线，因而胡克定律 $\sigma=E\varepsilon$ 只在 $\sigma\leqslant\sigma_p$ 时才成立。

由于 a、b 两点非常接近，在实际应用中，对比例极限与弹性极限常不加严格区分。

（2）屈服阶段（bc 段）

当应力超过弹性极限 σ_e 后，应变增加很快，而应力则在一段较小范围内波动，在 σ-ε 曲线上出现一段近于水平的波浪线段（bc 段）。这种应力基本不增加而应变继续增大的现象称为**屈服现象**，bc 段称为屈服阶段（或流动阶段），c 点对应的应力称为材料的**屈服极限**，用 σ_s 表示。屈服极限是衡量材料强度的重要指标。

当应力超过弹性极限后，材料的变形既有弹性变形，又有塑性变形。在屈服阶段，弹性变形基本不再增加，而塑性变形迅速增加，即屈服阶段出现了明显的塑性变形。

（3）强化阶段（cd 段）

材料经过屈服阶段后，应力 σ 与应变 ε 又同时增加，σ-ε 曲线继续上升直到 d 点，cd 段称为强化阶段。在此阶段产生的变形中，塑性变形占的比例较大。

σ-ε 曲线最高点 d 对应的应力称为材料的**强度极限**，并用 σ_b 表示。

（4）颈缩阶段（de 段）

在应力达到 σ_b 之前，试件的变形是均匀的，当应力达到 σ_b 时，试件开始出现不均匀变形，试件的某部位（薄弱部位）出现了明显的局部收缩，形成"颈缩"现象，如图 5-19 所示，此时曲线开始下降，至 e 点时被拉断。此阶段称为颈缩阶段。

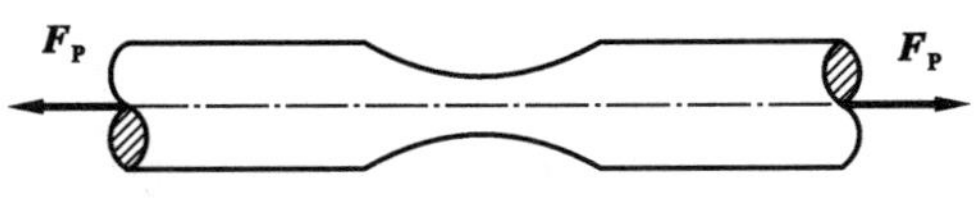

图 5-19

上述应力-应变图的四个阶段和相应的各应力特征点（比例极限、弹性极限、屈服极限、强度极限）反映出了典型塑性材料在拉伸时的力学性质。

材料的塑性性质通常是以下列两个指标来衡量的：

（1）延伸率

$$\delta=\frac{l'-l}{l}\times100\%$$

（2）截面收缩率

$$\varphi=\frac{A-A_1}{A}\times100\%$$

式中　l,l'——试件受力前和拉断后试件上标距间的长度；

A,A_1——试件受力前和断口处的横截面面积。

δ 和 φ 值越大，表明材料的塑性越好。工程中，通常是**将 $\delta\geqslant5\%$ 的材料称为塑性材料**。

如图 5-20 所示，当杆件试验进行到强化阶段内的某点 K 时，将荷载慢慢卸掉，此时的 σ-ε 曲线将沿着与 Oa 近乎平行的直线 KO_1 回落到 O_1 点。这表明材料的变形已不能全部复原，存在着 OO_1 表示的残余线应变，即塑性变形(图 5-20 中 O_1K_1 为卸载后消失的线应变，此部分为弹性变形)。如果卸载后再重新加载，σ-ε 曲线又沿着直线 O_1K 上升到 K 点，以后仍按原来的 σ-ε 曲线变化。将卸载后再重新加载的 σ-ε 曲线与未经卸载的 σ-ε 曲线对比，可以看到：材料的比例极限得到很大提高(直线部分扩大了)，而材料的塑性有所降低，此现象称为**冷作硬化**。工程中常利用冷作硬化来提高杆件在弹性范围内所能承受的最大荷载。

5.5.1.2　铸铁拉伸时的力学性质

铸铁是典型的脆性材料，其拉伸时的 σ-ε 曲线，如图 5-21 所示。与低碳钢相比，其特点如下：

(1) σ-ε 曲线为一微弯线段，且没有明显的阶段性。

(2) 拉断时的变形很小，没有明显的塑性变形。

(3) 没有比例极限、弹性极限和屈服极限，只有在被拉断时测得的强度极限且其值较低。

其他的脆性材料如砖、石、混凝土等，拉伸时的力学性质均与铸铁类似。

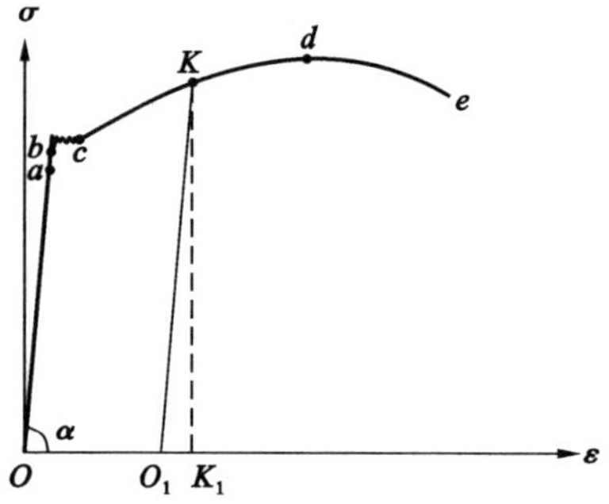

图 5-20

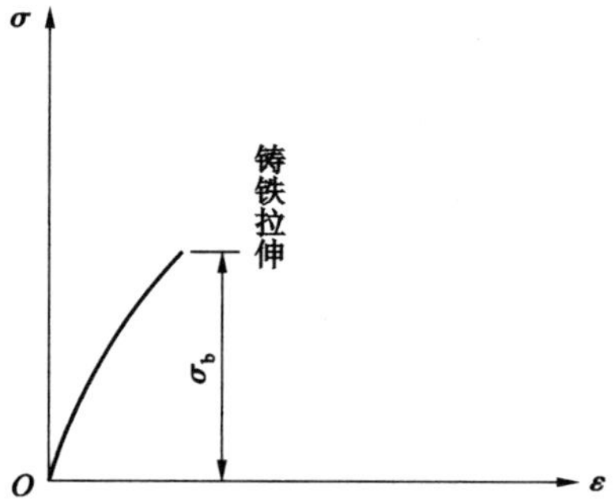

图 5-21

5.5.2　材料压缩时的力学性质

5.5.2.1　低碳钢压缩时的力学性质

低碳钢压缩时的 σ-ε 曲线如图 5-22 所示。将其与拉伸时的 σ-ε 曲线相对比：弹性阶段和屈服阶段与拉伸时的曲线基本重合，比例极限、弹性极限、屈服极限均与拉伸时的数值相同；在进入强化阶段后，曲线一直向上延伸，测不出明显的强度极限。这是因为低碳钢的材质较软，随着压力的增大，试件越压越扁。工程中，将拉伸时的强度极限作为压缩时的强度极限，即认为塑性材料的拉压的强度指标相同。

动画 5.3 材料压缩时的力学性能

5.5.2.2　铸铁压缩时的力学性质

铸铁压缩时的 σ-ε 曲线，如图 5-23 所示，仍是与拉伸时类似的一条微弯曲线，只是其强度极限值较大，它远大于拉伸时的强度极限值。这表明铸铁这种材料是抗压而不抗拉的。

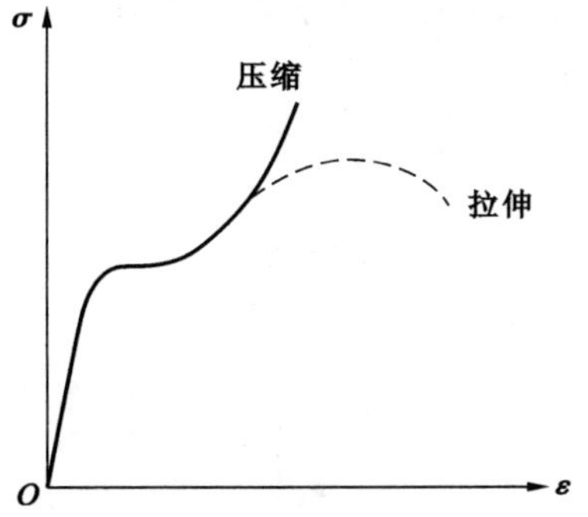

图 5-22

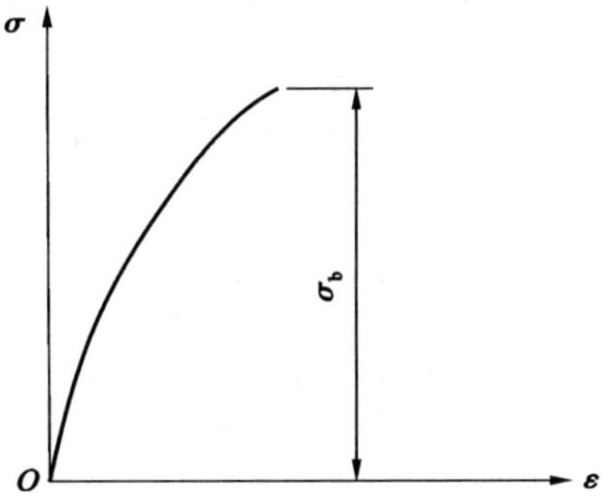

图 5-23

砖、石、混凝土等其他脆性材料都与铸铁类似，它们的抗压强度都远高于抗拉强度。因此在工程中，这类材料只能用作受压构件。

上面介绍的两类材料的力学性质，都是常温、静荷载下的力学性质。材料的力学性质还受其他一些因素的影响，这些因素包括诸如温度、加载速度、荷载的长时间作用、受力状态等。另外，材料的塑性与脆性也不是绝对的，例如低碳钢在常温下为塑性材料，但在低温下也会变脆，因此，将塑性材料与脆性材料称为材料的塑性状态与脆性状态更为确切。

5.5.3 容许应力的确定

前面已经知道，容许应力是材料的极限应力除以大于 1 的安全系数，即

$$[\sigma] = \frac{\sigma^0}{k}$$

在了解了材料的力学性质后，便可进一步来确定不同材料的极限应力 σ^0。脆性材料是以强度极限 σ_b 为极限应力，即

$$[\sigma] = \frac{\sigma_b}{k_b} \tag{5-9}$$

塑性材料则是以屈服极限 σ_s 为极限应力，即

$$[\sigma] = \frac{\sigma_s}{k_s} \tag{5-10}$$

对塑性材料来说，当应力达到材料的屈服极限时，尽管材料并没有破坏，但由于此时将出现显著的塑性变形而影响杆件的正常工作，所以，以屈服极限作为强度指标。

式(5-9) 和式(5-10) 中的安全系数分别为 k_b 和 k_s，这表示两类材料的安全系数的取值是不同的。安全系数值的具体确定是一个十分重要而又复杂的问题，其值取得过大，会造成材料的浪费，取值过小，又影响安全，通常是由国家设置的专门机构来确定。

5.6 应力集中的概念

通常情况下，轴向拉压杆其横截面上的正应力是均匀分布的。由实验得知，当杆件截面尺寸有局部突变时，在突变附近横截面上的正应力将不再呈均匀分布状态。例如，图 5-24(a)所示带孔的轴向拉杆，其 m—m 截面上的应力，如图 5-24(b)所示，孔附近的应力明显增大(在距

孔和缺口较远处，横截面上的应力仍均匀分布)。截面 n—n 的应力如图 5-24(c)所示。这种由于杆件截面尺寸的突然改变而使局部区域出现应力急剧增大的现象称为**应力集中**。

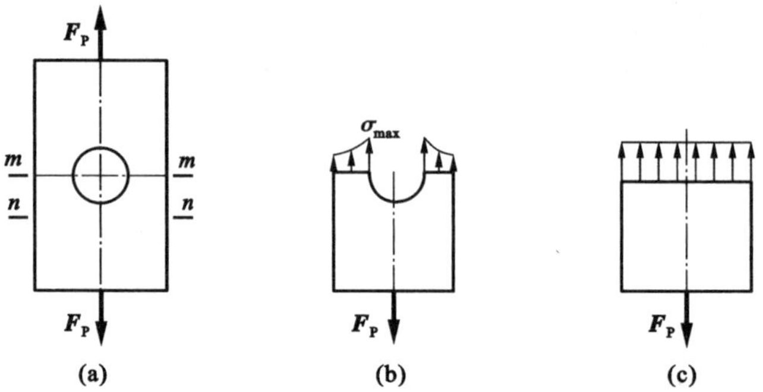

图 5-24

应力是与强度相联系的，从强度角度看，局部应力剧增，显然是不利的。对脆性材料杆件，当应力集中处的最大正应力达到材料的强度极限时，就会出现裂纹，进而导致杆件的断裂。而塑性材料杆件对应力集中的反应则缓和得多。这是由于许多塑性材料存在屈服阶段，当应力集中处的最大应力达到屈服极限时，这里只发生塑性变形而应力不再增大。这样，尚未达到屈服极限处的应力可继续增大，直至截面上的应力趋于均匀。所以，在荷载作用下，塑性材料杆件一般可不考虑应力集中的影响。

本章要点提示

(1) 基本概念

轴向拉伸、压缩是杆件的基本变形形式之一。本章内容并不复杂，但涉及的一些基本概念、研究方法和有关定律在本课程中具有重大意义。这些概念有：轴向拉伸和压缩的定义、内力、截面法、应力和强度计算、胡克定律及其应用、材料的力学性质、极限应力、安全系数、容许应力及应力集中。选择填写表 5-2。

表 5-2　复习对照表(选择填写)

	定义	正负号	分类	计算方法
内力				
轴力				
应力				
正应力				
轴向变形				
轴向拉压杆强度				
延伸率				

(2) 基本计算

轴向拉伸(压缩)的轴力、轴向拉压杆某截面的正应力、杆件的正应力强度条件、杆件的变形量——胡克定律。

（3）试验

塑性及脆性两类材料的力学性能、冷作硬化、延伸率、收缩率等。

复 习 题

5-1 试求图 5-25 所示各杆 1—1 和 2—2 截面上的轴力。

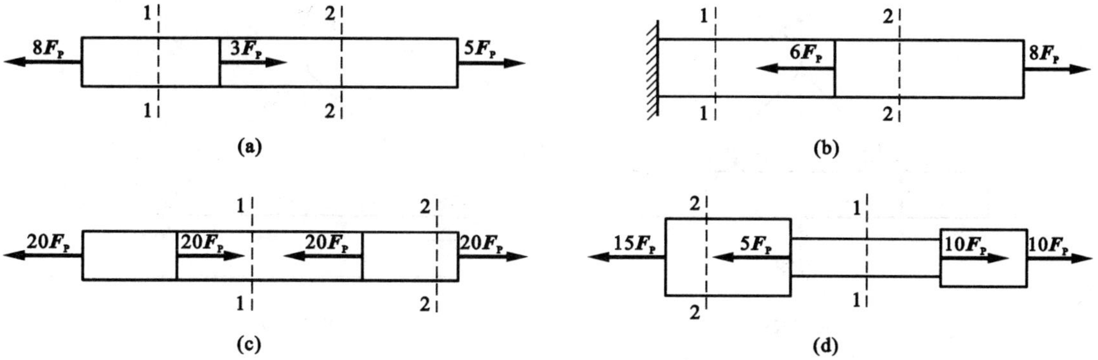

图 5-25

5-2 试画图 5-26 中各杆的轴力图。

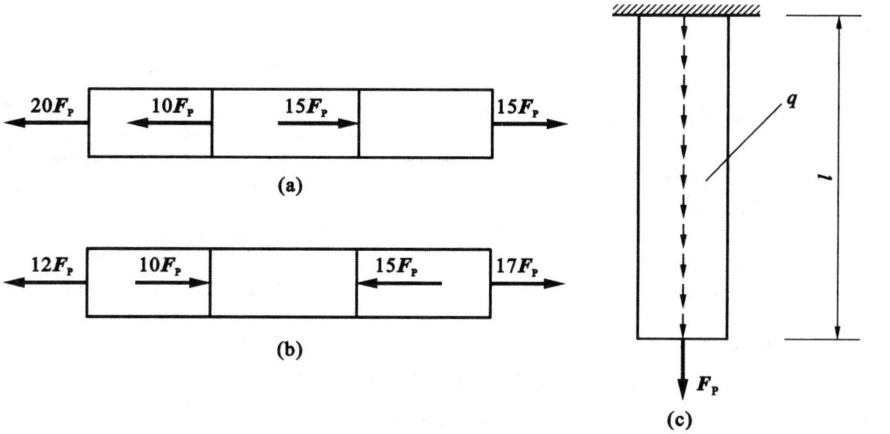

图 5-26

5-3 试画题 5-1 中各杆的轴力图。

5-4 图 5-27 中，$A_1=400\ \text{mm}^2$，$A_2=300\ \text{mm}^2$，求 1—1 和 2—2 截面上的应力。

5-5 图 5-28 所示结构中，AD 为刚性杆，BC 为圆形截面木杆，其直径 $d=120$ mm，已知 $F_P=8$ kN，试求 BC 杆横截面上的应力。

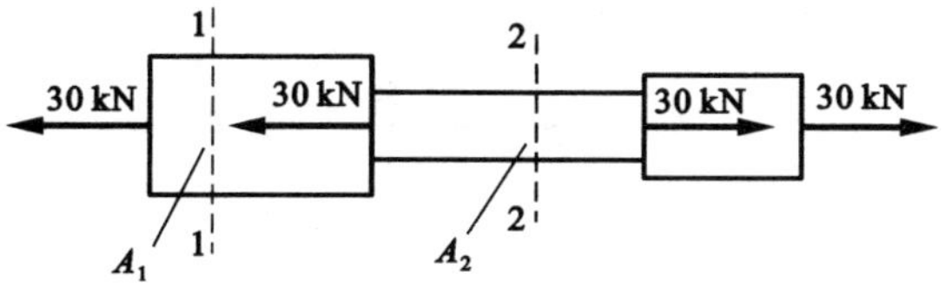

图 5-27

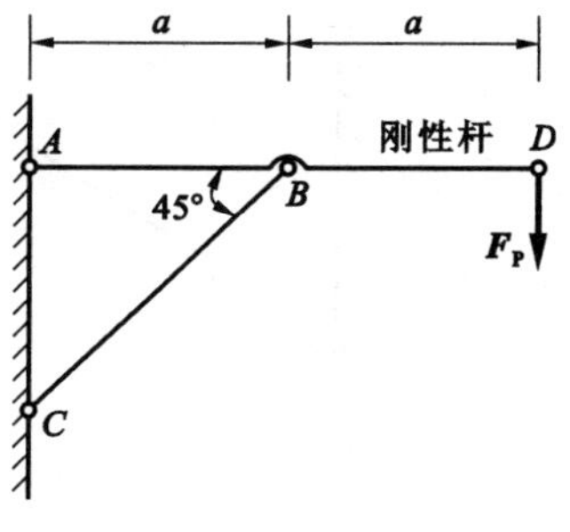

图 5-28

5-6　用绳索起吊重物，如图 5-29 所示，已知重物的重量 $W=10$ kN，绳索的直径 $d=40$ mm，材料的容许应力$[\sigma]=10$ MPa，试校核绳索的强度。

5-7　图 5-30 所示结构中，AC 和 BC 均为边长 $a=60$ mm 的正方形截面木杆，AB 为直径 $d=10$ mm 的圆形截面钢杆，已知 $F_P=8$ kN，木材的容许应力$[\sigma]_木=10$ MPa，钢材的容许应力$[\sigma]_钢=160$ MPa，试分别校核木杆和钢杆的强度。

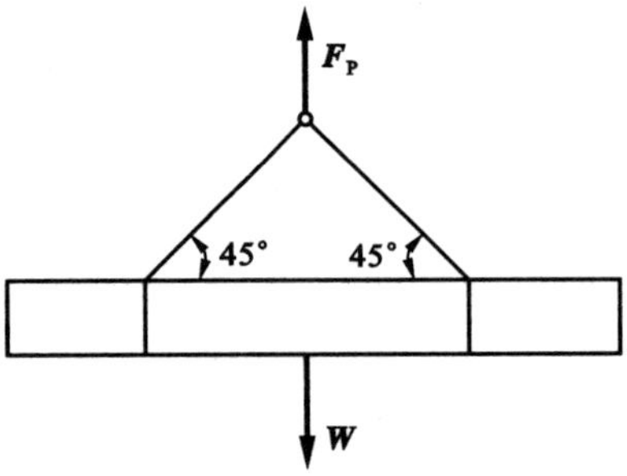

图 5-29

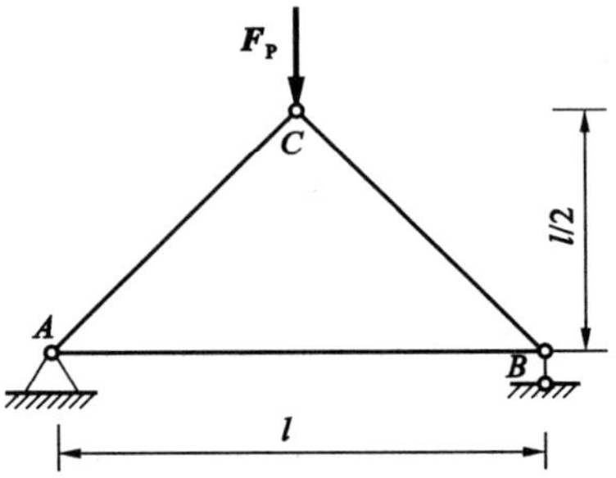

图 5-30

5-8　图 5-31 所示结构中，杆①和杆②均为圆截面钢杆，直径分别为 $d_1=16$ mm，$d_2=20$ mm，已知 $F_P=40$ kN，钢材的容许应力$[\sigma]_钢=160$ MPa，试分别校核两杆的强度。

5-9　图 5-32 所示为钢杆组成的桁架，已知 $F_P=20$ kN，钢材的容许应力$[\sigma]=160$ MPa，试求 CD 杆所需的横截面面积。

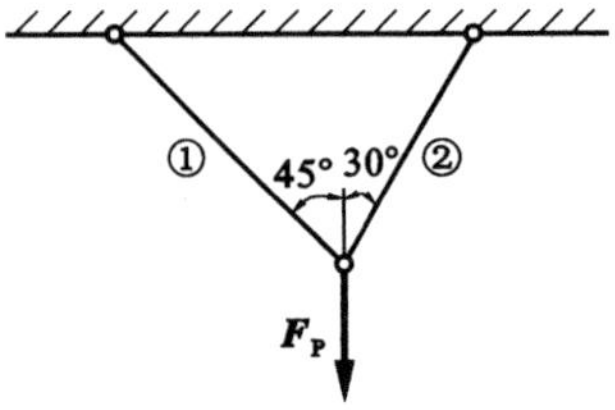

图 5-31

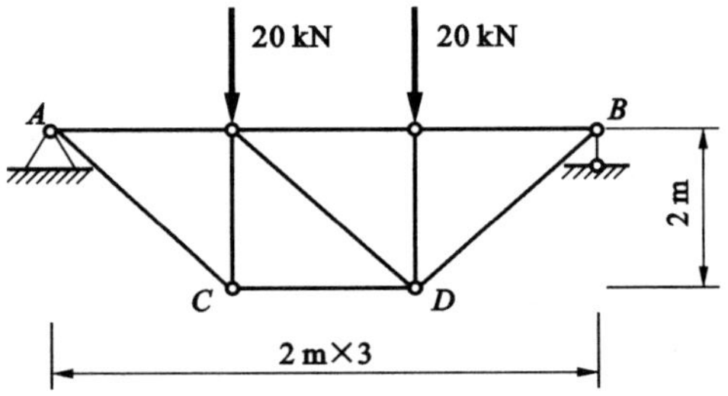

图 5-32

5-10　图 5-33 所示三角支杆中，AB 为圆截面钢杆，BC 为正方形截面木杆，已知 $F_P=12$ kN，钢材的容许应力$[\sigma]_钢=160$ MPa，木材的容许应力$[\sigma]_木=10$ MPa，试求 AB 杆横截面所需的直径和 BC 杆所需的截面边长。

5-11　图 5-34 所示结构中，AB 和 BC 均为直径 $d=20$ mm 的钢杆，钢材容许应力$[\sigma]=160$ MPa，试求该结构的容许荷载$[F_P]$。

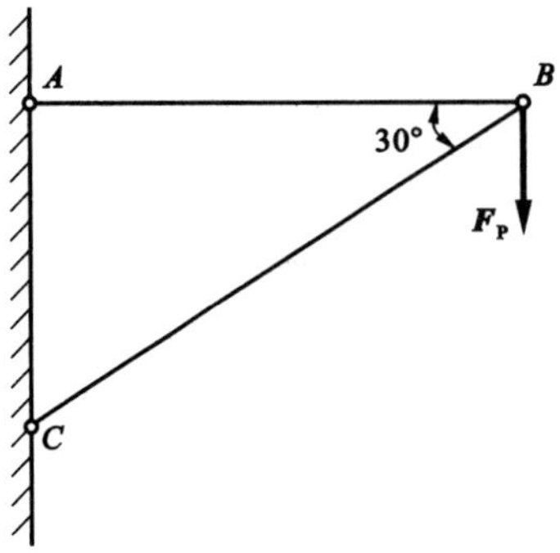

图 5-33

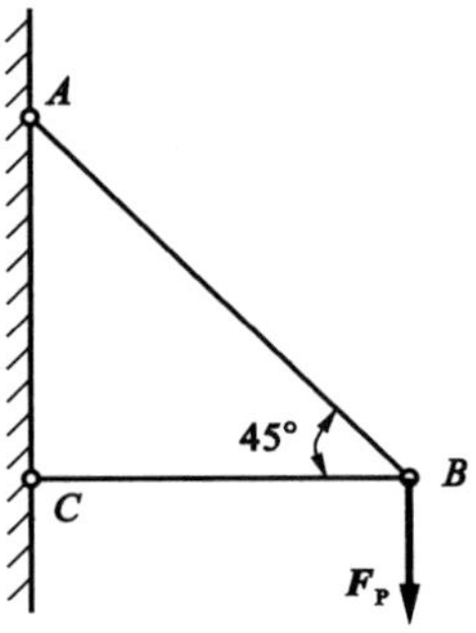

图 5-34

5-12 图 5-35 中各杆的材料、横截面面积均相同，且材料的弹性模量 $E=2\times10^5$ MPa，横截面面积 $A=200\ \text{mm}^2$，试求各杆件长度的改变量。

5-13 图 5-36 中刚性横梁 AB 由两个吊杆吊成水平位置，两杆的抗拉刚度相同，问：竖向力 $\boldsymbol{F}_P$ 加在何处可使横梁 AB 保持水平？（$AC=l, BD=3l/4$）

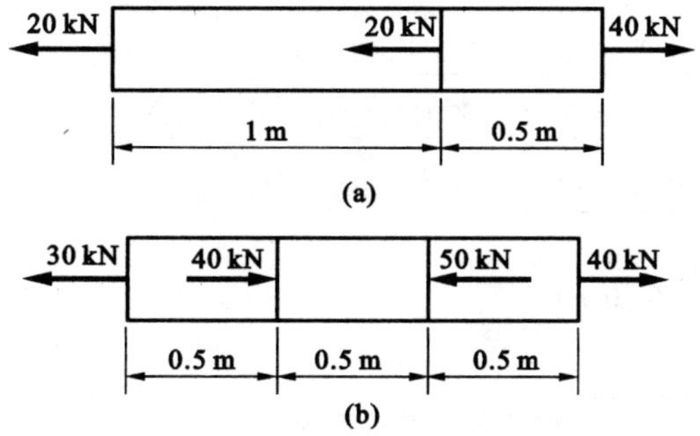

图 5-35

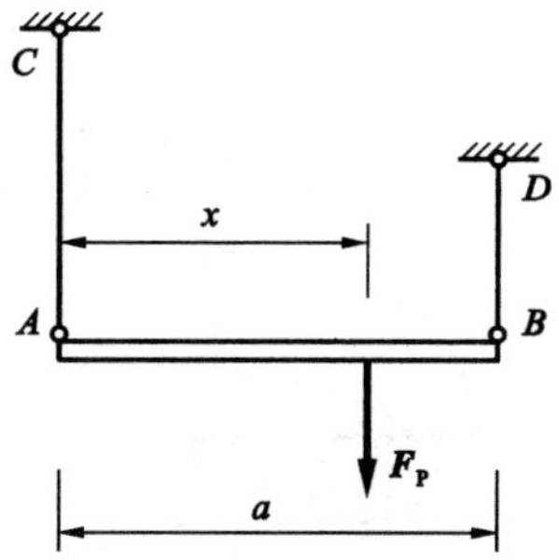

图 5-36

5-14 横截面面积 $A=100\ \text{mm}^2$ 的受拉杆，在轴向力 $F_P=2.4$ kN 的作用下，测得其轴向线应变 $\varepsilon=0.00012$，横向线应变 $\varepsilon'=0.00003$，试求材料的弹性模量和泊松比。

5-15 直径 $d=10$ mm 的圆截面杆，在轴向拉力 $\boldsymbol{F}_P$ 的作用下，其直径 d 减小了 0.0025 mm，已知材料的弹性模量 $E=2\times10^5$ MPa，泊松比 $\mu=0.3$，试求轴向拉力 F_P 的数值。

6　截面的几何性质

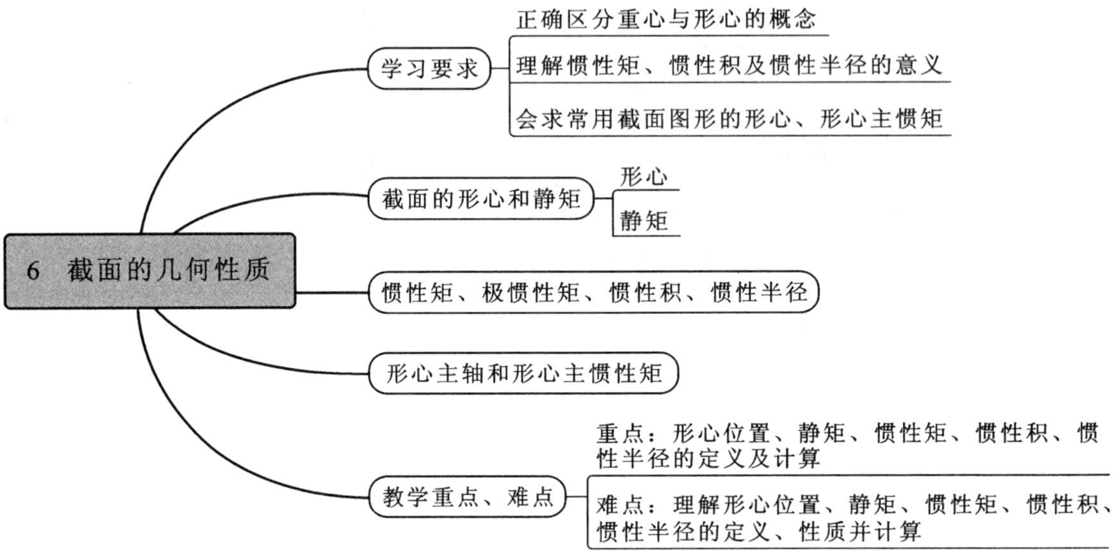

工程力学主要研究杆件的受力。假想用一平面将杆件截开，则可以看到其横截面是具有一定几何形状的平面图形。而截面面积、形心位置、静矩、惯性矩、惯性积、惯性半径等，这些与平面图形的形状和尺寸有关的几何量统称为**截面的几何性质**。杆件的强度和刚度不仅与杆件横截面上的内力有关，还与截面的几何性质有关，它是影响杆件承载能力的重要因素，因此研究截面的几何性质是十分重要的。本章主要讨论截面几何性质的基本概念和计算方法。

截面的几何性质是纯粹的几何、数学问题，与研究对象的力学性质无关，但它是杆件强度、刚度计算中必不可少的几何参数。

6.1　截面的形心和静矩

6.1.1　形心

6.1.1.1　重心

地球表面附近的任何物体都要受到地球引力的作用，这个力称为物体的重力。由实验可知，不论物体在空间的方位如何，物体重力的作用线始终通过一个确定的点，这个点就是物体重力的作用点，称为物体的**重心**。

微课 6.1
形心静距

6.1.1.2　形心坐标公式

我们要确定的截面形心位置属于截面的几何性质。由几何学可知，任何形状的平面图形都有一个几何中心，这个完全由平面图形的形状和尺寸所决定的几何中心，称为几何图形的**形心**。规则几何图形的形心位置十分容易确定，如圆形的形心在圆心，矩形的形心在对角线的交点上。

不规则几何图形形心位置的确定，可以借助于求匀质薄板重心位置的方法进行。由于匀质薄板的厚度极小，故而可以近似地用平面图形来表示，其重心就是该薄板平面图形的形心。

取一匀质薄平板，如图 6-1 所示，薄平板的重心就在其所在的平面上。在平板所在平面内建立 zOy 直角坐标系并将薄平板分成 n 个规则的部分：

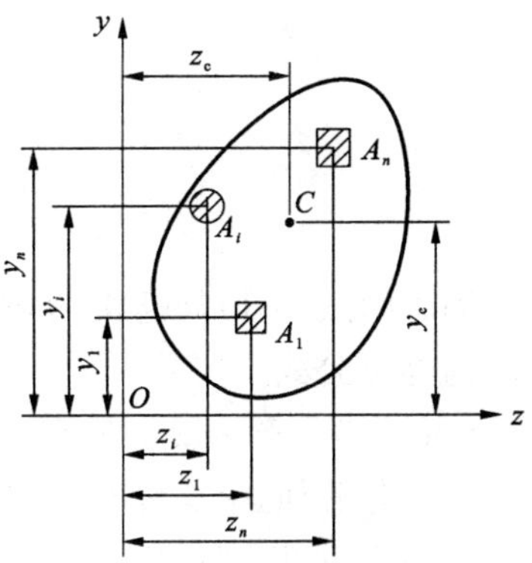

图 6-1

各部分的面积分别为：$\Delta A_1,\Delta A_2,\cdots,\Delta A_n$，总面积为 A。

各部分的几何中心坐标分别为：$(z_1,y_1),(z_2,y_2),\cdots,(z_n,y_n)$。薄板重心坐标为 z_c 和 y_c。

若单位面积的重力为 γ（常数），则各部分的重力 $\gamma\cdot\Delta A_1,\gamma\cdot\Delta A_2,\cdots,\gamma\cdot\Delta A_n$ 组成一平面平行力系，它们的合力为 $\gamma\cdot A$。根据合力矩定理，并对坐标原点取矩，则有

$$\gamma\cdot A\cdot z_c=\gamma\cdot\Delta A_1\cdot z_1+\gamma\cdot\Delta A_2\cdot z_2+\cdots+\gamma\cdot\Delta A_n\cdot z_n$$

上式两边同时除以 γ，即得

$$A\cdot z_c=\Delta A_1\cdot z_1+\Delta A_2\cdot z_2+\cdots+\Delta A_n\cdot z_n=\sum_{i=1}^{n}\Delta A_i\cdot z_i$$

$$A=\Delta A_1+\Delta A_2+\cdots+\Delta A_n=\sum_{i=1}^{n}\Delta A_i$$

所以，得到

$$z_c=\frac{\sum_{i=1}^{n}\Delta A_i\cdot z_i}{A}=\frac{\sum_{i=1}^{n}\Delta A_i\cdot z_i}{\sum_{i=1}^{n}\Delta A_i}$$

把薄板上各力同时旋转 90°，这样重力将平行于 z 轴，同理可得

$$y_c=\frac{\sum_{i=1}^{n}\Delta A_i\cdot y_i}{A}=\frac{\sum_{i=1}^{n}\Delta A_i\cdot y_i}{\sum_{i=1}^{n}\Delta A_i}$$

所以薄平板重心的坐标公式为：

$$\begin{cases}z_c=\dfrac{\sum_{i=1}^{n}\Delta A_i\cdot z_i}{A}\\[2ex] y_c=\dfrac{\sum_{i=1}^{n}\Delta A_i\cdot y_i}{A}\end{cases}$$

若将 ΔA_i 简写为 A_i，重心公式可简记作：

$$z_c = \frac{\sum_{i=1}^{n} A_i \cdot z_i}{A} \quad y_c = \frac{\sum_{i=1}^{n} A_i \cdot y_i}{A} \tag{6-1}$$

同时因式(6-1)与薄板的重力无关,而仅和薄板的形状与尺寸相关,所以,它也是平面图形**形心的坐标公式**。

6.1.1.3　平面图形的形心计算

(1) 当平面图形具有对称轴或对称中心时,则形心一定在对称轴或对称中心上,如图 6-2(a)中的几个图形。

(2) 组合图形的形心位置计算:用分割法进行。先将组合图形分割为若干个简单且规则的图形,每个简单图形的面积为 A_1、A_2、…、A_n,形心坐标为(z_1,y_1)、(z_2,y_2)、…、(z_n,y_n)。于是,可利用式(6-1)计算组合图形的形心坐标(z_c,y_c)。另外,有些组合图形可以看成是从某个简单图形中挖去一个或几个简单图形而成,如果将挖去的面积用负值(负面积)表示,则仍可应用式(6-1)求其形心坐标,这种方法又称为负面积法。

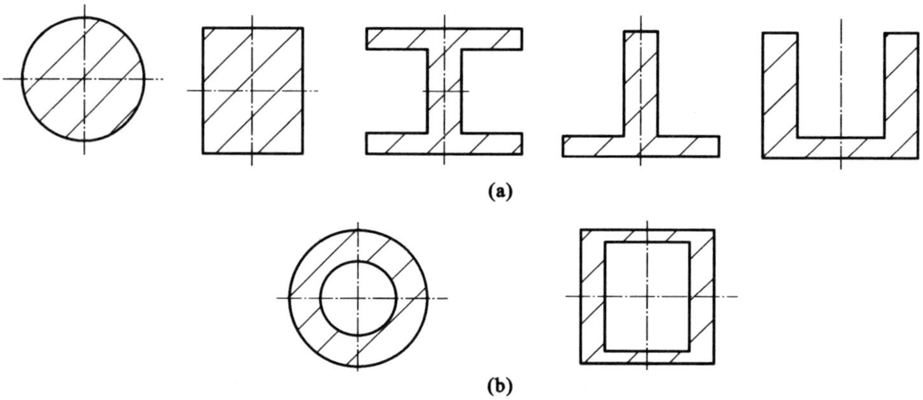

图 6-2

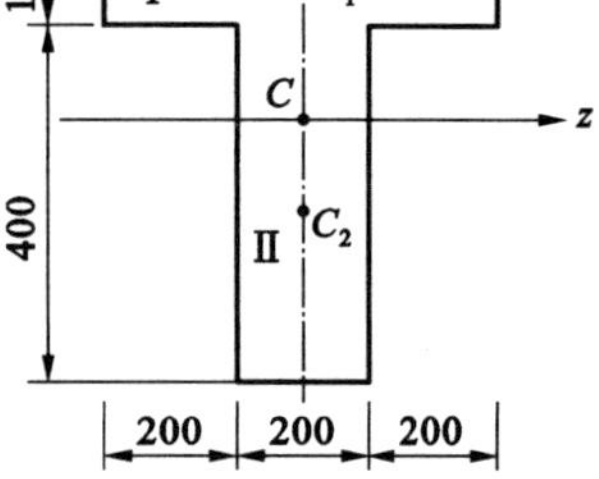

图 6-3

【例 6-1】　求图 6-3 所示 T 形截面形心 C 的位置。

【解】

T 形截面为对称图形,其形心在对称轴 y 轴上,所以 $z_c=0$。只需计算 y_c 值。

如图选取 zOy 直角坐标系,再将截面分成Ⅰ、Ⅱ两个矩形,每个矩形的面积和形心位置为:

$$A_1 = 600 \times 120 = 72000 \text{ mm}^2$$
$$y_1 = 400 + 60 = 460 \text{ mm}$$
$$A_2 = 400 \times 200 = 80000 \text{ mm}^2$$
$$y_2 = 200 \text{ mm}$$

整个截面图形的形心有:

$$y_c = \frac{\sum_{i=1}^{n} A_i y_i}{\sum_{i=1}^{n} A_i} = \frac{72000 \times 460 + 80000 \times 200}{72000 + 80000} \approx 323(\text{mm})$$

动画 6.1 静矩

6.1.2 静矩

6.1.2.1 定义

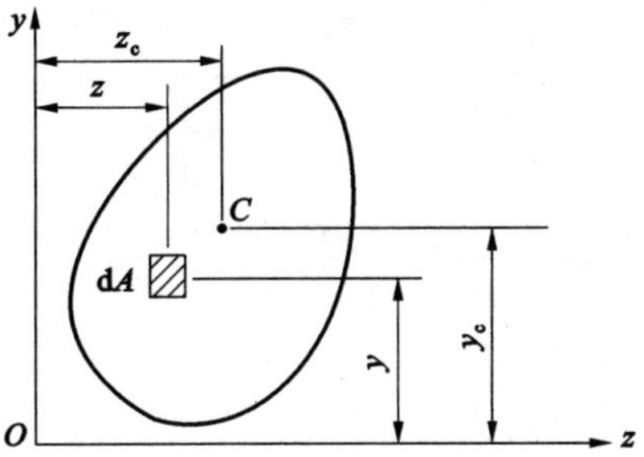

图 6-4

图 6-4 所示的平面图形代表一个任意截面，其面积为 A，放置于坐标系 zOy 所在平面内。在坐标为任意值(z，y)处取微面积 dA，则 ydA 和 zdA 分别为该微面积 dA 对 z 轴和 y 轴的静矩(又称面积矩)，而遍及整个图形面积 A 的以下积分

$$\left.\begin{aligned} S_z &= \int_A y\,dA \\ S_y &= \int_A z\,dA \end{aligned}\right\} \qquad (6\text{-}2)$$

则分别定义为平面图形对于 z 轴和 y 轴的静矩。

由定义可知，截面的静矩是对某一坐标轴而言的，同一截面对于不同的坐标轴，其静矩不同。静矩是代数量，静矩的数值可能为正，可能为负，也可能为零。静矩的量纲是长度的三次方，常用单位为 m^3 或 mm^3。

6.1.2.2 静矩与形心的关系

由于式(6-1)也可写成

$$\left.\begin{aligned} z_c &= \frac{\sum_{i=1}^{n} A_i \cdot z_i}{A} = \frac{\int_A z\,dA}{A} \\ y_c &= \frac{\sum_{i=1}^{n} A_i \cdot y_i}{A} = \frac{\int_A y\,dA}{A} \end{aligned}\right\} \qquad (6\text{-}3)$$

而上式中的积分 $\int_A z\,dA$ 和 $\int_A y\,dA$ 为式(6-2)中的静矩，则可将上式改写为：

$$\left.\begin{aligned} z_c &= \frac{S_y}{A} \\ y_c &= \frac{S_z}{A} \end{aligned}\right\} \qquad (6\text{-}4a)$$

因此，在已知截面对于 y 轴和 z 轴的静矩及其面积时，即可按式(6-4a)确定截面形心在 zOy 坐标系中的坐标。

若将上式改写为：

$$\left.\begin{aligned} S_y &= z_c \cdot A \\ S_z &= y_c \cdot A \end{aligned}\right\} \qquad (6\text{-}4b)$$

则在已知截面面积及其形心在 zOy 坐标系中的坐标时，即可按式(6-4b)计算该截面对于 y 轴和 z 轴的静矩。

★★　若截面对于某轴的静矩为零，则该轴必然通过截面的形心；反之，若某轴通过截面的形心，则截面对于该轴的静矩一定为零。而因为截面的对称轴一定通过形心，所以截面对于对称轴的静矩总是等于零。

6.1.2.3　简单图形静矩的计算

在实际计算中，对于形心位置可直接判断出的简单图形（例如矩形、圆形和三角形等），其面积也可直接计算，这时可直接用式(6-4b)计算静矩。

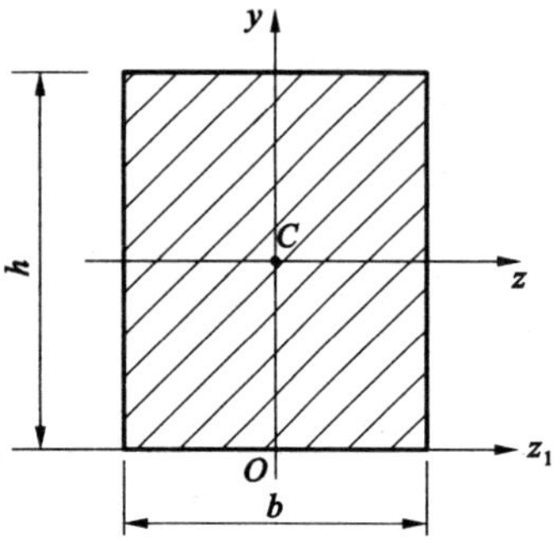

图 6-5

【例 6-2】　求图 6-5 所示矩形截面对 z_1 轴的静矩 S_{z_1} 和对形心轴 z、y 轴的静矩 S_z、S_y。

【解】

(1) 计算矩形截面对 z_1 轴的静矩 S_{z_1}

该矩形截面的形心在 z_1Oy 坐标系下的坐标为 $y_c=h/2$，所以由式(6-4b)有

$$S_{z_1} = y_c \cdot A = \frac{h}{2}bh = \frac{bh^2}{2}$$

(2) 计算矩形截面对形心轴 z、y 轴的静矩 S_z 及 S_y

由于 z、y 轴为矩形截面的对称轴，通过截面的形心，该矩形截面的形心在 zOy 坐标系下的坐标为 $z_c=0$，$y_c=0$，所以，矩形截面对 z、y 轴的静矩为

$$S_z = y_c \cdot A = 0$$

$$S_y = z_c \cdot A = 0$$

6.1.2.4　组合图形静矩的计算

如果一个复杂图形是由若干个简单图形组合而成时，可根据静矩的定义，先将其分解为若干个简单图形，算出每个简单图形对于某一轴的静矩，然后求其代数总和，即等于整个图形对于同一轴的静矩，具体公式为：

$$\left.\begin{aligned} S_z &= \sum_{i=1}^{n} A_i y_i \\ S_y &= \sum_{i=1}^{n} A_i z_i \end{aligned}\right\} \tag{6-5}$$

式中　A_i——任一简单图形的面积；

y_i，z_i——任一简单图形的形心在 zOy 坐标系中的坐标；

n——组成该截面的简单图形的个数。

【例 6-3】　求图 6-6(a)所示截面对 z 轴的静矩 S_z。

【解】

首先将此截面分成两个矩形Ⅰ和Ⅱ，如图 6-6(b)所示，其面积分别为

$$A_1 = 10 \times 80 = 800 \text{ mm}^2$$

$$A_2 = 10 \times 100 = 1000 \text{ mm}^2$$

两个矩形的形心坐标分别为：

矩形Ⅰ　　　$y_1=10+40=50$ mm

矩形Ⅱ　　　$y_2=5$ mm

所以

$$S_z=y_1 \cdot A_1+y_2 \cdot A_2=50\times800+5\times1000=45000 \text{ mm}^3$$

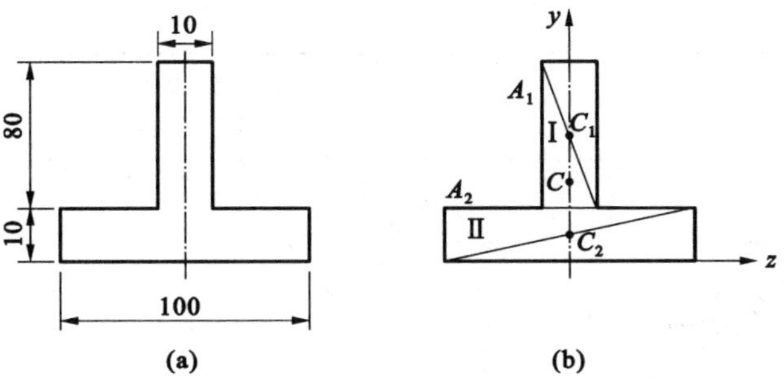

图 6-6

6.2 惯性矩、极惯性矩、惯性积和惯性半径

6.2.1 惯性矩

如图 6-7 所示，在 zOy 坐标系下的任一平面图形，其面积为 A。在坐标为 (z,y) 处取微面积 $\mathrm{d}A$，则 $y^2\mathrm{d}A$ 和 $z^2\mathrm{d}A$ 分别称为微面积 $\mathrm{d}A$ 对 z 轴和 y 轴的惯性矩，而遍及整个图形面积 A 的以下积分：

$$\left.\begin{aligned} I_z &= \int_A y^2 \mathrm{d}A \\ I_y &= \int_A z^2 \mathrm{d}A \end{aligned}\right\} \tag{6-6}$$

微课 6.2 截面的几种几何性质

则分别定义为平面图形对 z 轴和 y 轴的惯性矩，用 I_z，I_y 表示。

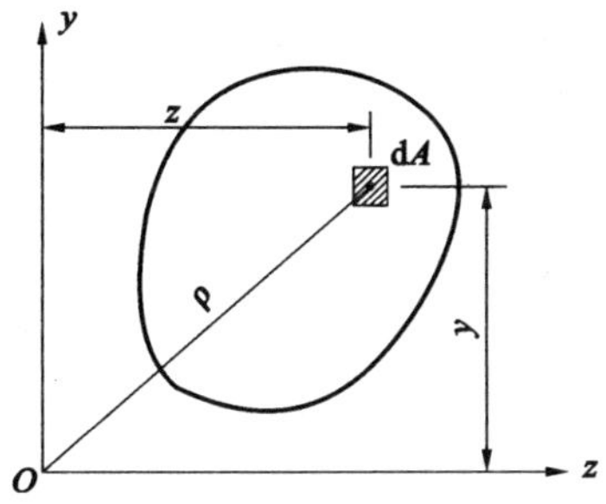

图 6-7

由定义可知，图形的惯性矩也是针对某一坐标轴而言的。一般情况下，同一平面图形对于不同坐标轴的惯性矩是不同的。由式(6-5)可知 I_z 和 I_y 恒为正值。惯性矩的量纲是长度的 4 次方，常用单位为 m^4 或 mm^4。

动画 6.2 惯性矩、惯性积

★★ 惯性矩的大小不仅与图形的面积有关，而且和图形面积相对于坐标轴的分布位置有关。面积离坐标轴越远，惯性矩越大；反之，面积离坐标轴越近，惯性矩越小。

简单平面图形的惯性矩可直接由式(6-6)求得。常用的一些简单图形的惯性矩可在计算手册中查到(表 6-1)，型钢截面的惯性矩查型钢表可得。

表 6-1 几种常见简单平面图形的面积、形心和惯性矩

序号	图形	面积 A	形心到边缘(或顶点)的距离	图形对形心轴的惯性矩 I
1	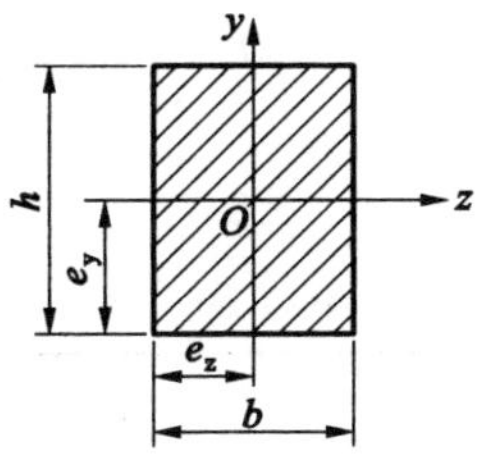	bh	$e_z=\dfrac{b}{2}$ $e_y=\dfrac{h}{2}$	$I_z=\dfrac{bh^3}{12}$ $I_y=\dfrac{hb^3}{12}$

续表 6-1

序号	图形	面积 A	形心到边缘（或顶点）的距离	图形对形心轴的惯性矩 I
2	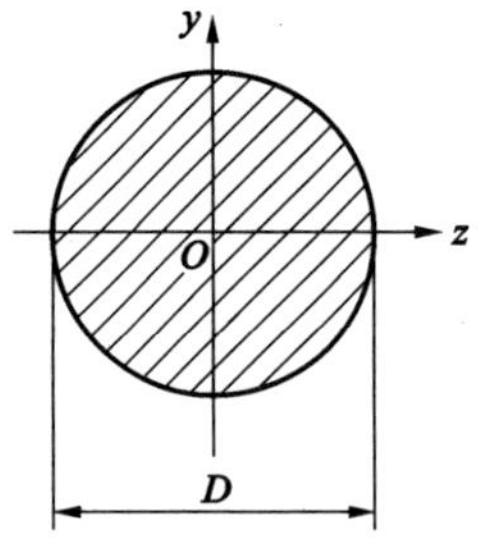	$\frac{\pi D^2}{4}$	$e=\frac{D}{2}$	$I_z=I_y=\frac{\pi D^4}{64}$
3	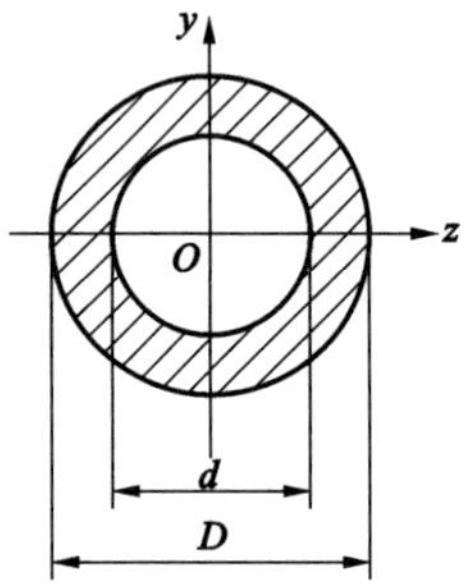	$\pi\frac{(D^2-d^2)}{4}$	$e=\frac{D}{2}$	$I_z=I_y=\frac{\pi D^4}{64}(1-\alpha^4)$ $(\alpha=d/D)$
4	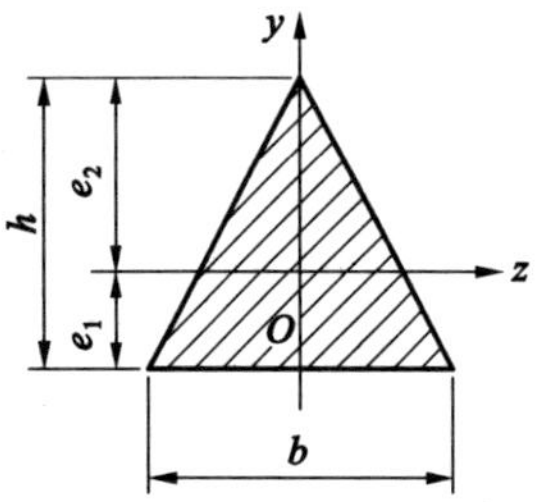	$\frac{bh}{2}$	$e_1=\frac{h}{3}$ $e_2=\frac{2h}{3}$	$I_z=\frac{bh^3}{36}$
5	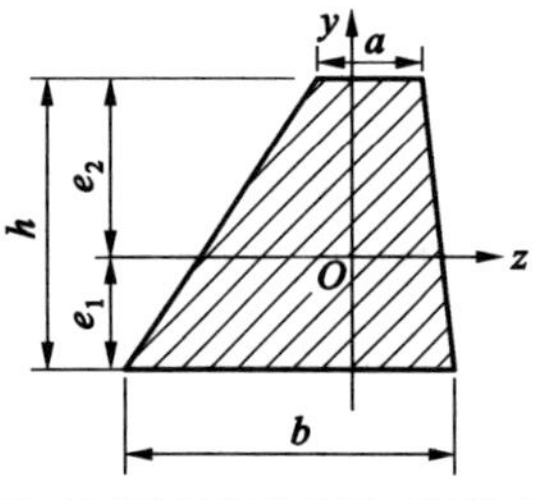	$\frac{(a+b)h}{2}$	$e_1=\frac{h(2a+b)}{3(a+b)}$ $e_2=\frac{h(a+2b)}{3(a+b)}$	$I_z=\frac{h^3(a^2+4ab+b^2)}{36(a+b)}$
6	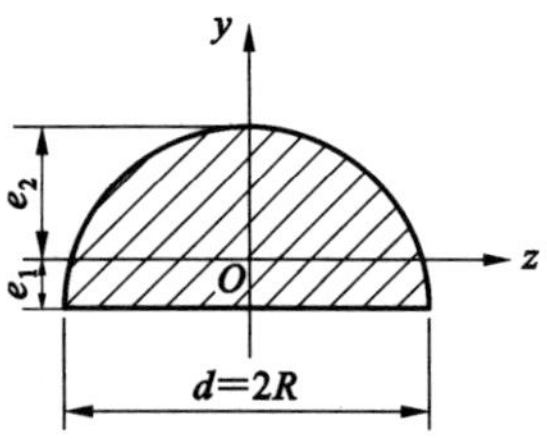	$\frac{\pi R^2}{2}$	$e_1=\frac{4R}{3\pi}$	$I_z=\left(\frac{1}{8}-\frac{8}{9\pi^2}\right)\pi R^4$ $I_y=\frac{\pi R^4}{8}$

6.2.2　极惯性矩

如图 6-7 所示，ρ 是微面积 dA 的形心与坐标原点之间的距离。则 $\rho^2 dA$ 称为微面积 dA 对于坐标原点的极惯性矩，而遍及整个图形面积 A 的积分：

$$I_\rho = \int_A \rho^2 dA \tag{6-7}$$

则定义为平面图形对坐标原点的极惯性矩，用 I_ρ 表示。

式(6-7)表明：I_ρ 恒为正值。I_ρ 的常用单位为 m^4 或 mm^4。

由图 6-7 可知　　$\rho^2 = z^2 + y^2$

从式(6-6)和式(6-7)可知截面的惯性矩和极惯性矩之间有如下关系

$$I_\rho = \int_A \rho^2 dA = \int_A (z^2 + y^2) dA = \int_A z^2 dA + \int_A y^2 dA$$

即

$$I_\rho = I_y + I_z \tag{6-8}$$

式(6-8)说明，平面图形对于原点 O 的极惯性矩等于它对两个直角坐标轴的惯性矩的和。

6.2.3　惯性积

如图 6-7 所示，微面积 dA 与其在坐标系中的两个坐标值的乘积 $zydA$ 称为微面积 dA 对 z、y 两轴的惯性积，而遍及整个图形面积 A 的积分：

$$I_{zy} = \int_A zy dA \tag{6-9}$$

则定义为图形对 z 轴、y 轴的惯性积，用 I_{zy} 表示。

由以上定义可知，惯性积是针对一对坐标轴而言的。惯性积是代数量，其数值可以为正，可以为负，也可以等于零。惯性积的量纲是长度的四次方，常用单位为 m^4 或 mm^4。

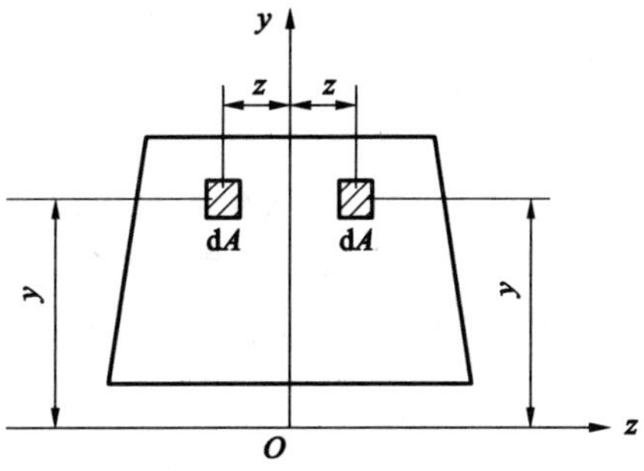

图 6-8

另外，如果 z、y 两轴中，有一个轴是图形的对称轴，则平面图形对于这对轴的惯性积必然为零。以图 6-8 为例，图中 y 轴是图形的对称轴，如果在 y 轴左右两侧的对称位置处，各取一微面积 dA，两者的 y 坐标相同，而 z 坐标数值相等但符号相反。这时，两微面积对于 z 轴、y 轴的惯性积数值相等、符号相反，在积分中相互抵消，将此推广到整个截面，则有：

$$I_{zy} = \int_A zy dA = 0$$

6.2.4　惯性半径

在工程中，为了便于计算，常将惯性矩 I_z、I_y 和 I_ρ 分别写成：

$$I_z = i_z^2 A, I_y = i_y^2 A, I_\rho = i_\rho^2 A$$

于是得到：

$$
\left.\begin{aligned}
i_z &= \sqrt{\frac{I_z}{A}} \\
i_y &= \sqrt{\frac{I_y}{A}} \\
i_\rho &= \sqrt{\frac{I_\rho}{A}}
\end{aligned}\right\} \tag{6-10}
$$

人们通常把式中的 i_z 和 i_y 和 i_ρ 分别称为平面图形对 z 轴和 y 轴的惯性半径(或回转半径)及平面图形对坐标原点的极惯性半径。惯性半径为正值,它的大小反映了图形面积对于坐标轴的聚焦程度。惯性半径的量纲是[长度],常用单位为 m 或 mm。在进行偏心压缩、压杆稳定的计算时会涉及与此有关的一些问题。

【例 6-4】 试计算图 6-9 所示高为 h,宽为 b 的矩形截面对于其对称轴 z 轴和 y 轴的惯性矩、惯性半径及对 z、y 两轴的惯性积。

【解】

(1) 先求对 z 轴和 y 轴的惯性矩。取平行于 z 轴的微面积 $\mathrm{d}A$,则 $\mathrm{d}A = b\mathrm{d}y$

$$I_z = \int_A y^2 \mathrm{d}A = \int_{-\frac{h}{2}}^{\frac{h}{2}} y^2 b \mathrm{d}y = \frac{bh^3}{12}$$

同理,取平行于 y 轴的微面积 $\mathrm{d}A$,则 $\mathrm{d}A = h\mathrm{d}z$,则

$$I_y = \int_A z^2 \mathrm{d}A = \int_{-\frac{b}{2}}^{\frac{b}{2}} z^2 h \mathrm{d}z = \frac{b^3 h}{12}$$

(2) 求矩形截面对 z 轴、y 轴的惯性半径:

$$i_z = \sqrt{\frac{I_z}{A}} = \sqrt{\frac{bh^3/12}{bh}} = \frac{h}{\sqrt{12}}$$

$$i_y = \sqrt{\frac{I_y}{A}} = \sqrt{\frac{b^3h/12}{bh}} = \frac{b}{\sqrt{12}}$$

(3) 求矩形对两轴的静矩。

因为 z 轴、y 轴是对称轴,所以 $I_{zy}=0$。

【例 6-5】 试计算图 6-10 所示圆形对其圆心的极惯性矩和对其形心轴 z 轴、y 轴的惯性矩。

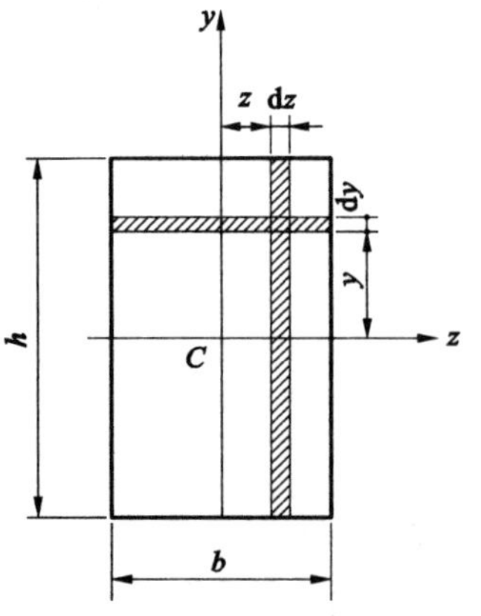

图 6-9

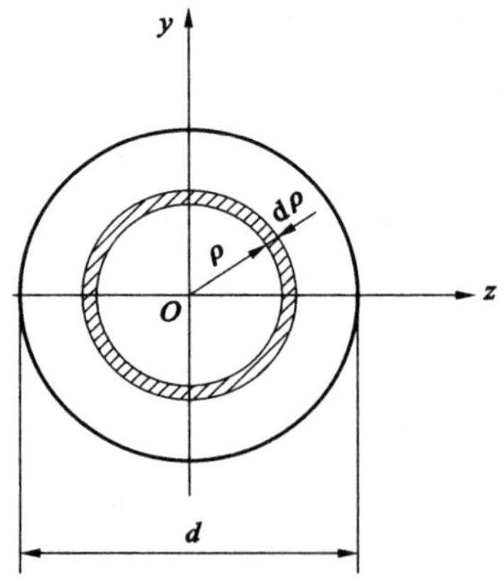

图 6-10

【解】

(1) 在距圆心 O 为 ρ 处取宽度为 $d\rho$ 的圆环形微面积 dA，则：

$$dA = 2\pi\rho d\rho$$

图形对其圆心的极惯性矩为：

$$I_\rho = \int_A \rho^2 dA = \int_0^{\frac{d}{2}} 2\pi\rho^3 d\rho = \frac{\pi d^4}{32}$$

(2) 由圆的对称性可知：$I_z = I_y$，根据式(6-8)可得：

$$I_z = I_y = \frac{\pi d^4}{64}$$

6.2.5 组合图形的惯性矩

6.2.5.1 平行移轴公式

由前所述，同一截面对于不同坐标轴的惯性矩是不相同的，但它们之间存在着一定的关系，利用这些关系，有助于计算组合平面图形的惯性矩以及截面对于某些特殊轴的惯性矩。下面将介绍当坐标轴平移时，截面对于两对不同坐标轴的惯性矩。

图 6-11 所示的平面图形代表一任意截面，面积为 A，图形的形心为 C，z_c 轴、y_c 轴是过平面图形形心的一对正交坐标轴。选取另一坐标系 zOy，其中 z 轴、y 轴是分别与 z_c 轴、y_c 轴平行的坐标轴。并且，z 轴和 z_c 轴之间的距离为 a，y 轴和 y_c 轴之间的距离为 b。

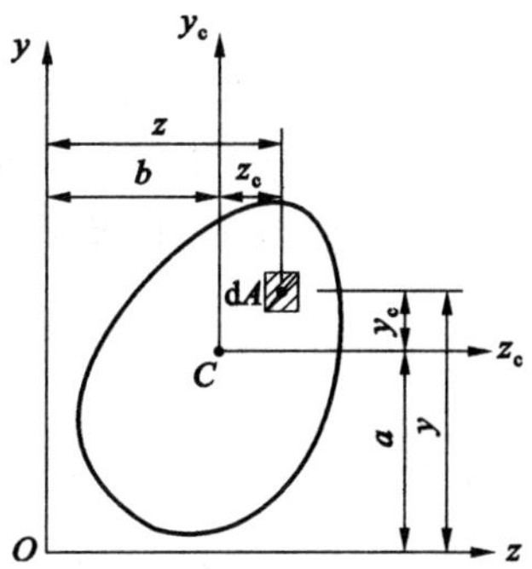

图 6-11

在平面图形上取微面积 dA，此微面积 dA 在 z_cCy_c 和 zOy 坐标系中的坐标分别是(z_c, y_c)和(z, y)，由图中可看出，微面积 dA 在两个坐标系下的坐标有如下关系：

$$z = z_c + b \quad y = y_c + a$$

根据惯性矩定义，图形对 z 轴的惯性矩为：

$$I_z = \int_A y^2 dA = \int_A (y_c + a)^2 dA = \int_A (y_c^2 + 2ay_c + a^2) dA$$

$$= \int_A y_c^2 dA + 2a\int_A y_c dA + a^2\int_A dA$$

在上式右边出现了三个积分式：

积分$\int_A y_c^2 dA$ 为平面图形对于 z_c 轴的惯性矩，记为 I_{zc}。

积分$\int_A y_c dA$ 为平面图形对于 z_c 轴的静矩，记为 S_{zc}。由于 z_c 轴为平面图形的形心轴，所以 $S_{zc} = \int_A y_c dA = 0$。

积分$\int_A dA$ 为平面图形的面积，记为 A。

将以上结果代入，即得：

$$\left.\begin{aligned} I_z &= I_{zc} + a^2 A \\ I_y &= I_{yc} + b^2 A \end{aligned}\right\} \qquad (6\text{-}11)$$

式(6-11)称为**惯性矩的平行移轴公式**。

式(6-11)表明：截面对于任一轴的惯性矩，等于截面对与该轴平行的形心轴的惯性矩，再加上截面的面积与两轴距离平方的乘积。由以上公式可以看出，图形对一簇平行轴的惯性矩中，以对形心轴的惯性矩为最小。

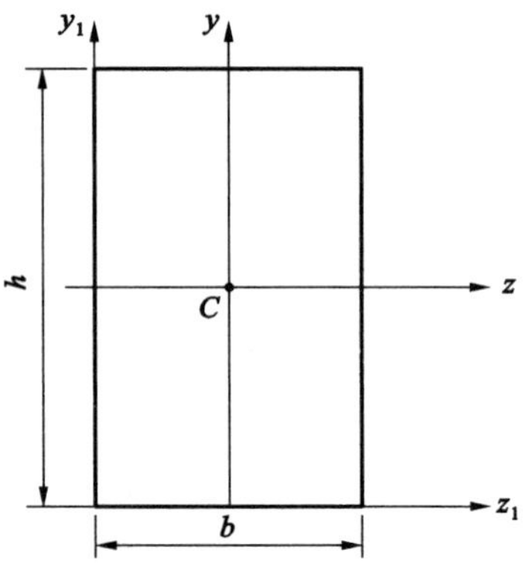

图 6-12

公式中 I_{zc}、I_{yc} 为图形对形心轴的惯性矩，即 z_c、y_c 轴必须通过截面的形心，对于这两点，在具体使用公式时应加以注意。

【例 6-6】 计算图 6-12 所示的矩形截面对 z_1、y_1 轴的惯性矩。

【解】

z 轴、y 轴是矩形截面的形心轴，它们分别与 z_1 轴、y_1 轴平行，则由平行移轴公式(6-11)可得到矩形截面对 z_1 轴、y_1 轴的惯性矩分别为

$$I_{z1} = I_z + a^2A = \frac{bh^3}{12} + \left(\frac{h}{2}\right)^2 bh = \frac{bh^3}{3}$$

$$I_{y1} = I_y + b^2A = \frac{hb^3}{12} + \left(\frac{b}{2}\right)^2 bh = \frac{hb^3}{3}$$

6.2.5.2　组合图形惯性矩的计算

组合图形是由若干个简单图形组合而成的。根据惯性矩的定义，组合图形对某个坐标轴的惯性矩等于各简单图形对于同一坐标轴的惯性矩之和。

$$\left.\begin{aligned} I_z &= I_{1z} + I_{2z} + \cdots + I_{nz} = \sum_{i=1}^{n} I_{iz} \\ I_y &= I_{1y} + I_{2y} + \cdots + I_{ny} = \sum_{i=1}^{n} I_{iy} \end{aligned}\right\} \tag{6-12}$$

例如，我们可以把图 6-13 所示的空心圆，看作是由直径为 D 的实心圆减去直径为 d 的圆所组成，由式(6-12)，并使用例 6-5 所得结果，即可求得：

$$I_z = I_y = \frac{\pi D^4}{64} - \frac{\pi d^4}{64} = \frac{\pi}{64}(D^4 - d^4)$$

如果令 $\frac{D}{d} = \alpha$，则上式可写为

$$I_z = I_y = \frac{\pi D^4}{64}(1 - \alpha^4)$$

$$I_\rho = \frac{\pi D^4}{32} - \frac{\pi d^4}{32} = \frac{\pi}{32}(D^4 - d^4) = \frac{\pi D^4}{32}(1 - \alpha^4)$$

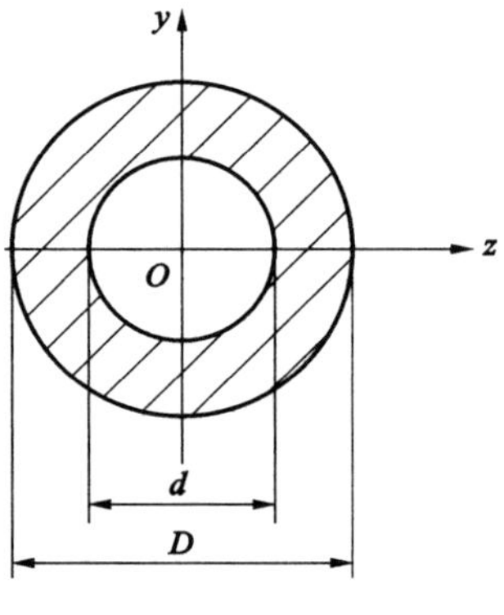

图 6-13

在工程实际中常会遇到组合图形，计算其惯性矩需用到公式(6-12)，而此式中 I_{iz}、I_{iy} 的计算又常会用到平行移轴公式(6-11)，对此下面将用例题来加以说明。

【例 6-7】 试求图 6-14 所示 T 形截面对其形心轴 z 轴、y 轴的惯性矩和惯性积。

【解】

将图形看成是两个矩形 Ⅰ、Ⅱ 的组合，取其对称轴为 y 轴，并与另一垂直于 y 轴的 z_0 轴组成参考坐标系。

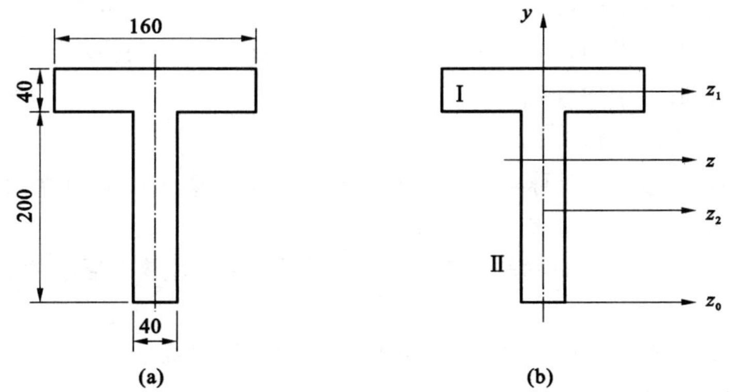

图 6-14

(1) 确定形心的位置，y 轴是 T 形截面的对称轴，形心必在 y 轴上所以 $z_c=0$

$$A_1=160\times 40=6400\ \text{mm}^2 \quad y_1=200+20=220\ \text{mm}$$

$$A_2=40\times 200=8000\ \text{mm}^2 \quad y_2=100\ \text{mm}$$

$$y_c=\frac{\sum A_i y_{ci}}{\sum A_i}=\frac{A_1y_1+A_2y_2}{A_1+A_2}=\frac{6400\times 220+8000\times 100}{6400+8000}=153.3\ \text{mm}$$

于是，可过形心设立形心轴 z 轴。

(2) 求图形对形心轴 y 轴的惯性矩

$$I_y=I_{1y}+I_{2y}=\frac{40\times 160^3}{12}+\frac{200\times 40^3}{12}=137.2\times 10^5\ \text{mm}^4$$

(3) 求图形对形心轴 z 轴的惯性矩

$$a_1=220-153.3=66.7\ \text{mm}$$

$$a_2=153.3-100=53.3\ \text{mm}$$

$$I_{1z}=I_{1z1}+a_1^2A_1=\frac{160\times 40^3}{12}+66.7^2\times 6400=293.3\times 10^5\ \text{mm}^4$$

$$I_{2z}=I_{2z1}+a_2^2A_2=\frac{40\times 200^3}{12}+53.3^2\times 8000=493.9\times 10^5\ \text{mm}^4$$

$$I_z=I_{1z}+I_{2z}=293.3\times 10^5+493.9\times 10^5=787.2\times 10^5\ \text{mm}^4$$

(4) 求图形对其形心轴 z 轴、y 轴的惯性积

因为 y 轴是对称轴，故 $I_{zy}=0$。

★★ 图 6-14 中的 I_{yz1}、I_{yz2}、I_{yz0} 分别等于多少？

6.3 形心主轴和形心主惯性矩

截面对某一坐标系的惯性积随着坐标位置的不同将发生变化，其值可能为正或负，也可能为零。但总可以找到一对坐标轴 z_0 轴、y_0 轴，使平面图形对这对坐标轴的惯性积为零。通常称惯性积为零的这对轴为**主惯性轴**，简称**主轴**。图形对主惯性轴的惯性矩称为**主惯性矩**。

如果主惯性轴通过图形的形心，则该轴称为**形心主惯性轴**，简称**形心主轴**，而相应的惯性矩称为**形心主惯性矩**。形心主惯性矩是图形对通过形心的所有坐标轴惯性矩的极值。

平面图形形心主惯性轴的确定十分重要。

对于有对称轴的图形来说，由于图形对于对称轴的惯性积等于零，而对称轴又过形心，所以图形的对称轴就是形心主惯性轴。

根据平面图形对称轴的情况具体分为：

(1) 如果平面图形有一根对称轴，则该对称轴为图形的形心主轴，而另外一根形心主轴过图形的形心并与对称轴垂直。如图 6-15(a)所示。

(2) 如果平面图形有两根对称轴，则这两根对称轴都是图形的形心主轴。如图 6-15(b)所示。

(3) 如果图形有无数根对称轴，则任一根对称轴都是图形的形心主轴，且图形对任一形心主轴的惯性矩都相等。如图 6-15(c)所示。

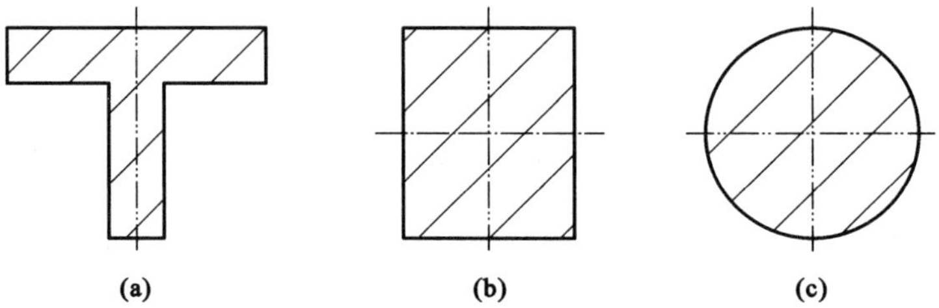

图 6-15

对于工程中的构件，其横截面(几何图形)大都具有这样的对称轴。

本章要点提示

本章主要研究了截面的几何性质——与平面图形的形状和尺寸有关的几何量的统称。讨论的重点是形心位置的确定，简单图形和组合图形的静矩、惯性矩和惯性积的概念和计算；另外还讨论了主轴、主惯性矩、形心主轴、形心主惯性矩的定义及计算公式。截面的几何性质是影响杆件承载能力的重要因素，因此在学习的过程中应多加练习，以达到对概念和计算方法熟练掌握的目的。

(1) 主要概念复习(填表 6-2)

表 6-2

	定义	一般表达式	计算单位	简单图形之大小
形心				
静矩				
惯性矩				
惯性积				
极惯性矩				

(2) 平行移轴公式及应用

① 公式

$$I_z = I_{zc} + a^2 A \quad I_y = I_{yc} + b^2 A$$

式中 z 轴与 z_c 轴、y 轴与 y_c 轴平行，z_c 轴、y_c 轴是图形的形心轴。

② 应用——求组合图形的形心主惯性矩

组合图形由若干个简单图形组合而成。组合图形对于某一轴的静矩等于各简单图形对于同一坐标轴的静矩之代数和；组合图形对某个坐标轴的惯性矩等于各简单图形对于同一坐标轴的惯性矩之和。

形心主轴是通过平面图形形心且惯性积为零的轴，图形对形心主惯性轴的主惯性矩称为形心主惯性矩。形心主轴和形心主惯性矩具有以下特点：

a. 图形对其形心主轴的静矩恒为零。

b. 图形对其形心主轴的惯性积恒为零。

c. 图形若有一根对称轴，则此轴必为形心主轴。

d. 形心主惯性矩是图形对通过形心的所有坐标轴惯性矩的极值。

复 习 题

6-1 试说出图 6-16 所示三种情况中矩形对 z 轴、y 轴的静矩是否相等，如果不相等请计算出此三种情况的静矩。

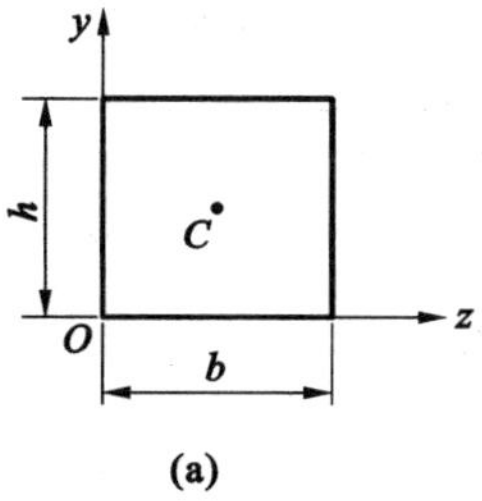

图 6-16

6-2 求图 6-17 各截面的形心坐标。

6-3 试分别计算图 6-17 各图形对 z 轴、y 轴的静矩。

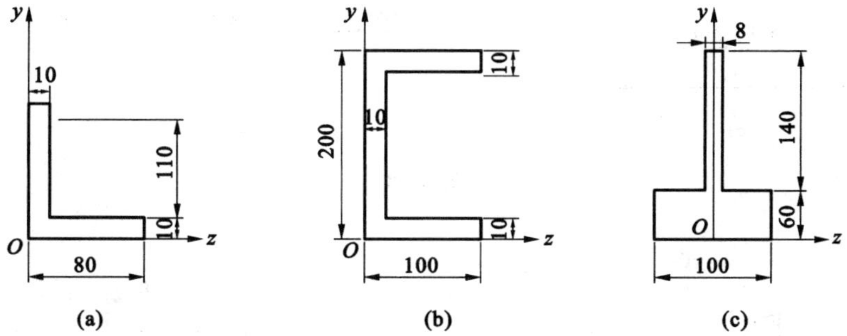

图 6-17

6-4 求图 6-18 截面对 z 轴、y 轴的惯性矩和惯性积。

6-5 求图 6-19 对形心轴 z 轴、y 轴的惯性矩和惯性半径。

6-6 试确定图 6-20 由 16a 号槽钢和 22a 号工字钢组成的组合图形的形心位置并计算该图形对形心轴 z 轴、y 轴的惯性矩。

6-7 试确定图 6-21 图形的形心主惯性轴 z 轴、y 轴的位置并求其形心主惯性矩。

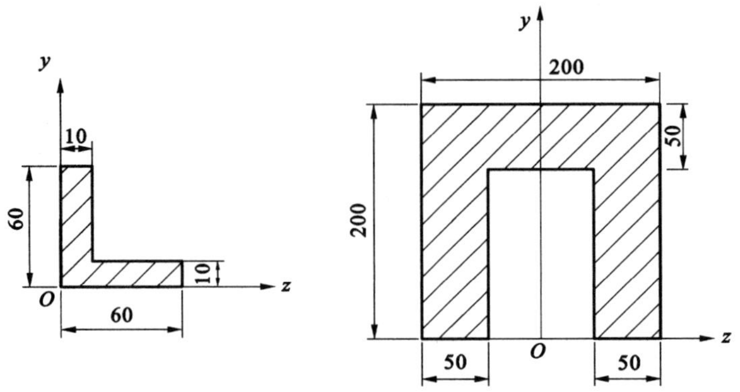

图 6-18

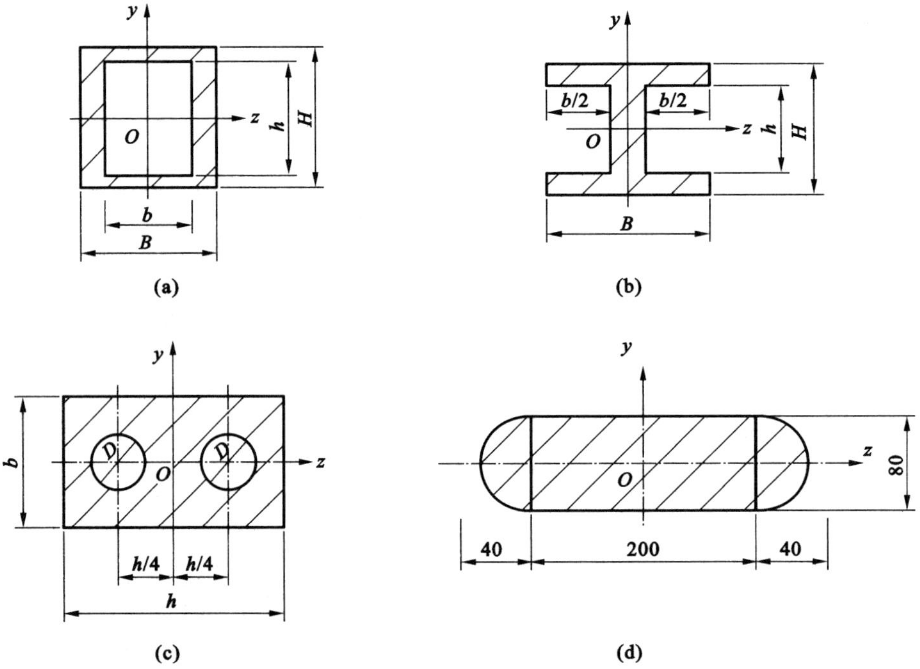

图 6-19

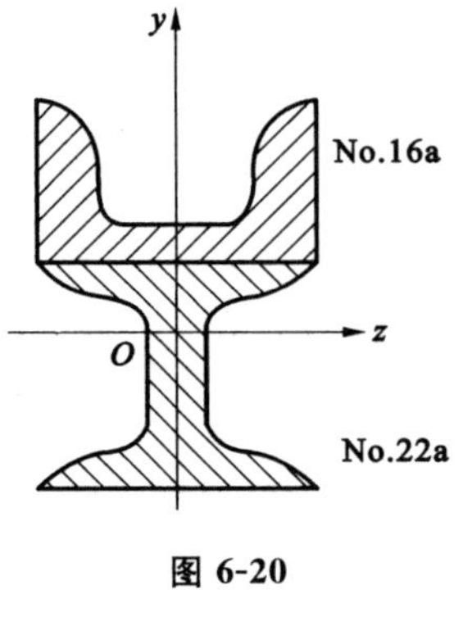

图 6-20

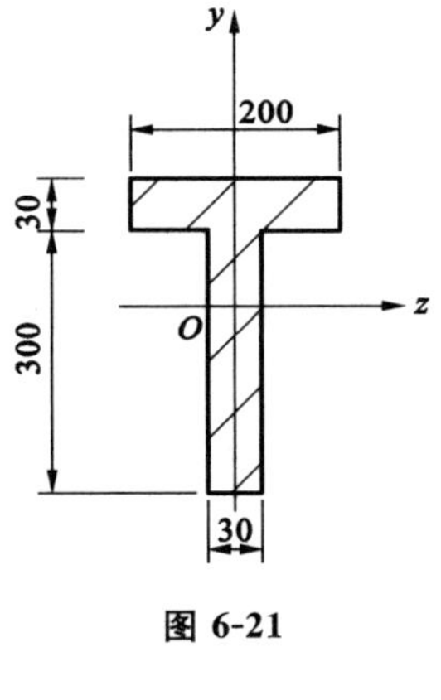

图 6-21

7 静定梁的内力与强度

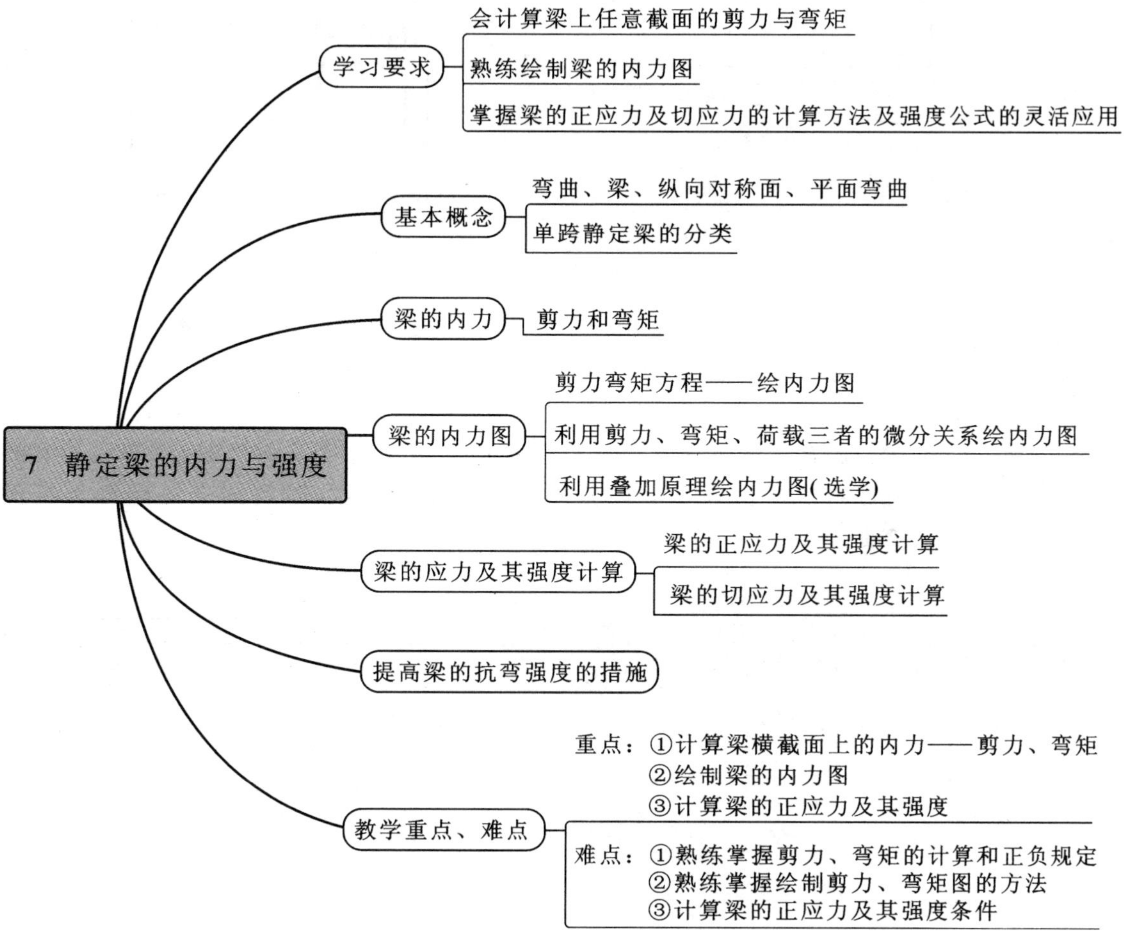

7.1 基本概念

7.1.1 弯曲及平面弯曲的概念

7.1.1.1 弯曲

在日常生活和工程实际中，经常会遇到这样的情况：杆件所受外力都是垂直于杆轴线的，在这些外力作用下，杆件的轴线由直线变成曲线（图 7-1），这种变形称为弯曲变形。**凡是发生弯曲变形或以弯曲变形为主的杆件，通常叫作梁**。梁是十分重要的构件，它的功能是通过弯曲变形将承受的荷载传向两端支承体，从而形成较大的空间供人们活动。如阳台挑梁（图 7-2），工业厂房中的吊车梁（图7-3）等。

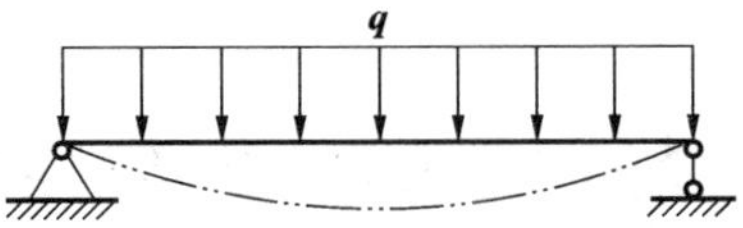

图 7-1

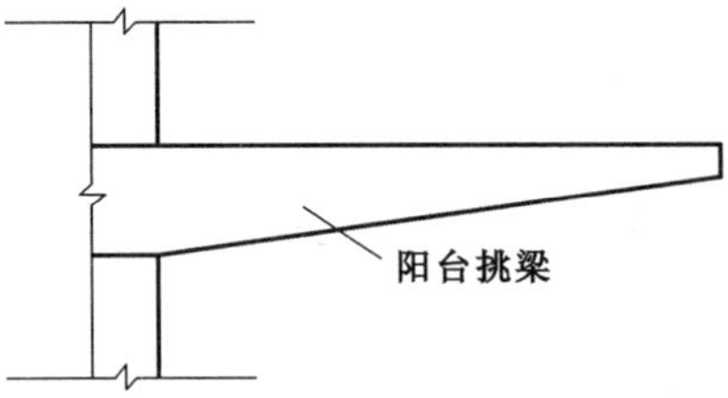

图 7-2

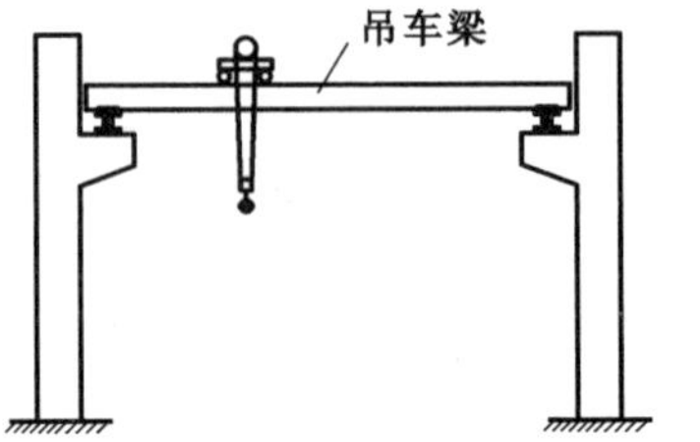

图 7-3

7.1.1.2　平面弯曲

动画 7.1
平面弯曲

在工程中梁的横截面多为矩形、圆形、工字形等，这些梁的横截面通常至少有一个对称轴(图 7-4)。可以想到，梁的各横截面的对称轴 y—y 将组成一个纵向对称平面。显然纵向对称平面是与横截面垂直的(图 7-5)。**当梁上的荷载及支座反力均作用在这个纵向对称平面内时，弯曲后的梁的轴线将仍在这个平面内并成为一条平面曲线，这种弯曲一般称为平面弯曲。**

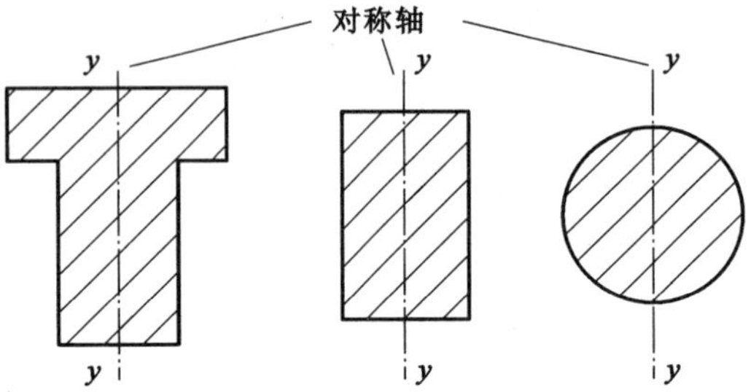

图 7-4

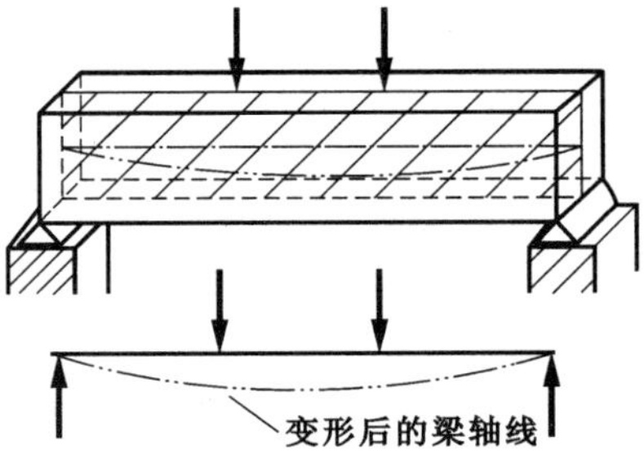

图 7-5

7.1.2　梁的分类

在工程中，根据梁的支座反力能否用静力平衡方程全部求出，将梁分为静定梁和超静定梁两类。凡是通过静力平衡方程能够求出全部约束反力和内力的梁，统称为静定梁。静定梁又根据其跨数分为单跨静定梁和多跨静定梁两类。根据支座情况将单跨静定梁分为三种基本形式(图 7-6)。

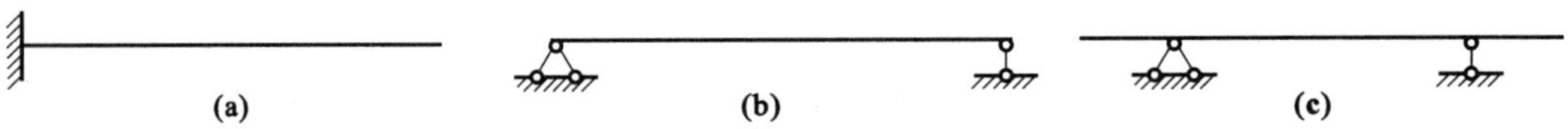

图 7-6

悬臂梁[图 7-6(a)]：一端为固定端支座，另一端为自由端的梁。

简支梁[图 7-6(b)]：一端为固定铰支座，另一端为可动铰支座的梁。

外伸梁[图 7-6(c)]:梁的一端或两端伸出支座的简支梁。

7.2 梁的内力

动画 7.2
梁的分类

7.2.1 梁的内力——剪力和弯矩

微课 7.1 梁的定义及内力

梁受到外力作用后,在各个横截面上会引起与外力相当的内力。内力的确定是解决强度问题的基础。

分析横截面上内力仍采用截面法。

现以图 7-7 所示的简支梁为例,来研究梁上任一横截面 m—m(离左端支座的距离为 x)上的内力。

首先,利用截面法,从梁的截面 m—m 处将梁切成左、右两段,并任取一段(如左段)为研究对象。

在左段梁上[图 7-7(b)]作用有已知外力 $\boldsymbol{F}_{Ay}$。因为该段梁平衡,所以该段梁在竖直方向不发生随 $\boldsymbol{F}_{Ay}$的移动。这就表明在切开的截面上必定存在与 $\boldsymbol{F}_{Ay}$大小相等、方向相反的内力 $\boldsymbol{F}_Q$。但此时,内力 $\boldsymbol{F}_Q$ 与 $\boldsymbol{F}_{Ay}$只能保证左段梁不移动,却又因为它们形成了一个力偶使左段梁发生了转动。为了保证左段梁不发生转动,在切开的 m—m 截面上必定还存在着一个与力偶矩 $\boldsymbol{F}_{Ay}\cdot x$ 大小相等、转向相反的内力偶 $\boldsymbol{M}$[图 7-7(b)]。这样在 m—m 截面上同时有了 $\boldsymbol{F}_Q$ 和 $\boldsymbol{M}$ 才能使梁处于平衡状态。可见,产生平面弯曲的梁在其横截面上有两个内力:其一是与横截面相切的内力 $\boldsymbol{F}_Q$,称为**剪力**;其二是在纵向对称平面内的内力偶,其力偶矩为 M,称为**弯矩**。

截面 m—m 上的剪力和弯矩值可由左段梁的平衡条件求得。

由 $\sum F_y = 0$,得

$$-F_Q + F_{Ay} = 0$$

$$F_Q = F_{Ay}$$

将力矩方程的矩心选在截面 m—m 的形心 C 点处,剪力 $\boldsymbol{F}_Q$ 将通过矩心。

此时,由 $\sum M_C = 0$,得

$$M - F_{Ay}\cdot x = 0$$

$$M = F_{Ay}\cdot x$$

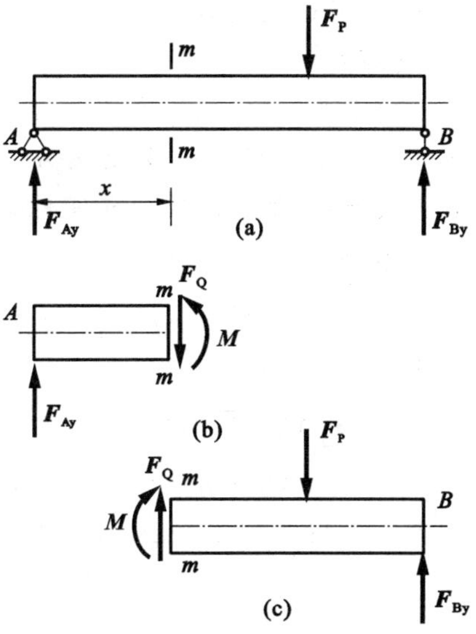

图 7-7

★★ *以上左段梁在截面 m—m 上的剪力和弯矩,实际上是右段梁对左段梁的作用。根据作用力与反作用力原理可知,右段梁在截面 m—m 上的 $\boldsymbol{F}_Q$、$\boldsymbol{M}$ 与左段梁在 m—m 截面上的 $\boldsymbol{F}_Q$、$\boldsymbol{M}$ 应大小相等、方向(转向)相反[图 7-7(c)]。若对右段梁列平衡方程进行求解,同样可求出 $\boldsymbol{F}_Q$、$\boldsymbol{M}$,请读者自行验证。*

7.2.2　剪力和弯矩的正负号规定

为了使由左段或右段梁作为研究对象所得到的同一个截面上的弯矩和剪力不但数值相同而且符号一致，把弯矩和剪力的符号与梁的变形联系起来，作如下规定：

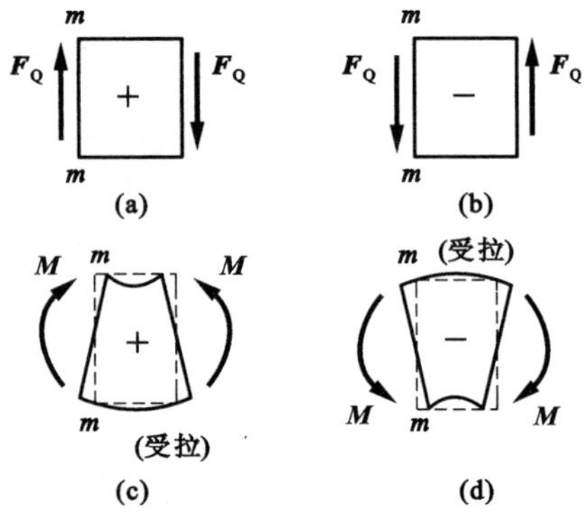

图 7-8

(1) 剪力的正负号规定

当截面上的剪力 F_Q 使所研究的梁段有顺时针方向的转动趋势时[图 7-8(a)]，剪力为正；反之[图 7-8(b)]，剪力为负。

(2) 弯矩的正负号规定

当截面上的弯矩 M 使所研究的水平梁段产生向下凸的变形时(上部受压，下部受拉)[图 7-8(c)]，弯矩为正；反之，如图 7-8(d)所示，弯矩为负。

7.2.3　用截面法求指定截面上的剪力和弯矩

用截面法计算梁指定截面上的剪力和弯矩时的步骤如下：

(1) 计算梁的支座反力(悬臂梁可以不用计算)。

(2) 用假想的截面将梁从要求剪力和弯矩的位置截开。

(3) 取截面的任一侧为隔离体，画出其受力图，列平衡方程求出剪力和弯矩。

下面举例说明如何用截面法求梁指定截面上的内力——剪力和弯矩。

【例 7-1】　如图 7-9 所示的悬臂梁：$q=400\ \text{N/m}$，$F_P=500\ \text{N}$。计算距梁自由端 B 为 2 m 处 1—1 截面的内力。

【解】

对于悬臂梁，因为有一个自由端，所以求内力时可不必先求固定端的支座反力。将梁从 1—1 截面处截成两段，取右段梁为研究对象

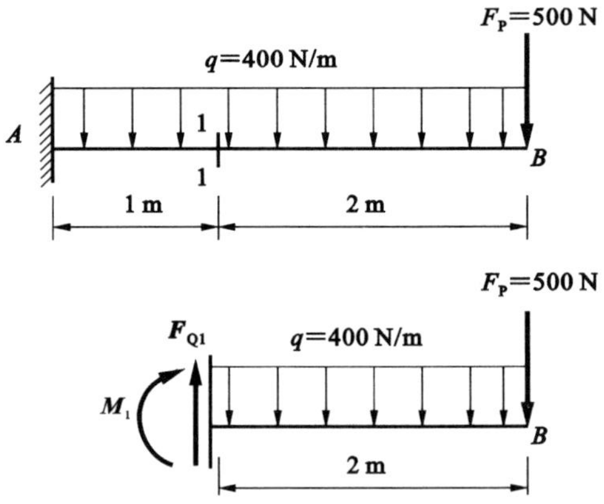

图 7-9

由 $\sum F_y=0$，得

$$F_{Q1}-q\times 2-F_P=0$$

$$F_{Q1}=q\times 2+F_P=400\times 2+500=1300\ \text{N}$$

由 $\sum M_{C1}=0$，得

$$-M_1-q\times 2\times 1-F_P\times 2=0$$

$$\begin{aligned}M_1&=-q\times 2\times 1-F_P\times 2\\&=-400\times 2\times 1-500\times 2\\&=-1800\ \text{N}\cdot\text{m}\end{aligned}$$

★★　弯矩值的负号表明，在竖直向下荷载作用下悬臂梁是上部受拉，下部受压。这一点与简支梁正好相反。所以在钢筋混凝土结构中，悬臂梁的受拉钢筋配在上侧，而简支梁的受拉钢筋配在下侧。

【例 7-2】　用截面法求图 7-10 所示外伸梁指定截面上的剪力和弯矩。已知 $F_P=100$ kN，

$a=1.5$ m,$M=75$ kN·m(图示截面1—1、2—2都无限接近于截面A,但1—1在A截面左侧,2—2在A截面右侧,习惯称1—1为A偏左截面,2—2为A偏右截面;同样3—3、4—4分别称为D偏左、D偏右截面)。

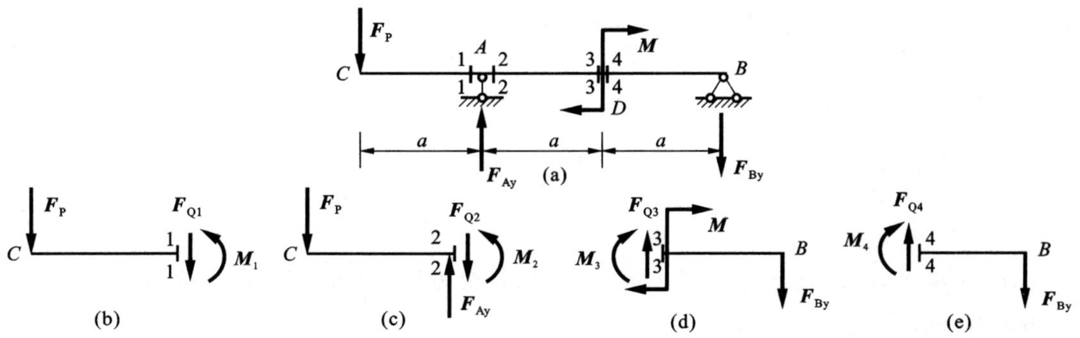

图 7-10

【解】

(1) 求支座反力(对简支梁和外伸梁必须求支座反力)

由平衡方程 $\sum M_B=0$,得

$$-F_{Ay}\times 2a+F_P\times 3a-M=0$$

$$F_{Ay}=\frac{F_P\times 3a-M}{2a}=\frac{100\times 3\times 1.5-75}{2\times 1.5}=125\ \text{N}$$

由 $\sum F_y=0$,得

$$-F_{By}-F_P+F_{Ay}=0$$

$$F_{By}=-F_P+F_{Ay}=-100+125=25\ \text{kN}$$

(2) 求1—1截面上的剪力和弯矩

取1—1截面的左侧梁段为研究对象,作该段的受力图,如图7-10(b)所示。

由平衡方程 $\sum F_y=0$,得

$$F_{Q1}+F_P=0$$

$$F_{Q1}=-F_P=-100\ \text{kN}$$

由 $\sum M_1=0$,得

$$M_1+F_P\times a=0$$

$$M_1=-F_P\times a=-100\times 1.5=-150\ \text{kN}\cdot\text{m}$$

(3) 求2—2截面上的剪力和弯矩

取2—2截面的左侧梁段为研究对象,作该段的受力图,如图7-10(c)所示。

由平衡方程 $\sum F_y=0$,得

$$-F_{Q2}-F_P+F_{Ay}=0$$

$$F_{Q2}=-F_P+F_{Ay}=-100+125=25\ \text{kN}$$

由 $\sum M_2=0$,得

$$M_2+F_P\cdot a=0$$

$$M_2=-F_P\cdot a=-100\times 1.5=-150\ \text{N}\cdot\text{m}$$

(4) 求3—3截面上的剪力和弯矩

取3—3截面的右侧梁段为研究对象,作该段的受力图,如图7-10(d)所示。

由平衡方程 $\sum F_y = 0$,得

$$F_{Q3} - F_{By} = 0$$
$$F_{Q3} = F_{By} = 25\ \text{kN}$$

而由 $\sum M_3 = 0$,得

$$-M_3 - M - F_{By} \cdot a = 0$$
$$M_3 = -M - F_{By} \cdot a = -75 - 25 \times 1.5 = -112.5\ \text{kN} \cdot \text{m}$$

(5) 求4—4截面上的剪力和弯矩

取4—4截面的左侧梁段为研究对象,作该段的受力图,如图7-10(e)所示。

由平衡方程 $\sum F_y = 0$,得

$$F_{Q4} - F_{By} = 0$$
$$F_{Q4} = F_{By} = 25\ \text{kN}$$

又由 $\sum M_4 = 0$,得

$$-M_4 - F_{By} \cdot a = 0$$
$$M_4 = -F_{By} \cdot a = -25 \times 1.5 = -37.5\ \text{kN} \cdot \text{m}$$

★★ 对比1—1、2—2截面上的内力会发现:在A偏左及偏右截面上的剪力不同,而弯矩相同;左、右两侧剪力相差的数值正好等于A截面处集中力的大小,这种现象被认为是剪力发生了突变。对比3—3、4—4截面上的内力会发现:在D偏左及偏右截面上的剪力相同,而弯矩不同,左、右两侧弯矩相差的数值正好等于D截面处集中力偶矩的大小,这种现象被认为是弯矩发生了突变。

7.2.4 直接用外力计算截面上的剪力和弯矩

通过对用截面法计算梁的内力进行分析,我们可以发现:截面上的内力和该截面一侧外力之间存在一种关系(规律)。因此,通常可以利用规律直接根据截面任一侧梁上的外力来求出该截面上的剪力和弯矩,省去作梁段的受力图和列平衡方程的过程,使计算内力的过程简单化,我们称这种方法为直接用外力计算截面上的剪力和弯矩,简称用规律求剪力和弯矩。

(1) 用外力直接求截面上剪力的规律

梁内任一截面上的剪力 $\boldsymbol{F}_Q$,在数值上等于该截面一侧(左侧或右侧)梁段上所有外力在平行于剪力方向的投影的代数和(由 $\sum F_y = 0$ 的平衡方程移项而来)。用式子可表示为

$$F_Q = \sum F^L \quad \text{或} \quad F_Q = \sum F^R$$

根据对剪力正负号的规定可知:在左侧梁段上所有向上的外力会在截面上产生正剪力,而所有向下的外力会在截面上产生负剪力;在右侧梁段上所有向下的外力会在截面上产生正剪力,而所有向上的外力会在截面上产生负剪力。即:**左上右下正,反之负**。由于力偶在任何坐标轴的投影都等于零,因此作用在梁上的力偶对剪力没有直接影响。

(2) 用外力直接求截面上弯矩的规律

梁内任一截面上的弯矩值M,等于该截面一侧(左侧或右侧)所有外力对该截面形心产生

力矩的代数和，用式子可表示为

$$M = \sum M_C(F^L) \quad 或 \quad M = \sum M_C(F^R)$$

根据对弯矩正负号的规定可知：在左侧梁段上的外力（包括外力偶）对截面形心的力矩为顺时针时，在截面上产生正弯矩，为逆时针时在截面上产生负弯矩；在右侧梁段上的外力（包括外力偶）对截面形心的力矩为逆时针时，在截面上产生正弯矩，为顺时针时在截面上产生负弯矩，即：**左顺右逆正，反之负**。

【例 7-3】 求图 7-11 所示简支梁指定截面上的剪力和弯矩。

（已知：$M=8\ \mathrm{kN\cdot m}$，$q=2\ \mathrm{kN/m}$）。

【解】

(1) 求支座反力

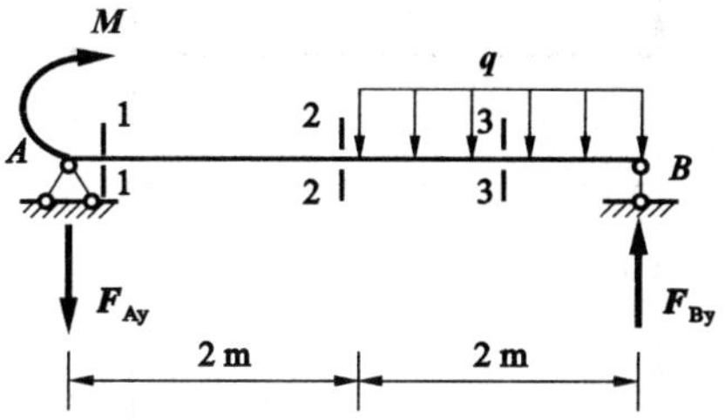

图 7-11

由平衡方程 $\sum M_B = 0$，得

$$F_{Ay} \times 4 - 8 + 2 \times 2 \times 1 = 0$$

即

$$F_{Ay} = 1\ \mathrm{kN}\downarrow$$

又由 $\sum M_A = 0$，得

$$F_{By} \times 4 - 8 - 2 \times 2 \times 3 = 0$$

则

$$F_{By} = 5\ \mathrm{kN}\uparrow$$

(2) 求 1—1 截面上的剪力和弯矩

取 1—1 截面的左侧梁段为研究对象。作用在左侧梁段上的外力有：力偶矩 $\boldsymbol{M}$、支座反力 $\boldsymbol{F}_{Ay}$。由 $F_Q = \sum F^L$ 及左上剪力正，反之负的规律可知

$$F_{Q1} = -F_{Ay} = -1\ \mathrm{kN}$$

由 $M = \sum M_C(F^L)$ 及左顺转弯矩正，反之负的规律可知

$$M_1 = 8\ \mathrm{kN\cdot m}$$

(3) 求 2—2 截面上的剪力和弯矩

取 2—2 截面的右侧梁段为研究对象。作用在右侧梁段上的外力有：均布荷载 $\boldsymbol{q}$、支座反力 $\boldsymbol{F}_{By}$。由 $F_Q = \sum F^R$ 及右下剪力正，反之负的规律可知

$$F_{Q2} = q \times 2 - F_{By} = 2 \times 2 - 5 = -1\ \mathrm{kN}$$

由 $M = \sum M_C(F^R)$ 及右逆转弯矩正，反之负的规律可知

$$M_2 = -q \times 2 \times 1 + F_{By} \times 2 = -2 \times 2 \times 1 + 5 \times 2 = 6\ \mathrm{kN\cdot m}$$

(4) 求 3—3 截面上的剪力和弯矩

取 3—3 截面的右侧梁段为研究对象。作用在右侧梁段上的外力有：均布荷载 $\boldsymbol{q}$，支座反力 $\boldsymbol{F}_{By}$，由 $F_Q = \sum F^R$ 及右下剪力正，反之负的规律可知

$$F_{Q3} = q \times 1 - F_{By} = 2 \times 1 - 5 = -3\ \mathrm{kN}$$

由 $M = \sum M_C(F^R)$ 及右逆转弯矩正，反之负的规律可知

$$M_3 = -q \times 1 \times 0.5 + F_{By} \times 1 = 4\ \mathrm{kN\cdot m}$$

★★ 在计算 1—1 截面的剪力和弯矩时也可以取该截面右侧计算，在求 2—2、3—3 截面的剪力和弯矩时也可以取该截面左侧计算，请读者自行练习。

7.3 梁的内力图

7.3.1 剪力方程和弯矩方程

微课 7.2 剪力弯矩方程

由上述例题可以看出，一般情况下，梁上不同横截面上的剪力和弯矩是不同的，它们将随截面位置而变化。若横截面沿梁轴线的位置用横坐标 x 表示，则梁内各横截面上的剪力和弯矩就都可以表示为坐标 x 的函数，即

$$F_Q = F_Q(x)$$

$$M = M(x)$$

以上两函数分别称为梁的**剪力方程和弯矩方程**。

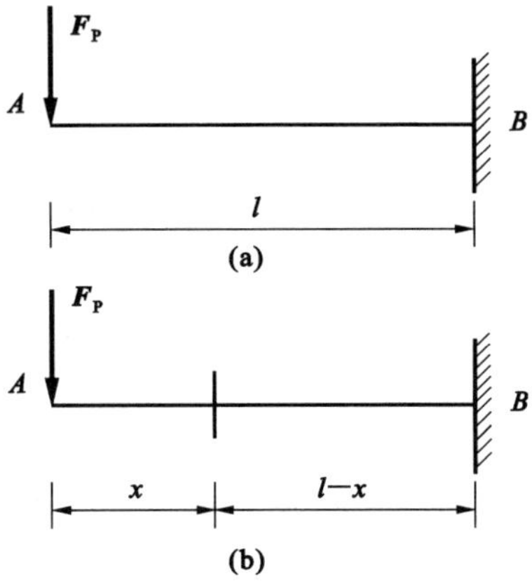

图 7-12

如图 7-12 所示的悬臂梁，当将坐标原点假定在左端点 A 上时[图 7-12(b)]，在距离原点为 x 的位置处取一截面，并取该截面左侧研究，直接用外力的规律可写出方程。

剪力方程为：

$$F_Q = -F_P \quad (0 < x < l)$$

弯矩方程为：

$$M = -F_P \cdot x \quad (0 \leqslant x < l)$$

式中，括号内表示 x 值的取值范围，即方程的适用范围。

7.3.2 剪力图和弯矩图

微课 7.3 方程法绘制内力图

为了形象表达沿梁轴线各截面上剪力和弯矩的变化情况，通常**将剪力和弯矩在全梁范围内的变化规律用图形表示，这种图形称为剪力图和弯矩图**。作剪力图和弯矩图的基本方法是：根据剪力方程和弯矩方程分别绘出剪力图和弯矩图。

绘图时，以平行于梁轴线的坐标 x 表示梁横截面的位置，以垂直于 x 轴的纵坐标(按适当的比例)表示相应横截面上的剪力和弯矩。在土建工程中，对于水平梁而言，习惯将正剪力画在 x 轴的上方，负剪力画在 x 轴的下方，并标明正、负号；正弯矩画在 x 轴的下方，负弯矩画在 x 轴的上方，即弯矩图总是画在梁受拉的一侧。对于非水平梁而言，剪力图可以画在梁轴线的任一侧，并标明正、负号；弯矩图必须画在梁受拉的一侧。

【例 7-4】 作图 7-13(a)所示悬臂梁在集中力作用下的剪力图和弯矩图。

【解】

因为图示梁为悬臂梁，所以可以不求支座反力。

(1) 列剪力方程和弯矩方程

将坐标原点假定在左端点 A 处，并取距 A 端为 x 的截面左侧研究。

剪力方程：

$$F_Q = -F_P \quad (0 < x < l)$$

弯矩方程：

$$M=-F_P\cdot x\quad(0\leqslant x<l)$$

(2) 画剪力图和弯矩图

由剪力方程可知，剪力图为一条与 x 轴平行的直线，而且在 x 轴的下方。剪力图如图 7-13(b)所示。

由弯矩方程可知，弯矩图为一条斜直线，如图 7-13(c)所示。

★★ 与画杆件的轴力图类似，在画出的剪力图上要标出控制截面的内力值及正负号，并作出垂直于轴的细直线；而弯矩图比较特殊，由于弯矩图总是画在梁受拉的一侧，因此可以不标正负号，其他要求同剪力图。

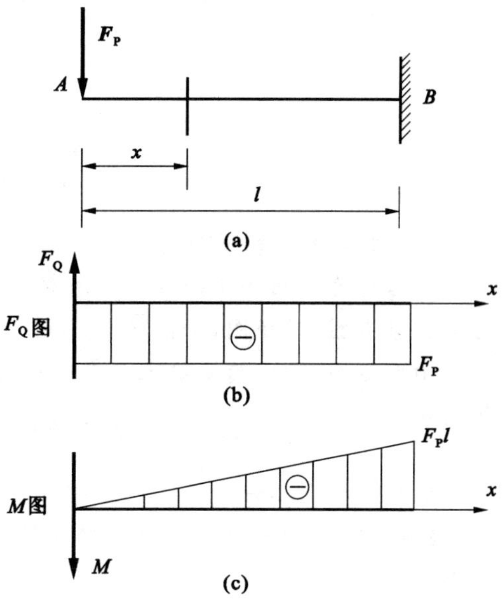

图 7-13

【例 7-5】 画图 7-14(a)所示简支梁在集中力作用下的剪力图和弯矩图。

【解】

(1) 求支座反力

取整体梁为隔离体，

由平衡方程 $\sum M_B=0$，得

$$-F_{Ay}\cdot l+F_P\cdot b=0$$

则

$$F_{Ay}=\frac{F_P\cdot b}{l}\uparrow$$

由 $\sum M_A=0$，得

$$F_{By}\cdot l-F_P\cdot a=0$$

则

$$F_{By}=\frac{F_P\cdot a}{l}\uparrow$$

(2) 列剪力方程和弯矩方程

经过观察注意到：该梁在 C 截面上作用有一个集中力，使 AC 段和 CB 段的剪力方程和弯矩方程不同。因此列方程时要将梁从 C 截面处分成两段。

AC 段：在 AC 段上距 A 端为 x_1 的任意截面处将梁截开，选取左段为研究对象，根据左段上的外力直接列方程

$$F_{Q1}=F_{Ay}=\frac{F_P\cdot b}{l}\quad(0<x_1<a)$$

$$M_1=F_{Ay}\cdot x_1=\frac{F_P\cdot b}{l}\cdot x_1\quad(0\leqslant x_1<a)$$

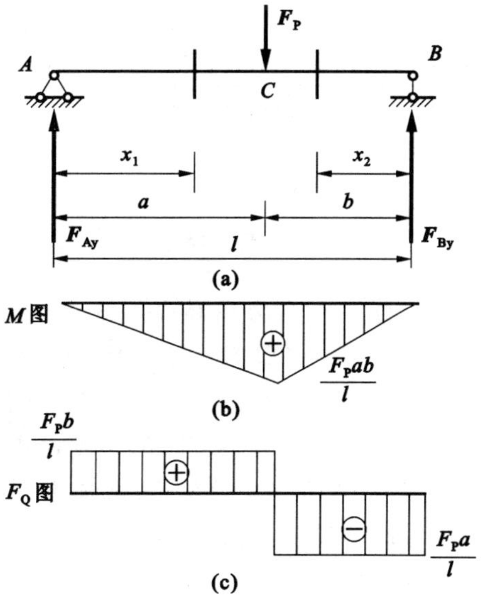

图 7-14

CB 段：在 CB 段上距 B 端为 x_2 的任意截面处将梁截开，选取右段为研究对象，根据右段上的外力直接列方程

$$F_{Q2} = -F_{By} = -\frac{F_P \cdot a}{l} \quad (0 < x_2 < b)$$

$$M_2 = F_{By} \cdot x_2 = \frac{F_P \cdot a}{l} \cdot x_2 \quad (0 \leqslant x_2 < b)$$

(3) 画剪力图和弯矩图

根据剪力方程和弯矩方程判断剪力图和弯矩图的形状，确定控制截面的个数及内力值，最后绘出剪力图、弯矩图，如图 7-14(b)、图 7-14(c)所示。

由弯矩图可知：简支梁上只有一个集中力作用时，在集中力作用处弯矩出现最大值，且为 $\frac{F_P \cdot a \cdot b}{l}$；若集中力正好作用在梁的跨中，此时，弯矩的最大值为 $M_{max} = \frac{F_P \cdot l}{4}$。

★★　这个结论在今后学习时经常用到，要特别注意。

【例 7-6】　简支梁 AB 受集中力偶 M_C 作用，如图 7-15(a)所示。试作该梁的剪力图和弯矩图。

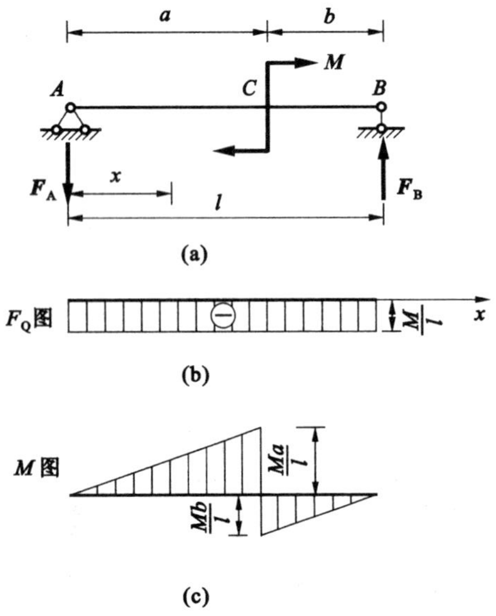

图 7-15

【解】

(1) 首先求支座约束力

取 AB 梁整体为研究对象，由平衡方程得

$$F_A = F_B = \frac{M}{l}$$

(2) 列剪力方程和弯矩方程

AC 和 CB 两段梁的剪力和弯矩方程分别为

AC 段：

$$F_Q(x) = -F_A = -\frac{M}{l} \quad (0 < x < a)$$

$$M(x) = -F_A \cdot x = -\frac{M}{l} \cdot x \quad (0 \leqslant x < a)$$

CB 段：

$$F_Q(x) = -F_B = -\frac{M}{l} \quad (a < x < l)$$

$$M(x) = F_B(l - x) = \frac{M}{l} \cdot (l - x) \quad (a \leqslant x < l)$$

(3) 绘制剪力图和弯矩图

由 AC 和 CB 段的剪力方程可知，剪力图为一条平行于 x 轴的水平线，如图 7-15(b)所示。由 AC 和 CB 段的弯矩方程可知，弯矩图为两条斜率相同的平行直线，如图 7-15(c)所示。

从图 7-15(b)、图 7-15(c)可以看出，在集中力偶作用处弯矩图有突变，其突变值等于该截面上的集中力偶矩的值，而在集中力偶作用处剪力图上无变化，这是一条普遍规律。

【例 7-7】　作图 7-16(a)所示简支梁在均布荷载作用下的剪力图和弯矩图。

【解】

(1) 求支座反力

由对称关系可知

$$F_{Ay}=F_{By}=\frac{q\cdot l}{2}(\uparrow)$$

(2) 列剪力方程和弯矩方程

在距左端点为 x 的位置取任意截面，并取截面左侧进行研究，由该段上的外力可得

$$F_Q(x)=F_{Ay}-q\cdot x$$
$$=\frac{q\cdot l}{2}-q\cdot x\quad(0<x<l)$$
$$M(x)=F_{Ay}\cdot x-\frac{q\cdot x^2}{2}$$
$$=\frac{q\cdot l}{2}\cdot x-\frac{q\cdot x^2}{2}\quad(0\leqslant x<l)$$

(3) 画剪力图和弯矩图

由剪力方程可知，剪力图为一条斜直线，如图 7-16(b)所示。由弯矩方程可知，弯矩为 x 的二次函数，弯矩图为一条二次抛物线，如图 7-16(c)所示。

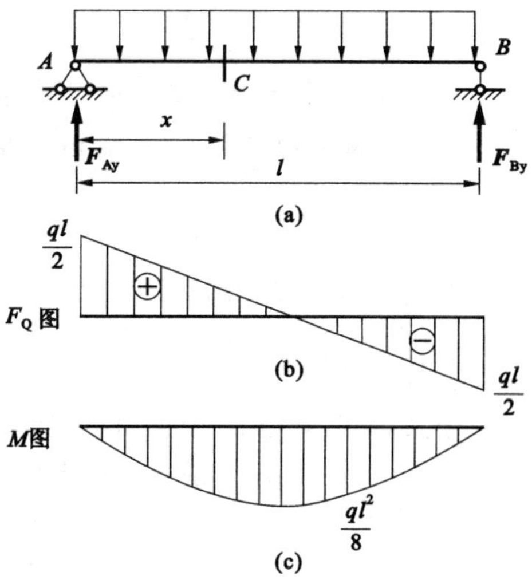

图 7-16

7.3.3 剪力、弯矩和荷载集度之间的微分关系及其应用

微课 7.4 直接法绘制内力图

由于梁的内力是由作用在梁上的荷载引起的，它们之间必然存在一定关系。这种关系可以从前面的例题中初步得出。如例 7-7 中，将弯矩方程对 x 求一阶导数，可得到剪力方程；再由剪力方程对 x 求一阶导数，可求得分布荷载的集度，它们之间存在着导数关系，这一关系是普遍存在的。下面就来证明这一普遍存在的关系。

设梁上有任意荷载作用，如图 7-17(a)所示。x 坐标原点选取在梁的左端，梁上的分布荷载 $q(x)$是 x 的连续函数，并规定 $q(x)$向上为正，向下为负。集中力 $\boldsymbol{F}$ 的正负规定与分布荷载 $q(x)$的规定相同。取距坐标原点为 x 和 $x+dx$ 的微段梁为研究对象，如图 7-17(b)所示。横截面上的内力均假设为正。因为整根梁处在静力平衡之中，微段梁也必然处于平衡状态。

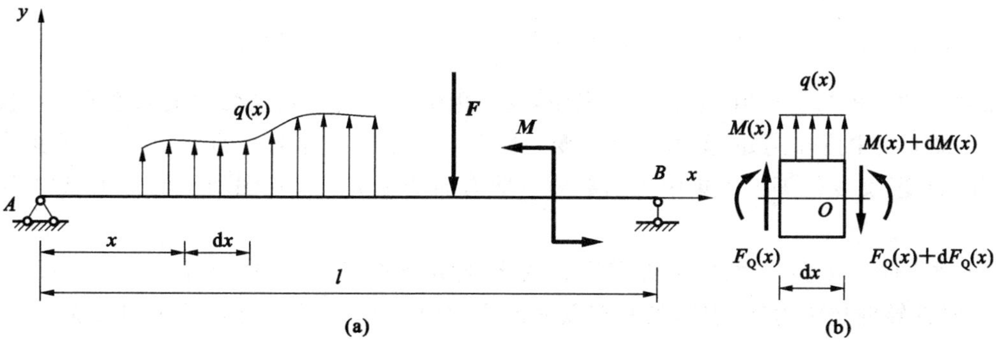

图 7-17

由平衡方程 $\sum F_y=0$，得

$$F_Q(x)-[F_Q(x)+dF_Q(x)]+q(x)\cdot dx=0$$

即有

$$\frac{\mathrm{d}F_Q(x)}{\mathrm{d}x} = q(x) \tag{7-1}$$

上式表明，剪力对 x 的一阶导数等于梁上相应截面处分布荷载的集度。

再由平衡方程 $\sum M_O = 0$(矩心选择在微段右截面的形心 O 点)，得

$$[M(x) + \mathrm{d}M(x)] - M(x) - F_Q(x) \cdot \mathrm{d}x - q(x) \cdot \frac{\mathrm{d}x^2}{2} = 0$$

略去 $\mathrm{d}x$ 的二阶微分。简化后得

$$\frac{\mathrm{d}M(x)}{\mathrm{d}x} = F_Q(x) \tag{7-2}$$

上式表明，弯矩对 x 的一阶导数等于梁相应截面上的剪力。

对式(7-2) 再对 x 进行一阶求导，则得到

$$\frac{\mathrm{d}^2M(x)}{\mathrm{d}x^2} = \frac{\mathrm{d}F_Q(x)}{\mathrm{d}x} = q(x) \tag{7-3}$$

以上三式说明了弯矩、剪力和再分布集度之间存在的微分关系。

由弯矩、剪力和分布荷载集度之间的微分关系，可归纳出下面几条规律

(1) 梁上无分布荷载时，即 $q(x)=0$，由 $\frac{\mathrm{d}F_Q(x)}{\mathrm{d}x}=q(x)=0$，可知：

此时剪力 $F_Q(x)=$常数，即剪力图的斜率为零，剪力图必为一条水平线。

再由 $\frac{\mathrm{d}M(x)}{\mathrm{d}x}=F_Q(x)=$常数，可知：

$M(x)$是 x 的一次函数，即弯矩图为斜直线。特殊情况：当剪力图为零时，弯矩图为水平线。

(2) 梁上有均匀分布荷载时，即 $q(x)=q$，由 $\frac{\mathrm{d}^2M(x)}{\mathrm{d}x^2}=\frac{\mathrm{d}F_Q(x)}{\mathrm{d}x}=q(x)=q$，可知：

剪力图的斜率为常数，剪力是 x 的一次函数，剪力图为一条斜直线。弯矩图是 x 的二次函数，即弯矩图是一条二次抛物线。当 q 向上时，剪力图为上斜直线，弯矩图为上凸曲线；当 q 向下时，剪力图为下斜直线，弯矩图为下凸曲线(表 7-1)。

(3) 若梁上某一截面的剪力为零，根据 $\frac{\mathrm{d}M(x)}{\mathrm{d}x}=F_Q(x)=0$，可知：

该截面的弯矩为一极值，但就全梁来说，这个极值不一定就是全梁的最大值或最小值。

(4) 梁上集中力作用处，剪力图有突变。向上的集中力引起向上的突变，向下的集中力引起向下的突变，突变值等于该集中力的数值。剪力的变化引起弯矩图斜率的变化，故弯矩图有尖角。

(5) 梁上集中力偶作用处，剪力图没有变化，弯矩图有突变。根据我们对弯矩图设置的坐标，则顺时针转的集中力偶，引起其所在截面的弯矩向下突变，逆时针转的集中力偶，引起其所在截面的弯矩向上突变。突变值为该力偶矩的大小。

(6) 最大弯矩的绝对值，可能发生在 $F_Q(x)=0$ 的截面上，也可能在集中力或集中力偶作用处(包含支座截面处)。

以上规律对指导绘制剪力图和弯矩图是很重要的，应该熟练地运用它。

表 7-1 对常见荷载作用下的剪力图和弯矩图的主要特征作了描述，可供参考。

表 7-1　在集中荷载下剪力图和弯矩图的特征

序号	梁上荷载情况	剪　力　图	弯　矩　图
1	**无分布荷载** **(q=0)**	$F_Q=0$ $F_Q>0$  $F_Q<0$ 	**M=0** 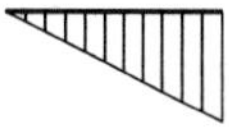 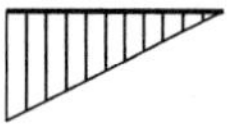
2	**均匀荷载向上作用** **(q>0)** 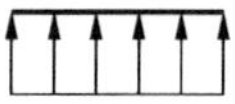	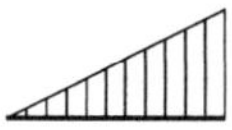	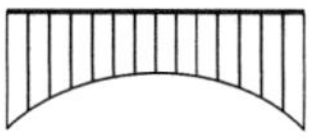
3	**均匀荷载向下作用** **(q<0)** 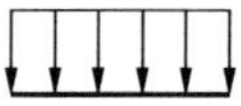	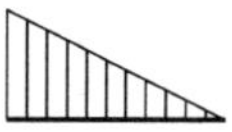	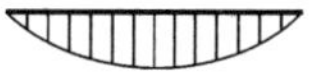
4	**集中力作用** 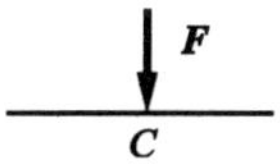	**C 截面有突变** 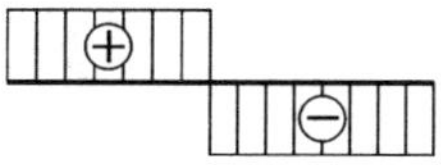	**C 截面有突变** 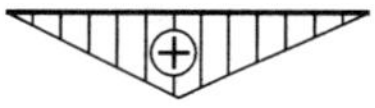
5	**集中力偶作用** 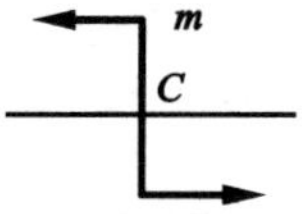	**C 截面无变化**	**C 截面有突变** 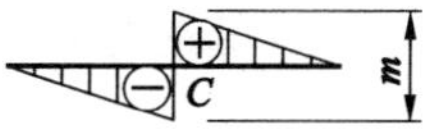

弯矩、剪力和分布荷载集度之间的微分关系不仅能用来检查所作剪力图和弯矩图是否正确，同时，也能用来便捷地绘制梁的剪力图和弯矩图。其步骤为：

（1）计算支座反力。对于悬臂梁，由于其一端为自由端，所以可以不求支座反力。

（2）将梁进行分段。梁的端截面、集中力和集中力偶的作用截面、分布荷载的起止截面都是梁分段时的界限截面。

（3）由各段梁上的荷载情况，根据规律确定其对应的剪力图和弯矩图的形状 。

（4）确定控制截面，求控制截面的剪力值和弯矩值，并作图。

控制截面是指对内力图形能起控制作用的截面。当图形为基线的平行直线时，只要确定一个截面的内力数值就能画出图形来，也就是找到一个控制点就行了；当图形为斜直线时就需要确定两个截面内力数值才能画出图来，此时要找到两个控制截面（梁端两个端面）；而当图形为抛物线时就需要至少确定三个截面的内力值才能画出图来，此时至少要找到三个控制截面；一般情况下，选梁段的界限截面、剪力等于零的截面、跨中截面为控制截面。

【例 7-8】 用简捷法作如图 7-18(a)所示外伸梁的剪力图和弯矩图。

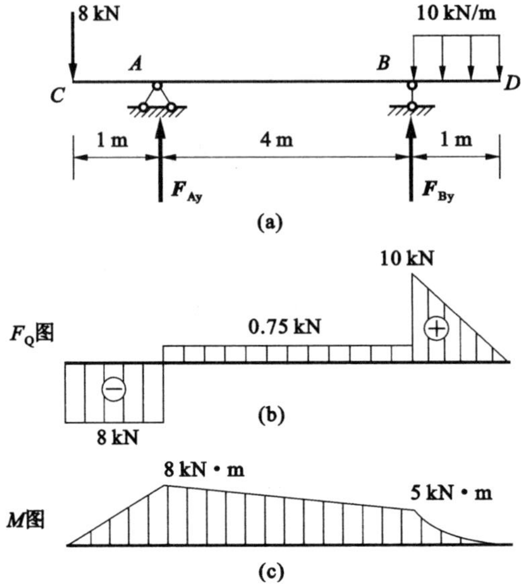

图 7-18

【解】

(1) 求支座反力

由 $\sum M_A = 0$ 得

$$F_{By} = 9.25\ \text{kN}(\uparrow)$$

由 $\sum F_y = 0$ 得

$$F_{Ay} = 8.75\ \text{kN}(\uparrow)$$

(2) 将梁进行分段。根据梁上的外力情况将梁分成三段：CA 段、AB 段、BD 段。

(3) 由各梁段荷载情况，根据规律确定其对应的剪力图和弯矩图的形状，见表 7-2。

表 7-2

梁段名	剪力图形状	弯矩图形状
CA 段	水平直线	直线
AB 段	水平直线	直线
BD 段	斜直线	开口向上的抛物线

(4) 确定控制截面，求控制截面的剪力值、弯矩值，并作图。水平直线确定一个控制截面即可；斜直线确定两个控制截面；抛物线至少确定三个控制截面，见表 7-3。

表 7-3

梁段名	控制截面值				
CA 段	$F_{QCA}=-8$ kN		$M_{CA}=0$	$M_{AC}=-8$ kN·m	
AB 段	$F_{QAB}=0.75$ kN		$M_{AB}=-8$ kN·m	$M_{BA}=-5$ kN·m	
BD 段	$F_{QBD}=10$ kN	$F_{QDB}=0$ kN	$M_{BD}=-5$ kN·m	$M_{DB}=0$	$M_{DB}^{中}=-1.25$ kN·m

★★　为了使作出的剪力图和弯矩图准确，通常边作图边通过剪力图和弯矩图的特征(表 7-1)检查图形是否正确。

作出的剪力图和弯矩图，如图 7-18(b)、图 7-18(c)所示。

【例 7-9】 用简捷法作图 7-19(a)所示外伸梁的剪力图和弯矩图。已知：$M=12$ kN·m，$q=2$ kN/m。

【解】

(1) 求支座反力

由 $\sum M_A = 0$ 得

$$F_{By} = 8\ \text{kN}(\uparrow)$$

由 $\sum F_y = 0$

$$F_{Ay} = -4\ \text{kN}(\downarrow)$$

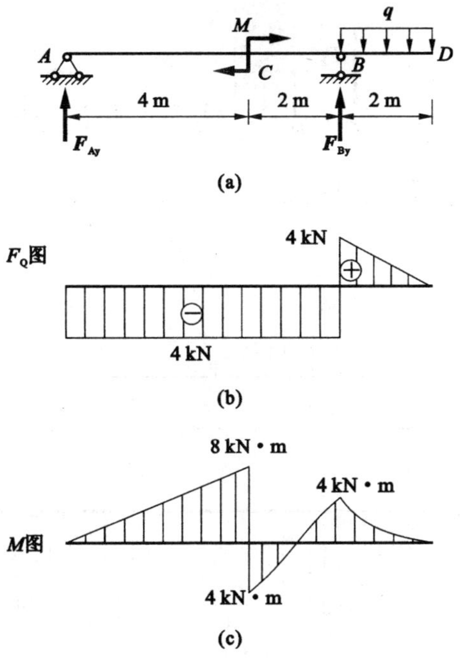

图 7-19

(2) 将梁进行分段

根据梁上的外力情况将梁分成三段：*AC* 段、*CB* 段、*BD* 段。

(3) 由各梁段荷载情况，根据规律确定其对应的剪力图和弯矩图的形状，见表 7-4。

表 7-4

梁段名	剪力图形状	弯矩图形状
AC 段	水平直线	直线
CB 段	水平直线	直线
BD 段	斜直线	开口向上的抛物线

(4) 确定控制截面，求控制截面的剪力值、弯矩值，见表 7-5，并作图。

表 7-5

梁段	控制截面值				
AC 段	$F_{QAC}=-4$ kN		$M_{AC}=0$	$M_{CA}=-8$ kN·m	
CB 段	$F_{QCB}=-4$ kN		$M_{CB}=4$ kN·m	$M_{BC}=-4$ kN·m	
BD 段	$F_{QBD}=4$ kN	$F_{QDB}=0$ kN	$M_{BD}=-4$ kN·m	$M_{DB}=0$	$M_{BD}^{中}=-1$ kN·m

作出的剪力图和弯矩图，如图 7-19(b)、图 7-19(c)所示。

【例 7-10】 用规律法作图 7-20(a)所示简支梁的剪力图和弯矩图。已知：$q=40$ kN/m，$F_P=80$ kN，$M=160$ kN·m。

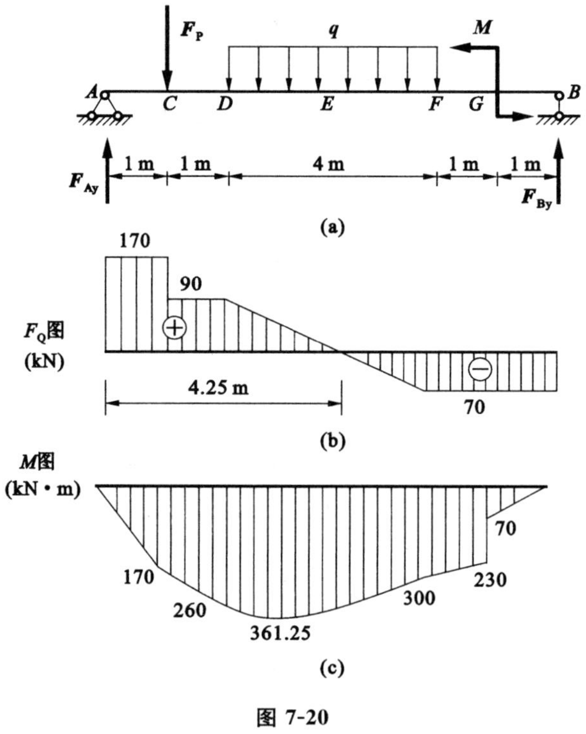

图 7-20

【解】

(1) 求支座反力

由 $\sum M_A = 0$

$$F_{By} = 70\ \text{kN}(\uparrow)$$

由 $\sum F_y = 0$

$$F_{Ay} = 170\ \text{kN}(\uparrow)$$

(2) 将梁进行分段

根据梁上的外力情况将梁分成五段:*AC* 段、*CD* 段、*DF* 段、*FG* 段和 *GB* 段。

(3) 由各梁段荷载情况,根据规律确定其对应的剪力图和弯矩图的形状,见表 7-6。

表 7-6

梁段名	剪力图形状	弯矩图形状
AC 段	水平直线	直线
CD 段	水平直线	直线
DF 段	斜直线	开口向上的抛物线
FG 段	水平直线	直线
GB 段	水平直线	直线

(4) 确定控制截面,求控制截面的剪力值、弯矩值,见表 7-7,并作图。

表 7-7

梁段	控制截面值				
AC 段	$F_{QAC}=170$ kN		$M_{AC}=0$	$M_{CA}=170$ kN·m	
CD 段	$F_{QCD}=90$ kN		$M_{CD}=170$ kN·m	$M_{DC}=260$ kN·m	
DF 段	$F_{QDF}=90$ kN	$F_{QFD}=-70$ kN	$M_{DF}=260$ kN·m	$M_{FD}=300$ kN·m	$M_E=361.25$ kN·m
FG 段	$F_{QFG}=-70$ kN		$M_{FG}=300$ kN·m	$M_{GF}=230$ kN·m	
GB 段	$F_{QGB}=-70$ kN		$M_{GB}=70$ kN·m	$M_{BG}=0$	

画出的剪力图和弯矩图,如图 7-20(b)、图 7-20(c)所示。

【例 7-11】 作图 7-21(a)所示多跨静定梁的弯矩图和剪力图。

分析:本题中梁 *AC* 是由梁 *AB* 和 *BC* 通过圆柱铰连接并且两端通过支座和基础相连组成的。像这样的由若干根梁用铰相连,再用若干支座与基础相连组成的静定结构称为多跨静定梁。画多跨梁的内力图可以将其视为物体系统问题,只要先计算出支座反力,接下来就和求解单跨梁的计算方法一样了。

【解】

(1) 计算单跨梁 *BC* 的约束反力,计算过程不再叙述,结果表示在图 7-21(c)中。

(2) 作内力图。根据各梁的荷载及支座约束反力情况,分段画出各梁的弯矩图和剪力图,最后分别把它们用铰链连成一体,即多跨静定梁的剪力图和弯矩图,如图 7-21(d)所示。

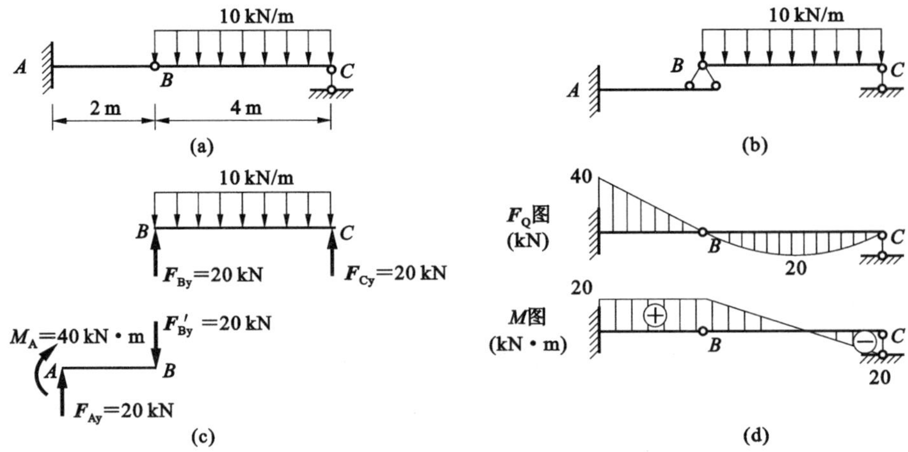

图 7-21

7.4　梁的正应力及其强度计算

7.4.1　梁横截面上的正应力

微课 7.5　梁的应力和强度

实际工程中为了对梁进行强度和刚度计算，只知道梁的内力是不够的，还必须知道梁横截面上的应力情况。通过研究可知，梁横截面上的剪力将在截面上引起剪应力，弯矩将引起正应力。在研究梁的强度时，可以把正应力与切应力分别进行讨论。

7.4.1.1　纯弯曲梁横截面上的正应力

一般来说，简支梁在荷载作用下各截面上将同时产生剪力和弯矩，这种弯曲称为**横力弯曲**，如图 7-22 所示的 AC、DB 段梁。而在梁的 CD 段内，各截面上只有弯矩，没有剪力，称这样的弯曲为**纯弯曲**。

动画 7.3　纯弯曲试验与假设

首先研究梁在纯弯曲时的正应力。取一根细长矩形截面橡皮梁进行实验。实验前，先在梁的表面上画一些与梁轴平行的纵向线和与纵向线垂直的横向线，纵、横线构成网格状，如图 7-23(a)所示。然后在梁两端的对称位置上施加大小相同的一对集中力 $\boldsymbol{F}_P$，如图 7-23(b)所示，这时两集中力之间的梁即发生了纯弯曲变形。

变形后可观察到以下现象：

(1) 梁上横向线仍保持为直线，不过都相对转动了一个角度，由铅垂线变成了斜直线。

(2) 各纵向线都弯曲成了圆弧线，但仍与倾斜后的横向线垂直，即小方格各角仍为直角。

(3) 弯曲后向下凸出的一边其纵线伸长，而且越靠近下边伸长量越大，下表面伸长量最大；上面向里凹进一边的纵线缩短，而且越靠近上边缩短量越大，上表面缩短量最大。

根据上述变形现象的特点，可做出以下假设：

(1) 变形前为平面的横截面，变形后仍为平面，且仍与变形后的梁轴线垂直。这就是平面假设。

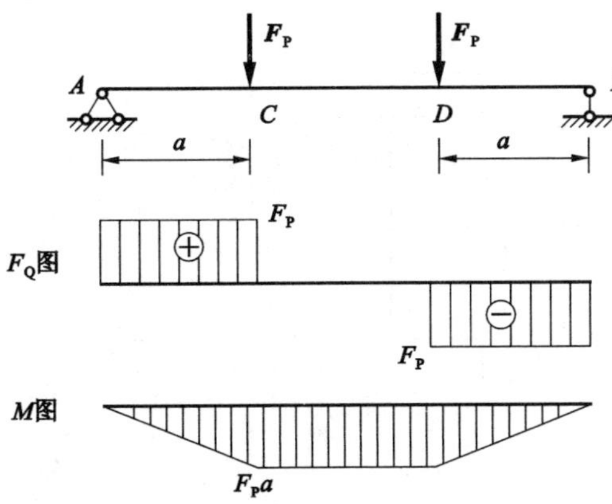

图 7-22

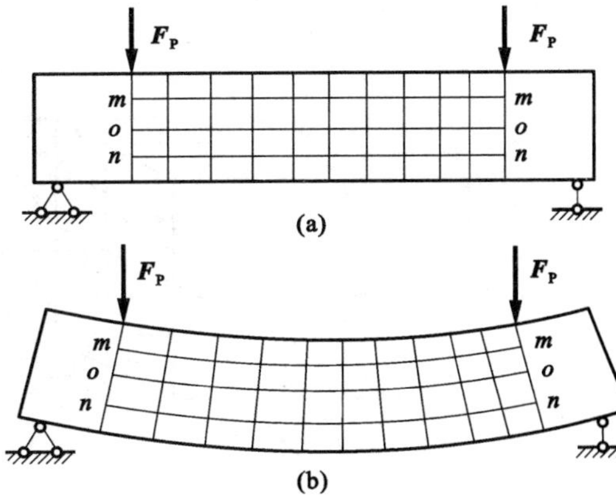

图 7-23

(2) 假想梁是由无数条互不挤压或互不牵拉的纵向纤维组成，而梁内部的纵向纤维也像梁表面的纵线变形情况一样，凸边各层纤维伸长，凹边各层纤维缩短。

通过上面的分析和假设可知：梁的下部纵向纤维产生拉应变，上部纵向纤维产生压应变，从下部的拉应变过渡到上部的压应变，必有一层纤维既不伸长也不缩短，即此层的线应变 $\varepsilon=0$，这层纤维被称为中性层，中性层与横截面的交线称为**中性轴**，如图 7-24 中的 z 轴。显然，每一横截面都有一中性轴，所有这些中性轴正好就组成了**中性层**。

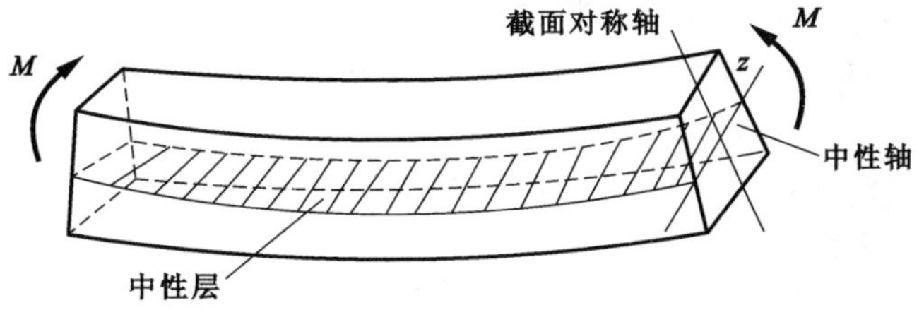

图 7-24

对于具有竖向对称轴的截面，中性轴过截面形心并与竖向对称轴垂直，如图 7-25 中的各截面，y 轴为竖向对称轴，z 轴即为中性轴，O 为截面形心。这几种截面是最常用的梁截面。

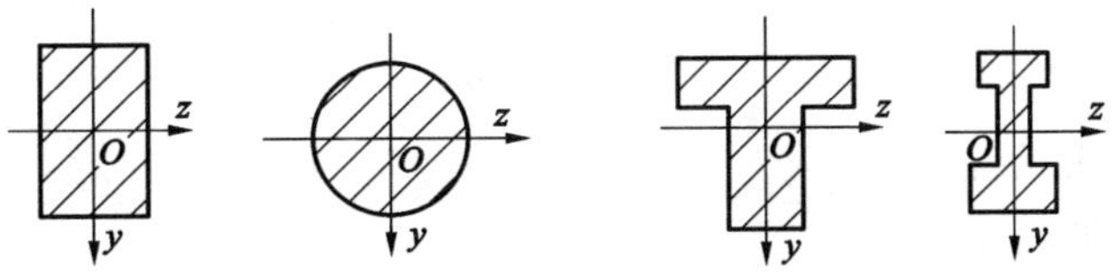

图 7-25

图 7-26 中表明：**纵向线应变沿梁高度按直线规律变化**，即中性层的线应变为零，中性层以下的线应变为拉应变，中性层以上的线应变为压应变，其大小与到中性层的距离成正比例关系。也就是说，梁的下表面拉应变最大，上表面压应变最大。

再结合物理条件、静力平衡条件便可得到横截面任一点正应力计算公式为：

$$\sigma=\frac{M\cdot y}{I_z}$$

横截面最大正应力计算公式：

$$\sigma_{\max}=\frac{M_{\max}\cdot y_{\max}}{I_z}=\frac{M_{\max}}{W_z}$$

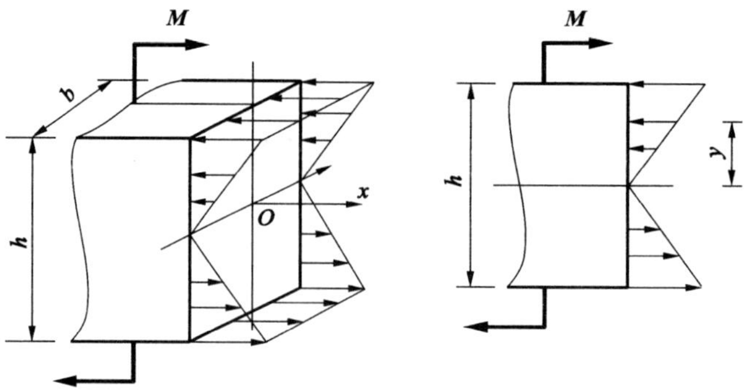

图 7-26

上两式中　σ——某点正应力；

M——横截面弯矩；

y——计算应力点到中性轴的距离；

I_z——惯性矩；

W_z——抗弯截面系数，$W_z=\frac{I_z}{y_{max}}$；

M_{max}——全梁最大弯矩；

y_{max}——最远点到中性轴的距离。

常见两种横截面的惯性矩和抗弯截面系数计算方法如下：

矩形截面：

$$I_z=\frac{b\cdot h^3}{12}$$

$$W_z=\frac{b\cdot h^2}{6}$$

圆形截面：

$$I_z=\frac{\pi\cdot d^4}{64}$$

$$W_z=\frac{\pi\cdot d^3}{32}$$

正应力公式的使用条件为：

(1) 梁产生纯弯曲；

(2) 正应力不超过材料的比例极限；

(3) 对横截面有纵向对称轴的其他形状截面梁都适用。

7.4.1.2　横力弯曲梁横截面正应力

工程中常见的弯曲问题是横力弯曲。梁在横力弯曲时，由于横截面上不仅有弯矩 $\boldsymbol{M}$，而且还有剪力 $\boldsymbol{F}_Q$，因此，此时梁横截面上不仅有正应力 σ，而且还有切应力 τ。工程中常见的横力弯曲梁，由弹性力学精确分析证明，当跨度与横截面高度之比 $\frac{l}{h}$ 大于 5 时，可以忽略切应力对正应力的影响，仍可以用纯弯曲梁正应力计算公式。

【例 7-12】　图 7-27 所示悬臂梁的横截面为矩形，该梁受荷载 $F_P=5$ kN 的作用，试计算梁内弯矩最大截面上的最大正应力和 K 点处的正应力。

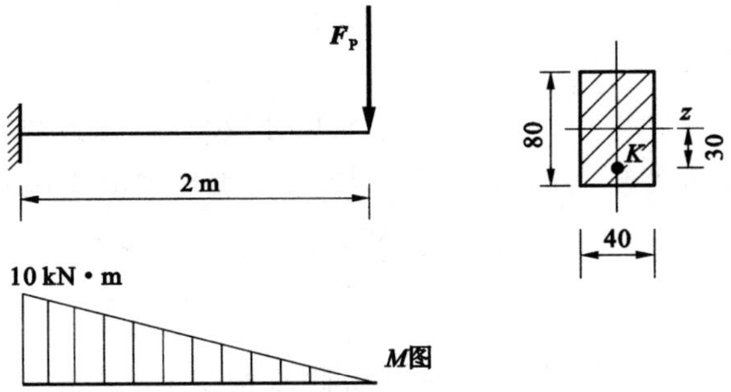

图 7-27

【解】

(1) 求梁内最大弯矩

$$M_{max}=10\ \text{kN}\cdot\text{m}$$

(2) 求最大正应力

$$\sigma_{max}=\frac{M_{max}}{W_z}$$

$$W_z=\frac{b\cdot h^2}{6}=\frac{40\times 80^2}{6}=42.67\times 10^3\ \text{mm}^3$$

$$\sigma=\frac{M_{max}}{W_z}=\frac{10\times 10^3}{42.67\times 10^3\times 10^{-9}}=234.35\times 10^6\ \text{Pa}=234.35\ \text{MPa}$$

(3) 求 K 点处的正应力

$$\sigma_K=\frac{M_{max}\cdot y_K}{I_z}=\frac{10\times 10^6\times 30\times 10^{-3}}{\dfrac{40\times 80^3\times 10^{-12}}{12}}=175.7\times 10^6\ \text{Pa}=175.7\ \text{MPa}$$

7.4.2 梁的正应力强度条件及其计算

在进行等截面梁的强度计算时，首先画出梁的弯矩图，找出数值最大的弯矩值 M_{max} 及其所在截面。这个截面称为弯曲正应力的**危险截面**。在危险截面上，横截面最上、最下缘处各点的正应力是梁上数值最大的正应力，破坏往往从这些点开始，所以这些点被称为危险点。危险点的正应力为：

$$\sigma_{max}=\frac{M_{max}}{W_z} \tag{7-4}$$

为了保证梁的正常工作，并有一定的安全储备，显然应该使危险点处的最大正应力不能超过弯曲时的许用正应力，即：

$$\sigma_{max}=\frac{M_{max}}{W_z}\leqslant[\sigma] \tag{7-5}$$

式中 σ_{max}——梁内最大弯曲正应力；

M_{max}——全梁横截面最大弯矩值；

W_z——梁的抗弯截面系数；

$[\sigma]$——弯曲时的许用正应力。

对于塑性材料，其许用弯曲拉应力与许用弯曲压应力相同。对于脆性材料，其许用弯曲压应力要远远大于许用弯曲拉应力，应按最大拉、压应力分别作强度计算。

应用式(7-5)可以进行以下三方面的强度计算：

(1) 强度校核

当已知梁的材料(即已知许用应力$[\sigma]$)、截面尺寸及形状(由此可求出抗弯截面系数W_z)及其荷载情况(可求出最大弯矩M_{max})时，可由式(7-5)校核梁是否满足强度条件：

$$\sigma_{max}=\frac{M_{max}}{W_z}\leqslant[\sigma]$$

(2) 设计截面

当已知梁的材料(即已知许用应力$[\sigma]$)和荷载情况(可求出最大弯矩M_{max})时，可由式(7-5)确定抗弯截面系数W_z，即：

$$W_z\geqslant\frac{M_{max}}{[\sigma]}$$

在确定了W_z后，即可按所选择的截面形状，进一步确定截面尺寸，进而通过型钢表确定型钢型号。

(3) 确定许用荷载

当已知梁的材料(即已知许用应力$[\sigma]$)及截面尺寸(由此可求出抗弯截面系数W_z)时，可根据式(7-5)计算梁所能承受的最大弯矩M_{max}，即：

$$M_{max}\leqslant[\sigma]\cdot W_z$$

然后根据最大弯矩与荷载的关系，计算出许用荷载值。

【例7-13】 已知：图7-28(a)所示简支梁选用木材制成，其横截面为矩形$b\times h=140\ \text{mm}\times 210\ \text{mm}$，梁的跨度$l=4\ \text{m}$，荷载$F=6\ \text{kN}$，$q=2\ \text{kN/m}$，材料的弯曲许用应力$[\sigma]=11\ \text{MPa}$，试校核该梁的正应力强度。

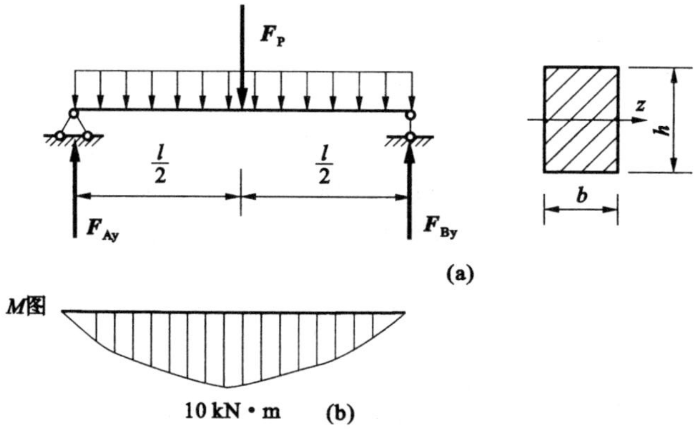

图7-28

【解】

分析：此问题属于强度校核问题。

(1) 求梁在图示荷载作用下的最大弯矩

先计算支座反力，由对称性可得

$$F_{Ay}=F_{By}=7\ \text{kN}(\uparrow)$$

再作梁的弯矩图，如图7-28(b)所示。

从图可知：跨中截面上弯矩最大，其值为：

$$M_{max} = 10 \text{ kN} \cdot \text{m}$$

(2) 计算截面的几何参数

(3) 校核梁的正应力强度

$$\sigma = \frac{M_{max}}{W_z} = \frac{10 \times 10^6}{1.03 \times 10^6} = 9.71 \text{ MPa} < [\sigma]$$

该梁满足正应力强度要求。

【例 7-14】 工字形截面钢梁受力如图 7-29(a)所示，已知：荷载 $F_P=75$ kN，钢材的许用弯曲应力$[\sigma]=152$ MPa，试按正应力强度条件选择工字钢梁的型号。

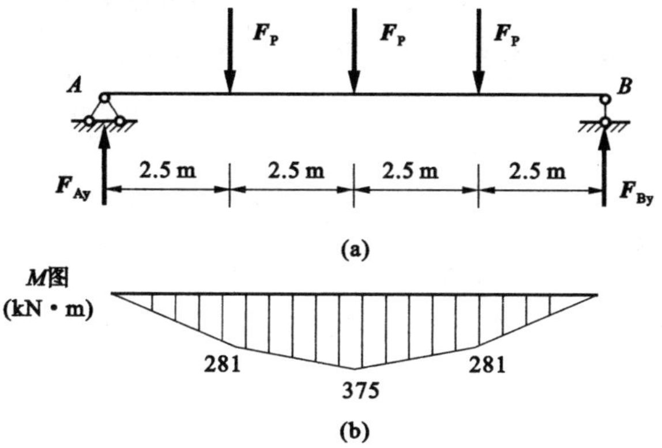

工字钢型钢表

图 7-29

【解】

分析：此问题属于强度条件在工程中的第二类应用——设计截面。

(1) 求满足强度要求时梁的抗弯截面系数

作出梁的弯矩图，如图 7-29(b)所示。

从图可知，最大弯矩产生在跨中截面上，其数值为 $M_{max}=375$ kN · m。

梁的抗弯截面系数为：

$$W_z \geqslant \frac{M_{max}}{[\sigma]} = \frac{375 \times 10^6}{152} = 2.47 \times 10^6 \text{ mm}^3 = 2.47 \times 10^3 \text{ cm}^3$$

(2) 确定截面的尺寸

实际梁的抗弯截面系数应大于或等于满足强度要求时梁的抗弯截面系数。可由型钢表查得 56c 号工字钢的 W_z 为：

$$W_z = 2.55 \times 10^3 \text{ cm}^3 > 2.47 \times 10^3 \text{ cm}^3$$

所以，该梁可以选择 56c 号工字钢。

【例 7-15】 图 7-30(a)所示圆形截面简支木梁受均布荷载作用，跨度 $l=4$ m，截面直径 $D=160$ mm，许用弯曲应力$[\sigma]=10$ MPa，试按正应力强度计算梁上许用的均布荷载值。

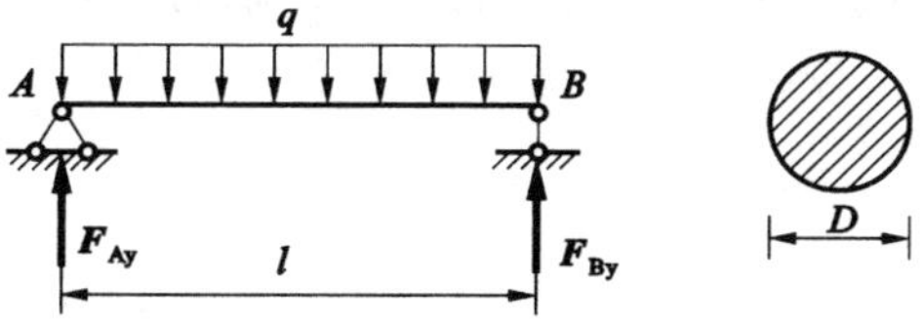

图 7-30

【解】

分析：本问题属于正应力强度条件在工程中的第三类应用——确定许用荷载。

(1) 求梁满足强度条件时所能承受的最大弯矩

圆形截面的抗弯截面系数为

$$W_z = \frac{\pi \cdot D^3}{32} = \frac{3.14 \times 160^3}{32} = 4.02 \times 10^5 \ \mathrm{mm}^3$$

根据强度条件 $\sigma_{\max} = \frac{M_{\max}}{W_z} \leqslant [\sigma]$，得

$$M_{\max} \leqslant W_z \cdot [\sigma] = 4.02 \times 10^5 \times 10 \ \mathrm{N \cdot mm} = 4.02 \ \mathrm{kN \cdot m}$$

(2) 根据梁上的实际荷载确定最大弯矩与荷载之间的关系

此梁的最大弯矩为

$$M_{\max} = \frac{q \cdot l^2}{8} = 2q$$

式中　q——荷载，kN/m。

(3) 确定梁所能承受的许用荷载值

梁在实际荷载作用下产生的最大弯矩不能超过满足强度条件时所能承受的最大弯矩。即

$$M_{\max} = 2q \leqslant 4.02$$

$$q \leqslant 2.01 \ \mathrm{kN/m}$$

梁所能承受的许用荷载值为：$[q] = 2.01$ kN/m。

★★　以上例题的共同特点是：梁的横截面上下边缘关于中性轴对称，并且梁所选用的材料其许用拉、压应力相等。

7.5　梁的切应力及其强度计算

7.5.1　梁横截面上的切应力

前面讨论了与弯矩 M 对应的正应力的计算问题，以及梁弯曲时正应力的强度条件。本节讨论与剪力 $\boldsymbol{F}_Q$ 对应的切应力计算问题。

切应力是横截面上的剪力的分布集度。但由于梁弯曲时，切应力在截面上的分布规律要比正应力复杂得多，对于中性轴附近处为矩形的截面来说，其横截面上任意一点的切应力为：

$$\tau = \frac{F_Q \cdot S_z^*}{I_z \cdot b} \tag{7-6}$$

式中　F_Q——需求切应力点所在处横截面上的剪力；

I_z——该横截面对中性轴的惯性矩；

S_z^*——该横截面上需求切应力点处平行于中性轴的线以上(或以下)部分的面积 A^* 对中性轴的静矩(按绝对值计算)；

b——横截面宽度。

梁上的最大切应力为：

$$\tau_{\max} = \frac{F_{Q,\max} \cdot S_{z,\max}^*}{I_z \cdot b} \tag{7-7}$$

式中 $F_{Q,max}$——全梁最大剪力；

$S^*_{z,max}$——中性轴以上(或以下)部分面积(即半个截面)对中性轴的静矩。

下面仅介绍一下最常见的矩形和圆形梁截面上切应力的分布规律和最大切应力的计算公式及其强度条件。

一宽度为 b,高为 h 的矩形截面如图 7-31 所示。截面上的剪力为 $\boldsymbol{F}_Q$,沿 y 轴方向作用。如截面高度 h 大于宽度 b,则可以证明矩形梁横截面上切应力的分布有以下规律：

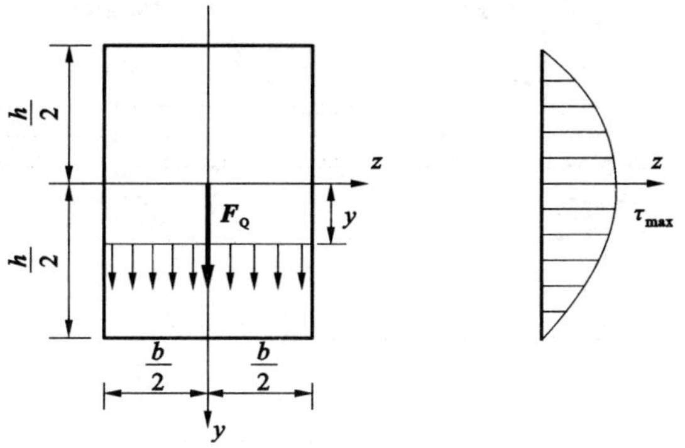

图 7-31

(1) 截面上每一点处的切应力 τ 都与剪力 $\boldsymbol{F}_Q$ 平行而且指向与 $\boldsymbol{F}_Q$ 相同；

(2) 离中性轴 z 等距离的各点上,切应力 τ 的大小相等；

(3) 切应力的大小沿截面高度 h 按二次抛物线的规律变化,如图 7-31 所示。当 $y=\pm\dfrac{h}{2}$ 时,$\tau=0$,即切应力为零；当 $y=0$ 时,即在中性轴处切应力最大,其值为：

$$\tau_{max}=\frac{3F_Q}{2b\cdot h}=\frac{3F_Q}{2A} \tag{7-8}$$

如将$\dfrac{F_Q}{b\cdot h}$看作平均切应力,则式(7-8)表明矩形截面梁的最大切应力为截面平均切应力的 1.5 倍。

对于圆形截面而言,截面最大切应力为

$$\tau_{max}=\frac{4}{3}\cdot\frac{F_Q}{A} \tag{7-9}$$

式中 A——横截面面积。

可见圆形截面最大切应力值为截面上平均切应力的 4/3 倍。

7.5.2 梁的切应力强度条件及其计算

与梁的正应力强度条件一样,弯曲切应力的强度条件也要求截面上的切应力不能太大。如果切应力超过材料的许可限度,就会导致发生剪切破坏,而不能正常使用。因此,应加以验算。

显然,对于任何形状截面的梁,弯曲切应力的强度条件都应使危险点上的切应力 τ_{max} 不大于材料的许用切应力[τ],即：

$$\tau_{max}\leqslant[\tau] \tag{7-10}$$

必须指出,在一般情况下,梁很少发生剪切破坏(往往都是弯曲破坏)。所以,在实际计算中，通常都是以梁的正应力强度条件去选择截面，再用切应力强度条件进行校核。只有在少数情况下，比如梁的跨度较小而荷载又较大，或者在支座附近有很大的集中力，使用某些抗剪性能较差的材料（木材）制作梁时，该材料在靠近梁支座处可能被剪断。此时，梁的切应力强度条件便成为主要条件。

【例 7-16】 图 7-32 所示简支梁，在 C、D 处分别受垂直集中力 $\boldsymbol{F}_{P1}$、$\boldsymbol{F}_{P2}$ 作用。已知 $F_{P1}=50$ kN，$F_{P2}=100$ kN，$[\sigma]=160$ MPa，$[\tau]=100$ MPa。试选择工字钢型号。

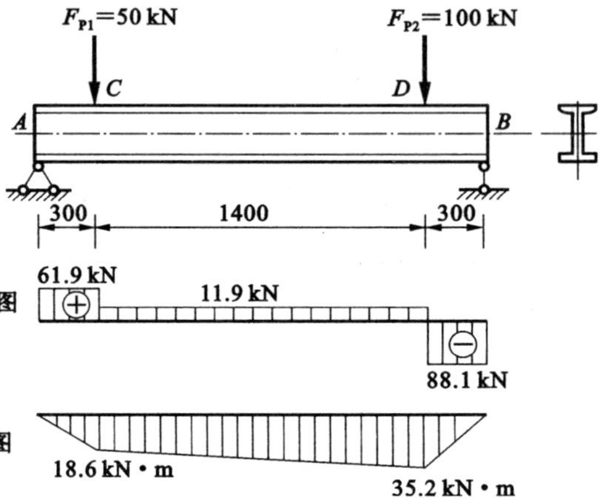

图 7-32

【解】

(1) 画内力图

梁的剪力图和弯矩图，分别如图 7-32 所示，由图可知：

$$|F_Q|_{max}=88.1\ \text{kN}$$

$$M_{max}=35.2\ \text{kN}\cdot\text{m}$$

(2) 按梁弯曲时的正应力强度条件选择截面

根据正应力强度条件，得梁的抗弯截面系数为：

$$W_z \geqslant \frac{M_{max}}{[\sigma]}=\frac{35.2\times10^6}{160}=220\times10^3\ \text{mm}^3$$

从型钢表中查得 20a 工字钢的抗弯截面系数为 $W_z=237\times10^3\,\text{mm}^3$，与计算得到的 $W=220\times10^3\,\text{mm}^3$ 接近，且比计算数值大。所以，选择 20a 工字钢做梁，符合弯曲正应力强度条件。

(3) 按切应力强度条件校核

由于荷载 $\boldsymbol{F}_{P1}$、$\boldsymbol{F}_{P2}$ 靠近支座，梁的最大弯曲切应力可能过大。因此，还应按切应力强度条件进行校核。

从型钢表中查得：$\dfrac{I_z}{S_z^*}=172$ mm，腹板厚度 $t=7$mm。将有关数据代入式(7-7)，得梁的最大弯曲切应力为：

$$\tau_{max}=\frac{F_{Q,max}\cdot S^*_{z,max}}{I_z\cdot t}=\frac{|F_Q|_{max}}{\dfrac{I_z}{S^*_{z,max}}\cdot t}=\frac{88.1\times10^3}{172\times7}=73\ \text{MPa}<100\ \text{MPa}=[\tau]$$

可见，选择 20a 工字钢做梁将同时满足弯曲正应力强度条件和弯曲切应力强度条件。

7.6 提高梁的抗弯强度的措施

设计梁时，一方面要保证梁具有足够的强度，使梁在荷载作用下能安全地工作，也就是不至于弯曲折断；另一方面还要使梁能充分发挥材料的潜力，减少材料的用量，以降低造价。

设计梁的主要依据是弯曲正应力强度条件，从正应力强度条件 $\sigma_{max}=\dfrac{M_{max}}{W_z}\leqslant[\sigma]$ 来看，梁的弯曲强度与其所用材料、横截面的形状和尺寸，以及外力引起的弯矩有关。因此，为了提高梁的强度也应该围绕这三个因素从以下三方面来考虑。

7.6.1 选择合理的截面形状

从弯曲强度方面考虑，梁内最大工作应力与抗弯截面系数 W_z 成反比，W_z 愈大，梁能够抵抗的弯矩也愈大。因此，经济合理的截面形状应该是在截面面积相同的情况下，取得最大抗弯截面系数的截面。

对于高为 h，宽为 b 的矩形截面，它的抗弯截面系数为：

$$W_z=\frac{b\cdot h^2}{6}=\frac{1}{6}A\cdot h \tag{7-11}$$

式中 A——截面面积。

这个式子表明，两个面积相等的矩形截面，高度 h 愈大则 W_z 愈大，因此也就愈经济合理。

式(7-11)还表明，同是一个长边为 h，短边为 b 的矩形截面，平放比竖放强度要差得多，如图 7-33 所示，平放时 $W_z=\dfrac{h\cdot b^2}{6}=\dfrac{1}{6}A\cdot b$，小于竖放时的强度$\left(W_z=\dfrac{b\cdot h^2}{6}=\dfrac{1}{6}A\cdot h\right)$。

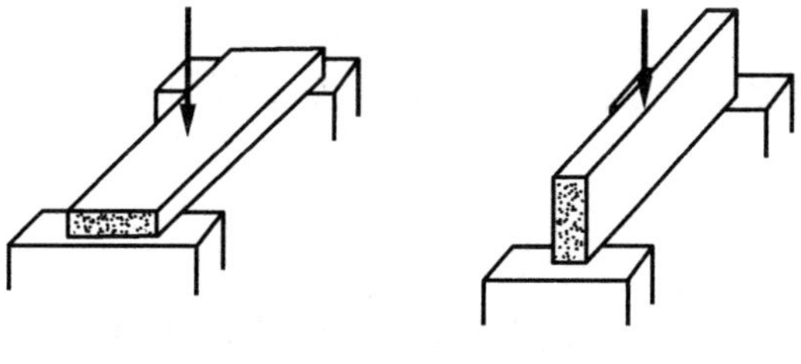

图 7-33

对于直径为 d 的圆形截面：

$$W_z=\frac{\pi\cdot d^3}{32}=\frac{1}{8}\times\frac{\pi\cdot d^3}{4}=\frac{1}{8}A\cdot d=0.125A\cdot d \tag{7-12}$$

现将两个截面面积相等的正方形和圆形截面作一比较。

因与正方形截面面积相等，即

$$A=h^2=\frac{\pi}{4}\cdot d^2$$

则正方形边长 h 为：

$$h=\frac{d\cdot\sqrt{\pi}}{2}$$

代入式(7-11)，得正方形截面 W_z 为：

$$W_z=0.147A\cdot d$$

与式(7-12)相比，可知在截面面积相同时，正方形的抗弯截面系数比圆形截面要大，所以正方形截面较圆形截面在抗弯强度方面更经济合理。

同时，由正应力在截面上的分布规律(沿截面高度呈直线规律分布)知，离中性轴愈远正应力就愈大。当离中性轴最远处的正应力达到许用应力时，中性轴附近各点处的正应力仍很小，而且，因为它们离中性轴近，力臂小，所承担的弯矩也小。所以，如果设法将较多的材料放置在远离中性轴的部位，必然会提高材料的利用率。因此，人们把矩形截面中性轴附近的一部分材料移到应力较大的上下边缘，就形成工字形和槽形截面。在工程中常见的空心板，就是通过在中性轴附近挖去部分材料而收到良好的经济效果的例子。

在研究截面合理形状时，除应注意使用材料远离中性轴的形状外，还应考虑到材料的特性，最好使截面上的最大拉应力和最大压应力同时达到各自的许用值。因此，对于抗拉、抗压强度相同的塑性材料(钢材)应优先使用对称于中性轴的截面形状。对于抗拉、抗压强度不同的脆性材料(如铸铁)，其截面形状最好使中性轴偏于强度较弱一侧，比如采用T形截面等。

以上所讲的合理截面是从强度这一方面考虑的，这是通常用以确定合理截面形状的主要因素。此外还应综合考虑梁的刚度、稳定性，以及制造、使用等诸方面的因素，才能真正保证所选截面的合理性。

7.6.2　采用变截面梁和等强度梁

在一般情况下，梁内不同截面处的弯矩是不同的。因此，在按最大弯矩所设计的等截面梁中，除最大弯矩所在截面外，其余截面的材料强度均不能得到充分利用。根据上述情况，为了减轻构件重量和节省材料，在工程实际中，常根据弯矩沿梁轴的变化情况，把梁也相应地设计成变截面。在弯矩较大处，宜采用大截面；在弯矩较小处，宜选用小截面。这种截面沿梁轴线变化的梁称为变截面梁。

从弯曲强度来考虑，理想的变截面梁应该使所有横截面上的最大弯曲正应力均相同，并等于许用应力，即：

$$\sigma_{\max} = \frac{M(x)}{W(x)} = [\sigma]$$

这种梁称为**等强度梁**。由式中可以看出，在等强度梁中$W(x)$与$M(x)$成比例地变化。在设计变截面梁时，由于要综合考虑其他因素，通常只要求$W(x)$的变化规律大体上与$M(x)$的变化规律相接近即可。

图7-34所示的几个梁是建筑工程中比较常见的变截面梁的例子。对于像阳台或雨篷梁等的悬臂梁常采用图7-34(a)所示的变截面形式；对于跨中弯矩大，两边弯矩小，从跨中到支座，弯矩逐渐减小的简支梁，常采用图7-34(b)所示的工字形组合钢梁(在梁的中段增加了盖板)。图7-34(c)所示的屋盖上的薄腹大梁、图7-34(d)中的工业厂房中的鱼腹式吊车梁等也都是利用等强度梁概念的例子。

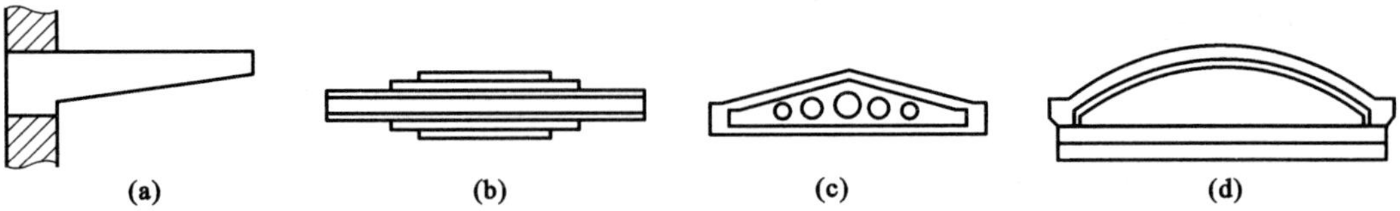

图 7-34

7.6.3 设法改善梁的受力情况

提高梁强度的另一重要途径是合理安排梁的约束和加载方式，从而达到提高梁的承载能力的目的。

例如：图 7-35 所示简支梁受均布荷载 q 作用，梁的最大弯矩：

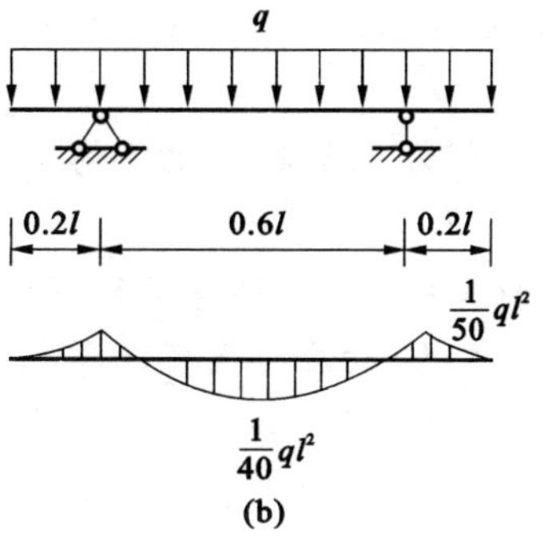

图 7-35

$$M_{max}=\frac{ql^2}{8}$$

然而，如果梁两端的铰支座各向内移动 0.2l，如图 7-35 所示，则其最大弯矩变为：

$$M_{max}=\frac{ql^2}{40}$$

最大弯矩仅为前者的$\frac{1}{5}$。

施工中起吊等截面钢筋混凝土构件时，便是根据上述原理选择两起吊点位置的。在一般情况下，图 7-35 (b)所给出的就是最合理的吊点位置。起吊时构件所受的力是本身的自重，可视为均布线荷载 q。

又如图 7-36(a)所示的简支梁 AB，在跨度中点受集中荷载 $\boldsymbol{F}_P$ 作用，梁的最大弯矩为：

$$M_{max}=\frac{F_P l}{4}$$

然而，如果将该荷载分解成几个相等、方向相同的力加在梁上，梁内弯矩将显著减小。如图 7-36 所示，在梁的中部安置一长为$\frac{l}{2}$的辅助梁 CD，这时，梁 AB 内的最大弯矩将减小为：

$$M_{max}=\frac{F_P l}{8}$$

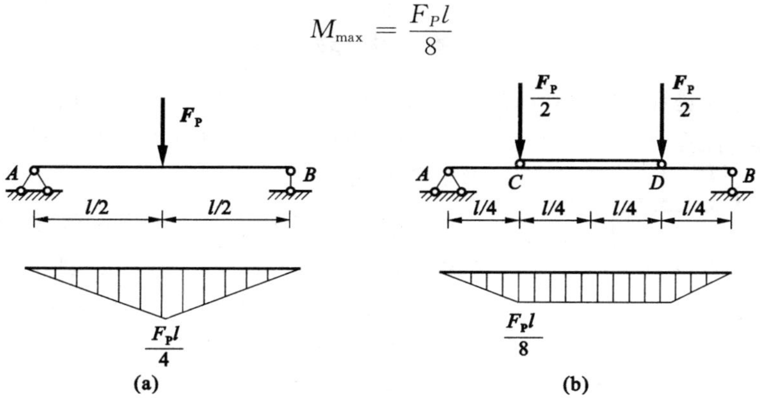

图 7-36

最大弯矩仅为前者的一半。

当然为了减小梁跨中的弯矩，还可以采用增加支座以减小梁的跨度的办法。

本章要点提示

本章主要研究了梁的内力的计算方法、内力图的画法以及梁的横截面应力、强度条件。梁的平面弯曲是建筑工程中最常见到的一种基本变形，是土木工程力学的重要内容之一。

(1) 基本概念

平面弯曲、剪力和弯矩、剪力和弯矩的正负号规定、梁的正应力和剪应力。

(2) 基本计算

① 用截面法和直接法计算梁的剪力和弯矩；

② 梁的正应力、切应力强度计算。

a. 梁的正应力强度计算

梁的正应力强度条件为：

塑性材料：

$$\sigma_{max} \leqslant [\sigma]$$

脆性材料：

$$\begin{cases}\sigma_{t,max} \leqslant [\sigma_t] \\ \sigma_{c,max} \leqslant [\sigma_c]\end{cases}$$

b. 梁的切应力强度计算

切应力强度条件为：

$$\tau_{max} \leqslant [\tau]$$

(3) 作梁的内力图

作内力图的方法很多，本章学习了以下两种：

① 建立剪力方程和弯矩方程，根据方程作图，这是作内力图最基本的方法。

② 用内力与外力之间的微分关系(简捷法)作图。

(4) 基本理论——提高梁抗弯强度的措施

提高梁抗弯强度的措施是从降低最大正应力的角度提出的，一方面是降低最大弯矩，另一方面是合理选择截面。实际工程中要综合考虑各种因素(如刚度、稳定性、施工条件、使用要求及工艺等)来确定梁的类型、截面、布置荷载。

复　习　题

7-1　简述截面法求梁横截面上剪力、弯矩的步骤，就图 7-37 所示梁段回答下列问题：

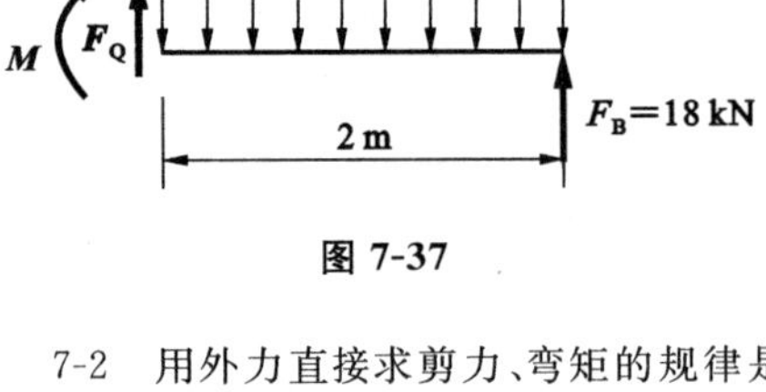

图 7-37

(1) 计算内力时是取截面哪一侧研究的？所假定的 $\boldsymbol{F}_Q$、$\boldsymbol{M}$ 是正还是负？

(2) 由平衡方程 $\sum F_y = 0$ 求得 $F_Q = -8$ kN；由 $\sum M_c = 0$ 求得 $M = 26$ kN · m，计算结果的正负号说明什么？

(3) 按剪力、弯矩正负号规定，该截面上的剪力、弯矩是正还是负？截面上剪力、弯矩的实际方向和转向应该是怎样的？

7-2　用外力直接求剪力、弯矩的规律是什么？正负号怎样确定？写出用外力直接求图 7-37 中剪力、弯矩时的表达式，并求出该截面上的剪力、弯矩。

7-3　判断图 7-38 各梁对应的内力图是否正确？若有错加以改正。

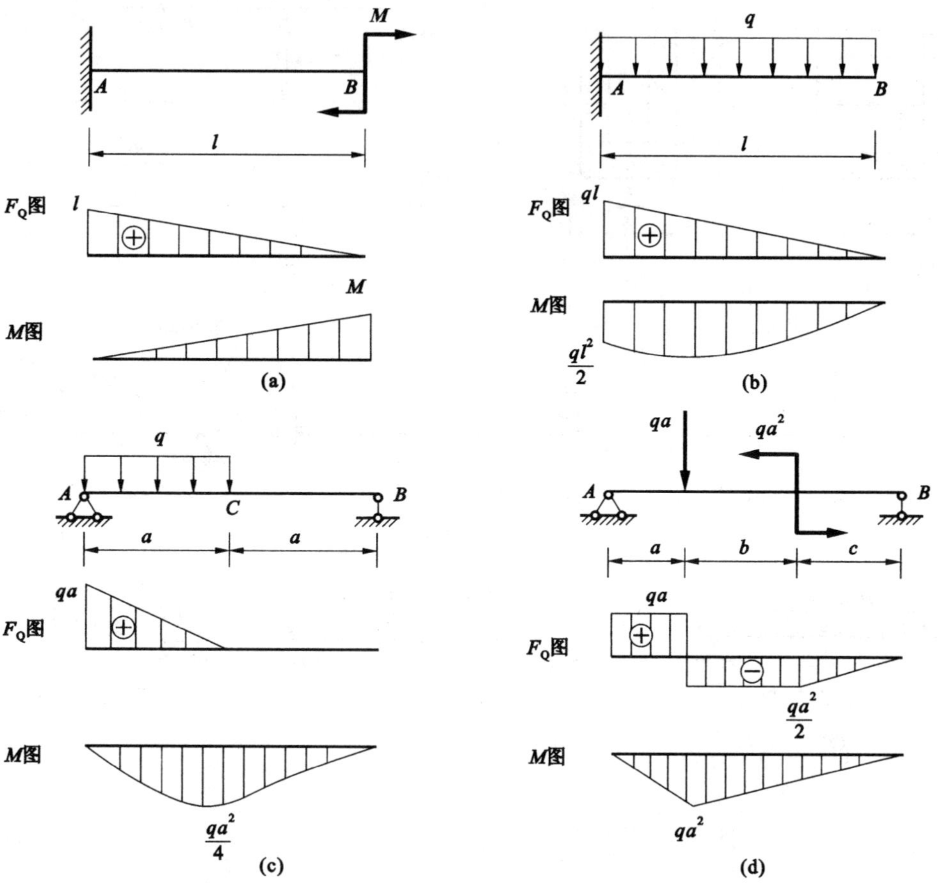

图 7-38

7-4　纯弯曲时，梁的正应力计算公式的使用条件是什么？这个公式还可以推广应用于什么情况？

7-5　什么是抗弯截面系数？判断图 7-39 所示两截面（z 轴为中性轴）抗弯截面系数 W_z 的计算是否正确。若不正确，应该如何计算？

$$W_z = \frac{B \cdot H^2}{6} - \frac{b \cdot h^2}{6}$$

7-6　用正应力公式 $\sigma = \frac{M \cdot y}{I_z}$ 计算任一点的正应力时，σ 的正负号如何确定？试判断图 7-40 所示梁 1—1、2—2 截面上 a 点处 σ 的正负号。

7-7　跨度、荷载、截面、类型完全相同的两根梁，它们材料不同，那么这两根梁的弯矩图、剪力图是否相同？它们的最大正应力、最大切应力是否相同？它们的强度是否相同？通过思考以上问题你能得出什么结论？

7-8　用截面法计算图 7-41 所示各梁指定截面上的剪力和弯矩。

7-9　直接用外力计算图 7-42 所示各梁指定截面上的剪力和弯矩。

7-10　用列剪力方程、弯矩方程的方法作图 7-43 所示各梁的 F_Q、M 图。

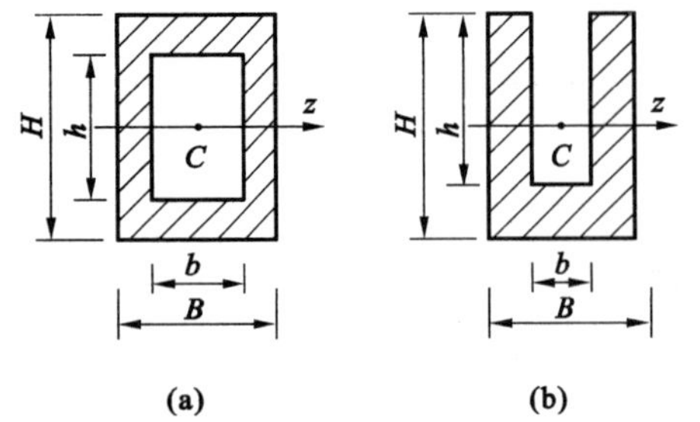

图 7-39

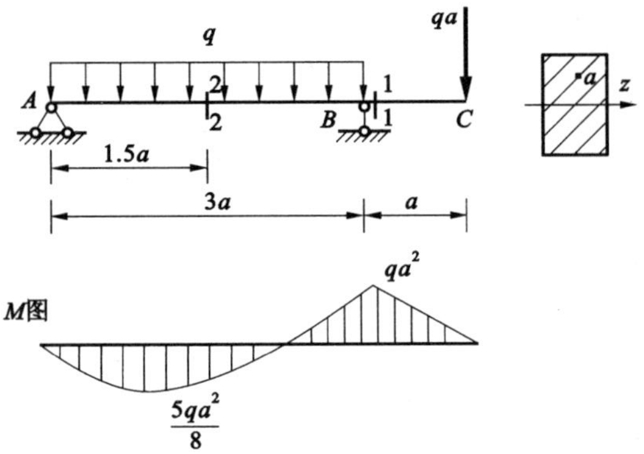

图 7-40

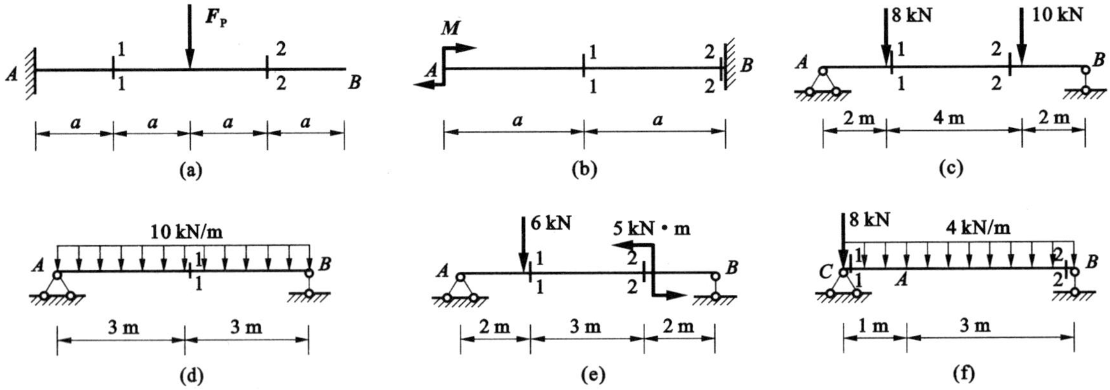

图 7-41

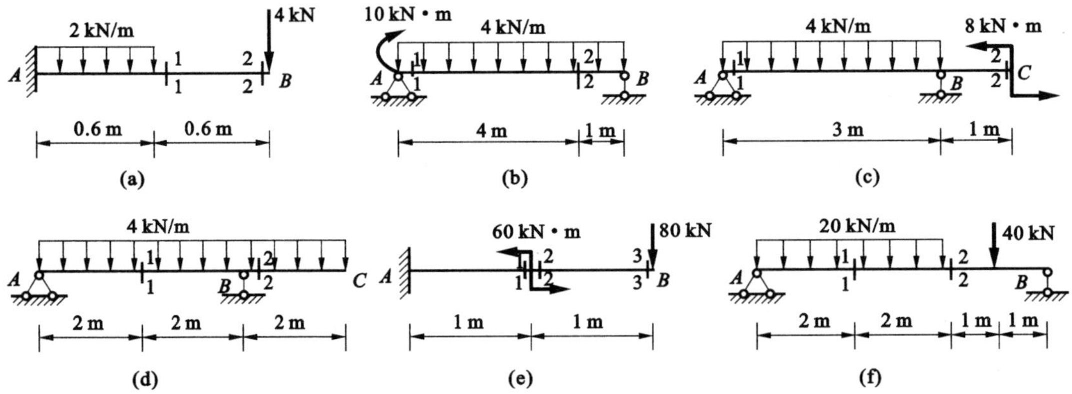

图 7-42

7-11　用简捷法作图 7-44 所示各梁的 F_Q、$\boldsymbol{M}$ 图，并求 $|M|_{max}$。

7-12　画图 7-45 所示多跨静定梁的内力图。

7-13　计算图 7-46 所示外伸梁 1—1 截面上 a、b、c、d、e 五点处的正应力，并作出该截面上正应力沿截面高度的分布图。

7-14　试计算图 7-47 各梁全梁范围内的最大拉、压应力，并说明最大应力所在位置。

7-15　已知：图 7-48 所示梁选用材料的许用应力$[\sigma]=160$ MPa，试校核该梁的正应力强度。

7-16　一简支梁受力如图 7-49 所示，$F_P=5$ kN，材料的许用应力为$[\sigma]=10$ MPa，横截面为矩形，高宽比

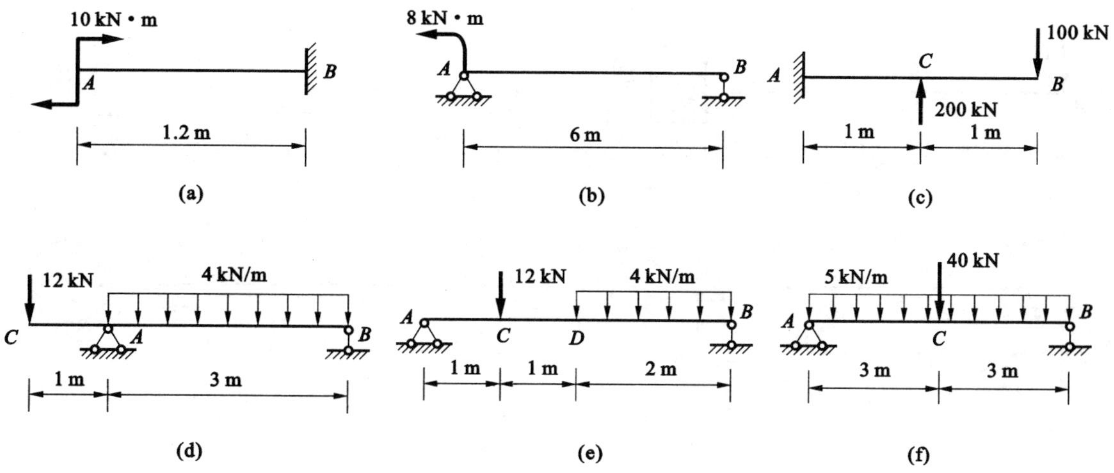

图 7-43

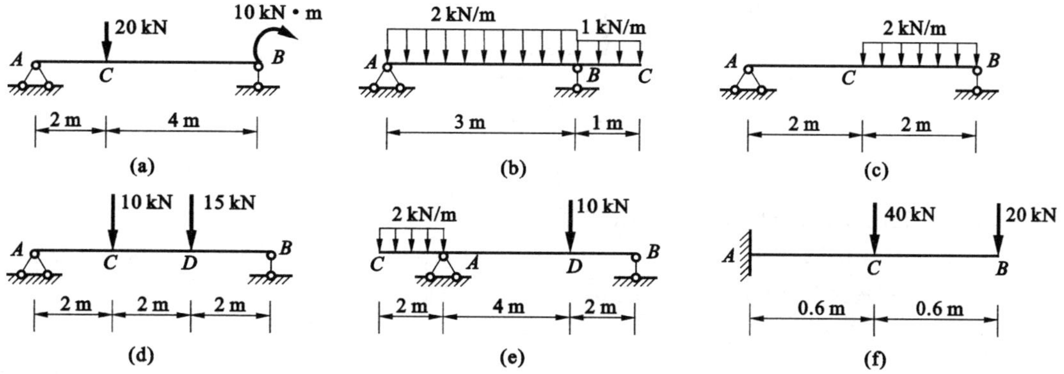

图 7-44

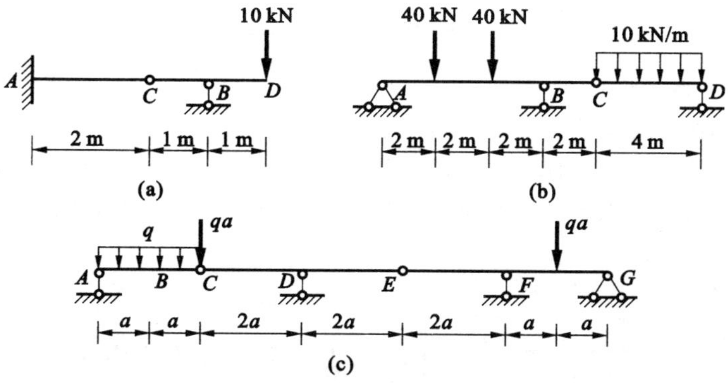

图 7-45

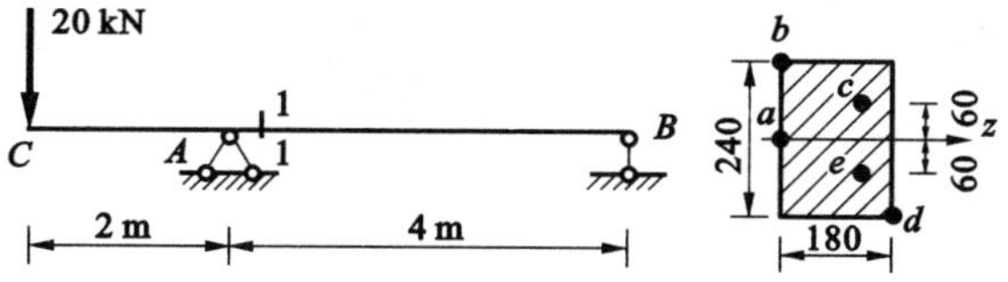

图 7-46

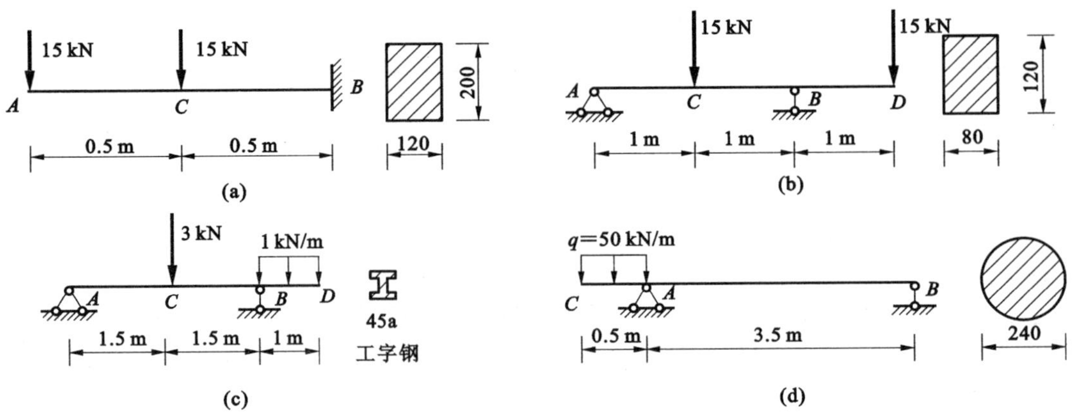

图 7-47

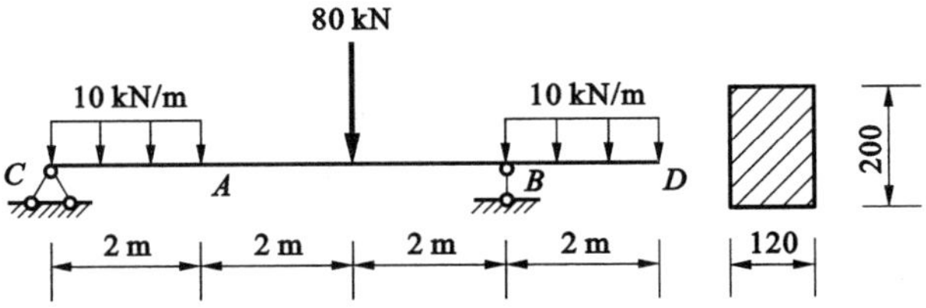

图 7-48

为 $h/b=3/1$,试按正应力强度条件选择矩形截面的高、宽尺寸。

7-17　简支梁受均布荷载作用,如图 7-50 所示,材料的许用应力$[\sigma]=10$ MPa,矩形截面尺寸为 $b\cdot h=120$ mm×180 mm,试按照正应力强度条件确定梁上的许用荷载值。

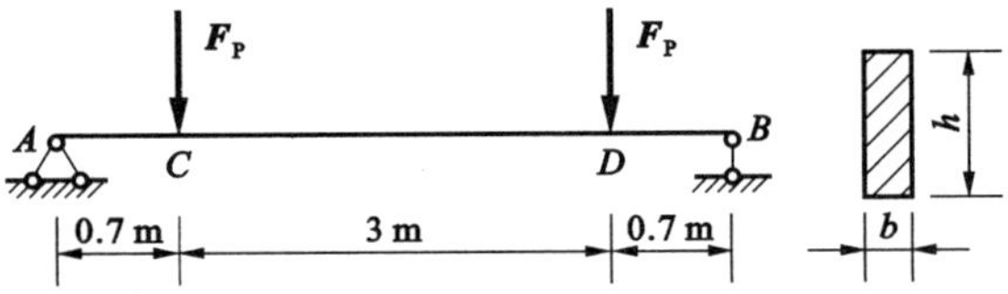

图 7-49

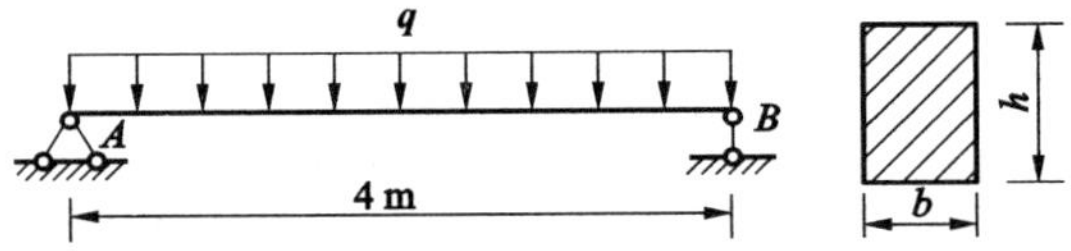

图 7-50

7-18　工字钢梁如图 7-51 所示,$q=12$ kN/m,材料的许用应力$[\sigma]=160$ MPa,试选择工字钢的型号。

7-19　一受均布荷载的外伸梁如图 7-52 所示,采用矩形截面,$b\cdot h=120$ mm×180 mm,已知荷载 $q=1.5$ kN/m,材料的许用弯曲应力$[\sigma]=10$ MPa,许用切应力$[\tau]=1.2$ MPa,试按正应力及切应力强度条件校核梁的强度。

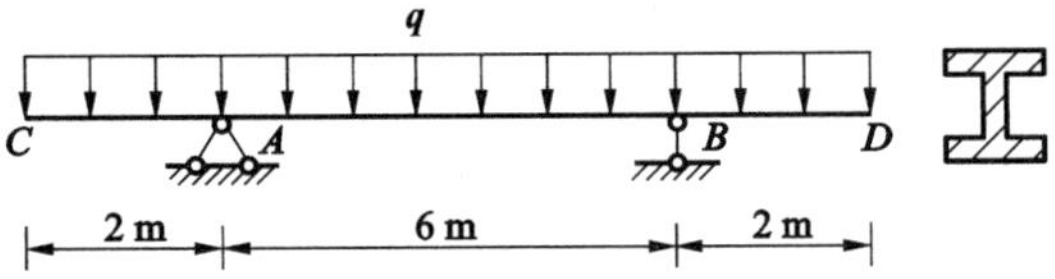

图 7-51

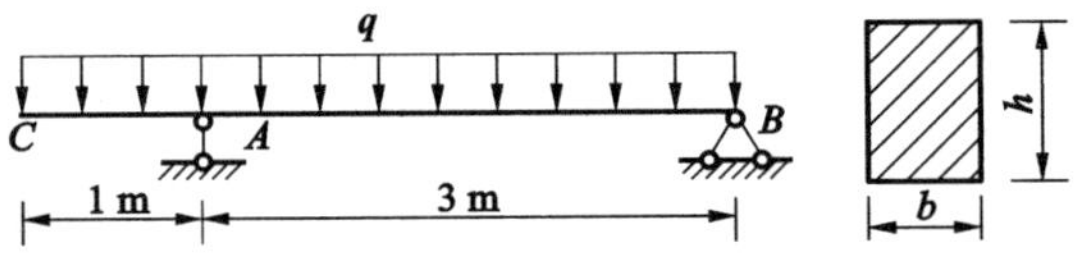

图 7-52

8　平面弯曲变形与梁的刚度及结构位移

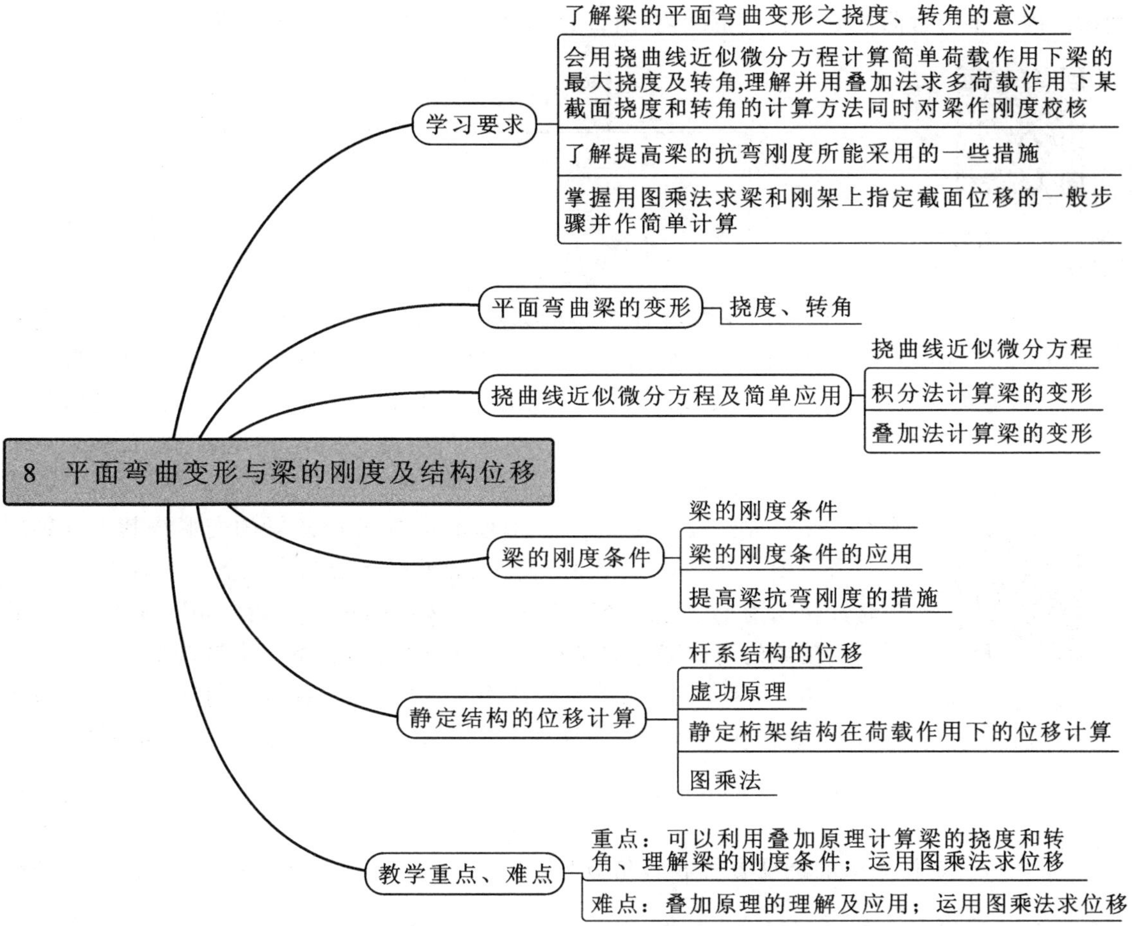

通过前几章的讨论,我们已经能保障杆件不会因为强度不足而发生破坏。但当杆件满足强度要求,而杆件或结构上某一位置的变形超出了正常工作所允许的范围时,杆件或结构也同样会丧失承载能力。如楼面梁的变形过大时,会导致它下面的灰层开裂、脱落;桥梁的变形如果过大,当机动车通过时会引起很大的震动等。这些现象一旦出现,梁将失去它的正常工作能力。因此,为了使杆件或结构能正常安全地工作,在满足强度要求的前提下,还要求杆件或结构的变形在规定的范围内。本章主要介绍等直梁的平面弯曲变形(挠度和转角),挠曲线的近似微分方程及简单应用,梁的刚度条件,虚功原理,静定结构在荷载作用下的位移计算——单位荷载法、图乘法。

8.1 平面弯曲梁的变形

如图 8-1 所示的简支梁，在其纵向对称平面内施加荷载后，它将发生平面弯曲变形。在受力前梁的轴线是一条直线，受力后梁的轴线变成一条光滑、连续的曲线，这条曲线称为**梁的挠曲线**。因为梁的弯曲变形在弹性范围内，所以也可将梁的挠曲线称为弹性曲线（弹性线）。

动画 8.1 梁的挠曲线、挠度和转角

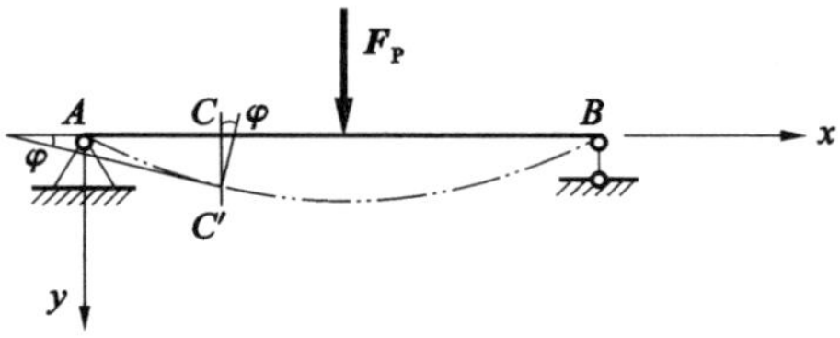

图 8-1

为了研究梁的变形，以梁的左端点 A 为坐标原点，以变形前梁的轴线为 x 轴且规定向右为正，而与 x 轴垂直的 y 轴则向下为正，建立 xAy 直角坐标系。原轴线上距坐标原点为 x 的任意点 C，随梁的变形移动到 C'，线位移 $\overline{CC'}$ 在 y 轴的投影即横截面形心在 y 轴方向的线位移称之为梁在该截面的挠度，用 y 表示；规定挠度沿 y 轴正向（向下）为正值，反之为负值。挠度的单位常用“mm”（毫米）。小变形条件下位移 $\overline{CC'}$ 在 x 轴上的投影要比挠度 y 小得多，可略去不计。在平面假设的前提下，变形前的横截面 C 随梁的变形绕其中性轴转过一个角度 φ 达到 C'，φ 被称为该截面的**转角位移**。在图示坐标系下，φ 以顺时针转向为正，反之为负；在工程中转角的单位常用“rad”（弧度）。由此可见**衡量梁的弯曲变形的量有两个，一个是挠度，另一个是转角**。

微课 8.1 平面弯曲梁的变形

从图 8-1 可以看出，随着横截面位置的不同，各截面的挠度和转角也不同，也就是说任一横截面的挠度 y 和转角 φ 都是横截面位置 x 的函数，即

$$\left.\begin{aligned} y &= y(x) \\ \varphi &= \varphi(x) \end{aligned}\right\} \tag{8-1}$$

式(8-1)分别称为梁的挠度方程和转角方程，从图 8-1 中不难看出，挠曲线上任一点切线的斜率即为该点对应截面转角的正切值，所以有 $\frac{\mathrm{d}y}{\mathrm{d}x}=\tan\varphi$，根据小变形假设，$\tan\varphi\approx\varphi$，即

$$\frac{\mathrm{d}y}{\mathrm{d}x} = \varphi(x) \tag{8-2}$$

说明：挠曲线上任意点处的切线斜率等于该截面的转角。因此只要求出梁的挠曲线方程，就可以确定梁在任意横截面处发生的位移——挠度和转角。所以，计算梁的挠度和转角的关键是确定梁的挠曲线方程。

8.2 挠曲线近似微分方程及简单应用

8.2.1 挠曲线近似微分方程

在实际工程中，大多数梁的横截面上不但有弯矩而且还有剪力，也就是我们在前面介绍的

横力弯曲。梁在横力弯曲时，挠曲线的曲率是坐标 x 的函数，即 $\frac{1}{\rho}=\frac{1}{\rho(x)}$，它不仅与对应截面的弯矩 $M(x)$ 有关，而且还与该截面的剪力有关。试验研究表明，当梁的跨度大于横截面高度的 5 倍以上时(实际工程中常用的梁，其跨度远大于横截面高度，所以绝大多数都能满足这一条件)，剪力对梁的变形影响很小，可略去不计，因此，横力弯曲的梁曲率为

$$\frac{1}{\rho(x)}=\frac{M(x)}{EI} \tag{8-3}$$

根据高等数学中微积分的基本知识得知，平面曲线 $y(x)$ 的曲率与函数之间的微分关系如下：

$$\frac{1}{\rho(x)}=\pm\frac{\frac{\mathrm{d}^2 y}{\mathrm{d}x^2}}{\left[1+\left(\frac{\mathrm{d}y}{\mathrm{d}x}\right)^2\right]^{\frac{3}{2}}} \tag{8-4}$$

将式(8-4)代入式(8-3)并忽略其中的微小量后得

$$\frac{\mathrm{d}^2 y}{\mathrm{d}x^2}=-\frac{M(x)}{EI}$$

即

$$EIy''=-M(x) \tag{8-5}$$

式(8-5)即为梁的挠曲线近似微分方程的简化形式，也是计算梁的变形量的基本方程。

8.2.2 积分法计算梁的变形

计算梁的变形，有很多方法。最基本的方法是可直接对挠曲线的近似微分方程(8-5)进行一次积分和两次积分，分别得到转角方程和挠曲线方程，然后把梁的横截面的位置坐标 x 代入方程中，从而求出任一截面上的转角和挠度。这种求梁的变形的方法称为**积分法**。

对于等截面直梁，在弯曲刚度 EI 为常数的情况下，采用连续积分的方法可求出梁的转角和挠曲线方程，并且能求出最大值。对式(8-5)积分一次得到转角方程为

$$EIy'=EI\frac{\mathrm{d}y}{\mathrm{d}x}=EI\varphi(x)=-\int M(x)\mathrm{d}x+C \tag{8-6}$$

对上式再进行一次积分，就得到梁的挠曲线方程

$$EIy(x)=EIy=-\int\left[\int M(x)\mathrm{d}x\right]\mathrm{d}x+Cx+D \tag{8-7}$$

以上两个积分式中的 C、D 为积分常数，由梁的**边界条件**确定。

所谓边界条件是可以由梁的支承条件和连续条件确定的一些已知的位移条件。如图 8-2(a)所示悬臂梁在固定端支座处既不能转动也不能移动，所以梁在固定端支座处的挠度和转角是已知的，即 $x=0$ 时 $\varphi_A=0$、$y_A=0$，这就是梁在支座处的边界条件。再如图 8-2(b)和图 8-2(c)所示，简支梁和外伸梁在支座处只能转动而不能沿 y 轴移动，所以在铰支座位置处的挠度 $y_A=0$ 及 $y_B=0$ 就是两梁在支座处的边界条件。

若梁上各截面的弯矩可用一个函数描述，则式(8-6)和式(8-7)中仅有两个积分常数，它们可以由支承条件确定。对于梁上有集中载荷(集中力、集中力偶、间断的分布力等)的情形，各段梁的弯矩需要用不同的方程描述，各段梁的挠度和转角因而具有不同的函数形式。因此，在应用式(8-6)和式(8-7)时必须分段积分，每分一段就多出现两个积分常数。由于在弹性范围

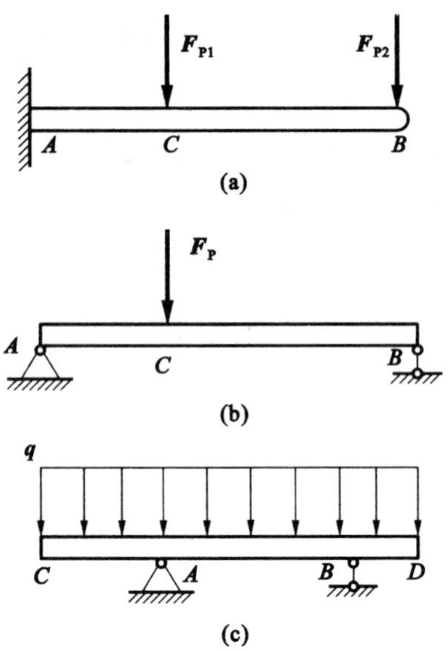

图 8-2

内加载时，梁的挠曲线是一条连续光滑曲线，所以在分段点处，相邻两段的共有截面挠度和转角值必然对应相等。于是，每分一段就多提供两个确定积分常数的条件，这就是**连续条件**，也是边界条件。

如图 8-2(a)所示悬臂梁，由于 AC 段和 CB 段的弯矩方程不同，列挠曲线近似微分方程时要分 AC 及 CB 两段，但 AC 及 CB 段在交界处 C 截面上的挠度和转角是相等的，因此，图 8-2(a)所示的悬臂梁，在 C 截面处的边界条件为：$y_C^{AC}=y_C^{CB}$，$\varphi_C^{AC}=\varphi_C^{CB}$。

同理，图 8-2(b)所示简支梁，在 C 截面处的边界条件为：$y_C^{AC}=y_C^{CB}$，$\varphi_C^{AC}=\varphi_C^{CB}$。

图 8-2(c)所示的外伸梁，在 A 截面处的边界条件是：$\varphi_A^{CA}=\varphi_A^{AB}$，$y_A^{CA}=y_A^{AB}=0$；

在 B 截面处的边界条件是：$\varphi_B^{AB}=\varphi_B^{BD}$，$y_B^{AB}=y_B^{BD}=0$。

（其中，φ 和 y 的上角标表示梁段名称，下角标表示截面位置）。

利用各种边界条件确定了积分常数后，将积分常数回代到式(8-6)和式(8-7)，梁的挠曲线方程和转角方程就确定了。

用积分法计算梁的挠度和转角的基本步骤如下：

(1) 建立直角坐标系，根据梁上的荷载情况分段列出梁的弯矩方程。

(2) 将各段的弯矩方程分别代入挠曲线近似微分方程，并进行积分。

(3) 利用边界条件确定各方程中的积分常数。

(4) 确定转角方程和挠曲线方程，并按要求计算指定截面的转角和挠度，或求最大转角、最大挠度等。

【例 8-1】 图 8-3 所示悬臂梁的抗弯刚度为 EI，用积分法求：

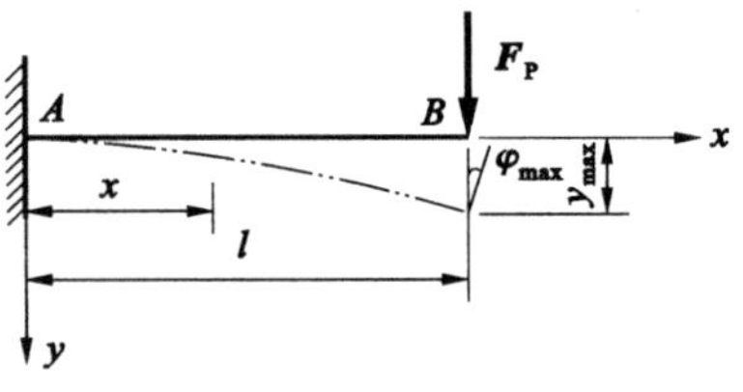

图 8-3

(1) 梁的转角和挠曲线方程；

(2) 确定梁的转角最大值和挠度最大值。

【解】

(1) 以左端点为坐标原点，建立如图 8-3 所示的 xAy 直角坐标系。因为在 $0<x\leqslant l$ 范围内无荷载突变，所以梁全长上的弯矩方程为

$$M(x)=F_Px-F_Pl\quad(0<x\leqslant l)$$

(2) 因为是等截面梁，所以由式(8-5)可得梁的挠曲线近似微分方程为

$$EIy''=-M(x)=-(F_Px-F_Pl)\tag{a}$$

对式(a)一次积分得

$$EIy'=EI\varphi(x)=-\left(\frac{F_P}{2}x^2-F_Plx\right)+C\tag{b}$$

再积分一次得

$$EIy(x)=-\left(\frac{F_P}{6}x^3-\frac{F_Pl}{2}x^2\right)+Cx+D \tag{c}$$

(3) 利用边界条件，确定上述方程中的积分常数 C、D。对于固定端处的截面，其转角和挠度均为零，即当 $x=0$ 时，$\varphi_A=0$，$y_A=0$。

将 $x=0$ 时，$\varphi_A=0$ 代入方程(b)解得，$C=0$。

将 $x=0$ 时，$y_A=0$ 代入方程(c)解得，$D=0$。

(4) 列出转角和挠曲线方程

将 $C=0$、$D=0$ 代入方程(b)、(c)得该梁的转角方程和挠曲线方程分别为：

$$\varphi(x)=\frac{F_Px}{2EI}(2l-x) \tag{d}$$

$$y(x)=\frac{F_Px^2}{6EI}(3l-x) \tag{e}$$

挠曲线形状如图 8-3 中的虚线所示。φ_{max} 及 y_{max} 均发生在自由端 B 处，由式(d)、(e)求得 $x=l$ 处的转角和挠度分别为

$$\varphi_{max}=\varphi_B=\frac{F_Pl^2}{2EI}(\circlearrowright)$$

$$y_{max}=y_B=\frac{F_Pl^3}{3EI}(\downarrow)$$

【例 8-2】 图 8-4 所示等截面简支梁受满跨的均布荷载 q 的作用，梁的抗弯刚度 EI 为常数，求：

(1) 梁的挠曲线方程和转角方程；

(2) 确定梁上的最大挠度和最大转角。

【解】

(1) 以梁的左端点为原点建立如图 8-4 所示的直角坐标系 xAy。

由平衡方程求得梁的支座反力为

$$F_A=F_B=\frac{ql}{2}(\uparrow)$$

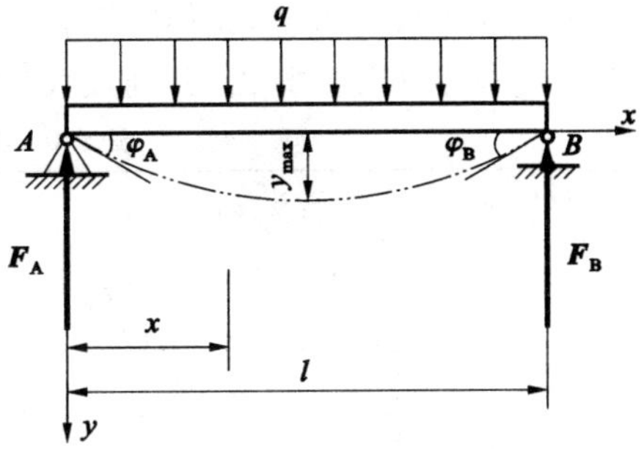

图 8-4

因在 $0\leqslant x\leqslant l$ 梁上的荷载无突变，所以弯矩方程不需分段，故弯矩方程为

$$M(x)=\frac{ql}{2}x-\frac{q}{2}x^2\quad(0\leqslant x\leqslant l)$$

(2) 建立梁的挠曲线微分方程。

梁的挠曲线微分方程为

$$EIy''=-M(x)=-\frac{ql}{2}x+\frac{q}{2}x^2 \tag{a}$$

对式(a)积分一次，可得

$$EIy'=EI\varphi(x)=-\frac{ql}{4}x^2+\frac{q}{6}x^3+C \tag{b}$$

再积分一次得

$$EIy(x)=-\frac{ql}{12}x^3+\frac{q}{24}x^4+Cx+D \tag{c}$$

(3) 利用支承条件确定(b)、(c)两式中的积分常数。

简支梁在左右两端铰支座处的挠度都等于零，即

$$x=0 \quad y_A=0, \quad x=l \quad y_B=0$$

将这两个边界条件代入(b)、(c)两式，解得

$$C=\frac{ql^3}{24}, D=0$$

(4) 把 C、D 值代入(b)、(c)两式得转角方程和挠曲线方程为

$$\varphi(x)=\frac{q}{24EI}(l^3-6lx^2+4x^3) \tag{d}$$

$$y(x)=\frac{qx}{24EI}(l^3-2lx^2+x^3) \tag{e}$$

据图 8-4 虚线所示的挠曲线可知：最大挠度发生在跨中点处$\left(x=\frac{l}{2}\right)$，其值为

$$y_{max}=y_c=y\Big|_{x=\frac{l}{2}}=\frac{5ql^4}{384EI}(\downarrow)$$

按照以上积分的方法，可以求出等截面直梁在任意荷载作用下发生平面弯曲时的挠度和转角方程，并确定出它们的极值。而当梁受到较复杂的荷载作用时，因梁的段数增多，所列弯矩方程数增多，近似微分方程中积分常数的个数也成倍增多，致使运算较为复杂。此时，常用叠加法来计算梁的变形，而叠加法的基础是梁在简单荷载作用下的挠曲线方程和转角方程的确定。为了计算方便，我们将工程上常用的简单荷载作用下梁的挠曲线方程、梁段的转角、最大挠度利用积分法算出，并列成表(表 8-1)，供计算时查用。

表 8-1　梁在简单荷载作用下的挠度和转角

序号	梁及其荷载	挠曲线方程	转角和挠度
1	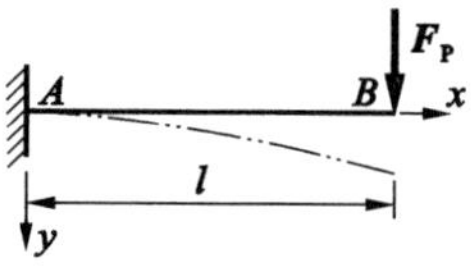	$y=\frac{F_P x^2}{6EI}(3l-x)$	$\varphi_B=\frac{F_P l^2}{2EI}$ $y_B=\frac{F_P l^3}{3EI}$ $y_{max}=y_B$
2	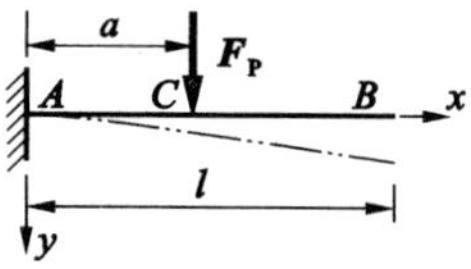	$y=\frac{F_P x^2}{6EI}(3l-x)$ $(0\leqslant x\leqslant a)$ $y=\frac{F_P a^2}{6EI}(3x-a)$ $(a\leqslant x\leqslant l)$	$\varphi_B=\frac{F_P a^2}{2EI}$ $y_B=\frac{F_P a^3}{6EI}(3l-a)$ $y_{max}=y_B$
3	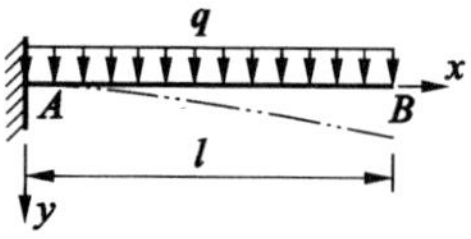	$y=\frac{qx^2}{24EI}(x^2-4lx+6l^2)$	$\varphi_B=\frac{ql^3}{6EI}$ $y_B=\frac{ql^4}{8EI}$ $y_{max}=y_B$
4	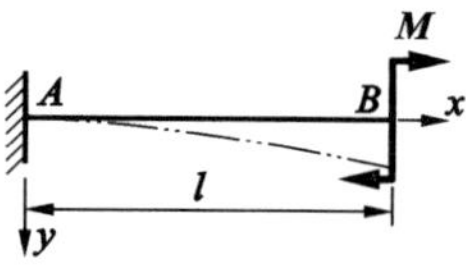	$y=\frac{Mx^2}{2EI}$	$\varphi_B=\frac{Ml}{EI}$ $y_B=\frac{Ml^2}{2EI}$ $y_{max}=y_B$

续表 8-1

序号	梁及其荷载	挠曲线方程	转角和挠度
5	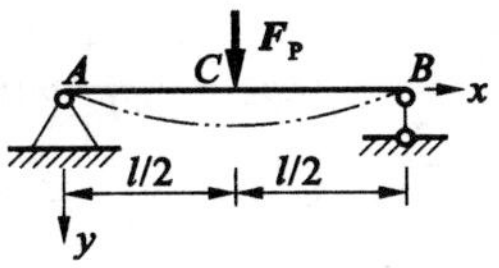	$y=\frac{F_P x}{48EI}(3l^2-4x^2)$ $\left(0\leqslant x\leqslant\frac{l}{2}\right)$	$\varphi_B=-\frac{F_P l^2}{16EI}$ $\varphi_A=\frac{F_P l^2}{16EI}$ $y_C=\frac{F_P l^3}{48EI}$ $y_{max}=y_C$
6	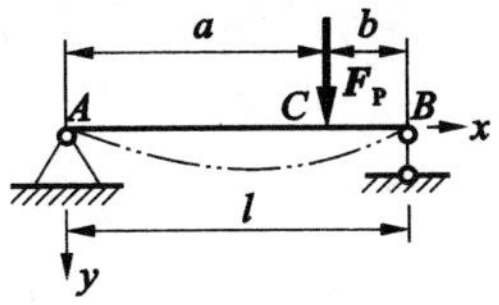	$y=\frac{F_P x}{6EIl}(l^2-x^2-b^2)$ $(0\leqslant x\leqslant a)$ $y=\frac{F_P a(l-x)}{6EIl}(2xl-x^2-a^2)$ $(a\leqslant x\leqslant l)$	假定：$a\geqslant b$ $\varphi_B=-\frac{F_P ab(l+a)}{6EIl}$ $\varphi_A=\frac{F_P ab(l+b)}{6EIl}$ $y_{x=\frac{l}{2}}=\frac{F_P b(3l^2-4b^2)}{48EI}$ $y_{max}=\frac{\sqrt{3}F_P b(l^2-b^2)^{\frac{3}{2}}}{27EIl}$ $\left(y_{max}\text{在 }x=\sqrt{\frac{l^2-b^2}{3}}\text{处}\right)$
7	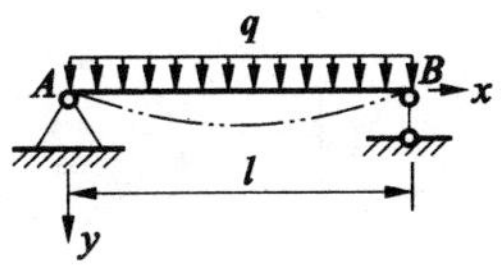	$y=\frac{qx}{24EI}(l^3-2lx^2+x^3)$	$\varphi_B=-\frac{ql^3}{24EI}$ $\varphi_A=\frac{ql^3}{24EI}$ $y_{x=\frac{l}{2}}=\frac{5ql^4}{384EI}$ $y_{max}=y_{x=\frac{l}{2}}$
8	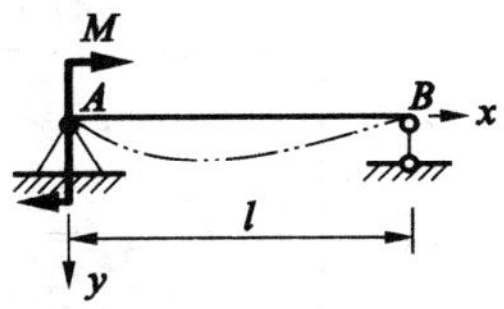	$y=\frac{Mx}{6EIl}(l-x)(2l-x)$	$\varphi_B=-\frac{Ml}{6EI}$ $\varphi_A=\frac{Ml}{3EI}$ $y_{x=\frac{l}{2}}=\frac{Ml^2}{16EI}$ $y_{max}=\frac{Ml^2}{9\sqrt{3}EI}$ $\left[y_{max}\text{在 }x=\left(1-\frac{1}{\sqrt{3}}\right)l\text{ 处}\right]$
9	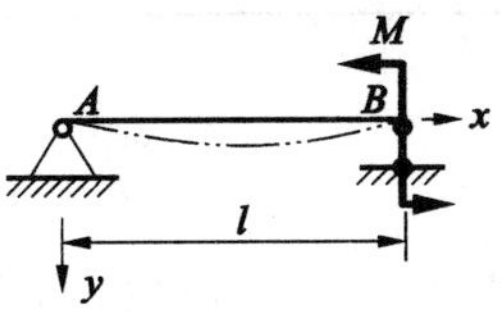	$y=\frac{Mx}{6EIl}(l^2-x^2)$	$\varphi_B=-\frac{Ml}{3EI}$ $\varphi_A=\frac{Ml}{6EI}$ $y_{x=\frac{l}{2}}=\frac{Ml^2}{16EI}$ $y_{max}=\frac{Ml^2}{9\sqrt{3}EI}$ $\left(y_{max}\text{在 }x=\frac{l}{\sqrt{3}}\text{处}\right)$

续表 8-1

序号	梁及其荷载	挠曲线方程	转角和挠度
10	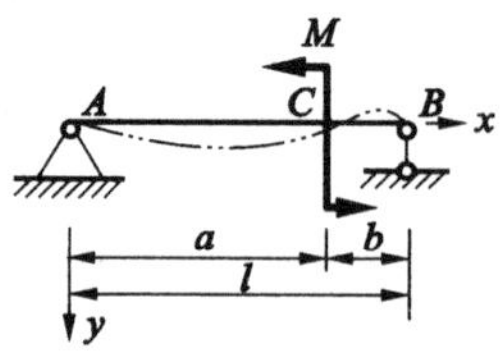	$y=\frac{Mx}{6EIl}(6al-3a^2-2l^2-x^2)$ $(0\leqslant x\leqslant a)$ 当 $a=b=\frac{l}{2}$ 时 $y=\frac{Mx}{24EIl}(l^2-4x^2)$ $\left(0\leqslant x\leqslant \frac{l}{2}\right)$	$\varphi_B=\frac{M}{6EIl}(l^2-3a^2)$ $\varphi_A=\frac{M}{6EIl}(6al-3a^2-2l^2)$ 当 $a=b=\frac{l}{2}$ 时 $\varphi_B=\frac{Ml}{24EI}$ $\varphi_A=\frac{Ml}{24EI}$ $y_{x=\frac{l}{2}}=0$
11	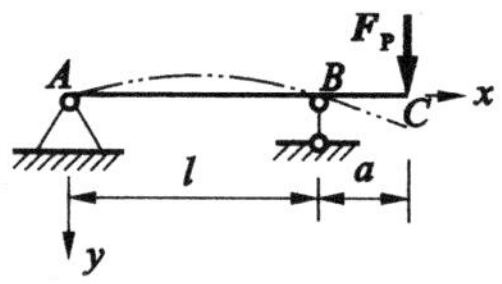	$y=-\frac{F_P ax}{6EIl}(l^2-x^2)$ $(0\leqslant x\leqslant l)$ $y=\frac{F_P(l-x)}{6EI}[(x-l)^2-3ax+al]$ $(l\leqslant x\leqslant l+a)$	$\varphi_B=\frac{F_P al}{3EI}$ $\varphi_A=-\frac{F_P al}{6EI}$ $\varphi_C=\frac{F_P a}{6EI}(2l+3a)$ $y_{x=\frac{l}{2}}=-\frac{F_P al^2}{16EI}$ $y_C=\frac{F_P a^2}{3EI}(l+a)$
12	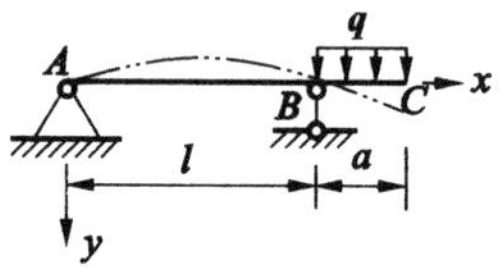	$y=-\frac{qa^2x}{12EIl}(l^2-x^2)$ $(0\leqslant x\leqslant l)$ $y=\frac{q(l-x)}{24EI}[2a^2(3x-l)+$ $(x-l)^2(x-l-4a)]$ $(l\leqslant x\leqslant l+a)$	$\varphi_B=\frac{qa^2l}{6EI}$ $\varphi_A=-\frac{qa^2l}{12EI}$ $\varphi_C=\frac{qa^2}{6EI}(l+a)$ $y_{x=\frac{l}{2}}=-\frac{qa^2l^2}{32EI}$ $y_C=\frac{qa^3}{24EI}(4l+3a)$
13	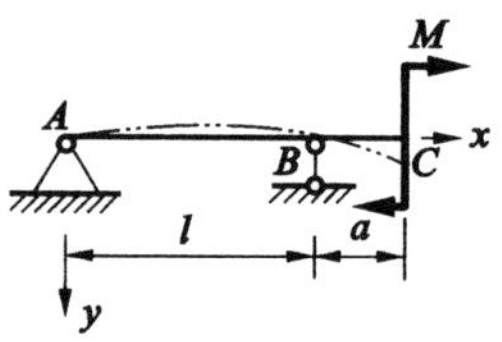	$y=-\frac{Mx}{6EIl}(l^2-x^2)$ $(0\leqslant x\leqslant l)$ $y=\frac{M}{6EI}(3x^2-4xl+l^2)$ $(l\leqslant x\leqslant l+a)$	$\varphi_B=\frac{Ml}{3EI}$ $\varphi_A=-\frac{Ml}{6EI}$ $\varphi_C=\frac{M}{3EI}(l+3a)$ $y_{x=\frac{l}{2}}=-\frac{Ml^2}{16EI}$ $y_C=\frac{Ma}{6EI}(2l+3a)$

8.2.3　叠加法计算梁的变形

叠加法的依据是**叠加原理**，即结构在多个荷载作用下产生的某个参数（包括支座反力、内力、应力、变形等）等于在每个荷载单独作用时引起该参数的矢量和（有时为代数和）。利用叠加原理的条件是：材料服从胡克定律和小变形；挠度和转角均与荷载呈线性关系。

因此，梁在多个荷载共同作用下某截面的挠度和转角等于各个荷载单独作用下相应截面挠度与转角的代数和。梁在简单荷载作用下的挠度和转角已按积分法求出并列于表 8-1 中，因而可直接利用这些结果进行叠加计算。

用叠加法计算挠度和转角的步骤如下：

(1) 当梁上作用有多个荷载时，先将荷载进行分组，将复杂的荷载分解为各种简单的荷载。

(2) 查表 8-1 或用积分法计算各种简单荷载单独作用下的挠度和转角。

(3) 运用叠加原理，将各种简单荷载单独作用下的挠度和转角进行叠加，便得到几种荷载同时作用下的挠度和转角。

总结以上步骤即为：分解—查表—叠加。

【例 8-3】 试用叠加法求图 8-5 所示简支梁跨中截面 D 的挠度及两支座处截面 A、B 的转角，已知梁的抗弯刚度为 EI。

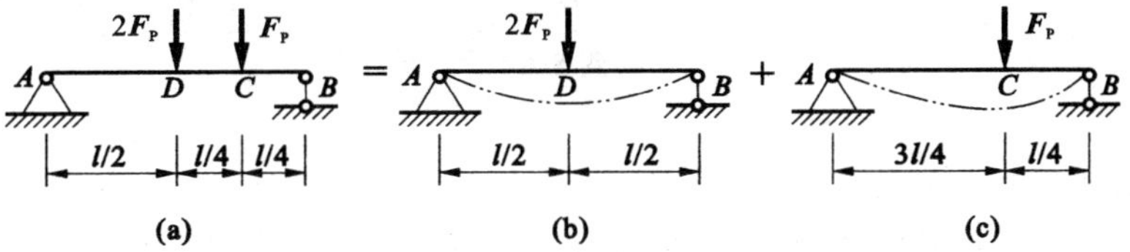

图 8-5

【解】

(1) 将图 8-5(a)梁的受力分解为图 8-5(b)、图 8-5(c)两种受力形式。

(2) 查表确定图 8-5(b)、图 8-5(c)两种情况下截面 D 的挠度和两支座处截面 A、B 的转角。

对于图 8-5(b)，由表 8-1 查出

$$\varphi_{A1}=\frac{2F_Pl^2}{16EI}(\circlearrowright)$$

$$\varphi_{B1}=-\frac{2F_Pl^2}{16EI}(\circlearrowleft)$$

$$y_{D1}=\frac{2F_Pl^3}{48EI}(\downarrow)$$

对于图 8-5(c)，由表 8-1 查出

$$\varphi_{A2}=\frac{F_Pab(l+b)}{6EIl}=\frac{5F_Pl^2}{128EI}(\circlearrowright)$$

$$\varphi_{B2}=-\frac{F_Pab(l+a)}{6EIl}=-\frac{7F_Pl^2}{128EI}(\circlearrowleft)$$

$$y_{D2}=\frac{F_Pb}{48EI}(3l^2-4b^2)=\frac{F_P\times\frac{l}{4}\left(3l^2-4\times\frac{l^2}{16}\right)}{48EI}=\frac{11F_Pl^3}{768EI}(\downarrow)$$

将图 8-5(b)、图 8-5(c)得到的结果分别求代数和即可得到它们共同作用下要求的变形量。

截面 A、B 的转角分别为

$$\varphi_A=\varphi_{A1}+\varphi_{A2}=\frac{2F_Pl^2}{16EI}+\frac{5F_Pl^2}{128EI}=\frac{21F_Pl^2}{128EI}\ (\circlearrowright)$$

$$\varphi_B=\varphi_{B1}+\varphi_{B2}=-\frac{2F_Pl^2}{16EI}-\frac{7F_Pl^2}{128EI}=-\frac{23F_Pl^2}{128EI}\ (\circlearrowleft)$$

截面 D 的挠度为

$$y_D=y_{D1}+y_{D2}=\frac{2F_Pl^3}{48EI}+\frac{11F_Pl^3}{768EI}=\frac{43F_Pl^3}{768EI}(\downarrow)$$

【例 8-4】 如图 8-6 所示跨度为 l 的悬臂梁上受均布荷载 $\boldsymbol{q}$ 和集中力 $\boldsymbol{F}_P$ 的共同作用，梁的抗弯刚度为 EI，求自由端截面 B 的挠度和转角。

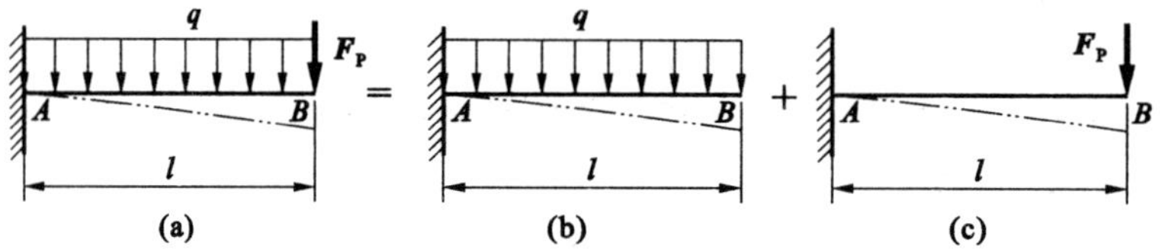

图 8-6

【解】

(1) 将梁上的荷载分为两组，分别为图 8-6(b)、图 8-6(c)所示。

(2) 均布荷载 $\boldsymbol{q}$ 单独作用在梁上时，即图 8-6(b)的情况，查表 8-1 有

$$\varphi_{B1}=\frac{ql^3}{6EI}\ (\circlearrowright)$$

$$y_{B1}=\frac{ql^4}{8EI}\ (\downarrow)$$

集中力 $\boldsymbol{F}_P$ 单独作用在梁上时，即图 8-6(c)的情况，查表 8-1 有

$$\varphi_{B2}=\frac{F_Pl^2}{2EI}\ (\circlearrowright)$$

$$y_{B2}=\frac{F_Pl^3}{3EI}\ (\downarrow)$$

(3) 均布荷载 $\boldsymbol{q}$ 和集中力 $\boldsymbol{F}_P$ 共同作用在梁上，截面 B 的挠度和转角分别为：

$$\varphi_B=\varphi_{B1}+\varphi_{B2}=\frac{ql^3}{6EI}+\frac{F_Pl^2}{2EI}\ (\circlearrowright)$$

$$y_B=y_{B1}+y_{B2}=\frac{ql^4}{8EI}+\frac{F_Pl^3}{3EI}\ (\downarrow)$$

【例 8-5】 求如图 8-7 所示外伸梁上截面 C 的挠度和转角，梁的抗弯刚度为 EI。

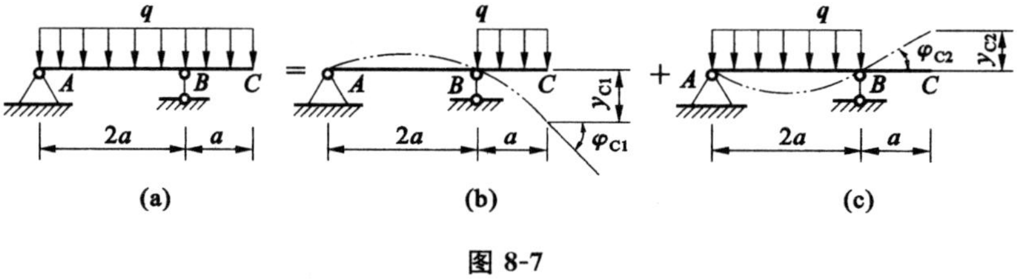

图 8-7

【解】

(1) 将梁上的荷载分解成图 8-7(b)、图 8-7(c)两种情况。

(2) 查表 8-1 分别求图 8-7(b)、图 8-7(c)两种情况下截面 C 的挠度和转角。

先看图 8-7(b)的情况：

截面 C 的转角为

$$\varphi_{C1}=\frac{qa^{2}(l+a)}{6EI}=\frac{qa^{2}(2a+a)}{6EI}=\frac{qa^{3}}{2EI}\ (\circlearrowright)$$

截面 C 的挠度为

$$y_{C1}=\frac{qa^{3}(4l+3a)}{24EI}=\frac{qa^{3}(4\times 2a+3a)}{24EI}=\frac{11qa^{4}}{24EI}(\downarrow)$$

再看图 8-7(c)的情况：

截面 C 的转角为

$$\varphi_{C2}=\varphi_{B}=-\frac{ql^{3}}{24EI}=-\frac{q(2a)^{3}}{24EI}=-\frac{qa^{3}}{3EI}(\circlearrowleft)$$

截面 C 的挠度为

$$y_{C2}=\varphi_{B}a=-\frac{qa^{4}}{3EI}\ (\uparrow)$$

(3) 将图 8-7(b)、图 8-7(c)两种情况叠加得图 8-7(a)情况下 C 截面的转角和挠度，即：

$$\varphi_{C}=\varphi_{C1}+\varphi_{C2}=\frac{qa^{3}}{2EI}-\frac{qa^{3}}{3EI}=\frac{qa^{3}}{6EI}\ (\circlearrowright)$$

$$y_{C}=y_{C1}+y_{C2}=\frac{11qa^{4}}{24EI}-\frac{qa^{4}}{3EI}=\frac{qa^{4}}{8EI}\ (\downarrow)$$

8.3 梁的刚度条件

8.3.1 梁的刚度条件的概念

梁在设计计算中，除了要满足强度条件外，在很多情形下，还要将其弹性变形限制在一定的范围内，就是要满足刚度条件。即

$$|y|_{max}\leqslant[y] \quad (8\text{-}8)$$

$$|\varphi|_{max}\leqslant[\varphi] \quad (8\text{-}9)$$

微课 8.2
梁的刚度

式中 $|y|_{max}$，$|\varphi|_{max}$——梁的挠度和转角的最大值；

$[y]$，$[\varphi]$——梁的许用挠度和许用转角。

根据梁的不同用途，其相关参数值可在有关的设计手册中查得，在土建方面，$[y]$的值常限制在 $\frac{l}{1000}\sim\frac{l}{250}$ 范围内，其中 l 为梁的跨度。梁的刚度条件为：

$$\left|\frac{1}{y_{max}}\right|\leqslant\frac{1}{f}\ (f\text{ 是梁的许可挠度值})$$

知识链接——规范

8.3.2 梁的刚度条件的应用

与强度条件在工程中的应用类似，利用刚度条件可以进行梁的刚度校核、截面尺寸设计和

确定许用荷载等计算。处理工程中梁的弯曲问题，通常须同时考虑强度条件和刚度条件。但需要指出的是，对于土建工程中的梁，一般情况下强度条件满足要求时，刚度条件也满足要求。所以，大多数梁的设计过程都是先进行强度设计或工艺结构设计，确定截面形状和尺寸或许用荷载，然后用刚度条件进行校核。若刚度条件不满足时，再按刚度条件设计截面或求许用荷载。在土建类工程中对梁进行刚度校核时，通常只对挠度进行校核。

【例 8-6】 图 8-8(a)所示的简支梁，用 32a 工字钢制成。已知 $q=8\ \text{kN/m}$，$l=6\ \text{m}$，$E=200\ \text{GPa}$，$[\sigma]=170\ \text{MPa}$，$[y]=\dfrac{l}{400}$，试校核梁的强度和刚度。

【解】

(1) 画梁的弯矩图，如图 8-8(b)所示，从图中可知 $M_{\max}=36\ \text{kN}\cdot\text{m}$

(2) 查型钢表，得截面的几何参数

$$W_z = 692.2\ \text{cm}^3 = 6.922\times10^5\ \text{mm}^3$$

$$I_z = 11075.5\ \text{cm}^4 = 11075.5\times10^4\ \text{mm}^4$$

(3) 强度和刚度校核

首先，进行强度校核。

$$\sigma_{\max} = \frac{M_{\max}}{W_z} = \frac{36\times10^6\ \text{N}}{6.922\times10^5\ \text{mm}^3} = 52\ \text{MPa} < 170\ \text{MPa}$$

$$\sigma_{\max} < [\sigma]$$

所以，该梁满足强度条件。

其次，进行刚度校核。查表 8-1 有该简支梁的最大挠度等于

$$y_{\max} = \frac{5ql^4}{384EI} = \frac{5\times8\times6^4\times10^{12}}{384\times200\times10^3\times11075.5\times10^4} = 6.09\ \text{mm}$$

$$[y] = \frac{l}{400} = 15\ \text{mm}$$

$$y_{\max} < [y]$$

所以，该梁满足刚度要求。

【例 8-7】 图 8-9(a)所示等截面悬臂梁承受均布荷载，横截面为矩形。已知 $q=10\ \text{kN/m}$，$l=3\ \text{m}$，$E=196\ \text{GPa}$，$[\sigma]=118\ \text{MPa}$，许用挠度与梁跨度比值 $[y]=\dfrac{l}{250}$，且已知截面的高与宽之比为 2。试选择截面尺寸 b 和 h。

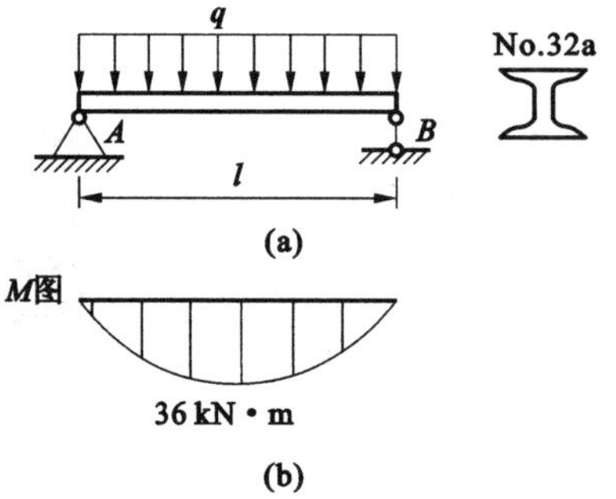

图 8-8

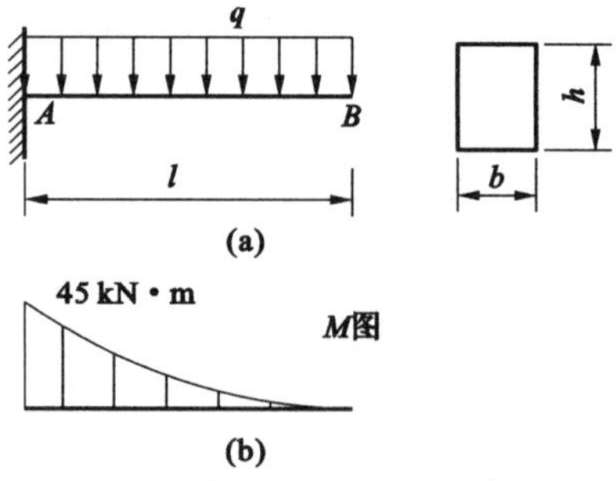

图 8-9

分析：梁要同时满足强度和刚度要求。解决此类问题的办法，可以先按强度条件设计截面

尺寸，然后校核刚度条件是否满足；也可以先按刚度条件设计截面尺寸，然后校核强度条件是否满足。或者同时按强度和刚度条件设计截面尺寸，最后选择两种情形下所得尺寸中的较大者。现按照第三种方法计算。

【解】

(1) 根据强度条件设计截面尺寸

画弯矩图如图 8-9(b)所示，从图上可以看出

$$|M|_{\max}=45\ \text{kN}\cdot\text{m}$$

根据强度条件

$$\sigma_{\max}=\frac{|M|_{\max}}{W}\leqslant[\sigma] \tag{a}$$

其中

$$W=\frac{bh^2}{6}=\frac{b(2b)^2}{6}=\frac{2b^3}{3} \tag{b}$$

将式(b)及弯矩值代入式(a)中，得

$$b\geqslant\sqrt[3]{\frac{3|M|_{\max}}{2[\sigma]}}=\sqrt[3]{\frac{3\times45\times10^6}{2\times118}}=83.0\ \text{mm} \tag{c}$$

所以，由强度设计得到的最小截面宽度为 83.0 mm。

(2) 刚度设计

根据刚度设计条件

$$|y|_{\max}\leqslant[y] \tag{d}$$

查表 8-1，得

$$y_{\max}=\frac{ql^4}{8EI} \tag{e}$$

其中

$$I=\frac{bh^3}{12}=\frac{b(2b)^3}{12}=\frac{2b^4}{3} \tag{f}$$

将式(e)和(f)代入式(d)，得

$$\frac{3ql^4}{16Eb^4}\leqslant[y]=\frac{l}{250}$$

由此解得

$$b\geqslant\sqrt[4]{\frac{3ql^4}{16E[y]}}=\sqrt[4]{\frac{3\times10\times(3\times10^3)^3\times250}{16\times196\times10^9}}=89.6\ \text{mm}$$

由刚度设计得到的最小截面宽度为 89.6 mm。

综合上述设计结果，同时满足强度和刚度条件时，应取两种设计中的较大者。故取刚度设计所得到的计算结果来确定截面的尺寸，即 $b>89.6$ mm，$h>179.2$ mm，所以选择截面的宽为 $b=90$ mm，高为 $h=180$ mm。

8.3.3 提高梁的抗弯刚度的措施

观察表 8-1 可以看出，梁的挠度与转角的大小都与作用在梁上的荷载、梁的跨度的 n 次方成正比，与梁的抗弯刚度 EI 成反比，并且与梁的形式、荷载的作用方式和位置等有关。如果

用“系数”表示梁的形式、荷载的作用方式和位置等因素对挠度的影响，则梁的挠度与各种因素的关系可以用以下表达式来描述：

$$y=\frac{荷载\times l^n}{系数\times EI}$$

要提高梁的刚度，减小梁的弯曲变形，就应设法降低梁的挠度。所以提高梁的刚度可以从以下几个方面考虑。

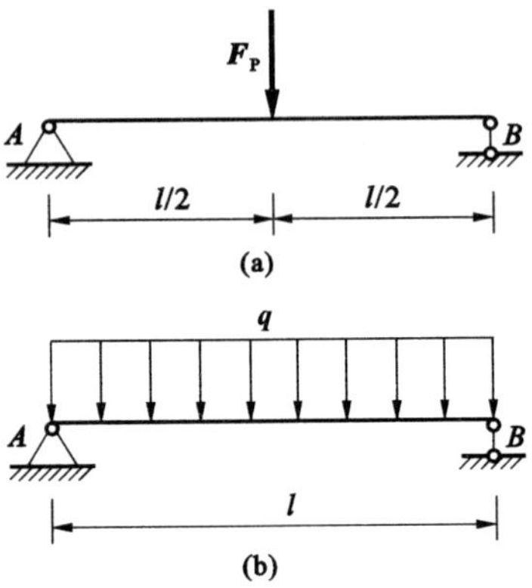

图 8-10

(1) 改善梁的受力情况

在结构和使用条件允许的情况下，合理调整荷载的位置及分布情况，使梁的挠度减小。

图 8-10(a)所示的简支梁最大挠度 $y_{max}=\frac{F_P l^3}{48EI}$，若在不改变合力大小的情况下，将跨中的集中力分散作用在整根梁上变为均布线荷载 $q=\frac{F_P}{l}$ 时，该简支梁的最大挠度变为 $y_{max}=\frac{5F_P l^3}{384EI}$。可见将荷载进行分散能起到减小挠度，提高梁的刚度的作用。

(2) 减小梁的跨度或增加支撑

由于梁的挠度与其跨度的 n 次方成正比，可见梁的跨度对梁的变形影响较大，因此要减小梁的挠度，提高梁的刚度，可以设法减小梁的跨度。在工程中，是用调整跨长的方法来减小挠度的。例如，将起重机的钢梁做成两端外伸的外伸梁[图 8-11(a)]与做成简支梁[图 8-11(b)]相比，跨度小了些，而挠度 y_{c1} 比 y_{c2} 小得多。也可以通过给梁增加支撑的办法，使梁由静定变成超静定，从而减小梁的挠度。这点可以通过比较图 8-12(a)和图 8-12(b)中梁的挠曲线的形状看出，图 8-12(a)所示超静定梁的最大挠度 y_{c1} 比图 8-12(b)静定梁的最大挠度 y_{c2} 小得多。可见增加支撑可以减小梁的挠度，进而提高梁的抗弯刚度。

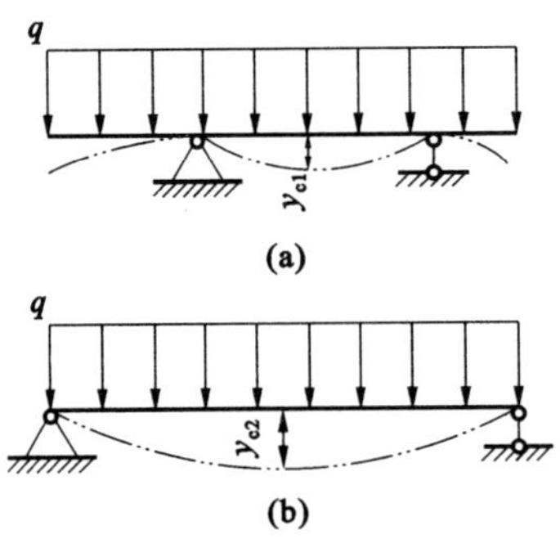

图 8-11

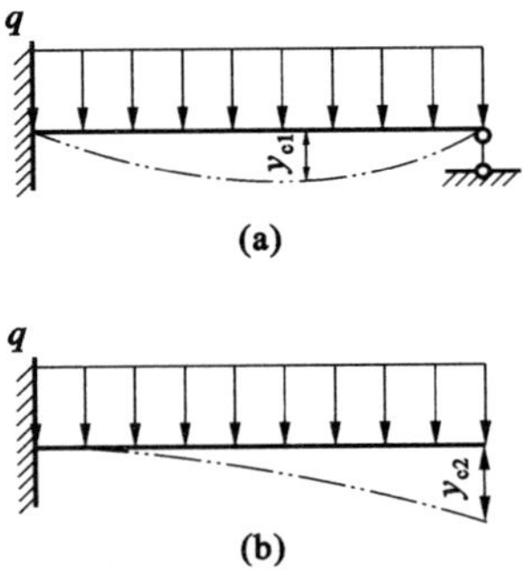

图 8-12

(3) 选择适当的材料及合理的截面形状

梁的抗弯刚度 EI 是衡量梁抵抗变形能力大小的重要指标，EI 越大梁抵抗变形的能力越好，梁的刚度越大，这一点也可从挠度与 EI 成反比关系得出。梁的抗弯刚度 EI 是由两部分组成的，一是材料的弹性模量 E，二是横截面对中性轴的惯性矩 I。二者之一增加都可以增大抗弯刚度，减小梁的挠度。材料的弹性模量 E 的大小与材料的种类有关，不同种类的材料 E

值不同，而同类材料 E 值相差不大。在工程中人们常采用增大横截面对中性轴的惯性矩 I 的办法来增大梁的抗弯刚度，主要是在不改变横截面面积的情况下，通过选择合理的截面形状，使截面面积尽可能地分布在远离中性轴的部位，如优先采用工字形、箱形、环形、梯形等截面。

8.4　静定结构的位移计算

8.4.1　杆系结构的位移

微课 8.3　单位荷载法计算静定结构的位移

杆系结构在荷载或其他外界因素（包括温度变化、支座沉陷、制造误差等）的作用下，结构会发生变形，结构上各点的位置将会发生改变。变形后，杆系结构中杆件的横截面除了发生移动外，还将发生转动，这些移动和转动统称为**结构的位移**。

结构的位移有线位移和角位移，线位移是指结构上某截面几何中心位置的移动，角位移是结构上某截面的转角。如图 8-1 所示，$\overline{CC'}$ 即为 C 点截面的竖向线位移，φ 即为 C 点截面的角位移。图 8-13(a)所示刚架在荷载作用下的变形曲线如图中双点画线所示，其中截面 A 的形心 A 点移动到了 A' 点，线段 AA' 称为 A 点截面的线位移，用 Δ_A 表示。若将 Δ_A 分解成水平和竖直方向的两个分量 Δ_{AH} 和 Δ_{AV}，它们分别称为 A 点截面的水平线位移和竖直线位移[图 8-13(b)]。同时，截面 A 还转动了一个角度，称其为截面 A 的角位移或转角，用 φ_A 表示。有时也要计算两点之间的相对线位移或相对角位移，即两个位移之和或两个位移之差。图 8-13(c)所示刚架在荷载作用下，其截面 A 的角位移为 φ_A（顺时针方向），截面 B 的角位移为 φ_B（逆时针方向），这两个截面的相对角位移为两截面角位移之和即 $\varphi_{AB}=\varphi_A+\varphi_B$。同理，$C$、$D$ 两点的水平线位移分别为 Δ_{CH}（向右）和 Δ_{DH}（向左），这两个指向相反的水平线位移之和就是 C、D 两点之间的相对水平线位移，即 $\Delta_{CDH}=\Delta_{CH}+\Delta_{DH}$。

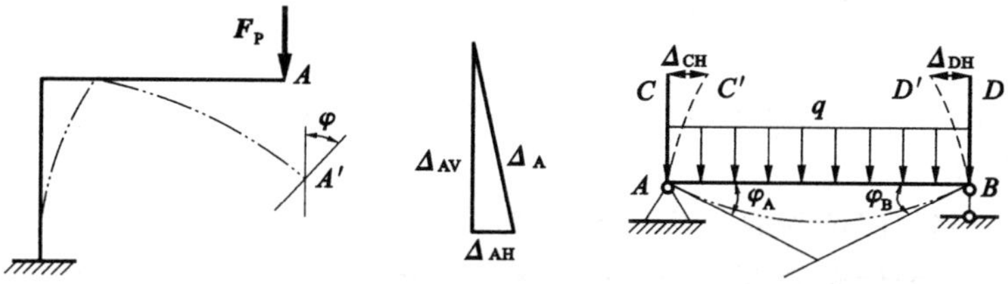

(a)　(b)　(c)

图 8-13

我们将以上线位移、角位移及相对位移统称为**广义位移**。

计算结构位移的主要目的是：

(1) 验算结构的刚度条件，以确保结构的位移不超过允许限值。

(2) 为超静定结构的位移计算打下基础。计算超静定结构时除了考虑结构的平衡条件外，还要考虑结构的变形条件，以建立变形协调关系，因此，必须进行结构的位移计算。

本章只讨论线性弹性变形体系的位移计算。线性弹性变形体系指的是位移与荷载成正比的体系，并且当荷载全部撤除后，由荷载引起的变形全部消失，满足这种体系的具体条件是：体系应是几何不变的，应力与应变应当符合胡克定律，因而要求必须是小位移。

8.4.2　虚功原理

8.4.2.1　功

一个不变的集中力所做的功等于该力的大小与其作用点沿作用线方向移动的线位移的乘积；常力偶所做的功等于其力偶矩与角位移的乘积。

如图 8-14(a)所示，结构在 A 点处作用有一竖直方向的集中力 $\boldsymbol{F}$，它将变形成图 8-14(b)所示的情况。变形过程中，集中力 $\boldsymbol{F}$ 的作用点从 A 点移动到了 A' 点，该力 $\boldsymbol{F}$ 所做的功为

$$W = F \cdot \Delta_{AV}$$

式中　Δ_{AV}——A 点的线位移(AA')。

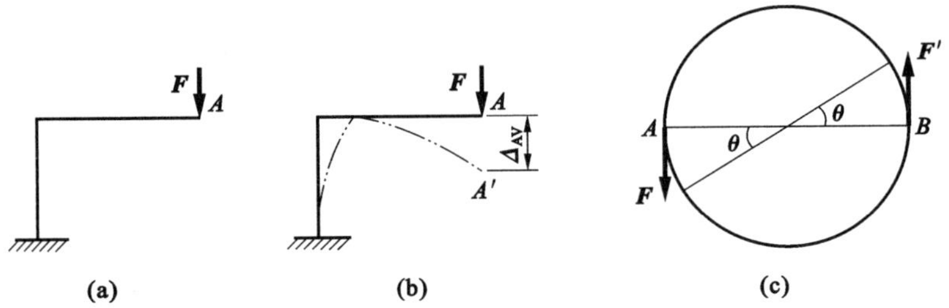

图 8-14

Δ_{AV}为在力的作用线方向的位移分量，也称为 $\boldsymbol{F}$ 的**相应位移**。又如图 8-14(c)所示，力偶矩为 $M=2FR$ 的力偶($\boldsymbol{F}$,$\boldsymbol{F}'$)作用在圆盘上并使圆盘发生转动，在圆盘转动的过程中，两个常力的作用线始终垂直于直径 AB，当圆盘转动一个角度 θ 时，两个常力所做的功为：$W=2FR\theta$。所以，此力偶所做的功为：$W=M\theta$。

由此可知：**功包含了两个因素——力和位移**。需要注意的是做功的力可以是一个力，也可以是一个力偶，统称为**广义力**；与广义力相应的位移可以是线位移，也可以是角位移，称之为**广义位移**。由物理学还可知：当广义力 $\boldsymbol{F}$ 和其相应的广义位移 Δ 方向一致时，广义力所做的功为正；两者方向相反时，做功为负。

功是标量，它没有方向只有正负。功的常用单位是：kN · m，N · m。

8.4.2.2　虚功

根据广义力与其相应位移的关系可将功分成两类，即实功和虚功。

做功的力与相应的位移有关时，即当位移是由做功的力本身引起时，此功称为实功，如图 8-14中力所做的功都为实功。**做功的力与相应的位移彼此独立无关时，此功称为虚功**。

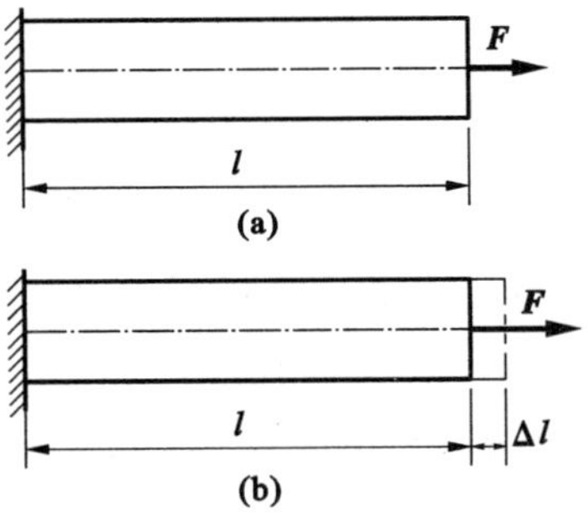

图 8-15

图 8-15(a)所示的直杆受荷载 $\boldsymbol{F}$ 的作用，杆轴的温度为 t。若此时使杆轴的温度升高，则由于温度的变化，直杆产生位移(伸长 Δl)[图 8-15(b)]，此时荷载 $\boldsymbol{F}$ 在其相应位移 Δl 上所做的功为 $W=F\Delta l$。由于位移 Δl 是由温度变化引起的，而不是由 $\boldsymbol{F}$ 的作用产生的，即 Δl 与 $\boldsymbol{F}$ 无关，所以 W 是力 $\boldsymbol{F}$ 做的虚功。

虚功中的“虚”字并不是没有的意思，而是强调做功的力与位移无关的这一特点。根据虚功的这一特点，可将虚功中做功的力与位移看成是分别属于同一体系但彼此无关的两种状态，

其中力系所属状态称为**力状态或第一状态**，如图 8-15(a)所示，位移所属状态称为**位移状态或第二状态**，如图 8-15(b)所示。当位移与力的方向一致时，虚功为正；相反时，虚功为负。

8.4.2.3 变形体的虚功原理

如图 8-16(a)所示简支梁：在第一组荷载 $\boldsymbol{F}_{P1}$ 的作用下，在 $\boldsymbol{F}_{P1}$ 的作用点 1 处沿 $\boldsymbol{F}_{P1}$ 的方向产生的位移为 Δ_{11}（位移 Δ 的第一个下标表示位移的地点和方向，第二个下标表示引起位移的原因）。该简支梁在第二组荷载 $\boldsymbol{F}_{P2}$ 的作用下[图 8-16(b)]，在 $\boldsymbol{F}_{P1}$ 的作用点 1 处沿 $\boldsymbol{F}_{P1}$ 的方向产生的位移用 Δ_{12} 表示。如果把 $\boldsymbol{F}_{P1}$ 作用的状态看作力状态，即第一状态，把 $\boldsymbol{F}_{P2}$ 的作用状态看作位移状态，即第二状态，则第一状态的外力 $\boldsymbol{F}_{P1}$ 在第二状态的位移 Δ_{12} 上所做的虚功用 W_{12} 表示，它等于第一状态的外力 $\boldsymbol{F}_{P1}$ 与第二状态的位移 Δ_{12} 的乘积，即 $W_{12}=F_{P1}\times\Delta_{12}$，$W_{12}$ 称为**外力的虚功**。

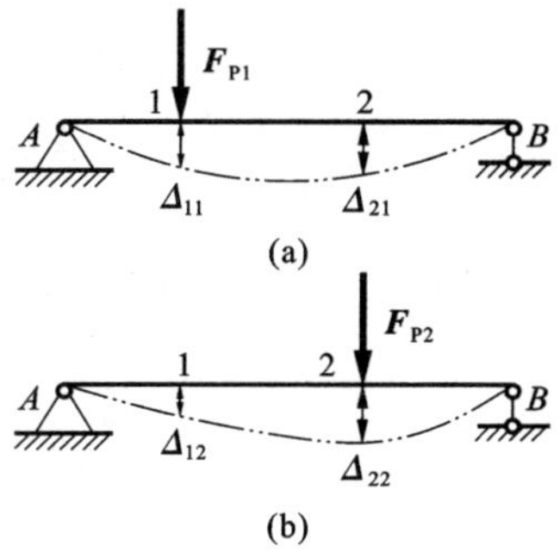

图 8-16

同样，由第一组荷载 $\boldsymbol{F}_{P1}$ 产生的内力也将在第二组荷载 $\boldsymbol{F}_{P2}$ 产生的内力在 1 点引起的相应位移上做虚功，此虚功称为内力虚功，用 W'_{12} 表示。

变形体的虚功原理表明：第一状态的外力（包括荷载和约束反力）在第二状态所引起的位移上所做的外力虚功 W_{12}，等于第一状态的内力在第二状态内力引起的位移上所做的内力虚功 W'_{12}，即 $W_{12}=W'_{12}$。这就是虚功原理，无论是对弹性、线性的变形体系还是非弹性、非线性的变形体系，虚功原理都适用。

★★ 荷载及其引发的结构变形是确定而又待求的。要想利用虚功原理求得结构某处的位移就必须把荷载作用下的结构及其变形当作位移状态，只要另外设定一个状态——力状态（也叫虚拟状态）就可建立 $W_{12}=W'_{12}$的等式从而得到所需位移。

一般情况下的虚拟状态，就是在结构上的欲求位移点处，沿着所求位移方向假设一个 $F=1$的单位荷载。此时，$F=1$ 及其产生的支座反力在原结构的位移上所做外力的虚功为

$$W=1\times\Delta=\Delta$$

$F=1$ 产生的内力[主要指桁架各杆的轴力$\overline{F_{Ni}}$、梁与刚架中各段杆截面上的弯矩$\overline{M(x)}$]在原结构变形所导致的位移（某微段上由实际荷载产生的内力 $\boldsymbol{F}_{Np}$ 或 $\boldsymbol{M}_P$ 导致的 $\dfrac{F_{Np}\cdot dx}{E_iA_i}$ 或 $\dfrac{M_p\cdot dx}{EI}$）上所做的虚功为

桁架：

$$W=\sum\int_0^l \frac{F_{Npi}\overline{F_{Ni}}}{E_iA_i}dx=\sum\frac{\overline{F_{Ni}}F_{Npi}l_i}{E_iA_i}$$

梁或刚架：

$$W=\sum\int_a^b \frac{\overline{M}(x)M_P(x)dx}{EI}$$

8.4.3 静定桁架结构在荷载作用下的位移计算

利用变形体的虚功原理推得桁架的位移计算公式为

$$\Delta=\sum\int_0^l \frac{F_{Npi}\overline{F_{Ni}}}{E_iA_i}dx=\sum\frac{\overline{F_{Ni}}F_{Npi}l_i}{E_iA_i} \tag{8-10}$$

式中　$\overline{F_{Ni}}$——虚拟状态由 $F=1$ 在第 i 根杆件微段 dx 上引起的轴力；

F_{Npi}——实际状态荷载在第 i 根杆件微段 dx 上引起的轴力；

E_iA_i——第 i 根杆件的抗拉(压)刚度；

l_i——结构第 i 根杆件的轴向长度。

【例 8-8】　试求图 8-17(a)所示桁架结点 C 的竖向位移 Δ_{CV}。各杆 EA=常数。

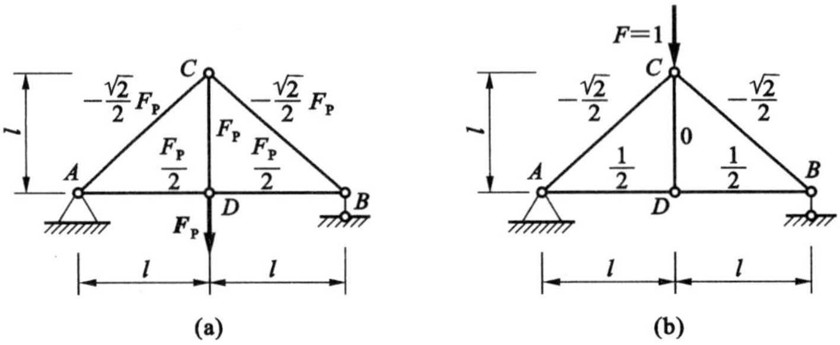

图 8-17

【解】

为了求结点 C 的竖向位移 Δ_{CV}，在 C 点加一竖向单位力 $F=1$，如图 8-17(b)所示。分别求出实际荷载与单位荷载引起的各杆轴力 $\boldsymbol{F}_{Np}$、$\overline{\boldsymbol{F}}_N$[图 8-17(a)、图 8-17(b)]，再根据式(8-8)进行计算得

$$\Delta_{CV}=\sum\frac{\overline{F_N}F_{Np}l}{EA}=\frac{2\times\left(\frac{\sqrt{2}}{2}+\frac{1}{4}\right)F_Pl}{EA}=\left(\frac{1}{2}+\sqrt{2}\right)\frac{F_Pl}{EA}=1.914\frac{F_Pl}{EA}\ (\downarrow)$$

★★　当桁架结构杆件较多时，可把计算过程列成表格形式，以方便核对查找。对于本题的计算，可列成表 8-2。

表 8-2　例 8-8 的计算表

杆　件		L/m	$\overline{F_N}$/kN	F_{Np}/kN	$\overline{F_N}F_{Np}l$/(kN·m)
上弦	AC	$\sqrt{2}l$	$-\frac{\sqrt{2}}{2}$	$-\frac{\sqrt{2}F_P}{2}$	$\frac{\sqrt{2}F_Pl}{2}$
下弦	AD	l	$\frac{1}{2}$	$\frac{F_P}{2}$	$\frac{F_Pl}{4}$
竖杆	CD	l	0	F_P	0
					$\sum=\left(\frac{\sqrt{2}}{2}+\frac{1}{4}\right)F_Pl$

8.4.4　图乘法——计算静定梁和静定刚架由于荷载作用产生在某处的位移

利用虚功原理可得梁和刚架的位移计算公式为

$$\Delta=\sum\int_a^b\frac{\overline{M}(x)M_P(x)dx}{EI}\tag{8-11}$$

式中　$\overline{M}(x)$——虚拟状态梁或刚架在 $a\sim b$ 段上任意截面 x 的弯矩；

微课 8.4　图乘法

M_P——实际状态梁或刚架在 $a \sim b$ 段上任意截面 x 的弯矩；

EI——梁或刚架在 $a \sim b$ 段的抗弯刚度；

$\sum$——梁或刚架各段积分值的代数和。

当梁或刚架上的荷载比较复杂时，上式的运算过程就十分复杂了。

如果梁的各段满足下列条件：

(1) 杆轴线为直线；

(2) $EI=$常数；

(3) $\overline{M}$和 M_P 的弯矩图中至少有一个是直线图形。

则可以利用下面要介绍的图乘法来代替复杂的积分运算，从而简化计算工作。

根据静矩的概念可将式(8-11)简化为：

$$\Delta = \sum \int_a^b \frac{\overline{M}(x) M_P(x) \mathrm{d}x}{EI} = \sum \frac{\omega_i \cdot y_{ci}}{EI} \tag{8-12}$$

式中 ω_i——曲线式弯矩图在 $a \sim b$ 段的面积（一般 M_{Pi} 图才会有曲线的可能，当 M_{Pi} 图与 $\overline{M}_i$ 图均为直线时，ω_i 可以是任意一个弯矩图在该段上占用的面积）；

y_{ci}——所选面积 ω_i 的形心对应在另一弯矩图上的弯矩值；

EI——梁或刚架在 $a \sim b$ 段的抗弯刚度。

可见，积分式

$$\int_a^b \frac{M_P(x)\overline{M}(x)}{EI} \mathrm{d}x = \frac{\omega_i \cdot y_{ci}}{EI}$$

即：用一个弯矩图的面积 ω_i 乘以该图的形心处所对应的另一个直线弯矩图上的纵坐标 y_{ci}，再除以 EI，这就是**图乘法**。

应用式(8-12)求位移时，要注意以下几点：

(1) 图乘法的应用条件是积分段内为同种材料制成的等截面的直杆（EI 为常数），$\overline{M}$和 M_P 的弯矩图中至少有一个是直线图形。若杆件为阶梯形（各段截面不同，而在每段范围内截面为不变的常数），则可在每段分别运用图乘法后再叠加。若 EI 沿杆长连续变化，或是曲杆，则必须用积分计算。

(2) 公式中的纵坐标 y_c 必须取自直线图形，若$\overline{M}$图和 M_P 图都是直线图形，可任选一图形计算面积 ω，以该图形形心所对应的另一图形的纵坐标取作 y_c（常常简记为 y）。

(3) 当$\overline{M}$图和 M_P 图在基线的同侧时，则乘积 ωy_c 取正号；二者在基线的异侧时，ωy_c 取负号。

(4) $\overline{M}$图形不可能是曲线，只能是直线或折线。当 M_P 图形为一曲线，$\overline{M}$图形为折线时，应从转折点分段进行图乘，然后再叠加。如图 8-18 所示的情况，$\overline{M}$图的折线由两段直线段组成，M_P 图相应地分为两部分，图乘应在两段上分别进行。

即

$$\Delta = \frac{1}{EI}(\omega_1 y_1 + \omega_2 y_2)$$

式中 ω_1, ω_2——两段曲线图形的面积；

y_1, y_2——两段曲线图形的形心 C_1、C_2 在对应各段直线弯矩图图形上的纵坐标。

为了使图乘更加方便，需知道常见曲线的面积及其形心位置。现将几种常见图形的面积

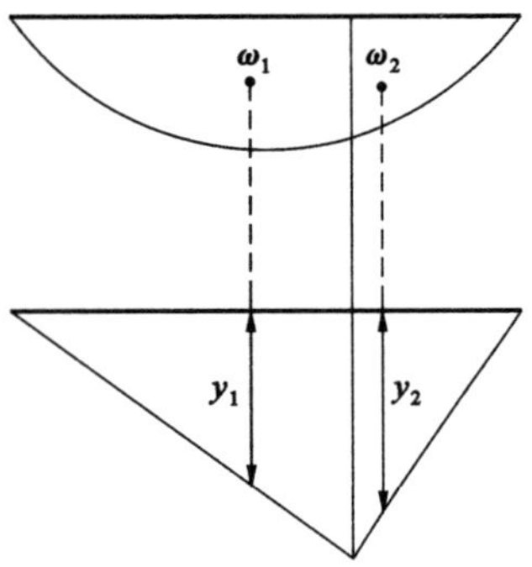

图 8-18

及其形心位置示于图 8-19 中供查用。须指出的是图中的抛物线均为标准抛物线。

所谓的标准抛物线是指顶点在中点或端点的抛物线。顶点是指其切线平行于底边的点。

当$\overline{M}$图或 M_P 图比较复杂，其面积或形心位置不易确定时，则可将该图形分解为几个简单的图形，将它们分别与另一图形相乘，然后再叠加。读者可查阅相关资料，这里不多做介绍。

运用图乘法计算位移的基本步骤：

(1) 画出结构在实际荷载作用下的弯矩图，即 M_P 图。

(2) 在所要求位移处沿所求位移的方向虚设广义单位力 $F=1$，画出结构在单位力作用下的弯矩图$\overline{M}$图。

(3) 分段并计算 M_P 图（或$\overline{M}$图）的面积 ω_i 及其形心所对应的$\overline{M}$图（或 M_P 图）的纵坐标 y_{ci}。

(4) 将计算出的各段的 ω_i 和 y_{ci} 代入式(8-12)中，进而计算所求位移。

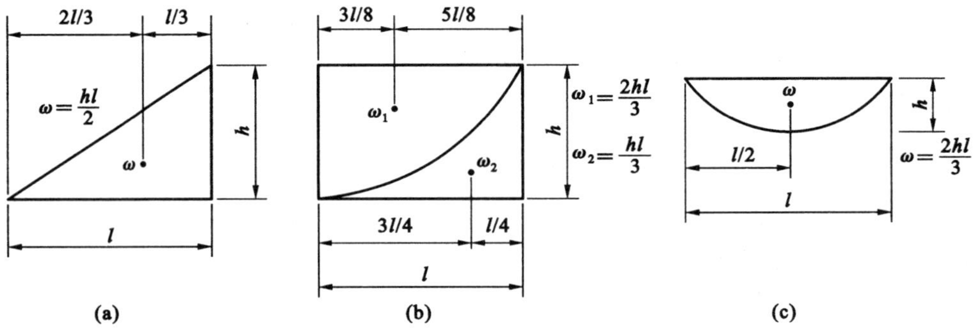

图 8-19

【例 8-9】 图 8-20(a)所示悬臂梁受均布荷载 q 的作用，求该梁 B 端的竖向线位移 Δ_{BV} 及转角 φ_B，$EI=$常数。

【解】

(1) 求竖向位移 Δ_{BV}。

此悬臂梁的 M_P 图如图 8-20(b)所示，求竖向位移 Δ_{BV} 所需的虚拟状态及弯矩图，如图 8-20(c)所示。M_P 图中 B 端为抛物线的顶点$\left(因为\dfrac{dM}{dx}=F_{QB}=0\right)$，所以 M_P 图为标准抛物线，可由图 8-19 得 M_P 图的面积为 $\omega=\dfrac{1}{3}l\times\dfrac{1}{2}ql^2=\dfrac{ql^3}{6}$，$M_P$ 图中形心所对应的$\overline{M}$图中的纵坐标为 $3l/4$，所以

$$\Delta_{BV}=\frac{1}{EI}\times\frac{ql^3}{6}\times\frac{3l}{4}=\frac{ql^4}{8EI}\quad(\downarrow)$$

结果为正，说明实际位移方向与所设的单位力的方向一致，以上得到的结果与表 8-1 中的结果一致。

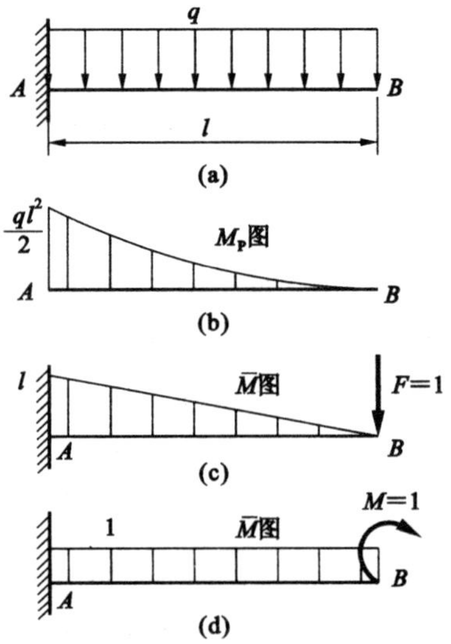

图 8-20

(2) 求转角 φ_B。

M_P 图面积为：

$$\omega = \frac{1}{3}l \times \frac{1}{2}ql^2 = \frac{ql^3}{6}$$

求 B 截面角位移所需的虚拟状态及弯矩图，如图 8-20(d)所示。

M_P 图中形心所对应的 $\overline{M}$ 图中的纵坐标为 1，所以

$$\varphi_A = \frac{1}{EI} \times \frac{ql^3}{6} \times 1 = \frac{ql^3}{6EI}(\circlearrowright)$$

结果为正，表明实际转角方向与所设的单位荷载的方向相同。

【例 8-10】 图 8-21(a)所示悬臂梁受 20 kN 集中力的作用，求该梁端点 B 处的转角 φ_B，EI=常数。

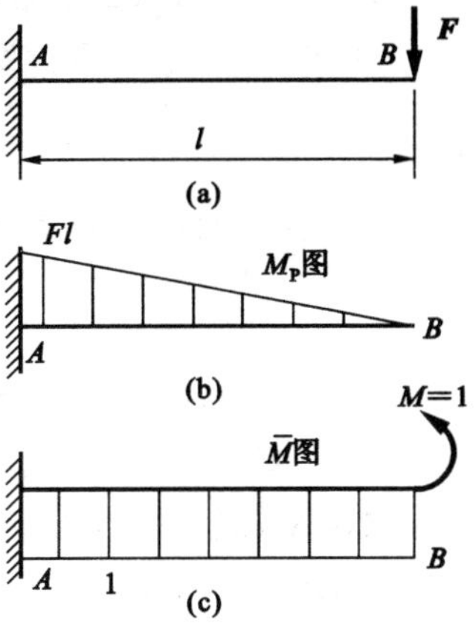

图 8-21

【解】

求结点 A 的转角 φ_B。

首先画出该悬臂梁在集中力作用下的弯矩图 M_P 图，如图 8-21(b)所示。然后，画出虚拟状态及其弯矩 $\overline{M}$ 图，如图 8-21(c)所示。M_P 图和 $\overline{M}$ 图都为直线，所以可以取二者中的任意一个计算 ω。这里取 M_P 图计算面积 ω，则 M_P 图的形心在 $\overline{M}$ 图上的纵坐标为 y，且有

$$\omega = \frac{1}{2} \times l \times Fl = \frac{Fl^2}{2}$$

而

$$y = 1$$

所以

$$\varphi_B = -\frac{1}{EI} \times \frac{Fl^2}{2} \times 1 = -\frac{Fl^2}{2EI}(\circlearrowleft)$$

结果为负，表明实际转角方向与所设的单位荷载的方向相反。

【例 8-11】 图 8-22(a)所示的简支梁受均布荷载 q 的作用，求梁中点 C 的竖向位移 Δ_{CV} 及 A 截面的转角 φ_A，EI=常数。

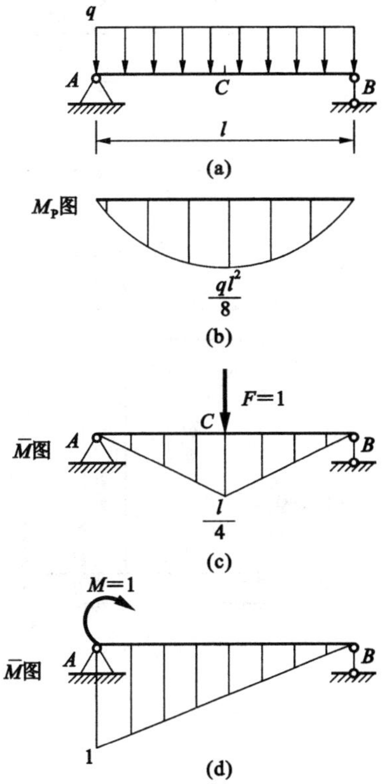

图 8-22

【解】

(1) 求中点 C 的竖向位移 Δ_{CV}

首先画出该简支梁在均布荷载作用下的弯矩图 M_P 图，如图 8-22(b)所示。然后画出在 C 点单位力作用下的虚拟状态及其 $\overline{M}$ 图，如图 8-22(c)所示。由于 $\overline{M}$ 图为折线，所以应当在折点进行分段图乘，然后叠加。由(b)和(c)图可以看出 M_P 图和 $\overline{M}$ 图均为对称图形，所以只取右半部分图乘，再乘以 2 即可。右半部分仍为标准抛物线，查图 8-19 得右半部分的面积为

$$\omega = \frac{2}{3} \times \frac{l}{2} \times \frac{1}{8}ql^2 = \frac{ql^3}{24}$$

M_P 图中形心所对应的$\overline{M}$图中的纵坐标为 $5l/32$，所以

$$\Delta_{CV}=2\times\frac{1}{EI}\times\frac{ql^3}{24}\times\frac{5l}{32}=\frac{5ql^4}{384EI}(\downarrow)$$

结果为正，说明实际位移方向与所设的单位力的方向一致，以上得到的结果与表 8-1 中的结果一致。

(2) 求结点 A 的转角 φ_A

求结点 A 的转角 φ_A 时，所需要的虚拟状态为：在 A 截面处设一单位力偶，得到的$\overline{M}$图，如图 8-22(d)所示，从图上看出$\overline{M}$图为一条直线段。所以，计算 φ_A 时不需分段。

由图 8-19 得知：M_P 图面积为

$$\omega=\frac{2}{3}l\times\frac{1}{8}ql^2=\frac{ql^3}{12}$$

M_P 图中形心所对应的$\overline{M}$图中的纵坐标为 $1/2$，所以

$$\varphi_A=\frac{1}{EI}\times\frac{ql^3}{12}\times\frac{1}{2}=\frac{ql^3}{24EI}(\circlearrowright)$$

结果为正，表明实际转角方向与所设的单位荷载的方向相同，即 A 截面产生顺时针的转角。该结果与表 8-1 中的结果一致。

【例 8-12】 图 8-23(a)所示的外伸梁在整梁上受均布荷载 $\boldsymbol{q}$ 的作用，求端点 C 的竖向位移 Δ_{CV}，EI=常数。

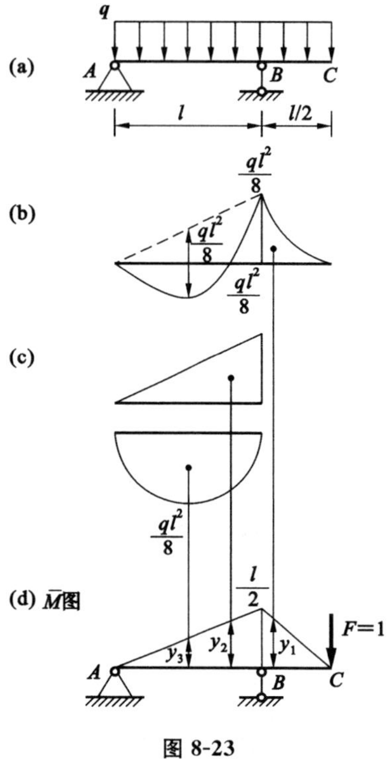

图 8-23

【解】

首先画出 M_P 图和$\overline{M}$图，如图 8-23(b)、图 8-23(d)所示。BC 段的 M_P 图为标准抛物线，AB 段的 M_P 图为非标准抛物线，但可以将其分解为一个三角形和一个标准抛物线图形的叠加，如图 8-23(c)所示。利用图乘法得

$$\Delta_{CV}=\frac{1}{EI}(\omega_1y_1+\omega_2y_2+\omega_3y_3)$$

式中

$$\omega_1=\frac{1}{3}\times\frac{l}{2}\times\frac{ql^2}{8}=\frac{ql^3}{48}$$

$$y_1=\frac{3}{4}\times\frac{l}{2}=\frac{3l}{8}$$

$$\omega_2=\frac{l}{2}\times\frac{ql^2}{8}=\frac{ql^3}{16}$$

$$y_2=\frac{2}{3}\times\frac{l}{2}=\frac{l}{3}$$

$$\omega_3=\frac{2}{3}\times l\times\frac{ql^2}{8}=\frac{ql^3}{12}$$

$$y_3=\frac{1}{2}\times\frac{l}{2}=\frac{l}{4}$$

将以上值代入

$$\Delta_{CV}=\frac{1}{EI}(\omega_1y_1+\omega_2y_2+\omega_3y_3)$$

有

$$\Delta_{CV}=\frac{1}{EI}\left(\frac{ql^3}{48}\times\frac{3l}{8}+\frac{ql^3}{16}\times\frac{l}{3}-\frac{ql^3}{12}\times\frac{l}{4}\right)=\frac{ql^4}{128EI}(\downarrow)$$

结果为正，说明实际位移方向与所设的单位力的方向一致，以上得到的结果与表 8-1 中的结果一致。

★★ 第三个图乘部分取负号。

【例 8-13】 试求图 8-24(a)所示的刚架 C 点的水平位移 Δ_{CV}，EI=常数。

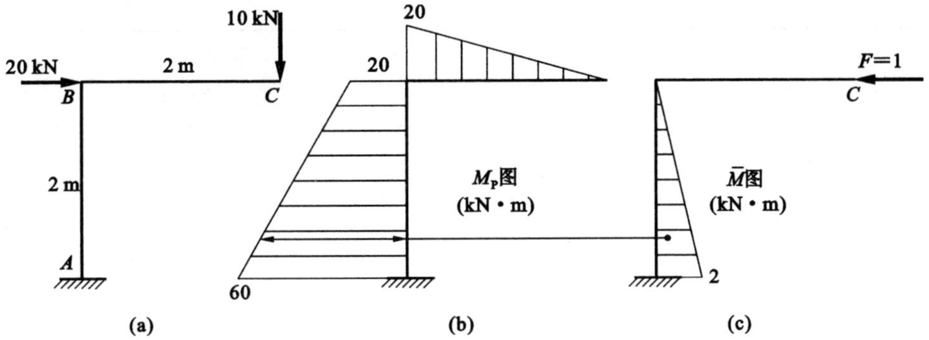

图 8-24

【解】

求 C 点的水平位移 Δ_{CV}。

首先画出 M_P 图和$\overline{M}$图，如图 8-24(b)、图 8-24(c)所示。$\overline{M}$图中 BC 段的弯矩为零，所以只对 AB 段图乘即可，而 AB 段的 M_P 图和$\overline{M}$图都为直线，为了计算简便可以取$\overline{M}$图的面积，在 M_P 图上取相应的纵坐标，得

$$\Delta_{CH}=-\frac{1}{EI}\times\frac{1}{2}\times 2\times 2\times\left(\frac{2}{3}\times 60+\frac{1}{3}\times 20\right)=-\frac{280}{3EI}(\rightarrow)$$

结果为负，说明实际位移方向与所设的单位力的方向相反。

【例 8-14】 试求图 8-25(a)所示的刚架上 C、D 两点之间的相对水平位移 Δ_{CDH}，刚架上各杆件的抗弯刚度均为 EI(EI=常数)。

【解】

首先画出 M_P 图，如图 8-25(b)所示，虚拟状态是在 C、D 两点沿其连线方向施加一对方向相反的单位力，虚拟状态的$\overline{M}$图，如图 8-25(c)所示。由(c)图可知在图乘时应分成 AC、AB、BD 三段，然后再叠加。通过(b)图可以看到 M_P 图中 AC、BD 段的弯矩等于零，即 $M_P=0$，所以这两段的图乘结果等于零。AB 段的 M_P 图为一标准抛物线，所以 M_P 图的面积和形心所对应的$\overline{M}$图中的纵坐标可以通过查图 8-19 得到，图乘结果为

$$\Delta_{CDH}=\sum\frac{\omega y_c}{EI}=-\frac{1}{EI}\left(\frac{2}{3}\times l\times\frac{ql^2}{8}\right)\times h$$

$$=-\frac{ql^3h}{12EI}(\rightarrow\leftarrow)$$

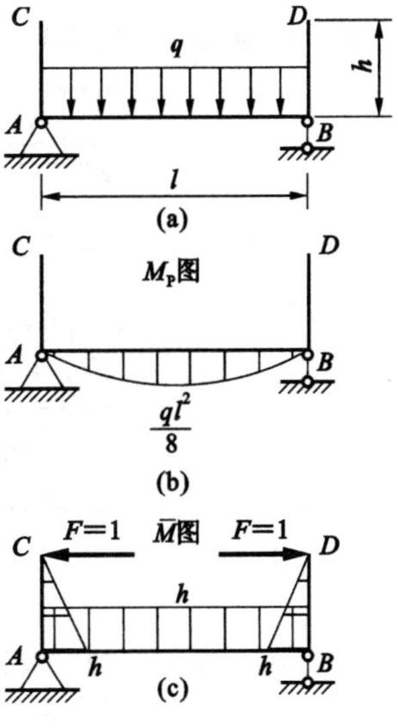

图 8-25

结果为负，说明 C、D 两点之间实际相对位移的方向与所设的一对单位力的方向相反，也就是说 C、D 两点实际上是相互靠拢的。

本章要点提示

（1）基本概念及原理

挠曲线；挠度和转角；叠加原理；虚功和虚功原理

（2）理论公式（填表 8-3）

表 8-3

	主要公式	各符号意义及来源	正负号	注意
梁的刚度公式	$\lvert y\rvert_{max}\leqslant[y]$ 或 $\left\lvert\frac{1}{y_{max}}\right\rvert\leqslant\frac{1}{f}$			
挠曲线近似微分方程	$EIy''=-M(x)$ $EIy'=EI\varphi(x)=-\int M(x)\mathrm{d}x+C$ $EIy=-\int\left[\int M(x)\mathrm{d}x\right]\mathrm{d}x+Cx+D$			
梁和刚架的位移计算公式	$\Delta=\sum\int_a^b\frac{\overline{M}(x)M_P(x)\mathrm{d}x}{EI}=\sum\frac{\omega_i\cdot y_{ci}}{EI}$			
桁架的位移计算公式	$\Delta=\sum\int_0^l\frac{F_{Npi}\overline{F_{Ni}}}{E_iA_i}\mathrm{d}x=\sum\frac{\overline{F_{Ni}}F_{Npi}l_i}{E_iA_i}$			

复 习 题

8-1 请写出图 8-26 中梁的边界条件。

8-2 试述用叠加法求图 8-27 所示梁 C 截面挠度的方法（梁的抗弯刚度 EI 为常数）。

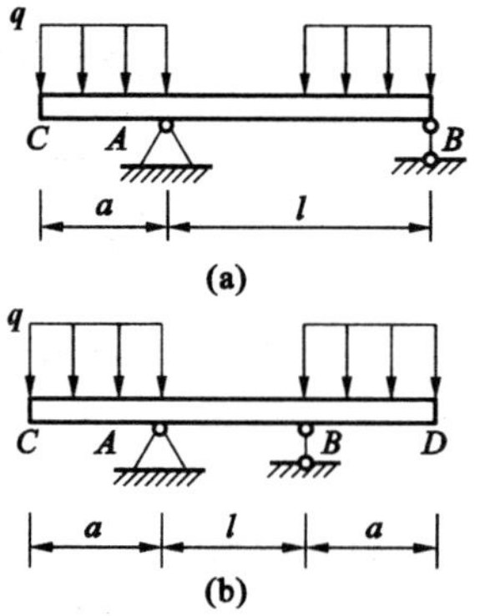

图 8-26

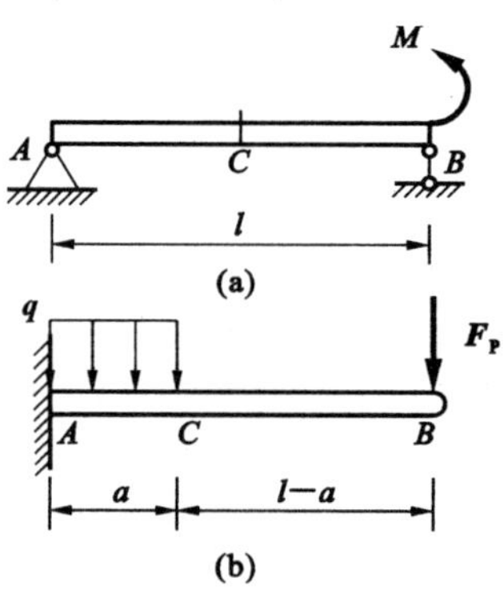

图 8-27

8-3 图 8-28 所示的图乘示意图是否正确？如不正确请改正之。

8-4 简述提高梁的抗弯能力可以从哪些方面入手。

8-5 用积分法求图 8-29 所示的各梁右端截面的挠度和转角。已知梁的抗弯刚度均为 EI。

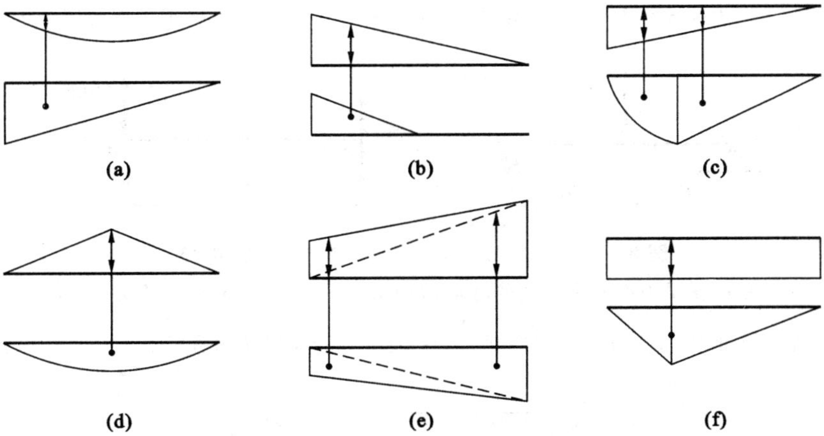

图 8-28

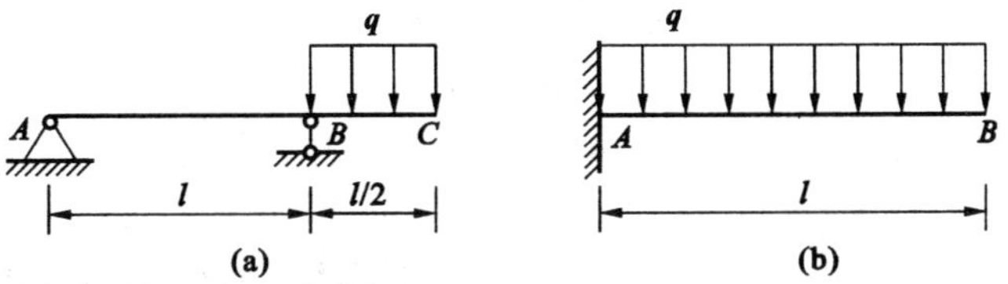

图 8-29

8-6　用叠加法计算图 8-30 所示的各梁右端截面的挠度和转角。已知梁的抗弯刚度均为 EI。

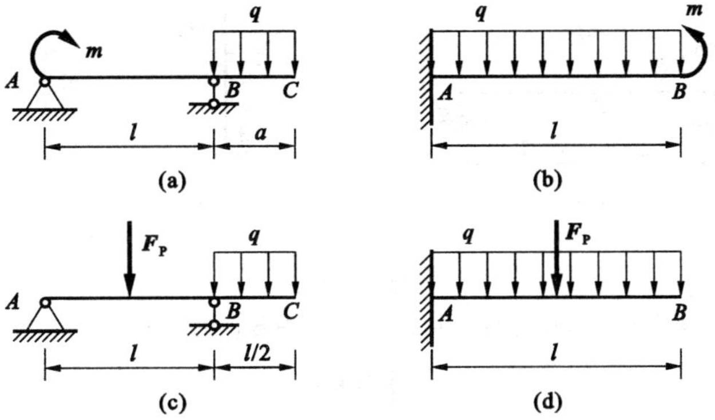

图 8-30

8-7　用叠加法计算图 8-31 所示的各梁 C 截面的挠度。已知梁的抗弯刚度均为 EI。

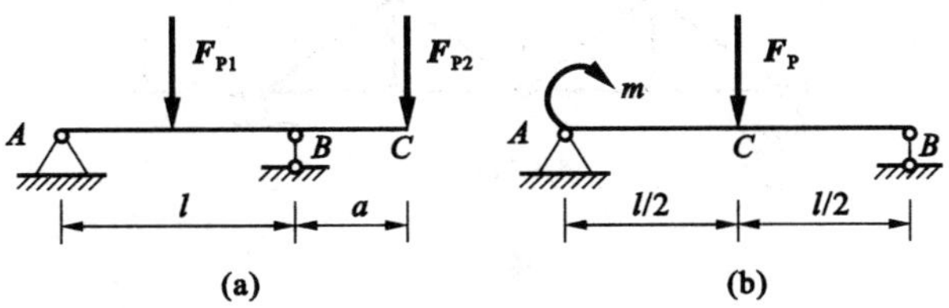

图 8-31

8-8　图 8-32 所示吊车梁的最大荷载为 $F_P=20$ kN，吊车大梁采用 32a 号工字钢，$E=210$ GPa，$l=8$ m，设计要求许用挠度 $[y]=\frac{l}{500}$。试校核该吊车梁的刚度。

8-9　图 8-33 所示某工字形截面悬臂钢梁，长度 $l=4$ m，在自由端受集中力 $F_P=20$ kN 的作用。已知钢

材的弹性模量 $E=210\ \text{GPa}$，$[\sigma]=140\ \text{MPa}$，梁的许用挠度 $[y]=\frac{l}{400}$。试选择工字钢的型号。

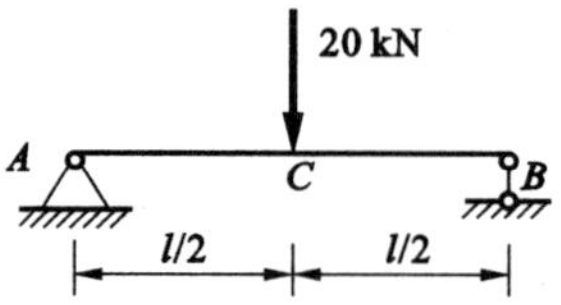

图 8-32

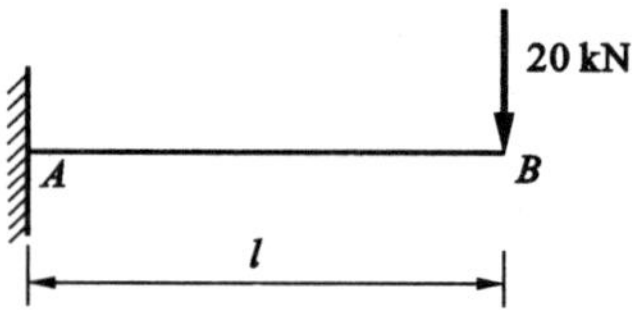

图 8-33

8-10　图 8-34 所示简支梁为由松木制成的圆形截面梁，跨长 $l=4\ \text{m}$，全跨受 $q=2\ \text{kN/m}$ 均布荷载的作用。已知松木的弹性模量 $E=10\ \text{GPa}$，许用挠度 $[y]=\frac{l}{500}$。试求梁横截面直径 D。

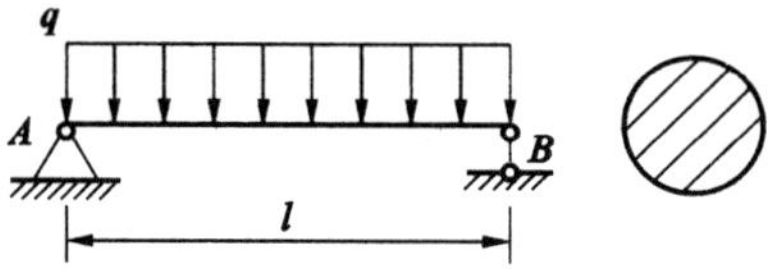

图 8-34

8-11　分别用图乘法计算图 8-35 所示梁和刚架的指定位移 Δ_{CV}、φ_B、Δ_{BH}。

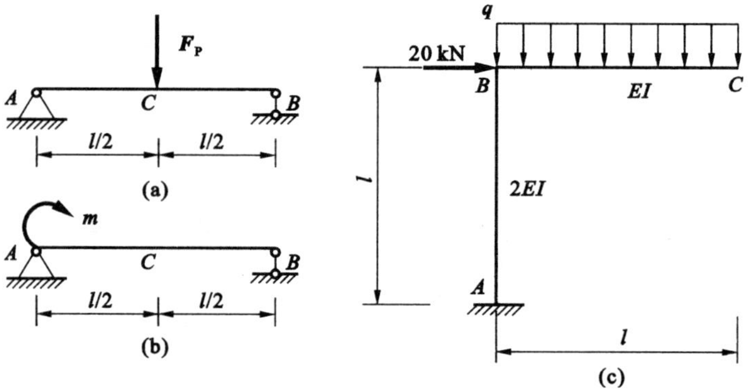

图 8-35

8-12　计算图 8-36 桁架下弦 AB 的总伸长量 Δ_{AB}，桁架中各杆的 $EA=3.2\times10^5\ \text{kN}$。

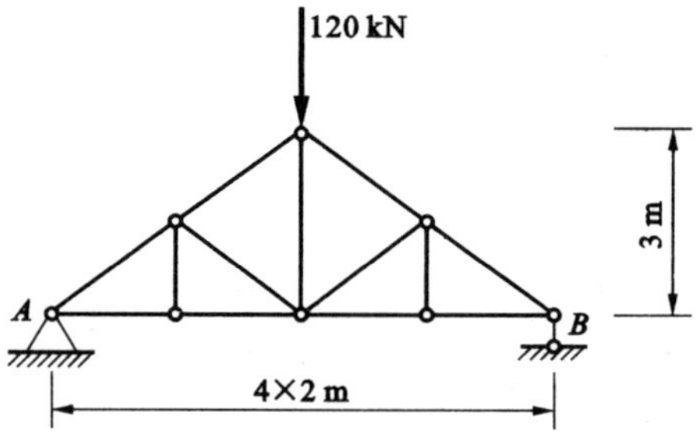

图 8-36

9 扭　　转

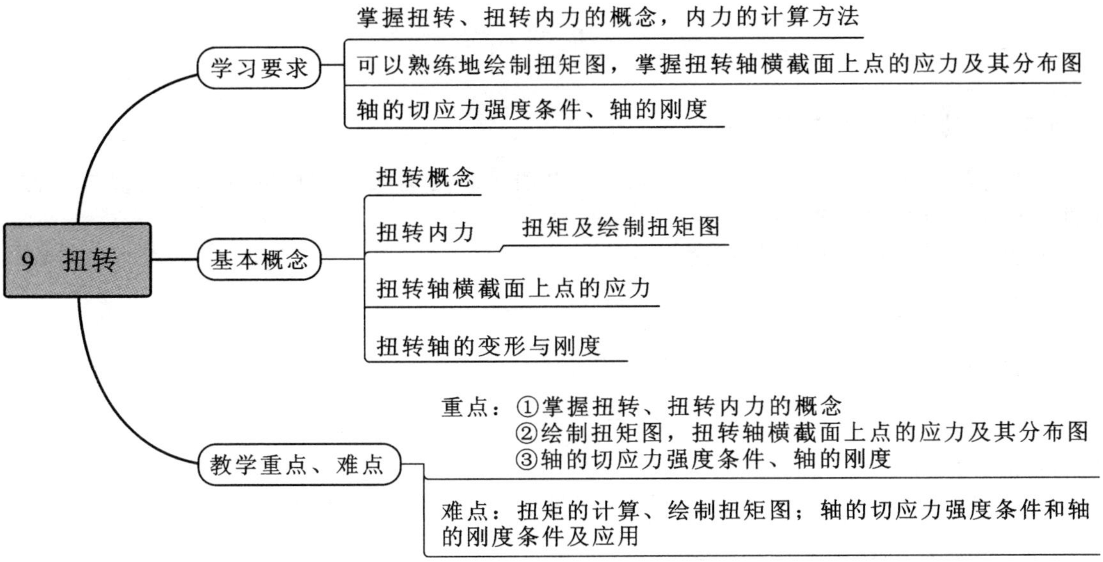

9.1 基本概念

工程机械中很多杆件(轴)都会受到作用面垂直于杆件轴心线的力偶矩的作用。这种力偶矩的作用致使杆件上相邻两个横截面绕着杆轴发生相对转动从而导致杆件(轴)的变形，这种变形被称为扭转变形。本节主要介绍扭转轴的内力、应力及其变形与刚度的相关知识。

在忽略自重的情况下，机械设备中的轴几乎都是扭转的最好实例。比如：操控方向盘的中心轴[图 9-1(a)]、减速箱中的高速轴与低速轴[图 9-1(b)]、钻床与钻探器的钻头[图 9-1(c)](在考虑重力作用时这些轴将发生组合变形)。

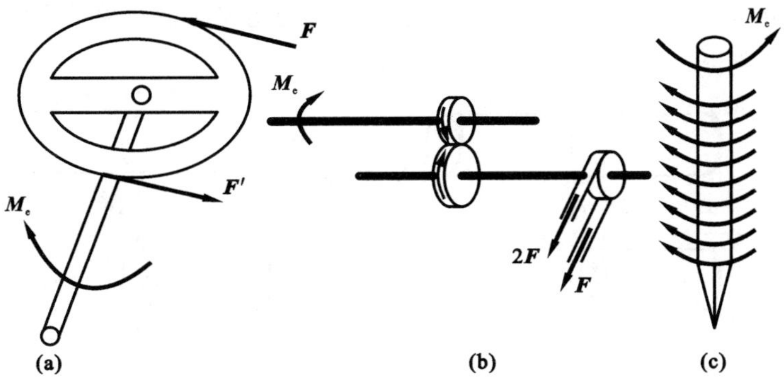

图 9-1

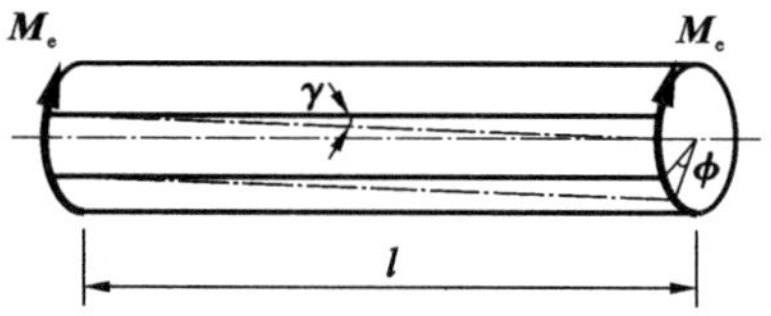

图 9-2

扭转变形最理想的模式如图 9-2 所示，杆件受到两个大小相等、方向相反且作用面垂直于杆件轴线的外力偶作用后，杆件上的横截面绕其中心发生转动，转动的圆心角 φ 叫作该截面的扭转角；同时，杆件上的纵向纤维变形成螺旋斜线，其倾斜角 γ 叫作剪切角。

9.2　扭转内力

9.2.1　功率与力偶矩的关系

以减速箱为例来说，高速轴的运动源头是电动机。马达或电动机的输出性能参数通常是以功率 P(千瓦或马力)和转速 n(转/分)描述的。

马力与千瓦和力偶矩 M 的转换关系是：

$$M=\frac{7024P}{n}$$

式中，P 的单位为马力。

$$M=\frac{9549P}{n}$$

式中，P 的单位为千瓦。

由此，学习者就可以轻松地将功率转换成轴的计算所需要的力偶矩了。

9.2.2　扭转轴横截面上的内力

计算杆件横截面内力的方法依然是截面法(也可叫截割法，或切割法)。范例如下：

计算图 9-3(a)所示轴的 1—1 截面内力。

首先，用一个假想的截面将轴从 1—1 处截开使之成为两个部分，选择其中的一个部分为研究对象。视该部分为脱离体，对其做受力分析并画受力图。当此部分平衡时，截面上应该具有的力或力偶矩(此处只需一个力偶矩 T)就是 1—1 截面的内力——**扭矩 T**。扭矩 T 是截面发生扭转变形的根本原因。

从图 9-3 可以看出，截开轴后选取的部分不同，计算所得扭矩等大反向(反思——为什么?)。为了使得 1—1 截面扭矩具有唯一答案，我们必须统一标准：即对扭矩的符号做出统一规定。

方法是**右手螺旋法则**：伸出右手，使四指指向与扭矩方向一致；此时，若拇指指向所取对象的外侧，该扭矩为正(+)；反之，四指指向扭矩而拇指指向所取对象的内侧时，该扭矩规定为负(—)，如图 9-4 所示。

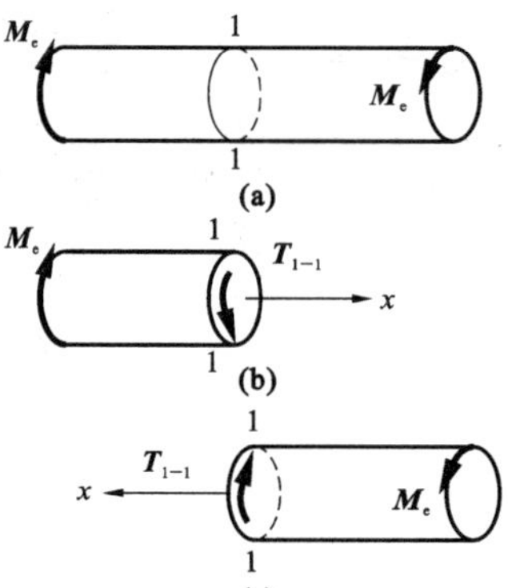

图 9-3

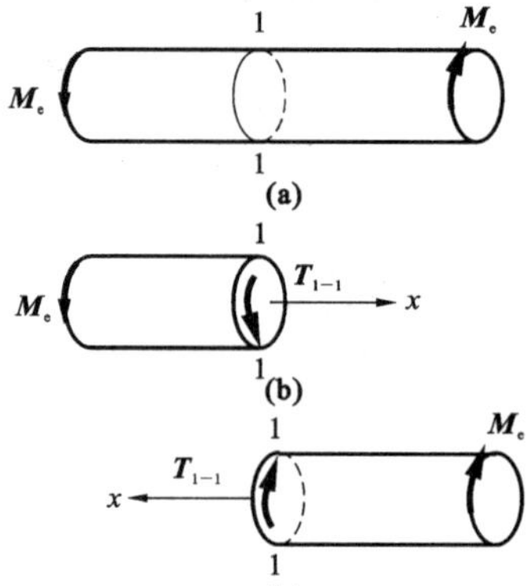

图 9-4

图 9-3 中，无论选取 1—1 的左侧部分还是右侧部分为研究对象时，用右手螺旋法则后拇指均指向对象的外侧。即 $T_{1-1}=+m$。记作：$T_{1-1}=m$。

图 9-4 所示的轴中，$T_{1-1}=-m$。

当轴上有多个力偶矩同时作用时(图 9-5)，计算轴上所有各截面的扭矩需要用假想截面截若干次。为了避免上述烦琐的计算过程，大家可以采用直接计算法来计算指定截面上的扭矩。直接计算法的计算关系式为：

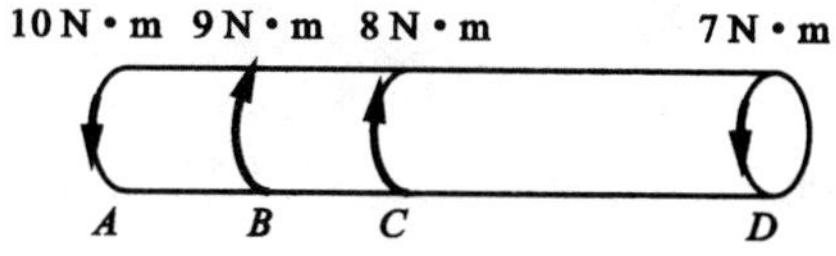

图 9-5

$$T_i=\sum m_{il}$$

意为：轴上第 i 个截面的扭矩等于第 i 个截面左侧各外力偶矩的代数和。

说明：式中的代数符号(＋或－)的规律可从图 9-2 得出。

【例 9-1】 计算图 9-5 轴上各截面的扭矩。

※ 要领：

(1) 每两个外力偶矩之间各截面的扭矩都相等，只需求一个截面的扭矩即可；

(2) 与图 9-3(a)的外力偶(向上向内转)同向的为“＋”，反之为“－”。

【解】

解法一：截面法——教师引导学生操作。

(1) 分段、截割

图中外力偶矩有 4 个，它们将轴分为 3 段。计算该轴的扭矩需要用 3 次截面法。即在外力偶矩 10 N·m 与 9 N·m 之间用 1—1 截面截割第 1 次，在 9 N·m 与 8 N·m 之间截割第 2 次，在 8 N·m 与 7 N·m 之间截割第 3 次。

(2) 截割后选择截割面左侧部分为研究对象并做受力分析。

(受力分析图，学者可自行补画。图中各扭矩一定要按右手螺旋关系画成正号的转动方向。)

(3) 按平衡方程求得各个扭矩。

解法二：直接计算法。

(1) 分析同上述解法一：分 3 个段次进行。

(2) 分别列示：

$$T_{AB}=T_1=\sum m_{1l}=-m_1=-10\ \text{N}\cdot\text{m}$$

$$T_{BC}=T_2=\sum m_{2l}=-m_1+m_2=-10+9=-1\ \text{N}\cdot\text{m}$$

$$T_{CD}=T_3=\sum m_{3l}=-m_1+m_2+m_3=-10+9+8=7\ \text{N}\cdot\text{m}$$

结论：直接计算法可以省去截割、受力分析、画受力图等步骤。

9.2.3　扭转轴的内力图——扭矩图

在直角坐标系 x-T 上(图 9-6)画出的反映轴上各截面扭矩大小及其变化规律的图叫轴的扭矩图。与其他内力图一样，扭矩图所使用坐标系的 x 轴须与轴的中心线平行，代表截面位置；纵坐标 T 轴须与 x 轴垂直，代表截面扭矩值。在 x 轴以上表示正的扭矩，在 x 轴以下表示负的扭矩。

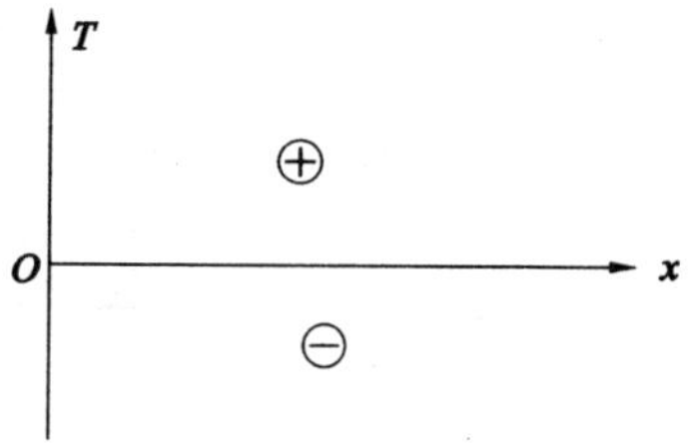

图 9-6

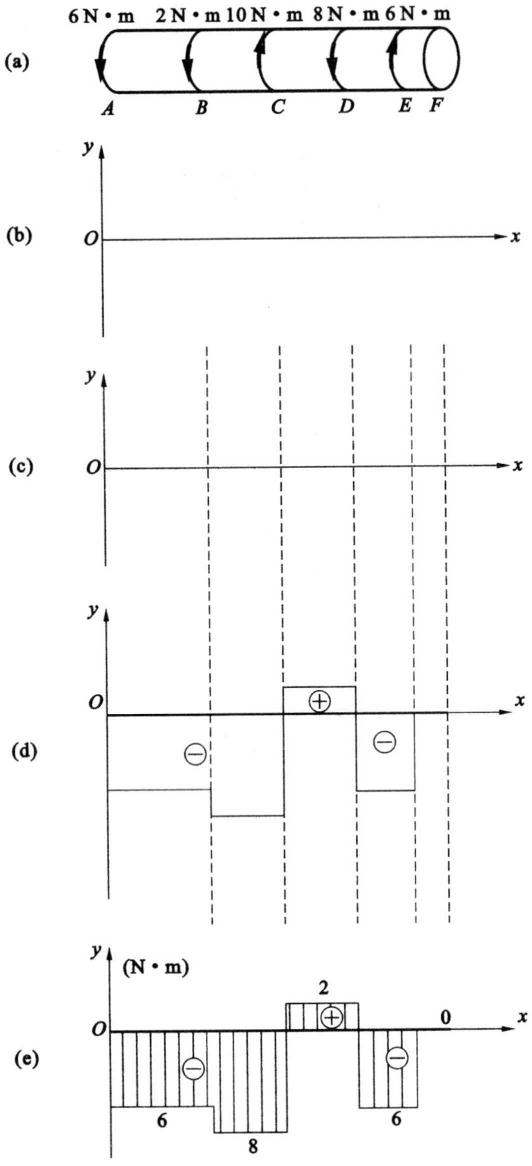

图 9-7

【例 9-2】 画出图 9-7(a)所示轴的扭矩图。

【解】

(1) 计算各标志截面的扭矩

$$T_{AB}=T_1=\sum m_{1l}=-m_1=-6\ \text{N}\cdot\text{m}$$

$$T_{BC}=T_2=\sum m_{2l}=-m_1-m_2=-6-2=-8\ \text{N}\cdot\text{m}$$

$$T_{CD}=T_3=m_{3l}=-m_1-m_2+m_3=-6-2+10=2\ \text{N}\cdot\text{m}$$

$$T_{DE}=T_4=\sum m_{4l}=-m_1-m_2+m_3-m_4=-6-2+10-8=-6\ \text{N}\cdot\text{m}$$

(2) 建立直角坐标系,如图 9-7(b)所示。

(3) 明确标志截面代表的 x 区间并将轴分段。

(4) 选择作图时的扭矩比,例如:1 cm→300 N·m。

(5) 分段(区间)按统一比例画扭矩线如图 9-7(c)所示。

(6) 标注正或负号[图 9-7(d)],填充垂直线以代表各截面扭矩值。

(7) 最后检查所得扭矩图,如图 9-7(e)所示。

注:当学习者明确内力图的画法后,可以省略坐标轴的标写而只要在图旁用文字标识即可。

【例 9-3】 画出图 9-8(a)所示轴的扭矩图。

分析:经过各截面扭矩值的计算、比例的选择确定,最终画得该轴的扭矩图如图 9-8(b)所示。(教师引导学生自己完成后对照)

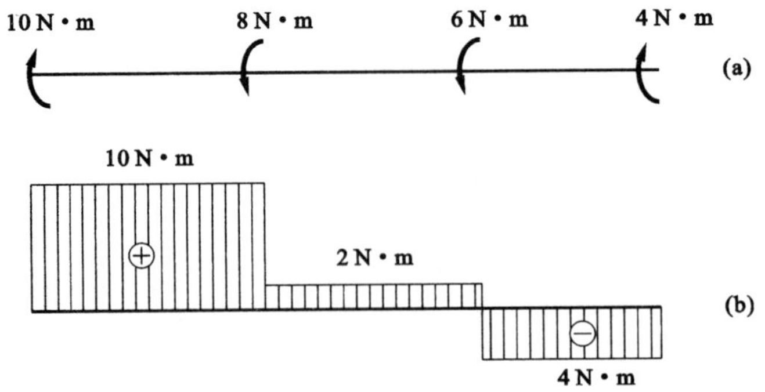

图 9-8

9.3 扭转轴横截面上点的应力

工程机械中的轴，横截面大都为圆截面。在此仅介绍圆截面扭转轴横截面上点的应力计算。

9.3.1 任一点的应力

如图 9-9 所示，K 是到圆心距离为任意值 p(mm)的点，该点所在截面扭矩为 T(N · mm)，I_P 是 K 点所在截面对圆心的极惯性矩(mm^4)，K 点的应力叫作切应力(或剪应力)，记作“τ”。则极惯性矩的通用计算公式为：

$$\tau = \frac{T \cdot p}{I_p}$$

$$I_p = \frac{\pi}{32}(D^4 - d^4)$$

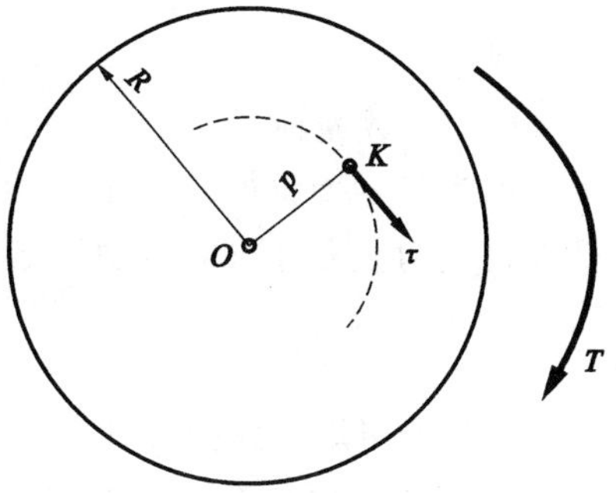

图 9-9

式中 D——空心轴截面的外径($D=2R$)；

d——空心轴截面的内径(实心轴 $d=0$)。

【例 9-4】 求某传递功率为 $P=20$ kW、转速 $n=1440$ r/min、直径 $D=2R=50$ mm 的轴上到圆心距离 $p=18$ mm 的点的切应力，并且计算该轴截面上点的最大和最小切应力。

(在进行同一横截面上各点的切应力计算时，公式中的 p 是唯一变化的参数。)

【解】

理解并找齐公式所有参数。

(1) 扭矩

$$T = 9549\,\frac{P}{n} = 9549 \times \frac{20}{1440} = 132.625\ \text{N} \cdot \text{m}$$

(2) 极惯性矩

$$I_p = \frac{\pi}{32}D^4$$

(3) 代入公式

$$\tau = \frac{T \cdot p}{I_p} = \frac{132.625 \times 10^3 \times 18}{\frac{\pi}{32} \times 50^4} = 3.90\ \text{MPa}$$

$$\tau_{min} = \frac{T \cdot p_{min}}{I_p} = 0$$

$$\tau_{max} = \frac{T \cdot p_{max}}{I_p} = \frac{T \cdot R}{I_p} = \frac{132.625 \times 10^3 \times 25}{\frac{\pi}{32} \times 50^4} = 5.41\ \text{MPa}$$

讨论：

(1) 若扭矩加大而轴的直径不变，τ 及 τ_{max} 如何变化？

(2) 若扭矩不变而直径减小，τ 及 τ_{max} 如何变化？

9.3.2 横截面上的最大切应力

从上例可知若轴受到多个外力偶矩作用时，该轴上不同截面的扭矩与直径均有不同变化。该轴整体上的最大切应力就要综合考虑所有截面的变化情况。一般可以表现为：

$$\tau_{\max} = \frac{T \cdot R}{I_p}$$

讨论：

(1) 等截面轴

因为等截面轴的各个截面的极惯性矩和截面上点到圆心的最大距离相等，各个截面上的最大切应力是否相同就取决于各个截面的扭矩了。故此

$$\tau_{\max} = \frac{T \cdot R}{I_p}$$

(2) 等扭矩的变截面轴

在各个截面具有相同扭矩时，最大切应力就取决于点到圆心的最大距离和极惯性矩。这时：

$$\tau_{\max} = \frac{T \cdot R_{\min}}{I_{p,\min}}$$

式中　$R_{\min}$，$I_{p,\min}$——最小直径 $D_{\min}$所在截面的半径和极惯性矩。

(3) 扭矩及截面均有变化的复杂轴

轴的各个截面的扭矩、点到圆心的最大距离及极惯性矩均有变化时，我们应该将轴的不同截面的最大切应力分别加以计算，比较后找到轴的最大切应力。

无论是哪一种情况，由切应力的最大值和最小值及与曲率半径的关系均可画得某确定横截面上各点的切应力分布图(图 9-10)。

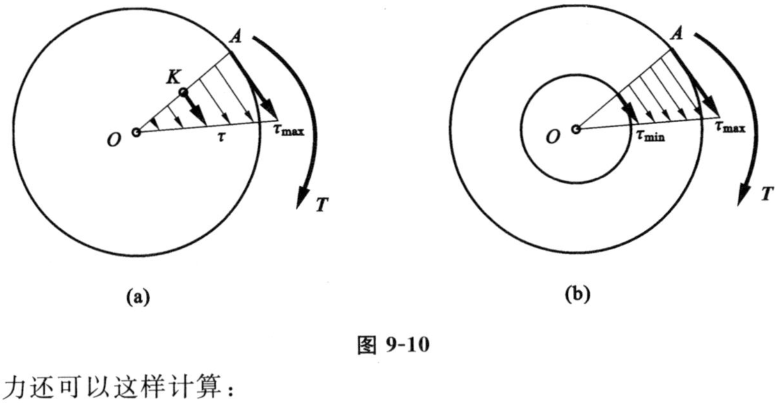

图 9-10

最大切应力还可以这样计算：

$$\tau_{\max} = \frac{T_{\max}}{W_p}$$

式中　W_p——截面的抗扭系数：

$$W_p = \frac{I_p}{R}$$

对于实心截面轴，其抗扭系数为：

$$W_p = \frac{\pi D^3}{16}$$

而空心截面轴的抗扭系数则为：

$$W_p = \frac{\pi D^3(1-\partial^4)}{16},\quad \partial = \frac{D}{d}$$

9.3.3 扭转轴的强度条件及强度计算

轴的强度条件是保障轴安全传输力偶矩的重要计算项。

扭转轴的强度条件是

$$\tau_{max} \leqslant [\tau]$$

式中　$[\tau]$——轴材料的允用切应力或叫许用切应力。

根据轴的扭转强度条件可以做三种运算：

（1）校核扭转强度；

（2）计算扭转轴的合理截面尺寸；

（3）确定已有轴材选择适合的荷载。

【例 9-5】 图 9-11 所示的阶梯轴 $d_1 = 38$ mm，$d_2 = 50$ mm，$d_3 = 36$ mm，该轴所受到的外力偶矩为 $M_{C1} = 600$ N·m，$M_{C2} = 1400$ N·m，$M_{C3} = 800$ N·m，$M_{C4} = 720$ N·m。材料的许用切应力为$[\tau] = 40$ MPa，校核轴的扭转强度。

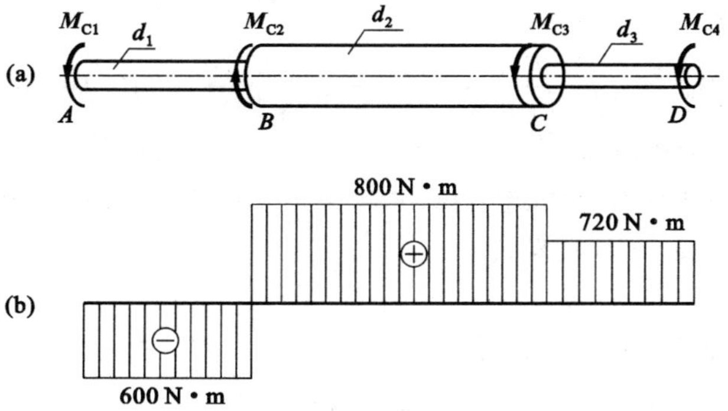

图 9-11

※要领：扭矩 T_i、距离 p_i、极惯性矩 I_p 的同一性。

【解】

（1）通过扭矩图的绘制可知各截面的扭矩值。

（2）轴被外力偶矩划分为三个区间，即 AB 段、BC 段和 CD 段。其中 AB 段的扭矩值小于 CD 段的扭矩，可 AB 段的直径却大于 CD 段的直径。可见，CD 段的 $\tau_{CD,max}$ 大于 AB 段的 $\tau_{AB,max}$。即：AB 与 CD 两段相比最大切应力只发生（只计算）在 CD 段。而 BC 段具有最大扭矩和最大轴径，BC 段的最大切应力 $\tau_{BC,max}$ 须另行计算。

（3）校核计算：$\tau_{CD,max}$、$\tau_{BC,max}$

$$\tau_{CD,max} = \frac{T_{CD}\cdot R_{CD}}{I_{p,CD}} = \frac{720\times 10^3\times 18}{\dfrac{\pi\times 36^4}{32}} = 32.6\ \text{MPa}$$

$$\tau_{BC,max} = \frac{T_{BC} \cdot R_{BC}}{I_{p,BC}} = \frac{800 \times 10^3 \times 25}{\frac{\pi \times 50^4}{32}} = 78.6 \text{ MPa} > [\tau]$$

所以,该轴不满足切应力的强度条件。

【例 9-6】 为例 9-5 的轴选择合理的轴径。

【解】

因为扭矩已知(直接从例 9-5 中查取),我们可以直接导出其直径的计算方法。

本例为实心轴,故:

$$\tau_{max} = \frac{T}{W_p} = \frac{T}{\frac{\pi D^3}{16}} \leqslant [\tau]$$

$$D \geqslant \sqrt[3]{\frac{16T}{\pi[\tau]}}$$

AB 段直径应满足:

$$D_{AB} \geqslant \sqrt[3]{\frac{16T_{AB}}{\pi[\tau]}} = \sqrt[3]{\frac{16 \times 600 \times 10^3}{3.14 \times 40}} = 42.44 \text{ mm}$$

BC 段直径应满足:

$$D_{BC} \geqslant \sqrt[3]{\frac{16T_{BC}}{\pi[\tau]}} = \sqrt[3]{\frac{16 \times 800 \times 10^3}{3.14 \times 40}} = 46.71 \text{ mm}$$

CD 段直径应满足:

$$D_{CD} \geqslant \sqrt[3]{\frac{16T_{CD}}{\pi[\tau]}} = \sqrt[3]{\frac{16 \times 720 \times 10^3}{3.14 \times 40}} = 45.10 \text{ mm}$$

取整(便于加工)得:$D=50$ mm。

【例 9-7】 现有直径为 D 的普通钢轴,其转速为 n,材料的许用切应力为$[\tau]$。试按切应力强度确定该轴所能传递的功率是多少?

【解】

(1) 套入功率与力偶矩的转换关系,得

$$T = 9549 \frac{P}{n}$$

(2) 套入扭转轴的切应力强度式,得:

$$\tau_{max} = \frac{T}{\frac{\pi D^3}{16}} \leqslant [\tau]$$

(3) 套入已知条件,得:

$$P \leqslant \frac{\pi D^3 [\tau] n}{16 \times 9549}$$

9.4 扭转轴的变形与刚度

9.4.1 扭转轴的变形

在图 9-2 所示的扭转轴上有:轴长 l 范围内各截面扭矩 $T=M_e$,若轴材料的抗剪切弹性模

量为 G,该轴 l 长内的扭转角 φ 为:

$$\varphi = \int_0^l \frac{T}{GI_p}\mathrm{d}x = \frac{T \cdot l}{GI_p} = \frac{M_e \cdot l}{GI_p}$$

若轴段扭矩和材料不同,又或是因截面直径的不同而划分为 n 个段落时,每个段落自己的相对扭转角为:

$$\varphi = \sum_{i=1}^{n} \frac{T_i \cdot l_i}{GI_p}$$

全轴(从左到右)的相对扭转角为:

$$\varphi = \sum \varphi_i$$

例如:例 9-5 中全轴的相对扭转角为:

$$\varphi = \sum_{i=1}^{n} \frac{T_i \cdot l_i}{GI_p} = \frac{T_{AB} \cdot l_{AB}}{GI_{p,AB}} + \frac{T_{BC} \cdot l_{BC}}{GI_{p,BC}} + \frac{T_{CD} \cdot l_{CD}}{GI_{p,CD}}$$

附:轴的剪切胡克定律为:

$$\tau = G \cdot \gamma$$

9.4.2 扭转轴的刚度

为了更好地发挥轴的传动作用,特别是要求精确的运动体系中的轴:它不仅要有足够的强度以保证不发生破坏,还必须有足够的刚度(较小的变形),以避免设备因变形带来的运动误差或震动。这时,就必须对传动轴提出变形方面的要求即刚度要求。

轴的刚度要求是指轴在单位长度上的最大扭转角 θ_{max} 要小于其许用值。即

$$\theta_{max} = \frac{T_{max}}{GI_p} \leqslant [\theta]$$

其中,许用单位长度扭转角 $[\theta]$ 的单位是:弧度/米(rad/m)。

也可写成:

$$\theta_{max} = \frac{T_{max}}{GI_p} \cdot \frac{180}{\pi} \leqslant [\theta]$$

轴的刚度条件就是:

$$\theta_{max} \leqslant [\theta]$$

其中,许用单位长度扭转角 $[\theta]$ 的单位是:度/米(°/m)。其值可查取相关设备手册。

9.4.3 扭转轴的综合计算

精密设备的传输轴既要满足切应力强度要求同时又要满足刚度要求。强度校核时,分别计算轴的最大切应力和最大单位长度扭转角,并与其许用值比较,得出结论。而设计轴的截面直径时通常有两种做法。

方法一:

分别按强度和刚度推算轴的直径,比较后选择使用正确的直径值。

方法二:

按切应力强度推算轴的直径,再将此直径值代入刚度算式中以校核计算此直径下轴的刚度值 θ_{max},若 θ_{max} 在许用值 $[\theta]$ 以内,此直径可用。若 θ_{max} 超出许用值 $[\theta]$,再按刚度条件重新计算轴所需直径值。

【例 9-8】 已知等截面轴的输入与输出功率如图 9-12 所示，该轴的转速为 $n=300$ r/min，材料的弹性模量为 $G=80$ GPa，许用切应力为 $[\tau]=40$ MPa，单位长度许用扭转角为 $[\theta]=0.3$ °/m。设计计算该轴的直径 D。

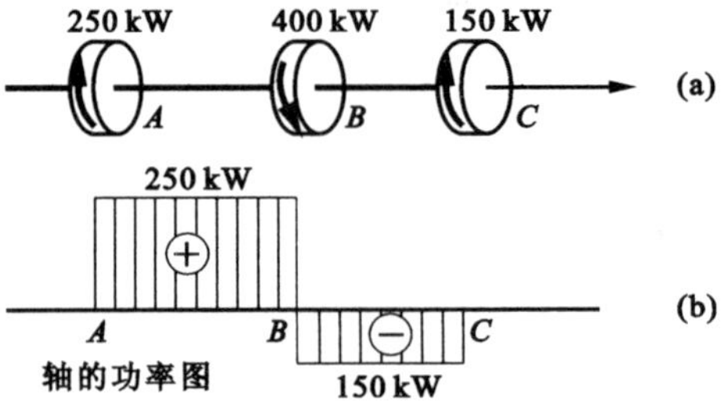

图 9-12

【解】

(1) 画出该轴的功率图(再做单位转换)，如图 9-12(b)所示。

由图可知等截面轴的危险之处是功率为 250 kW 的左数第一段，其对应的最大扭矩为

$$T=9549\,\frac{P}{n}=9549\times\frac{250}{300}=7957.5\ \text{N}\cdot\text{m}$$

(2) 按切应力强度设计轴径。

因为

$$\tau_{\max}=\frac{T}{\dfrac{\pi D^3}{16}}\leqslant[\tau]$$

所以

$$D\geqslant\sqrt[3]{\frac{16T}{\pi[\tau]}}=\sqrt[3]{\frac{16\times7957.5\times10^3}{3.14\times40}}=100.45\ \text{mm}$$

所以，取 $D=120$ mm。

(3) 校核该轴的刚度。

$$\theta_{\max}=\frac{T_{\max}}{GI_{\text{p}}}\cdot\frac{180}{\pi}=\frac{7957.5\times10^3\times180}{80\times10^3\times\dfrac{\pi D^4}{32}\times\pi}$$

$$=\frac{7957.5\times10^3\times180}{80\times10^3\times\dfrac{\pi\times120^4}{32}\times\pi}$$

$$=0.28°/\text{m}\leqslant[\theta]=0.3°/\text{m}$$

(4) 结论：

该轴的直径取 120 mm 满足刚度要求。

另一方法：

先按刚度计算轴的直径，得

$$D\geqslant\sqrt[4]{\frac{32\cdot T\cdot180}{\pi^2G[\theta]}}=\sqrt[4]{\frac{32\times7957.5\times180}{3.14^2\times80\times10^3\times0.3}}=117.97\ \text{mm}$$

比较轴的强度所必需的直径要求(结论同第一个方法)。

当轴同时满足强度和刚度时，$D=120$ mm。

本章要点提示

(1) 扭转的概念

外力偶矩、扭矩、扭矩图、扭矩与功率的换算关系。

(2) 扭转轴横截面上点的应力及其分布图

切应力、极惯性矩、切应力的最大值和最小值、实心圆截面和空心圆截面扭转切应力的分布图、抗扭截面系数与极惯性矩。

(3) 轴的切应力强度条件

切应力强度不等式、切应力强度的三种计算形式。

(4) 轴的刚度

轴的变形、扭转角、剪切角、剪切胡克定律、单位长度上的扭转角、许用单位长度上的扭转角、刚度不等式及其三种计算。

复　习　题

9-1　何为扭转？扭转时轴只能受两个力偶矩的作用吗？

9-2　扭转角和剪切角各自独立无关联吗？

9-3　力偶可以使杆件变弯，力偶也可以使杆件扭转。分析扭转和平面弯曲时的力偶有何不同？

9-4　计算图 9-13 所示轴上指定截面的扭矩。

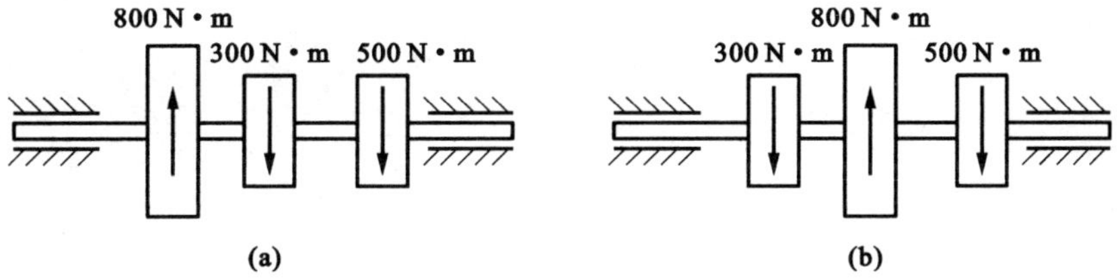

图 9-13

9-5　画出图 9-14 所示各轴的扭矩图。

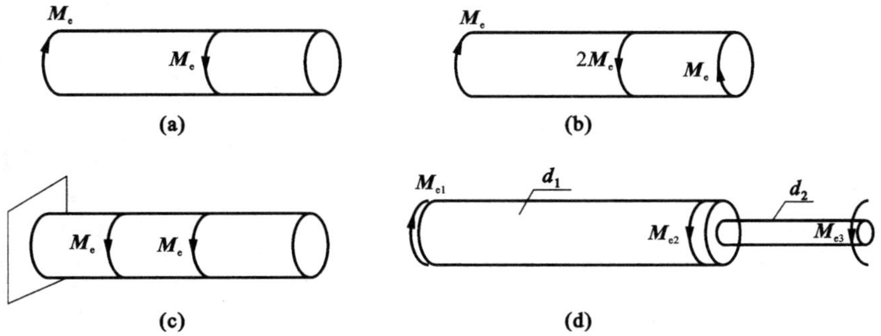

图 9-14

9-6　写出图 9-15 所示两种截面形式的轴的最大和最小切应力并画图表示截面上切应力的分布关系。

9-7　如图 9-16 所示，已知某轴截面上一点 A 的切应力为 $\tau=30$ MPa，截面直径为 $D=56$ mm，该界面上的最大切应力是多少？

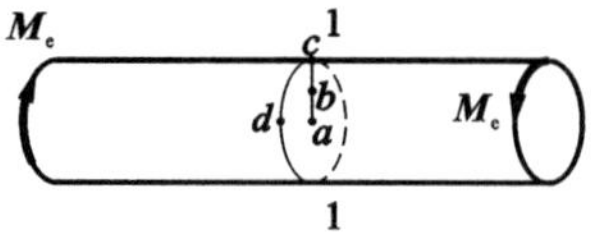

图 9-15

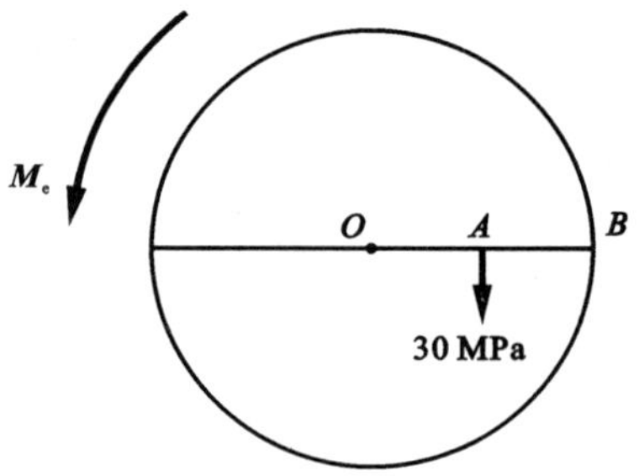

图 9-16

9-8　已知某轴受力如图 9-17 所示，该轴皮带拉力为 $F=200$ N，带轮直径为 $d=300$ mm，轴料的许用切应力$[\tau]=40$ MPa，该轴的直径应该取多大？

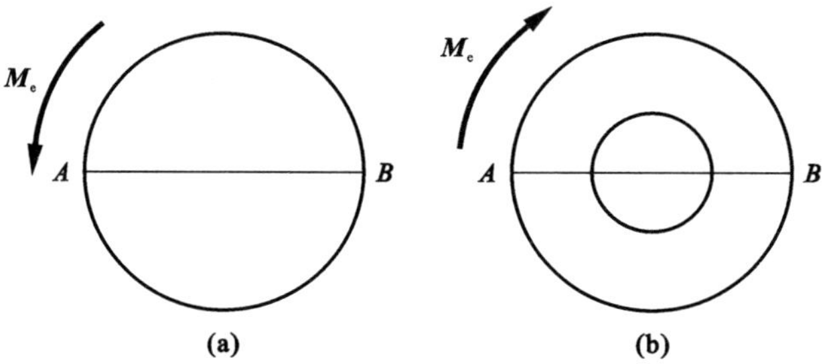

图 9-17

10 组合变形

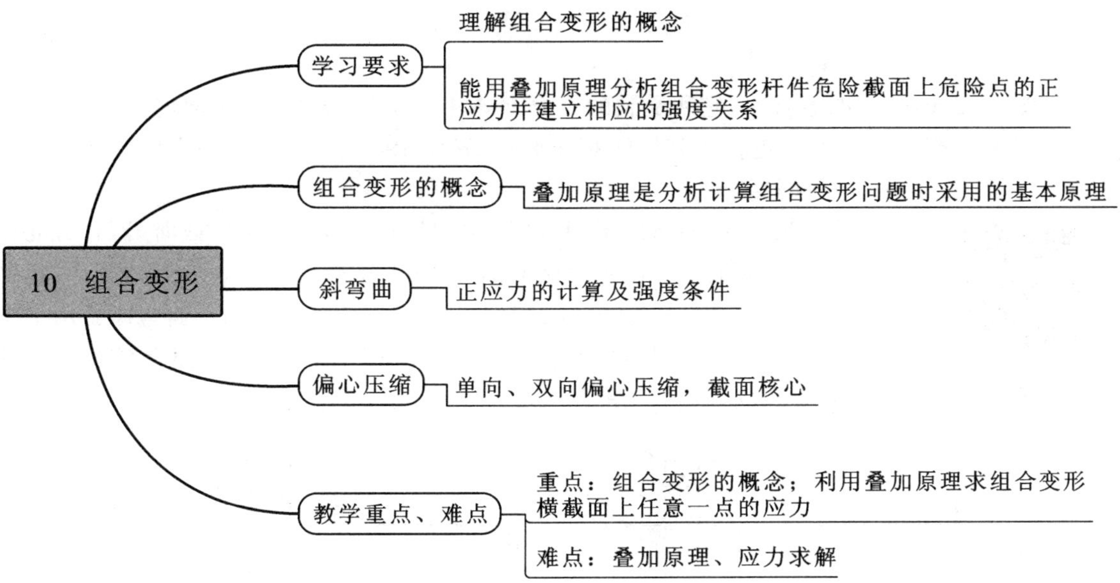

10.1 组合变形的概念

前面几个学习单元主要讨论了杆件在轴向拉伸(压缩)、平面弯曲两种主要基本变形下的强度及刚度问题。在实际工程结构中，杆件承受的荷载一般都比较复杂，它们往往不只是发生单一的基本变形，而是同时发生两种或两种以上的基本变形，这类变形称为组合变形。

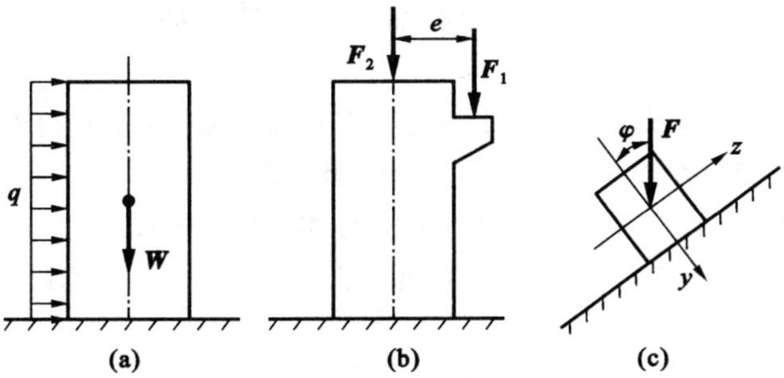

图 10-1

动画 10.1 组合变形的概念

微课 10.1 组合变形的概念

如图 10-1(a)所示的烟囱，除自重 $\boldsymbol{W}$ 引起的轴向压缩外，还有水平方向风力引起的平面弯曲变形，它同时产生了两种基本变形。又如图 10-1(b)所示厂房的牛腿柱，作用在柱子上的荷载 $\boldsymbol{F}_1$ 与 $\boldsymbol{F}_2$ 的合力的作用线不与柱子轴线重合(主要是因为 $\boldsymbol{F}_1$ 的作用线不重合在柱子的轴线上所致)。此时，柱子既产生轴向压缩变形又产生平面弯曲变形。再如斜放在屋架上的檩条[图 10-1(c)],它所承受的竖向荷载的作用线与截面的对称轴 y 和 z 均不重合,使得檩条将发生双向的平面弯曲变形,这类变形称为**斜弯曲**。

分析计算组合变形问题时采用的基本原理就是**叠加原理**。

10.2 斜　弯　曲

如图 10-2(b)所示的悬臂梁,它所受到的外力 $\boldsymbol{F}$ 作用在梁的纵向对称平面内,并与对称轴 y 重合,弯曲变形后的挠曲线也位于其纵向对称平面(xOy)内,该梁产生的平面弯曲问题在前两章里已做过详细的分析和计算。

微课 10.2
斜弯曲

斜弯曲与平面弯曲不同。例如图 10-2(a)所示的矩形截面梁,外力的作用线通过截面的形心但不与截面的对称轴 y(或 z)重合,此梁弯曲后的挠曲线不在纵向对称平面 xOy 或 xOz 内,这类弯曲为斜弯曲。斜弯曲是两个平面弯曲的组合,本节将讨论斜弯曲时梁或杆件在任意横截面上任意一点处的正应力和危险截面上的最大正应力及其强度条件。

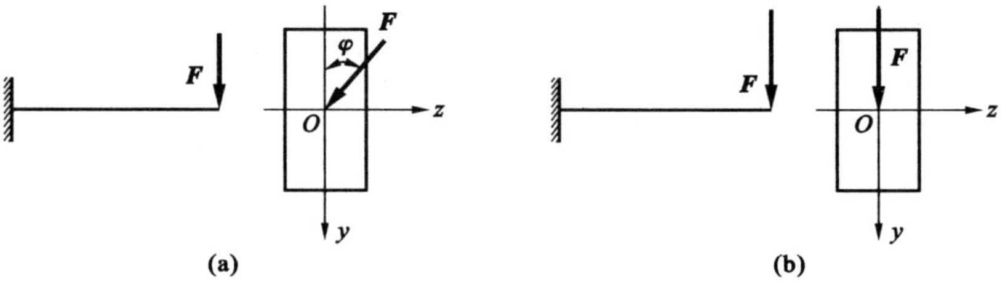

图 10-2

10.2.1　正应力计算

斜弯曲时梁的横截面上同时存在有正应力和切应力,但因切应力值很小,一般不予考虑。下面结合图 10-3(a)所示的矩形截面梁说明斜弯曲时横截面上任一点正应力的计算方法。

如图 10-3(a)所示的斜弯曲梁上,在距右端面为 x 的截面上取任意一点 K。现在来分析 K 点的正应力。

首先将外力 $\boldsymbol{F}$ 沿两个对称轴方向(即形心主惯性轴 y 和 z)分解为 $\boldsymbol{F}_y$ 和 $\boldsymbol{F}_z$。在 $\boldsymbol{F}_y$ 单独作用下,梁于竖直平面(xOy 平面)内发生平面弯曲,此时横截面上某一点的正应力用 σ' 表示;$\boldsymbol{F}_z$ 单独作用下,梁于水平面(xOz 平面)内发生平面弯曲,此时横截面上该点的正应力用 σ'' 表示。横截面在该点的总的正应力为 σ' 和 σ'' 的代数和,即 $\sigma=\sigma'+\sigma''$ 。具体计算过程为:

(1) 外力的分解

$F_y=F\cos\varphi, F_z=F\sin\varphi$,各自重合在坐标轴 y 和 z 上。

(2) 内力的计算

距右端面为 x 的 K 点所在截面上由 $\boldsymbol{F}_y$ 和 $\boldsymbol{F}_z$ 引起的弯矩(绝对值)分别为

$$M_z = F_y x = Fx\cos\varphi = M\cos\varphi$$
$$M_y = F_z x = Fx\sin\varphi = M\sin\varphi$$

式中,M_z 和 M_y 分别是以 z 和 y 为中性轴的弯矩,而 $M=Fx$,说明各截面上的弯矩值都

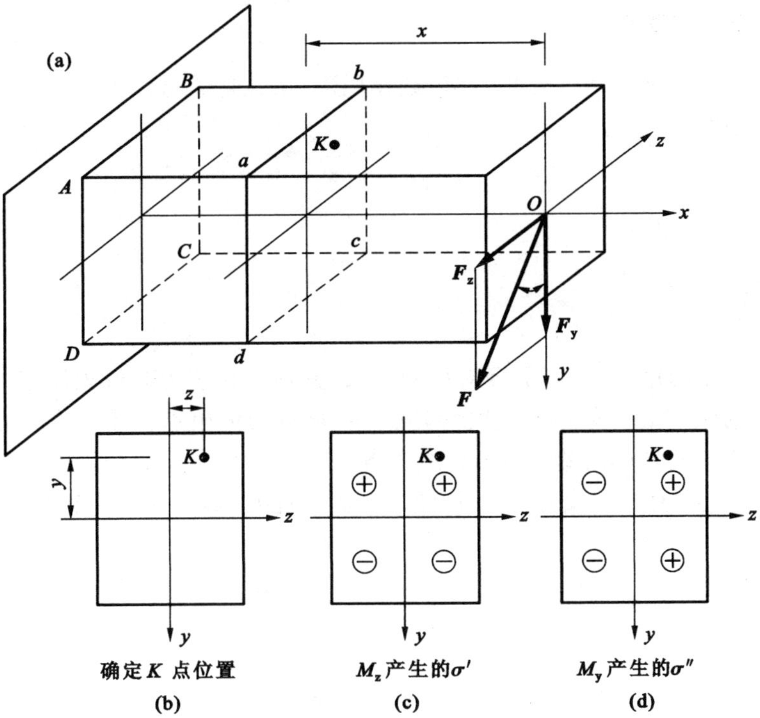

图 10-3

不相等。可见，x 取最大值时弯矩最大，即**危险截面在固定端端面**。

(3) 应力的计算

M_z 和 M_y 在该任意截面任意一点引起的正应力分别为：

$$\sigma' = \pm\frac{M_z}{I_z}\cdot y = \pm\frac{M\cos\varphi}{I_z}\cdot y$$

$$\sigma'' = \pm\frac{M_y}{I_y}\cdot z = \pm\frac{M\sin\varphi}{I_y}\cdot z$$

在 $\boldsymbol{F}_y$ 和 $\boldsymbol{F}_z$ 共同作用下该任意点的正应力为：

$$\sigma = \sigma' + \sigma'' = \pm\frac{M_z}{I_z}\cdot y \pm \frac{M_y}{I_y}\cdot z = M\left(\pm\frac{\cos\varphi}{I_z}\cdot y \pm \frac{\sin\varphi}{I_y}\cdot z\right) \tag{10-1}$$

式中 I_z, I_y——横截面对于 z 轴和 y 轴的惯性矩；

y, z——所求应力点到 z 轴和 y 轴的距离。

★★ 用公式(10-1)计算时，弯矩 M_z、M_y 和坐标 y、z 均以绝对值代入，σ' 和 σ'' 的正负号可根据梁弯曲变形情况和所求应力点的具体位置来确定(拉应力为正，压应力为负)，进而可判断出 σ 的正负。

对于图 10-3 中的 K 点来说，在 $\boldsymbol{F}_y$ 单独作用下，K 点位于 z 轴上方的受拉区，σ' 为正值[图 10-3(c)]；在 $\boldsymbol{F}_z$ 单独作用下，K 点也位于受拉区(y 轴前方)，σ'' 为正值[图 10-3(d)]。且：

$$\sigma' = \frac{M_z\cdot y}{I_z},\quad \sigma'' = \frac{M_y\cdot z}{I_y}$$

$$\sigma_K = \sigma' + \sigma'' = \frac{M_z\cdot y}{I_z} + \frac{M_y\cdot z}{I_y} = M\left(\frac{\cos\varphi}{I_z}\cdot y + \frac{\sin\varphi}{I_y}\cdot z\right)$$

10.2.2　正应力强度条件

斜弯曲梁的正应力强度条件是指：在荷载作用下，梁在危险截面内的最大正应力不能超过材料的许用应力，即

$$|\sigma_{\max}|\leqslant[\sigma]$$

表现为：

$$|\sigma_{\max}^{c}|\leqslant[\sigma_{c}]\quad \sigma_{\max}^{t}\leqslant[\sigma_{t}]$$

或

$$\sigma_{\max}^{-}\leqslant[\sigma_{y}]\quad \sigma_{\max}^{+}\leqslant[\sigma_{t}]$$

对于工程中常用的矩形、工字形等对称截面梁，其最大拉应力和最大压应力之值相等且都发生在危险截面的角点处。即：危险截面对角线的顶点为**危险点**。图 10-3 中由 $\boldsymbol{F}_{y}(M_{z})$引起的最大拉应力 σ'位于危险截面的边缘 AB 线上各点，由 $\boldsymbol{F}_{z}(M_{y})$引起的最大拉应力 σ''位于该截面边缘 BC 线上各点；叠加后，交点 B 处拉应力最大。此时，最大压应力则发生在 D 点。根据式(10-1)，其最大正应力为

$$|\sigma_{\max}^{c}|=\sigma_{\max}^{t}=\sigma_{\max}=\sigma'_{\max}+\sigma''_{\max}=\frac{M_{z,\max}y_{\max}}{I_{z}}+\frac{M_{y,\max}z_{\max}}{I_{y}}\tag{10-2}$$

即

$$\sigma_{\max}=\frac{M_{z,\max}}{W_{z}}+\frac{M_{y,\max}}{W_{y}}$$

梁在斜弯曲时的强度条件为

$$\sigma_{\max}=\frac{M_{z,\max}}{W_{z}}+\frac{M_{y,\max}}{W_{y}}\leqslant[\sigma]\tag{10-3}$$

根据这一强度条件，结合材料的力学性能就可以解决工程中常见的三类问题，即(拉压应力)强度校核、截面设计和确定许用荷载。在选择截面时应注意：因式中存在两个未知的抗弯截面系数 W_{z} 和 W_{y}，需要先确定一个$\frac{W_{z}}{W_{y}}$的比值，然后由式算出 W_{z} 或 W_{y} 的值，再确定截面的具体尺寸。对于不同的截面形状，$\frac{W_{z}}{W_{y}}$的比值可按下述范围选取：

矩形截面：

$$\frac{W_{z}}{W_{y}}=\frac{h}{b}=1.2\sim 2$$

工字形截面：

$$\frac{W_{z}}{W_{y}}=\frac{h}{b}=8\sim 10$$

槽钢截面：

$$\frac{W_{z}}{W_{y}}=\frac{h}{b}=6\sim 8$$

★★　当梁材料的许用拉压应力不相等时，按式(10-2) 算得的最大实际拉压应力分别建立两个强度不等式即可。

【例 10-1】　由 25a 号工字钢($W_{z}=401.88\ \text{cm}^{3}$，$W_{y}=48.283\ \text{cm}^{3}$)制成的简支梁如图 10-4 所示。作用在跨中截面的集中荷载 $F=5$ kN，其作用线与截面的形心主轴 y 的夹角为$\alpha=30°$，

许用应力$[\sigma]=160$ MPa,试校核此梁的强度。

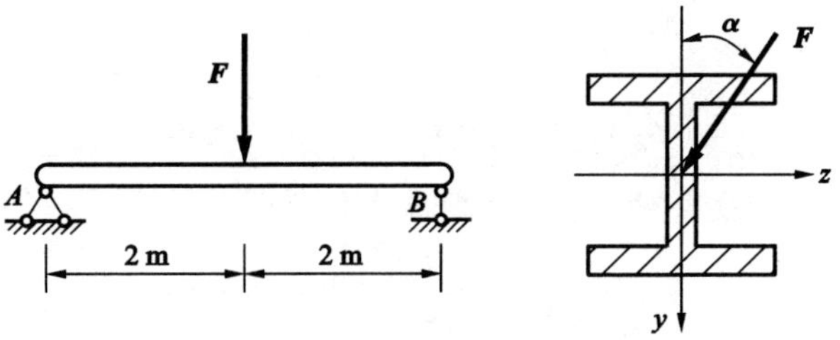

图 10-4

【解】

(1) 将 $\boldsymbol{F}$ 沿对称轴 y 轴和 z 轴分解为 $\boldsymbol{F}_y$ 和 $\boldsymbol{F}_z$ 两个分量,且有:

$$F_y = F\cos30° = 5\times0.866 = 4.33\ \text{kN}$$
$$F_z = F\sin30° = 5\times0.5 = 2.5\ \text{kN}$$

$\boldsymbol{F}_y$ 和 $\boldsymbol{F}_z$ 在跨中截面处产生最大弯矩值,且:

$$M_{z,\max} = \frac{1}{4}F_y l = 4.33\ \text{kN}\cdot\text{m}$$

$$M_{y,\max} = \frac{1}{4}F_z l = 2.5\ \text{kN}\cdot\text{m}$$

(2) 计算最大正应力

$$\begin{aligned}\sigma_{\max} &= \frac{M_{z,\max}}{W_z}+\frac{M_{y,\max}}{W_y}\\ &= \frac{4.33\ \text{kN}\cdot\text{m}}{401.88\ \text{cm}^3}+\frac{2.5\ \text{kN}\cdot\text{m}}{48.283\ \text{cm}^3}\\ &= \left(\frac{4.33\times10^6}{401.88\times10^3}+\frac{2.5\times10^6}{48.283\times10^3}\right)\left(\frac{\text{N}\cdot\text{mm}}{\text{mm}^3}\right)\\ &= 62.55\ \text{MPa}\end{aligned}$$

足见:$\sigma_{\max}<[\sigma]$满足强度要求。

★★ 学好斜弯曲的关键还是要掌握基本变形——平面弯曲横截面上正应力的计算。

【例 10-2】 矩形截面木檩条承受均布荷载作用,如图 10-5 所示。已知 $q=800$ N/m,$L=3$ m,$\alpha=26°34'$,$[\sigma]=12$ MPa,试按正应力强度条件选择此檩条的截面尺寸。

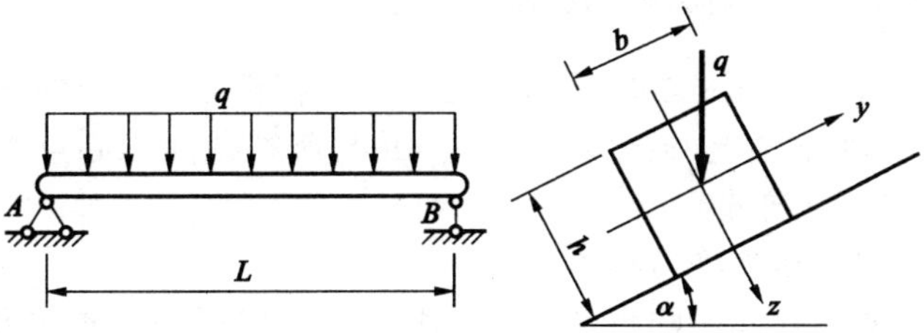

图 10-5

【解】

(1) 将 q 沿对称轴 y 轴和 z 轴分解为 q_y 和 q_z 两个分量:

$$q_y = q\sin\alpha = 800\times0.477 = 358\ \text{N/m}$$
$$q_z = q\cos\alpha = 800\times0.894 = 715\ \text{N/m}$$

q_y 和 q_z 分别产生的最大弯矩(位于檩条的跨中截面上)的值为：

$$M_{z,\max} = \frac{1}{8} q_y L^2 = 403\ \text{N} \cdot \text{m}$$

$$M_{y,\max} = \frac{1}{8} q_z L^2 = 804\ \text{N} \cdot \text{m}$$

(2) 根据式(10-3)的强度条件,先假设截面的高宽比：

$$\frac{W_y}{W_z} = \frac{h}{b} = 1.5$$

代入式(10-3),有

$$\sigma_{\max} = \frac{M_{z,\max}}{W_z} + \frac{M_{y,\max}}{W_y} = \frac{403}{W_z} + \frac{804}{1.5W_z} \leqslant [\sigma] = 12 \times 10^6$$

得

$$W_z \geqslant 78.3 \times 10^{-6}\ \text{m}^3$$

由

$$W_z = \frac{1}{6} b^2 h = \frac{1.5}{6} b^3$$

得

$$b \geqslant 6.79 \times 10^{-2}\ \text{m}$$

则

$$h = 1.5b = 0.102\ \text{m}$$

故选用:$b=70$ mm,$h=102$ mm 的矩形截面。

★★　截面上的坐标轴取名可以不同但不会改变对于最大正应力的叠加计算结果。

10.3　偏心压缩

微课 10.3
偏心压缩

作用在杆件上的压力,当其作用线与杆件的轴线平行但不重合时[图 10-1(b)],杆件就受到偏心压缩。偏心压缩也是一种组合变形,它可分解为轴向压缩和平面弯曲两种基本变形。

★★　可运用力的平移定理和叠加原理来分析、解决这类型的问题。

10.3.1　单向偏心压缩

在图 10-6 中,矩形截面杆受平行于杆件轴线(x)的压力 $\boldsymbol{F}$ 作用。$\boldsymbol{F}$ 的作用点在截面的一个对称轴 y 轴上(或是在 z 轴上)并与所在截面形心点 O 之间的距离为 e(称为偏心距),这类压缩称为单向偏心压缩。

★★　当 $\boldsymbol{F}$ 为拉力时,称为单向偏心拉伸。

计算时,先将力 $\boldsymbol{F}$ 平移到截面的形心处,使其作用线与杆件的轴线重合。由力的平移定理可知,平移后得到一个力 $\boldsymbol{F}'$($F'=F$)和一个力偶矩为 $M_z=Fe$ 的力偶。此时,力 $\boldsymbol{F}'$ 使杆件发生轴向压缩,M_z 使杆件绕 z 轴发生平面弯曲。由此可见,单向偏心压缩就是轴向压缩与平面弯曲的组合变形,而且杆件上的各个横截面具有相等的内力,且:$F_N=-F$,$M_z=Fe$。

杆件在任意横截面上任意一点处的正应力为

$$\sigma = \sigma' + \sigma'' = \frac{F_N}{A} \pm \frac{M_z y}{I_z} = -\frac{F}{A} \pm \frac{M_z y}{I_z} \tag{10-4}$$

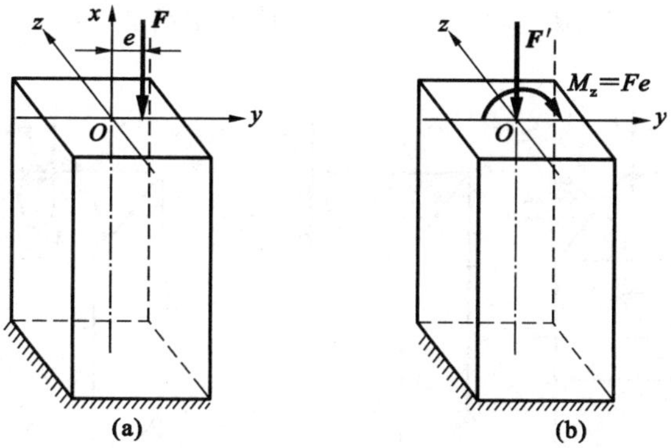

图 10-6

式中:第一项 σ' 为轴向压力 $\boldsymbol{F}_N$ 产生的压应力,用负号表示;第二项 σ'' 则是由 M_z 产生的弯曲正应力,有拉、压应力两种情形(正负两种),计算时应视被计算点相对于中性轴的位置来确定该项应力值的正负。可见:

单向偏心压缩时,最大正应力 σ_{max} 出现在 σ'' 为"正"的受拉区域的边界点处。但是,σ_{max} 的正负号需由 σ' 和 σ'' 叠加的结果确定。在图 10-6 中,最大正应力发生在横截面的最左棱边边缘处各点,其值为

$$\sigma_{max} = -\frac{F}{A} + \frac{M_z y_{max}}{I_z} = -\frac{F}{A} + \frac{M_z}{W_z}$$

此时,截面上的最小正应力同时是最大压应力(发生在横截面最右棱边各点),其值为:

$$\sigma_{min} = \sigma_{max}^{c} = -\frac{F}{A} - \frac{M_z}{W_z}$$

当最大和最小应力值均在相应的许用值之内时,杆件就满足了正应力的强度条件

$$|\sigma_{min}^{max}| = \left| -\frac{F}{A} \pm \frac{M_z}{W_z} \right| \leqslant [\sigma] \tag{10-5}$$

10.3.2 双向偏心压缩

如图 10-7(a)所示的偏心受压杆件,平行于轴线的偏心压力 $\boldsymbol{F}$ 的作用点是在到 z 轴、y 轴的距离分别为 e_y 和 e_z 的某一点处,这类偏心压缩称为双向偏心压缩(当 $\boldsymbol{F}$ 为拉力时,称为双向偏心拉伸。在这里不予讨论)。

发生双向偏心压缩时,杆件横截面上任一点正应力的计算方法,与单向偏心压缩时类似,仍要将力 $\boldsymbol{F}$ 平移到截面的形心处,使其作用线与杆件轴线重合。但为了计算和分析的方便,须先将力 $\boldsymbol{F}$ 平移至 y 轴上一点处得到同样大小的力 $\boldsymbol{F}'$ 和力偶矩 $M_y = Fe_z$[图 10-7(b)],之后再将作用在 y 轴上的 $\boldsymbol{F}'$ 平移至截面形心,又得 $\boldsymbol{F}''$ 和一附加力偶矩 $M_z = Fe_y$[图 10-7(c)]。此时,平移后的力 $\boldsymbol{F}''$ 使杆件发生轴向压缩,M_z 使杆件绕 z 轴发生平面弯曲,M_y 使杆件绕 y 轴发生平面弯曲。所以,双向偏心压缩实际上是轴向压缩与两个平面弯曲(斜弯曲)的组合变形。由于 F_N、M_z、M_y 均为常数,使各截面具有了相同的内力,而任一点的正应力就都由三部分叠加组成。每一部分的应力分布情况如下:第一部分见图 10-7(d),只有 F,截面应力分布情况见图 10-7(g);第二部分见图 10-7(e),只有 M_y,其截面应力分布情况见图 10-7(h);第三部分见图 10-7(f),只有 M_z,其截面应力分布情况见图 10-7(i)。

现在从任一截面的第三象限内取一点 K(到 y 轴的距离为 z，到 z 轴的距离为 y)，K 点的正应力为：

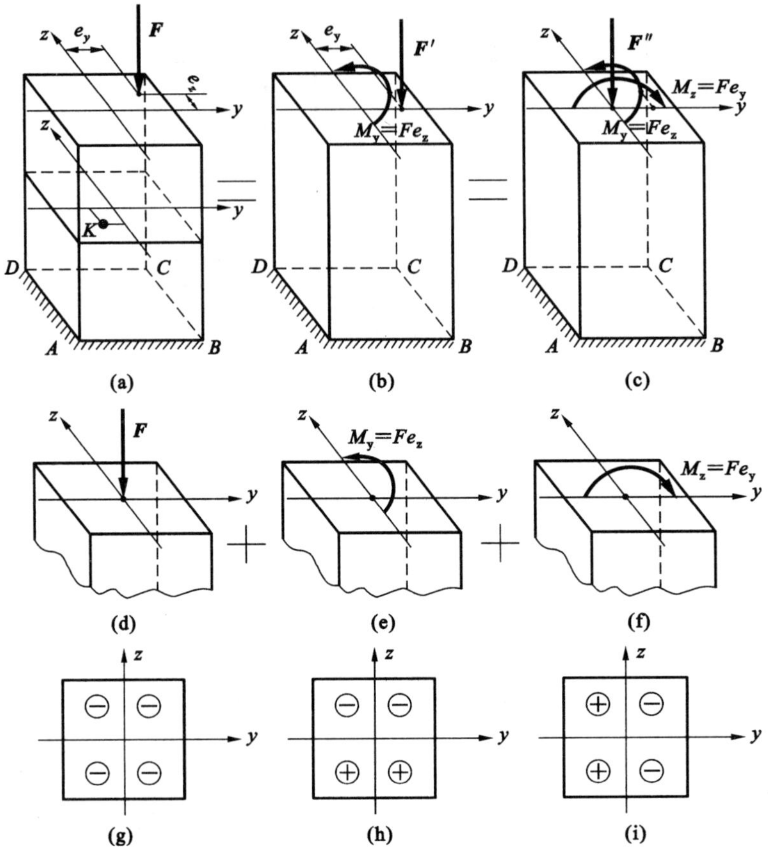

图 10-7

(1) 在轴向压力 $\boldsymbol{F}'$ 作用下，横截面上点 K 的正应力为：$\sigma'=\dfrac{F_N}{A}=-\dfrac{F}{A}$(压应力)。

(2) 弯矩 M_z 在 K 点所引起的正应力为：$\sigma''=\dfrac{M_z \cdot y}{I_z}$(拉应力为"+")。

(3) 弯矩 M_y 在 K 点所引起的正应力为：$\sigma'''=\dfrac{M_y \cdot z}{I_y}$(拉应力为"+")。

(4) 根据叠加原理，$\boldsymbol{F}'$、M_z 和 M_y 共同作用下，横截面上该任意点 K 的总应力为：

$$\sigma_K=\sigma'+\sigma''+\sigma'''=-\frac{F}{A}+\frac{M_z \cdot y}{I_z}+\frac{M_y \cdot z}{I_y}$$

对于任意截面上的任意一点来说，在两个平面弯曲中都有出现拉应力或压应力的可能性，其正应力的通用式则可写为：

$$\sigma=-\frac{F}{A}\pm\frac{M_z \cdot y}{I_z}\pm\frac{M_y \cdot z}{I_y} \tag{10-6}$$

式中第 1 项为负，第 2 项和第 3 项的正负则必须根据点的位置，由两个平面弯曲变形产生应力的拉或压来直接判断。作为安全的保障，横截面上叠加后的实际最大和最小正应力(可能的最大拉应力和最大压应力)都应在相应的许用值之内。即

$$\left|\sigma_{\min}^{\max}\right| = \left|-\frac{F}{A} \pm \frac{M_z}{W_z} \pm \frac{M_y}{W_y}\right| \leqslant [\sigma] \tag{10-7}$$

对于矩形、工字形等具有两个对称轴的截面，最大正应力和最大压应力仍发生在横截面的对角点处。从图 10-7 还可看出：该双向偏心受压柱上各横截面的最大和最小正应力均发生在截面的左前、右后位置的对角线顶点处。该柱子的左前与右后两棱线上各点（如底部截面标有 A、C 的棱线）就是最大和最小应力所在处。

★★ 双向偏心压缩是轴向压缩和斜弯曲的组合。

【例 10-3】 矩形截面单向偏心受压杆，如图 10-8 所示，力 $\boldsymbol{F}$ 的作用点位于截面的 y 轴上，$\boldsymbol{F}$、b、h 均为已知，试求杆件横截面上不出现拉应力时的最大偏心距 e。

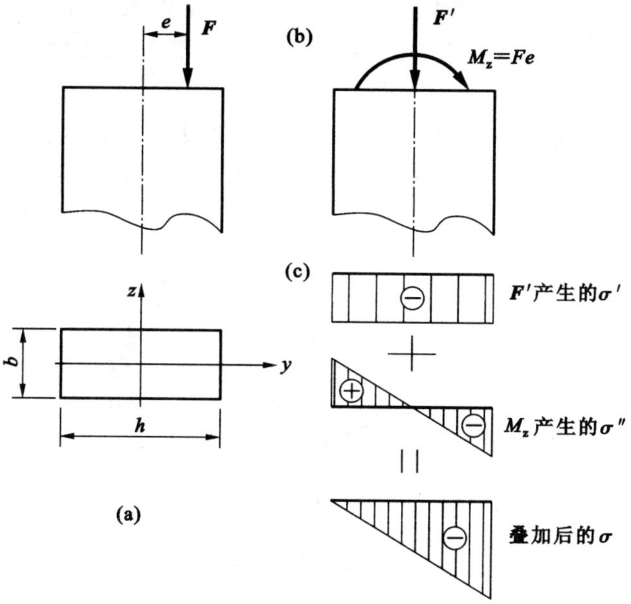

图 10-8

【解】

将力 $\boldsymbol{F}$ 平移到截面的形心处并附加一个 $M=M_z=Fe$ 的力偶矩，可以看出：杆的变形为压弯组合变形。

(1) 在平移后的 $\boldsymbol{F}'$ 单独作用下，杆件产生轴向压缩。截面上各点的正应力均为

$$\sigma' = \frac{F_N}{A} = -\frac{F}{bh}$$

(2) 在 M_z 单独作用下，杆件的平面弯曲以 z 轴为中性轴。横截面上位于 z 轴左侧各点受拉，最大拉应力发生在截面的左边棱线处，其值为：

$$\sigma'' = \frac{M_z}{W} = \frac{Fe}{\frac{1}{6}bh^2}$$

欲使截面上不出现拉应力，应使 $\boldsymbol{F}'$ 和 M_z 共同作用下横截面左边缘处的正应力小于或等于零，即

$$\sigma_{\max} = \sigma' + \sigma'' = -\frac{F}{bh} + \frac{Fe}{\frac{1}{6}bh^2} \leqslant 0$$

从而解得

$$e \leqslant \frac{h}{6}$$

即：最大偏心距为 $h/6$ 时，方可保证截面各点不会受到拉应力作用。

★★　当压力在另一轴上单向偏心时，若截面上不出现拉应力，偏心距 $e \leqslant b/6$。

10.3.3　截面核心

通过前面的分析可知，当偏心压力 $\boldsymbol{F}$ 的偏心距小于某一值时，横截面上的正应力全部为压应力（$\sigma_{\max} \leqslant 0$），而且不出现拉应力的条件（偏心距 e）与压力 $\boldsymbol{F}$ 的大小无关。这个规律告诉我们，不论是单向偏心压缩还是双向偏心压缩，在截面形心附近总可以找到一个小区域，只要纵向偏心压力的作用点位于该区域内，杆件截面上就只产生压应力而不出现拉应力。通常将这个小的区域称为**截面核心**。

工程中的某些材料如砖、石、混凝土等，其抗拉能力远低于抗压能力，对于由这类材料制成的偏心受压杆件，当偏心压力作用在截面核心区域内时，杆件截面上就不会出现拉应力。

工程中常见的圆形、矩形、工字形截面的截面核心形状，如图 10-9 所示。

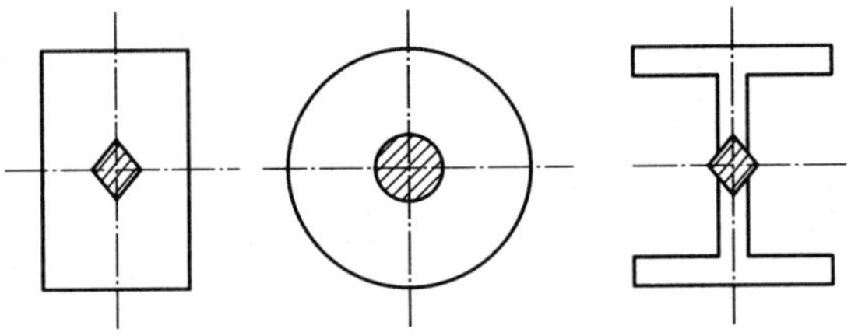

图 10-9

本章要点提示

(1) 组合变形是由两种以上的基本变形组合而成的。解决组合变形问题的基本原理是叠加原理。解决组合变形问题的关键在于将组合变形分解为有关的基本变形。

(2) 组合变形的计算步骤：

① 简化或分解外力。目的是使每一个外力分量只产生一种基本变形。通常是将横向力沿截面形心主轴分解；纵向力向截面形心平移。

② 分析内力。按分解后的基本变形计算指定截面或危险截面的内力，明确危险截面的位置及危险截面上内力的方向。

③ 分析应力。按各基本变形计算指定点或危险点的正应力，明确危险点的位置，并用叠加法求出危险点实际正应力的大小，从而建立强度条件。

(3) 主要公式

① 斜弯曲是两个相互垂直平面内的平面弯曲组合。强度条件为：

$$\sigma_{\max} = \frac{M_{z,\max}}{W_z} + \frac{M_{y,\max}}{W_y} \leqslant [\sigma]$$

② 单向偏心压缩分解为轴向压缩与一个平面弯曲的组合，其强度条件为：

$$\left|\sigma_{\min}^{\max}\right| = \left|\frac{F_N}{A} \pm \frac{M_{z,\max}}{W_z}\right| = \left|-\frac{F}{A} \pm \frac{M_{z,\max}}{W_z}\right| \leqslant [\sigma]$$

③ 双向偏心压缩分解为轴向压缩与两个平面弯曲的组合，其强度条件为：

$$\left|\sigma_{\min}^{\max}\right| = \left|-\frac{F}{A} \pm \frac{M_z}{W_z} \pm \frac{M_y}{W_y}\right| \leqslant [\sigma]$$

在用上式进行应力计算时，各基本变形的应力正负号最好根据其变形情况直接确定，以避免在叠加过程中发生错误。

(4) 截面核心

当偏心压力的作用点位于截面形心周围的一个区域内时，横截面上只有压应力而没有拉应力，这个区域就是截面核心。

对组合变形进行复习归纳(填表 10-1)。

表 10-1 组合变形复习归纳

组合变形	受力特点与组成	危险截面上的内力	最大(小)正应力
斜弯曲			
单向偏心压缩			
双向偏心压缩			

复 习 题

10-1 分析图 10-10 所示结构中各杆件的变形情况。

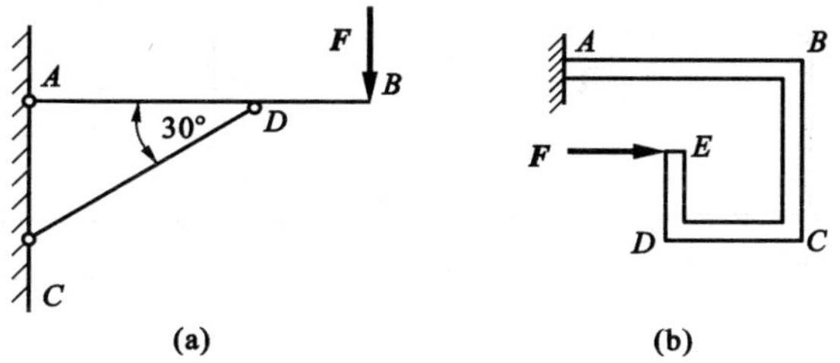

图 10-10

10-2 分析图 10-11 所示柱子的变形，指出危险截面和危险点的位置。

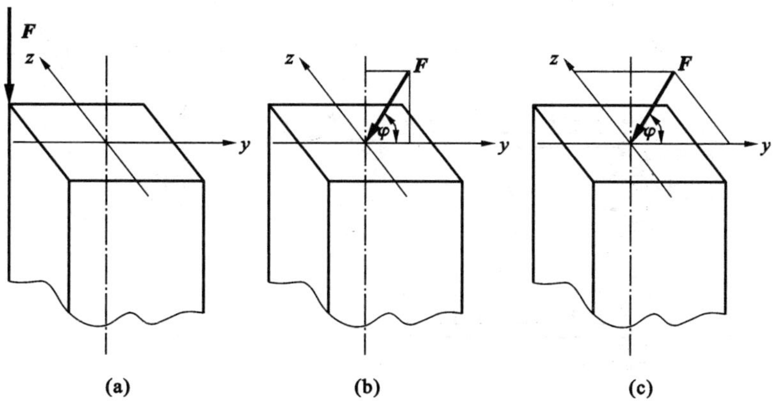

图 10-11

10-3 如图 10-12 所示的简支梁，跨中作用集中力 $F=7$ kN，它与横截面铅垂对称轴的夹角 $\alpha=20°$，已知 $[\sigma]=160$ MPa，试校核该简支梁的正应力强度。

10-4　承受均布荷载的矩形截面简支梁如图 10-13 所示，q 的作用线通过截面形心且与 y 轴夹角 $\alpha=15°$，已知 $l=4$ m，$b=80$ mm，$h=120$ mm，材料的许用应力$[\sigma]=160$ MPa。试求梁所能承受的最大荷载 q_{max}。

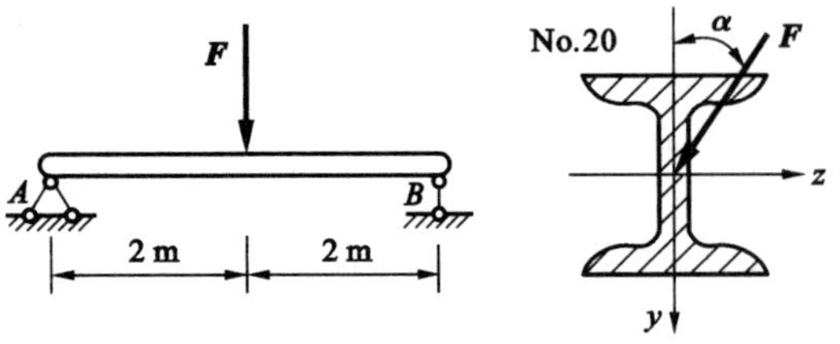

图 10-12

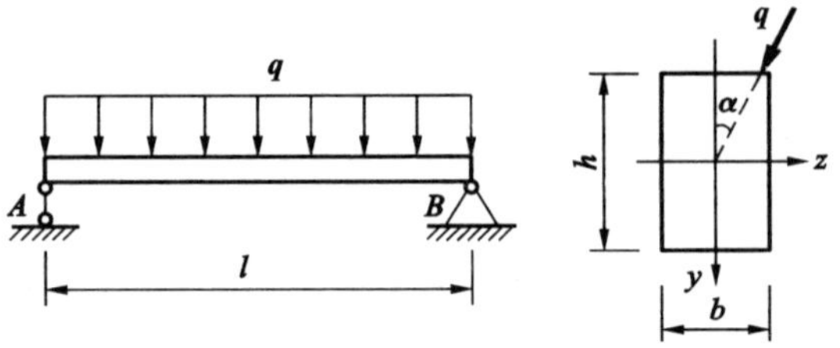

图 10-13

10-5　一矩形截面轴向受压杆如图 10-14 所示，在中间某处挖一槽口，已知 $F=20$ kN，$b=160$ mm，$h=240$ mm，槽口深 $h_1=60$ mm。试求槽口处横截面 $m—m$ 上的最大压应力。

10-6　矩形截面厂房柱如图 10-15 所示，其中 $F_1=100$ kN，$F_2=45$ kN，F_2 与柱轴线偏心距 $e=200$ mm，截面宽 $b=200$ mm，当柱截面上不出现拉应力时，截面高 h 应为多少？此时最大压应力为多大？

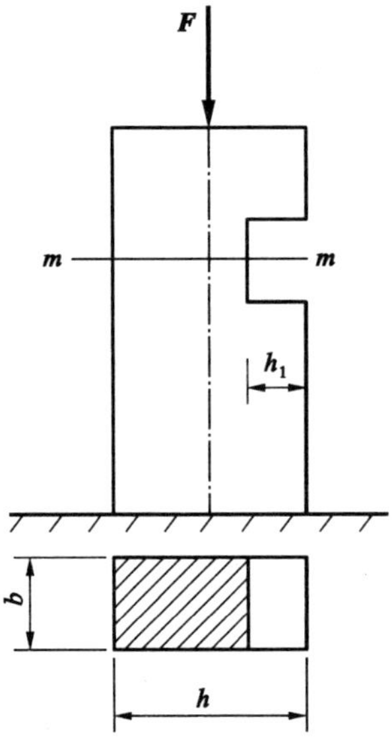

图 10-14

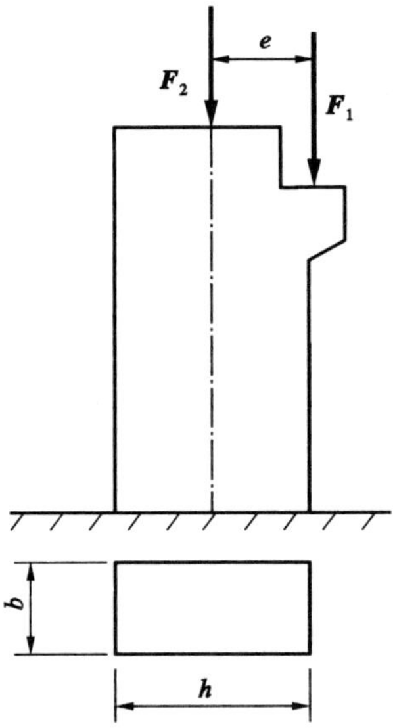

图 10-15

10-7　图 10-16 中对于组合变形的拆解分析是否正确？该杆件上的最大、最小正应力分别等于多少？

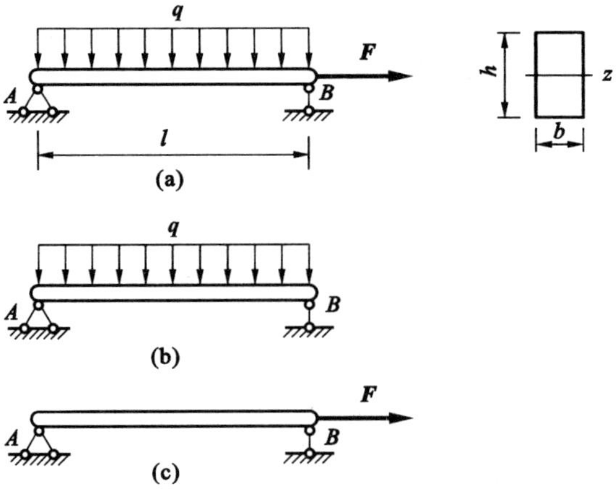

图 10-16

11 压杆稳定

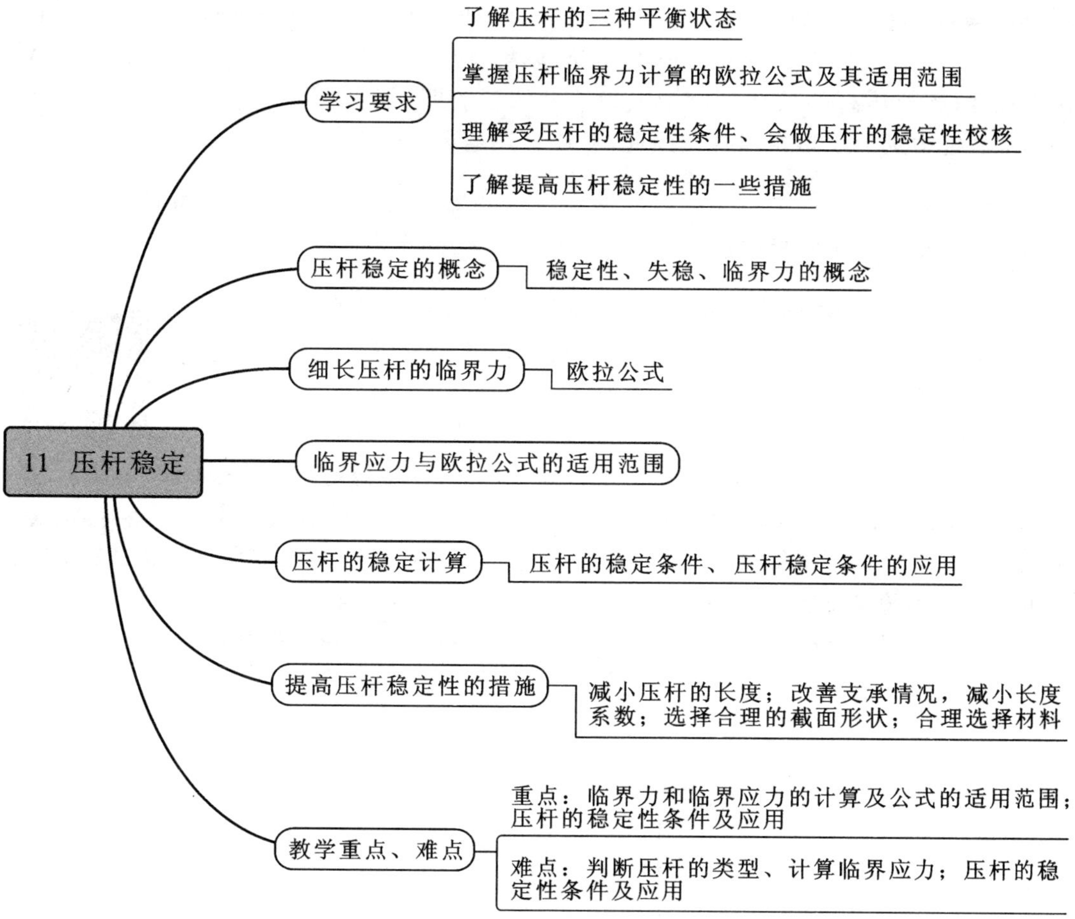

11.1 压杆稳定的概念

工程中设计受压杆件时，除考虑强度外，还需要考虑它的稳定问题。

11.1.1 稳定问题的提出

在第 5 章中对受压杆件的研究，是从强度观点出发的，认为只要满足压缩强度条件，就可以保证压杆的正常工作。但是，对受压杆件的破坏分析表明，许多压杆是在满足了强度条件的情况下发生破坏的。如一根宽 30 mm、厚 10 mm的矩形截面杆，对其施加轴向压力（图 11-1）。设材料的抗压强度 $\sigma_c =$ 20 MPa，当杆很短［图 11-1(a)］时，将杆压坏所需的压力为 $F_P = \sigma_c A =$

动画 11.1
稳定问题的提出

微课 11.1　稳定问题的提出

6000 N，但杆长为 1 m 时[图 11-1(b)]，则不到 40 N的压力杆件就会产生弯曲变形而失去工作能力。这说明，细长压杆丧失工作能力是压杆不能维持其原有直杆的平衡状态所致，这种现象称为**丧失稳定**，简称**失稳**。由此可见，材料及横截面均相同的压杆，由于长度不同，其抵抗外力的能力将发生根本改变：短粗压杆的破坏取决于强度；细长压杆的破坏是由于失稳。上例还表明，细长压杆的承载能力远低于短粗压杆。因此，对压杆还需要研究其稳定性。

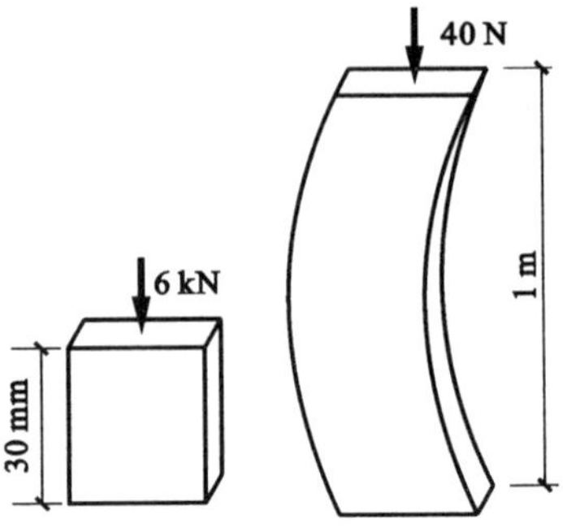

(a)　(b)

图 11-1

11.1.2　压杆稳定的相关概念

动画 11.2　压杆的平衡状态及临界力

图 11-2(a)为一等截面中心受压杆，此杆在 $\boldsymbol{F}_P$ 作用下保持直线状态，无论压力多大，在直线状态下总是满足静力平衡条件的。但该平衡状态有稳定和不稳定两种状态之分。对该杆施加横向干扰后待其产生微弯[图 11-2(b)]，然后撤除干扰。当 $\boldsymbol{F}_P$ 不超过某一值 $\boldsymbol{F}_{cr}$时，撤除干扰后，杆能恢复到原来的直线形状[图 11-2(c)]，此时杆的平衡是稳定的，称为**稳定平衡状态**；当 $\boldsymbol{F}_P$ 值超过某一值 $\boldsymbol{F}_{cr}$时，即便撤除干扰，杆也不能恢复原有的直线状态，只能在一定弯曲变形下平衡[图 11-2(d)]，甚至折断，此时称杆的原有直线状态的平衡为**不稳定平衡**。

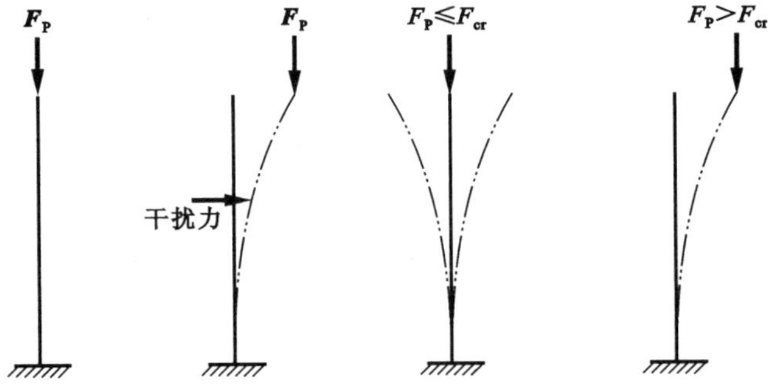

(a)　(b)　(c)　(d)

图 11-2

由此可知，压杆的直线平衡状态是否稳定，与压力 $\boldsymbol{F}_P$ 的大小有关。当压力 $\boldsymbol{F}_P$ 逐渐增大至某一特定值 $\boldsymbol{F}_{cr}$时，压杆将从稳定平衡过渡到不稳定平衡，此时称为**临界状态**。压力 $\boldsymbol{F}_{cr}$称为压杆的**临界压力**。当外力达到此值时，压杆即开始丧失稳定。

在工程史上，就曾经发生过不少这类满足强度条件的压杆突然破坏而导致整个结构毁坏的事件。如 1907 年北美洲魁北克圣劳伦斯河上的一座五百多米长的钢桥在施工中，由于其桁架中的受压杆失稳而造成突然坍塌。1925 年苏联的莫兹尔桥及 1940 年美国的塔科马桥的毁坏，都是压杆失稳造成的重大工程事故。因此，在设计压杆时，必须进行稳定计算。

11.2 细长压杆的临界力

如前所述，判断压杆是否会丧失稳定，主要取决于压力是否达到了临界力值。因此，确定压杆的临界力是解决压杆稳定问题的关键。

不同支承对杆件的变形起不同的作用。因此，同一受压杆当两端的支承情况不同时，其临界力值必然不同。各种不同支承情况下压杆临界力的欧拉公式见表 11-1。

微课 11.2 临界力和临界应力

表 11-1 各种不同支承情况下等截面细长杆的临界力公式表

杆端约束情况	两端铰支	一端固定，另一端自由	一端固定，另一端铰支	两端固定
挠曲线形状	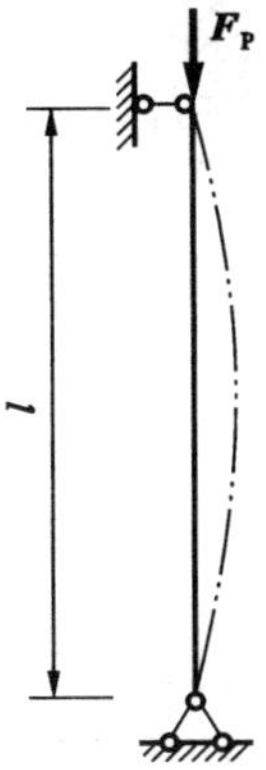	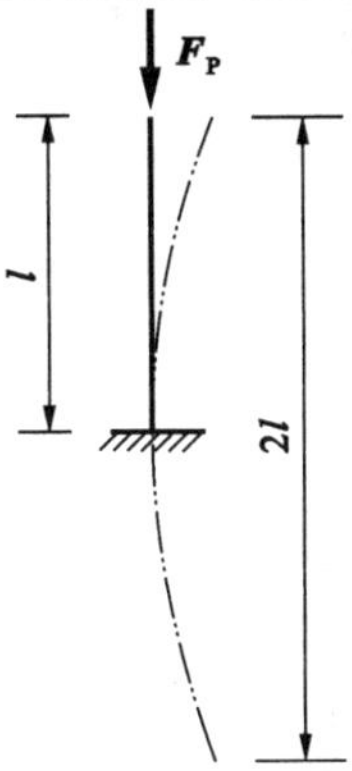	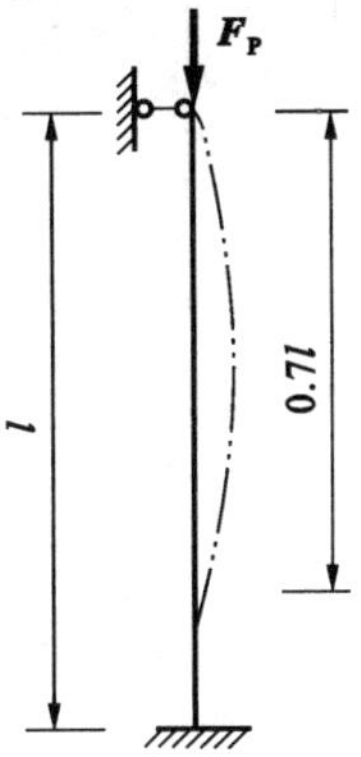	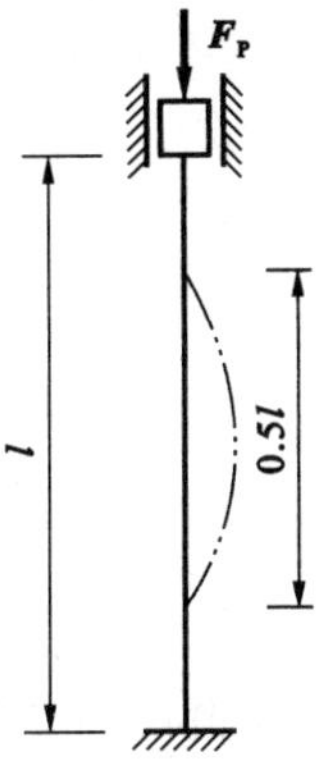
临界力公式	$F_{cr}=\dfrac{\pi^2 EI}{l^2}$	$F_{cr}=\dfrac{\pi^2 EI}{(2l)^2}$	$F_{cr}=\dfrac{\pi^2 EI}{(0.7l)^2}$	$F_{cr}=\dfrac{\pi^2 EI}{(0.5l)^2}$
长度系数 μ	1.0	2.0	0.7	0.5

从表 11-1 中可以看到，各临界力的欧拉公式中，只是分母中 l 前边的系数不同，因此，可以写成统一形式，即

$$F_{cr}=\frac{\pi^2 EI}{(\mu l)^2} \tag{11-1}$$

式中 EI——压杆的抗弯刚度；

I——惯性矩，当压杆在各个方向的支承相同时，压杆将在 EI 值较小平面内失稳，所以，I 应为压杆横截面的最小形心主惯性矩 I_{min}；

μl——计算长度（μ 称为长度系数）。

式(11-1)即为不同支承压杆的临界力计算式，又称为欧拉公式。各种支承情况下等截面细长杆的临界力公式见表 11-1。

【例 11-1】 一根两端铰支的 20a 工字钢细长压杆，长 $l=3$ m，钢的弹性模量 $E=200$ GPa。试计算其临界力。

【解】

查型钢表得 $I_z=2370\ \text{cm}^4$，$I_y=158\ \text{cm}^4$，应取小值。

按式(11-1)计算，得

$$F_{cr}=\frac{\pi^2 EI}{l^2}=\frac{\pi^2\times 200\times 10^9\times 158\times 10^{-8}}{3^2}=347\times 10^3\ \text{N}=347\ \text{kN}$$

由此可知,若轴向压力超过 346 kN,此杆会失稳。

【例 11-2】 一矩形截面的中心受压的细长木柱,长 $l=8$ m,柱的支承情况为:在最大刚度平面内弯曲时为两端铰支[图 11-3(a)];在最小刚度平面内弯曲时为两端固定[图 11-3(b)]。木材的弹性模量 $E=10$ GPa,试求木柱的临界力。

【解】

由于最大刚度平面与最小刚度平面内的支承情况不同,所以需分别计算。

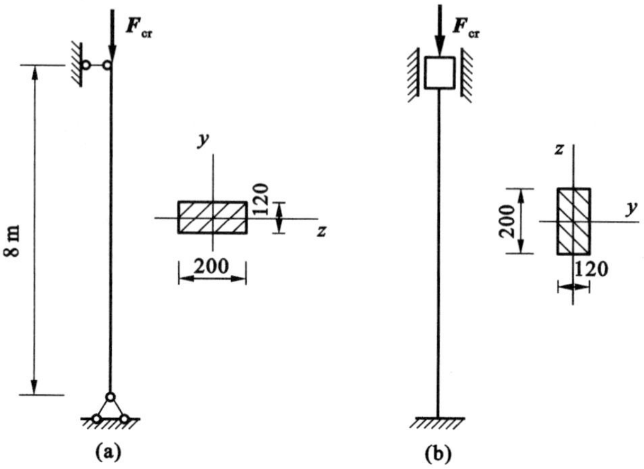

图 11-3

(1) 计算最大刚度平面内的临界力。

考虑压杆在最大刚度平面内失稳时,由图 11-3(a)可知截面的惯性矩为:

$$I_y = \frac{120 \times 200^3}{12} = 8 \times 10^7\ \text{mm}^4 = 8 \times 10^{-5}\ \text{m}^4$$

两端铰支,长度系数 $\mu=1$,代入式(11-1),得

$$F_{cr} = \frac{\pi^2 EI}{l^2} = \frac{3.14^2 \times 10 \times 10^9 \times 8 \times 10^{-5}}{(1 \times 8)^2} = 123 \times 10^3\ \text{N} = 123\ \text{kN}$$

(2) 计算最小刚度平面内的临界力。

由图 11-3(b)可知,截面惯性矩为:

$$I_z = \frac{200 \times 120^3}{12} = 2.88 \times 10^7\ \text{mm}^4 = 2.88 \times 10^{-5}\ \text{m}^4$$

两端固定,长度系数 $\mu=0.5$,代入式(11-1),得

$$F_{cr} = \frac{\pi^2 EI}{(\mu l)^2} = \frac{3.14^2 \times 10 \times 10^9 \times 2.88 \times 10^{-5}}{(0.5 \times 8)^2} = 177 \times 10^3\ \text{N} = 177\ \text{kN}$$

比较计算结果可知,第一种情况的临界力小,所以压杆失稳时将在最大刚度平面内产生弯曲。

★★ 当在最小刚度平面与最大刚度平面内支承情况不同时,压杆不一定在最小刚度平面内失稳,必须经过具体计算后才能确定其失稳情况。

11.3 临界应力与欧拉公式的适用范围

11.3.1 临界应力

当压杆在临界力 F_{cr} 作用下处于平衡时,其横截面上的压应力为$\frac{F_{cr}}{A}$,此压应力称为临界应

力，用 σ_{cr} 表示，即

$$\sigma_{cr}=\frac{\pi^2 EI}{(\mu l)^2 A} \tag{11-2}$$

令

$$i=\sqrt{\frac{I}{A}} \quad (i\text{ 为惯性半径})$$

则式(11-2)可改写为

$$\sigma_{cr}=\frac{\pi^2 Ei^2}{(\mu l)^2}=\frac{\pi^2 E}{\left(\frac{\mu l}{i}\right)^2} \tag{11-3}$$

再令

$$\lambda=\frac{\mu l}{i}$$

则式(11-3)又可写为

$$\sigma_{cr}=\frac{\pi^2 E}{\lambda^2} \tag{11-4}$$

式(11-4)称为**欧拉临界应力公式**，实际是欧拉公式(11-1)的另一种表达形式。

$\lambda=\frac{\mu l}{i}$，称为**柔度或长细比**。柔度 λ 与 μ、l、i 有关。i 取决于压杆的截面形状与尺寸，μ 则取决于压杆的支承情况。因而从物理意义上看，λ 综合地反映了压杆的长度、截面形状与尺寸以及支承情况对临界应力的影响。从式(11-4)可看到，当 E 值一定时，σ_{cr} 与 λ^2 成反比。这表明，对由一定材料制成的压杆来说，临界应力 σ_{cr} 仅取决于柔度 λ，λ 值越大则 σ_{cr} 越小，压杆就容易失稳。

11.3.2 欧拉公式的适用范围

因为杆件只能发生弹性范围内的小变形，所以，压杆的变形也应满足胡克定律：

$$\sigma=E\varepsilon$$

因此，欧拉公式的适用范围是：压杆的应力不超过材料的比例极限。即

$$\sigma_{cr}\leqslant\sigma_p \tag{11-5}$$

将式(11-5)代入式(11-4)，可求得对应于比例极限的长细比为：

$$\lambda_p=\pi\sqrt{\frac{E}{\sigma_p}} \tag{11-6}$$

因此，欧拉公式的适用范围可以用压杆的长细比 λ_p 来表示，即只有当压杆的实际柔度 $\lambda\geqslant\lambda_p$ 时，欧拉公式才适用。这一类压杆称为**大柔度杆或细长杆**。

如 Q235 钢，弹性模量 $E=200$ GPa，比例极限 $\sigma_p=200$ MPa，将其代入式(11-6)后可算得 $\lambda_p=100$。就是说，以 Q235 钢制成的压杆，其柔度 $\lambda\geqslant100$ 时才能应用欧拉公式计算其临界力。

11.3.3 超出比例极限时压杆的临界应力、临界应力总图

压杆的应力超出比例极限($\lambda<\lambda_p$)时，这类杆件在工程上称为**中柔度杆**。此类压杆的稳定称为弹塑性稳定，对于其临界应力的计算各国多采用以试验为基础的经验公式。我国根据自己的试验建立的抛物线公式为：

$$\sigma_{cr}=a-b\lambda^2 \tag{11-7}$$

式中 λ——压杆的柔度；

a,b——与材料有关的常数。

如对于 Q235 钢有

$$\sigma_{cr} = 235 - 0.00668\lambda^2 \quad (\text{Q235 钢}) \tag{11-8}$$

由式(11-4)、式(11-7)可知，压杆不论处于弹性阶段还是弹塑性阶段，其临界应力均为压杆柔度的函数，临界应力 σ_{cr} 与柔度 λ 的函数曲线称为**临界应力总图**。

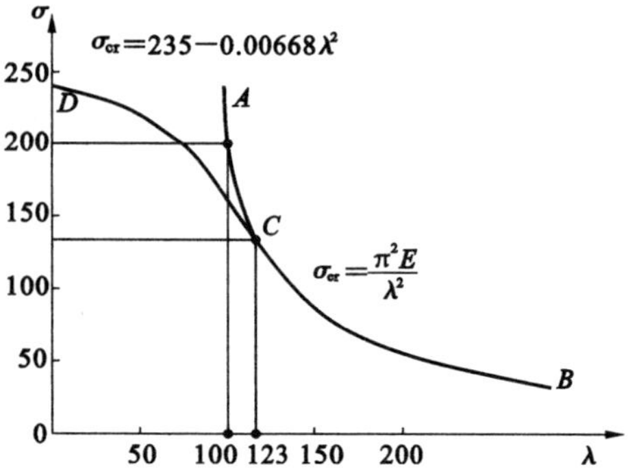

图 11-4

图 11-4 为 Q235 钢的临界应力总图。图中曲线 ACB 按欧拉公式绘制为双曲线，曲线 DC 按经验公式绘制为抛物线。二曲线交点 C 的横坐标为 $\lambda_c = 123$，纵坐标为 $\sigma_c = 134$ MPa。这里，以 $\lambda_c = 123$ 而不是 $\lambda_p = 100$ 作为二曲线的分界点，是因为欧拉公式是由理想的中心受压杆导出的，它与实际情况存在差异，因而将分界点作了修正。所以，在实际应用中，对 Q235 钢制成的压杆，当 $\lambda \geqslant \lambda_c(123)$ 时，才按欧拉公式计算临界应力；当 $\lambda < 123$ 时，用经验公式计算。

11.4　压杆的稳定计算

11.4.1　压杆稳定条件

微课 11.3　压杆的稳定条件

当压杆受到的压力达到其临界应力时，压杆将失稳。因此，正常工作的压杆，其横截面上的应力应小于临界应力。在工程中，为了保证压杆具有足够的稳定性，还必须考虑一定的安全储备，故压杆稳定条件为

$$\sigma \leqslant [\sigma]_{st} \tag{11-9}$$

式中　$[\sigma]_{st}$——稳定许用应力，其值为：

$$[\sigma]_{st} = \frac{\sigma_{cr}}{n_{st}}$$

式中　n_{st}——压杆的稳定安全系数，比强度安全系数略大些。

为了计算上的方便，将稳定许用应力值写成下列形式

$$[\sigma]_{st} = \varphi[\sigma]$$

式中　$[\sigma]$——强度计算时的许用应力；

φ——稳定系数，其值小于 1。

因为 σ_{cr} 和 n_{st} 总是随柔度 λ 而改变，故 φ 是 λ 的函数。

于是，压杆稳定条件可写为：

$$\sigma = \frac{F_N}{A} \leqslant \varphi[\sigma]$$

或

$$\frac{F_N}{\varphi A} \leqslant [\sigma] \tag{11-10}$$

式中　A——横截面的毛面积。

因为压杆的稳定性取决于整个杆的抗弯刚度，截面的局部削弱对整体刚度的影响甚微，因而不考虑面积的局部削弱，但需对削弱处进行强度验算。

《钢结构设计标准》(GB 50017—2017) 根据工程中常用构件的截面形式、尺寸和加工条件等因素，把截面归并为 a、b、c、d 四类，表 11-2、表 11-3 仅列出三类。轴心受压构件的稳定系数见表 11-4 至表 11-7，以供压杆设计时参考。

表 11-2　轴心受压构件的截面分类(板厚 $t<40$ mm)

截面形式		对 x 轴	对 y 轴
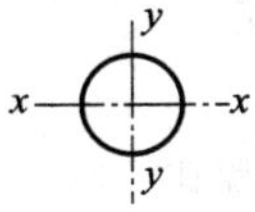 轧制		a 类	a 类
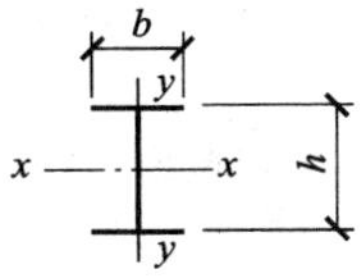 轧制	$b/h \leqslant 0.8$	a 类	b 类
	$b/h > 0.8$	a* 类	b* 类
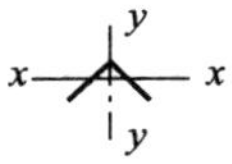 轧制等边角钢		a* 类	a* 类
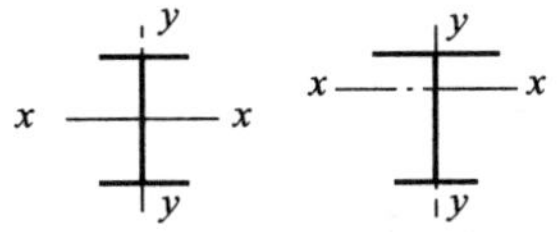 焊接、翼缘为焰切边	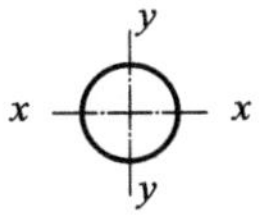 焊接	b 类	b 类
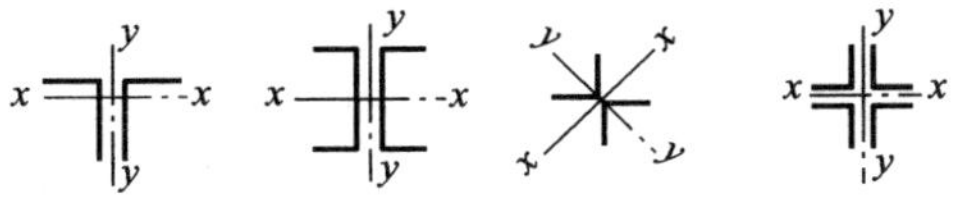 轧制			
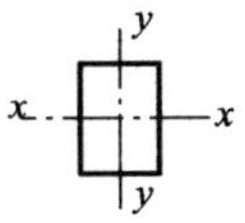 轧制、焊接(板件宽厚比>20)	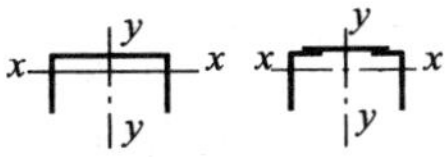 轧制或焊接		
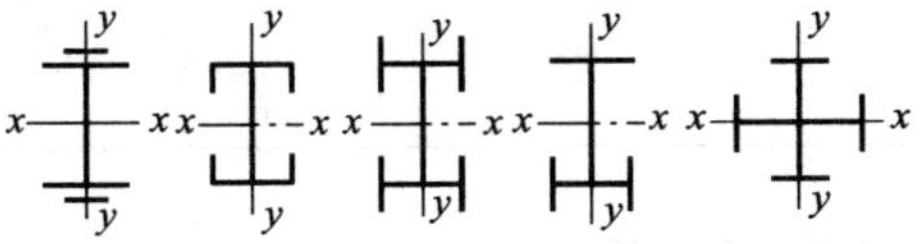 焊接	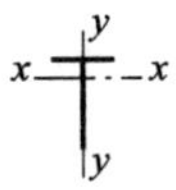 轧制截面和翼缘为焰切边的焊接截面		
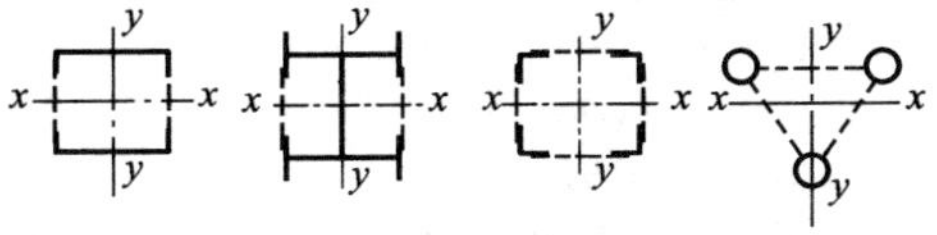 格构式	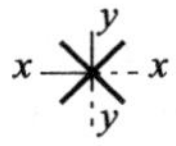 焊接，板件边缘焰切		

续表 11-2

截面形式		对 x 轴	对 y 轴
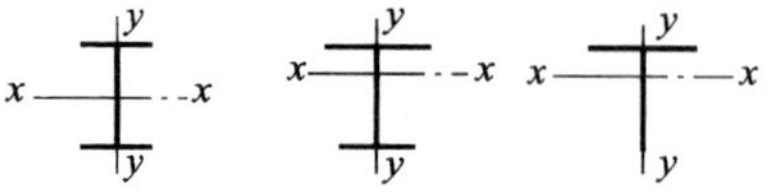 焊接，翼缘为轧制或剪切边		b类	c类
 焊接，板件边缘轧制或剪切	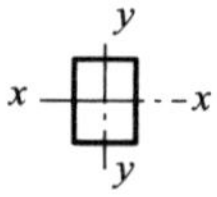 轧制、焊接(板件宽厚比≤20)	c类	c类

注：① a* 类含义为 Q235 钢取 b 类，Q355、Q390、Q420 和 Q460 钢取 a 类；b* 类含义为 Q235 钢取 c 类，Q355、Q390、Q420 和 Q460 钢取 b 类。

② 无对称轴且剪心和形心不重合的截面，其截面分类可按有对称轴的类似截面确定，如不等边角钢采用等边角钢的类别；当无类似截面时，可取 c 类。

表 11-3　轴心受压构件的截面分类(板厚 $t \geqslant 40$ mm)

截面形式		对 x 轴	对 y 轴
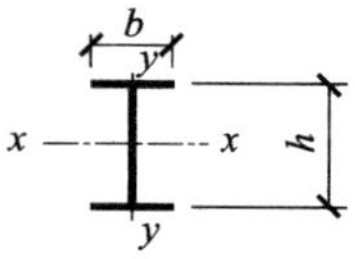 轧制工字形或 H 形截面	$t<80$ mm	b类	c类
	$t \geqslant 80$ mm	c类	d类
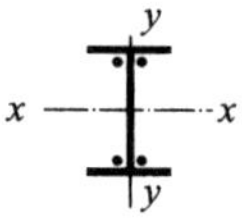 焊接工字形截面	翼缘为焰切边	b类	b类
	翼缘为轧制或剪切边	c类	d类
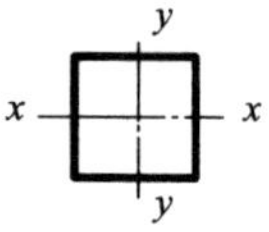 焊接箱形截面	板件宽厚比>20	b类	b类
	板件宽厚比≤20	c类	c类

表 11-4　a 类截面轴心受压构件的稳定系数 φ

λ/ε_k	0	1	2	3	4	5	6	7	8	9
0	1.000	1.000	1.000	1.000	0.999	0.999	0.998	0.998	0.997	0.996
10	0.995	0.994	0.993	0.992	0.991	0.989	0.988	0.986	0.985	0.983
20	0.981	0.979	0.977	0.976	0.974	0.972	0.970	0.968	0.966	0.964
30	0.963	0.961	0.959	0.957	0.954	0.952	0.950	0.948	0.946	0.944

续表 11-4

λ/ε_k	0	1	2	3	4	5	6	7	8	9
40	0.941	0.939	0.937	0.934	0.932	0.929	0.927	0.924	0.921	0.918
50	0.916	0.913	0.910	0.907	0.903	0.900	0.897	0.893	0.890	0.886
60	0.883	0.879	0.875	0.871	0.867	0.862	0.858	0.854	0.849	0.844
70	0.839	0.834	0.829	0.824	0.818	0.813	0.807	0.801	0.795	0.789
80	0.783	0.776	0.770	0.763	0.756	0.749	0.742	0.735	0.728	0.721
90	0.713	0.706	0.698	0.691	0.683	0.676	0.668	0.660	0.653	0.645
100	0.637	0.630	0.622	0.614	0.607	0.599	0.592	0.584	0.577	0.569
110	0.562	0.555	0.548	0.541	0.534	0.527	0.520	0.513	0.507	0.500
120	0.494	0.487	0.481	0.475	0.469	0.463	0.457	0.451	0.445	0.439
130	0.434	0.428	0.423	0.417	0.412	0.407	0.402	0.397	0.392	0.387
140	0.382	0.378	0.373	0.368	0.364	0.360	0.355	0.351	0.347	0.343
150	0.339	0.335	0.331	0.327	0.323	0.319	0.316	0.312	0.308	0.305
160	0.302	0.298	0.295	0.292	0.288	0.285	0.282	0.279	0.276	0.273
170	0.270	0.267	0.264	0.261	0.259	0.256	0.253	0.250	0.248	0.245
180	0.243	0.240	0.238	0.235	0.233	0.231	0.228	0.226	0.224	0.222
190	0.219	0.217	0.215	0.213	0.211	0.209	0.207	0.205	0.203	0.201
200	0.199	0.197	0.196	0.194	0.192	0.190	0.188	0.187	0.185	0.183
210	0.182	0.180	0.178	0.177	0.175	0.174	0.172	0.171	0.169	0.168
220	0.166	0.165	0.163	0.162	0.161	0.159	0.158	0.157	0.155	0.154
230	0.153	0.151	0.150	0.149	0.148	0.147	0.145	0.144	0.143	0.142
240	0.141	0.140	0.139	0.137	0.136	0.135	0.134	0.133	0.132	0.131

表 11-5 b 类截面轴心受压构件的稳定系数 φ

λ/ε_k	0	1	2	3	4	5	6	7	8	9
0	1.000	1.000	1.000	0.999	0.999	0.998	0.997	0.996	0.995	0.994
10	0.992	0.991	0.989	0.987	0.985	0.983	0.981	0.978	0.976	0.973
20	0.970	0.967	0.963	0.960	0.957	0.953	0.950	0.946	0.943	0.939
30	0.936	0.932	0.929	0.925	0.921	0.918	0.914	0.910	0.906	0.903
40	0.899	0.895	0.891	0.886	0.882	0.878	0.874	0.870	0.865	0.861
50	0.856	0.852	0.847	0.842	0.837	0.833	0.828	0.823	0.818	0.812
60	0.807	0.802	0.796	0.791	0.785	0.780	0.774	0.768	0.762	0.757
70	0.751	0.745	0.738	0.732	0.726	0.720	0.713	0.707	0.701	0.694
80	0.687	0.681	0.674	0.668	0.661	0.654	0.648	0.641	0.634	0.628
90	0.621	0.614	0.607	0.601	0.594	0.587	0.581	0.574	0.568	0.561
100	0.555	0.548	0.542	0.535	0.529	0.523	0.517	0.511	0.504	0.498
110	0.492	0.487	0.481	0.475	0.469	0.464	0.458	0.453	0.447	0.442
120	0.436	0.431	0.426	0.421	0.416	0.411	0.406	0.401	0.396	0.392
130	0.387	0.383	0.378	0.374	0.369	0.365	0.361	0.357	0.352	0.348
140	0.344	0.340	0.337	0.333	0.329	0.325	0.322	0.318	0.314	0.311
150	0.308	0.304	0.301	0.297	0.294	0.291	0.288	0.285	0.282	0.279

续表 11-5

λ/ε_k	0	1	2	3	4	5	6	7	8	9
160	0.276	0.273	0.270	0.267	0.264	0.262	0.259	0.256	0.253	0.251
170	0.248	0.246	0.243	0.241	0.238	0.236	0.234	0.231	0.229	0.227
180	0.225	0.222	0.220	0.218	0.216	0.214	0.212	0.210	0.208	0.206
190	0.204	0.202	0.200	0.198	0.196	0.195	0.193	0.191	0.189	0.188
200	0.186	0.184	0.183	0.181	0.179	0.178	0.176	0.175	0.173	0.172
210	0.170	0.169	0.167	0.166	0.164	0.163	0.162	0.160	0.159	0.158
220	0.156	0.155	0.154	0.152	0.151	0.150	0.149	0.147	0.146	0.145
230	0.144	0.143	0.142	0.141	0.139	0.138	0.137	0.136	0.135	0.134
240	0.133	0.132	0.131	0.130	0.129	0.128	0.127	0.126	0.125	0.124
250	0.123	—	—	—	—	—	—	—	—	—

表 11-6　c 类截面轴心受压构件的稳定系数 φ

λ/ε_k	0	1	2	3	4	5	6	7	8	9
0	1.000	1.000	1.000	0.999	0.999	0.998	0.997	0.996	0.995	0.993
10	0.992	0.990	0.988	0.986	0.983	0.981	0.978	0.976	0.973	0.970
20	0.966	0.959	0.953	0.947	0.940	0.934	0.928	0.921	0.915	0.909
30	0.902	0.896	0.890	0.883	0.877	0.871	0.865	0.858	0.852	0.845
40	0.839	0.833	0.826	0.820	0.813	0.807	0.800	0.794	0.787	0.781
50	0.774	0.768	0.761	0.755	0.748	0.742	0.735	0.728	0.722	0.715
60	0.709	0.702	0.695	0.689	0.682	0.675	0.669	0.662	0.656	0.649
70	0.642	0.636	0.629	0.623	0.616	0.610	0.603	0.597	0.591	0.584
80	0.578	0.572	0.565	0.559	0.553	0.547	0.541	0.535	0.529	0.523
90	0.517	0.511	0.505	0.499	0.494	0.488	0.483	0.477	0.471	0.467
100	0.462	0.458	0.453	0.449	0.445	0.440	0.436	0.432	0.427	0.423
110	0.419	0.415	0.411	0.407	0.402	0.398	0.394	0.390	0.386	0.383
120	0.379	0.375	0.371	0.367	0.363	0.360	0.356	0.352	0.349	0.345
130	0.342	0.338	0.335	0.332	0.328	0.325	0.322	0.318	0.315	0.312
140	0.309	0.306	0.303	0.300	0.297	0.294	0.291	0.288	0.285	0.282
150	0.279	0.277	0.274	0.271	0.269	0.266	0.263	0.261	0.258	0.256
160	0.253	0.251	0.248	0.246	0.244	0.241	0.239	0.237	0.235	0.232
170	0.230	0.228	0.226	0.224	0.222	0.220	0.218	0.216	0.214	0.212
180	0.210	0.208	0.206	0.204	0.203	0.201	0.199	0.197	0.195	0.194
190	0.192	0.190	0.189	0.187	0.185	0.184	0.182	0.181	0.179	0.178
200	0.176	0.175	0.173	0.172	0.170	0.169	0.167	0.166	0.165	0.163
210	0.162	0.161	0.159	0.158	0.157	0.156	0.154	0.153	0.152	0.151
220	0.149	0.148	0.147	0.146	0.145	0.144	0.142	0.141	0.140	0.139
230	0.138	0.137	0.136	0.135	0.134	0.133	0.132	0.131	0.130	0.129
240	0.128	0.127	0.126	0.125	0.124	0.123	0.123	0.122	0.121	0.120
250	0.119	—	—	—	—	—	—	—	—	—

表 11-7 d类截面轴心受压构件的稳定系数 φ

λ/ε_k	0	1	2	3	4	5	6	7	8	9
0	1.000	1.000	0.999	0.999	0.998	0.996	0.994	0.992	0.990	0.987
10	0.984	0.981	0.978	0.974	0.969	0.965	0.960	0.955	0.949	0.944
20	0.937	0.927	0.918	0.909	0.900	0.891	0.883	0.874	0.865	0.857
30	0.848	0.840	0.831	0.823	0.815	0.807	0.798	0.790	0.782	0.774
40	0.766	0.758	0.751	0.743	0.735	0.727	0.720	0.712	0.705	0.697
50	0.690	0.682	0.675	0.668	0.660	0.653	0.646	0.639	0.632	0.625
60	0.618	0.611	0.605	0.598	0.591	0.585	0.578	0.571	0.565	0.559
70	0.552	0.546	0.540	0.534	0.528	0.521	0.516	0.510	0.504	0.498
80	0.492	0.487	0.481	0.476	0.470	0.465	0.459	0.454	0.449	0.444
90	0.439	0.434	0.429	0.424	0.419	0.414	0.409	0.405	0.401	0.397
100	0.393	0.390	0.386	0.383	0.380	0.376	0.373	0.369	0.366	0.363
110	0.359	0.356	0.353	0.350	0.346	0.343	0.340	0.337	0.334	0.331
120	0.328	0.325	0.322	0.319	0.316	0.313	0.310	0.307	0.304	0.301
130	0.298	0.296	0.293	0.290	0.288	0.285	0.282	0.280	0.277	0.275
140	0.272	0.270	0.267	0.265	0.262	0.260	0.257	0.255	0.253	0.250
150	0.248	0.246	0.244	0.242	0.239	0.237	0.235	0.233	0.231	0.229
160	0.227	0.225	0.223	0.221	0.219	0.217	0.215	0.213	0.211	0.210
170	0.208	0.206	0.204	0.202	0.201	0.199	0.197	0.196	0.194	0.192
180	0.191	0.189	0.187	0.186	0.184	0.183	0.181	0.180	0.178	0.177
190	0.175	0.174	0.173	0.171	0.170	0.168	0.167	0.166	0.164	0.163
200	0.162	—	—	—	—	—	—	—	—	—

对于木制压杆的稳定系数 φ 值，根据《木结构设计标准》(GB 50005—2017)：

$$\lambda_c = c_c\sqrt{\frac{\beta F_k}{f_{ck}}} \tag{11-11}$$

$$\lambda = \frac{l_0}{i} \tag{11-12}$$

当 $\lambda \leqslant \lambda_c$ 则

$$\varphi = \frac{1}{1+\left(\dfrac{\lambda^2 f_{ck}}{b_c \pi^2 \beta E_k}\right)} \tag{11-13}$$

当 $\lambda > \lambda_c$ 则

$$\varphi = \frac{a_c \pi^2 \beta E_k}{\lambda^2 f_{ck}} \tag{11-14}$$

式中 λ——受压杆件长细比；

i——构件截面的回转半径(mm)；

l_0——受压构件的计算长度(mm)；

E_k——构件材料的弹性模量标准值(N/mm^2)；

f_{ck}——受压杆件材料的抗压强度标准值(N/mm^2)；

a_c，b_c，c_c——材料相关系数，应按表 11-8 的规定取值；

β——材料剪切变形相关系数，应按表 11-8 的规定取值。

表 11-8　相关系数的取值

构件材料		a_c	b_c	c_c	β	E_k/f_{ck}
方木原木	TC15、TC17、TB20	0.92	1.96	4.13	1.00	330
	TC11、TC13、TB11 TB13、TB15、TB17	0.95	1.43	5.28		300
规格材、进口方木和进口结构材		0.88	2.44	3.68	1.03	按《木结构设计标准》(GB 50005—2017)中附录E的规定采用
胶合木		0.91	3.69	3.45	1.05	

11.4.2　压杆稳定条件的应用

与强度条件类似，应用稳定条件可解决下列常见的三类问题。

(1) 稳定校核。

(2) 设计截面。

由于稳定条件中截面尺寸、型号未知，所以柔度 λ 和稳定系数 φ 也未知。计算时一般先假设 $\varphi=0.5$，试选截面尺寸、型号，算得 λ 后再查 φ'。若 φ' 与假设的 φ 值相差较大，则再选二者的中间值重新试算，直至二者相差不大，最后再进行稳定校核。

(3) 确定许用荷载。

【例 11-3】　如图 11-5 所示两端铰支(球形铰)的矩形截面木杆，杆端作用轴向压力 F_p。已知 $l=3.6$ m，$F_p=40$ kN，木材的强度等级为 TC13，许用应力$[\sigma]=10$ MPa。试校核该压杆的稳定性。

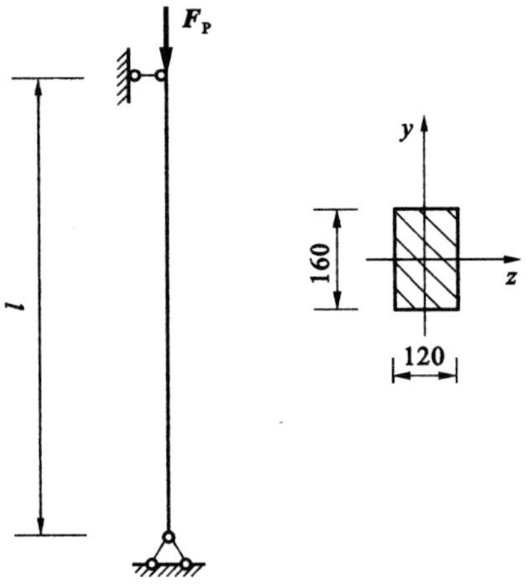

图 11-5

【解】

矩形截面的惯性半径为

$$i=\sqrt{\frac{I_y}{A}}=\sqrt{\frac{\frac{hb^3}{12}}{bh}}=\frac{b}{\sqrt{12}}=\frac{120}{\sqrt{12}}\ \text{mm}=34.64\ \text{mm}$$

两端铰支时长度系数 $\mu=1$，所以

$$\lambda=\frac{\mu l}{i}=\frac{1\times 3.6}{36.64\times 10^{-3}}=98.25$$

$$\lambda_c=c_c\sqrt{\frac{\beta E_k}{f_{ck}}}=5.28\sqrt{1.0\times 300}=91.45$$

因为 $\lambda>\lambda_c$，所以

$$\varphi=\frac{a_c\pi^2\beta E_k}{\lambda^2 f_{ck}}=\frac{0.95\pi^2\times 1.0\times 300}{98.25^2}=0.291$$

$$\frac{F_N}{\varphi A}=\frac{F_P}{\varphi A}=\frac{40\times 10^3}{0.291\times 120\times 160}=7.16\ \text{MPa}<[\sigma]$$

所以该压杆满足稳定条件。

【例 11-4】 图 11-6(a)所示结构是由两根直径相同的圆杆组成，材料为 Q235 钢。已知结构高 $h=0.4$ m，圆杆直径 $d=20$ mm，材料的许用应力$[\sigma]=170$ MPa，荷载 $F_P=15$ kN。试校核两杆的稳定性。

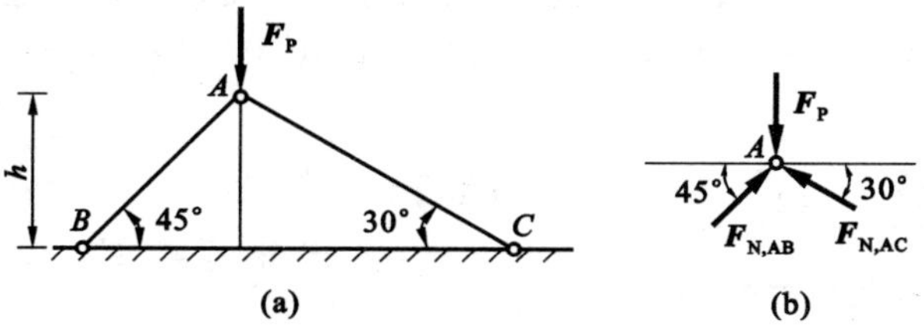

图 11-6

【解】

(1) 求每根杆所承受的压力。

取结点 A 为研究对象。

由平衡方程 $\sum F_x=0$，得

$$F_{N,AB}\cos45^\circ - F_{N,AC}\cos30^\circ = 0$$

由平衡方程 $\sum F_y=0$，得

$$F_{N,AB} + F_{N,AC}\sin30^\circ - F_P = 0$$

解方程，得二杆承受的压力为：

$$F_{N,AB} = 0.896F_P$$
$$F_{N,AC} = 0.732F_P$$

(2) 计算柔度、稳定系数，校核稳定性。

$$A=\frac{\pi d^2}{4}=\frac{3.14\times20^2}{4}=314\ \text{mm}^2$$

$$i=\sqrt{\frac{I}{A}}=\frac{d}{4}=\frac{20\times10^{-3}}{4}=0.005\ \text{m}$$

二杆的长度分别为：$l_{AB}=0.566$ m，$l_{AC}=0.8$ m。

二杆的柔度分别为：

AB 杆：

$$\lambda_1=\frac{\mu l_{AB}}{i}=\frac{1\times0.566}{0.005}=113$$

AC 杆：

$$\lambda_2=\frac{\mu l_{AC}}{i}=\frac{1\times0.8}{0.005}=160$$

由表 11-2 查得该二杆为 a 类截面受压杆，查表 11-4 得

$$\varphi_1=0.541,\varphi_2=0.302$$

按稳定条件式(11-9) 分别校核二杆：

AB 杆：

$$\frac{F_{N,AB}}{\varphi_1 A}=\frac{0.896F_P}{\varphi_1 A}=\frac{0.896\times15\times10^3}{0.541\times314}=79.12\ \text{MPa}<[\sigma]$$

AC 杆：

$$\frac{F_{N,AC}}{\varphi_2 A}=\frac{0.732F_P}{\varphi_2 A}=\frac{0.732\times 15\times 10^3}{0.302\times 314}=115.79\ \text{MPa}<[\sigma]$$

所以，二杆均满足稳定条件。

【例 11-5】 图 11-7(a)所示结构中，BD 杆为正方形截面的木杆。已知 $l=2$ m，$a=0.1$ m，木材的强度等级为 TC13，许用应力$[\sigma]=10$ MPa。试从 BD 杆的稳定性考虑，计算该结构所能承受的最大荷载 $F_{P,max}$。

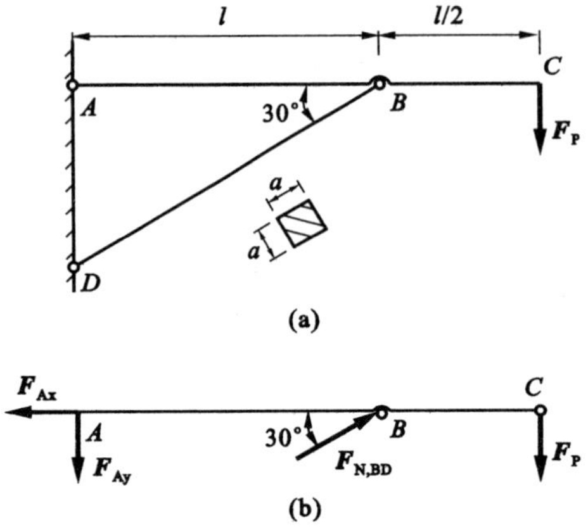

图 11-7

【解】

首先，求出外荷载 F_P 与 BD 杆所受压力间的关系。

考虑 AC 杆的平衡[图 11-9(b)]，由 $\sum M_A=0$，得

$$F_{N,BD}\frac{l}{2}-F_P\frac{3l}{2}=0$$

$$F_P=\frac{1}{3}F_{N,BD}$$

根据稳定条件式(11-9)，压杆 BD 能承受的最大压力为：

$$F_{N,BD}=\varphi A[\sigma]$$

所以，结构能够承受的最大荷载为：

$$F_{P,max}=\frac{1}{3}F_{N,BD}=\frac{1}{3}\varphi A[\sigma]$$

计算得

BD 杆的长度为：

$$l_{BD}=2.31\ \text{m}$$

BD 杆的柔度为：

$$\lambda=\frac{\mu l_{BD}}{i}=\frac{\mu l_{BD}}{\frac{a}{\sqrt{12}}}=\frac{1\times 2.31}{\frac{0.1}{\sqrt{12}}}=80$$

$$\lambda_c=c_c\sqrt{\frac{\beta E_k}{f_{ck}}}=5.28\times\sqrt{1.0\times 300}=91.45$$

因为 $\lambda<\lambda_c$，所以

$$\varphi=\frac{1}{1+\left(\frac{\lambda^2 f_{ck}}{b_c\pi^2\beta E_k}\right)}=\frac{1}{1+\left(\frac{80^2}{1.43\pi^2\times 1.00\times 300}\right)}=0.398$$

结构能承受的最大荷载为：

$$F_{P,max}=\frac{1}{3}\times 0.398\times(0.1)^2\times 10\times 10^6=13.27\times 10^3\ \text{N}=13.27\ \text{kN}$$

【例 11-6】 图 11-8 所示压杆为工字钢，材料为 Q235 钢。已知 $l=4.2$ m，$F_P=280$ kN，材料的许用应力为$[\sigma]=160$ MPa，在立柱中 C 截面上因构造需要开一直径为 $d=40$ mm 的圆孔。试选择工字钢的型号。

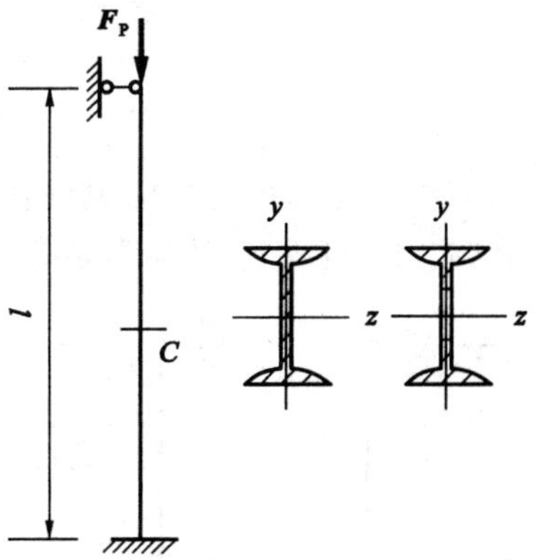

图 11-8

型钢表

【解】

(1) 按稳定条件设计截面

① 第一次试算

设 $\varphi_1 = 0.5$，由稳定条件式(11-9)算出压杆的横截面面积：

$$A_1 = \frac{F_P}{\varphi_1[\sigma]} = \frac{280 \times 10^3}{0.5 \times 160} = 3.5 \times 10^3 \text{ mm}^2 = 35 \text{ cm}^2$$

查型钢表，初选 20a 工字钢。

横截面面积：　$A_1' = 35.5 \text{ cm}^2$

最小惯性半径：$i_{min} = i_y = 2.12 \text{ cm}$

压杆柔度：$\lambda_1 = \frac{\mu l}{i_y} = \frac{0.7 \times 4.2}{2.12 \times 10^{-2}} = 139$

查表 11-4，稳定系数：$\varphi_1' = 0.387$。

此值与 $\varphi_1 = 0.5$ 相差较大，故需进一步试算。

② 第二次试算

设

$$\varphi_2 = \frac{1}{2}(\varphi_1 + \varphi_2') = \frac{0.5 + 0.387}{2} = 0.444$$

由稳定条件，得

$$A_2 = \frac{F_P}{\varphi_2[\sigma]} = \frac{280 \times 10^3}{0.444 \times 160} = 39.41 \times 10^2 \text{ mm}^2 = 39.41 \text{ cm}^2$$

查型钢表，得：选 22a 工字钢。

横截面面积：　$A_2' = 42 \text{ cm}^2$

最小惯性半径：　$i_{min} = i_y = 2.31 \text{ cm}$

压杆的柔度：　$\lambda_2 = \frac{\mu l}{i_y} = \frac{0.7 \times 4.2}{2.31 \times 10^{-2}} = 127$

查表 11-4，得：$\varphi_2' = 0.451$。

此值与 $\varphi_2 = 0.444$ 比较接近，故选用 22a 工字钢，校核压杆的稳定性。

③ 稳定校核

$$\frac{F_P}{\varphi_2' A_2'} = \frac{280 \times 10^3}{0.451 \times 42 \times 10^2} = 147.82 \text{ MPa} < [\sigma]$$

因而，选用 22a 工字钢，满足稳定性要求。

(2) 强度校核

查型钢表，工字钢腹板厚度：$\delta = 7.5 \text{ mm}$，则

$$A = A_2' - d\delta = 42 - 4 \times 0.75 = 39 \text{ cm}^2$$

工作应力为

$$\sigma = \frac{F_P}{A} = \frac{280 \times 10^3}{39 \times 10^2} = 71.79 \text{ MPa} < [\sigma]$$

所以，强度条件满足。

11.5　提高压杆稳定性的措施

提高压杆稳定性的关键在于提高压杆的临界力或临界应力。由临界应力计算式(11-2)、式(11-4) 可看到,影响临界应力的主要因素是柔度,减小柔度可以大幅度提高临界应力。

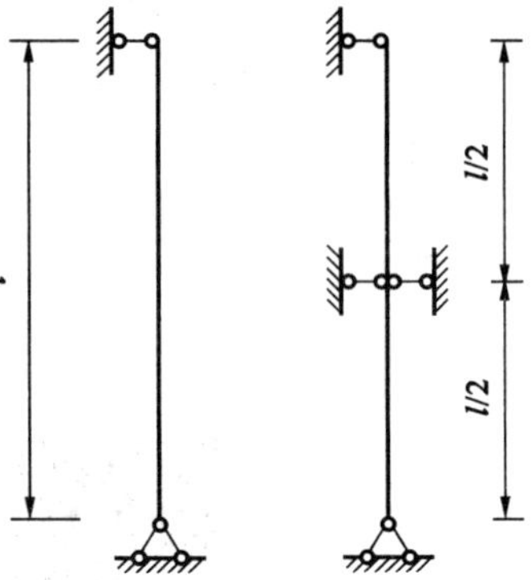

图 11-9

11.5.1　减小压杆的长度

从柔度计算式 $\lambda=\frac{\mu l}{i}$ 中可以看出,柔度与杆长成正比,l 越小,则 λ 越小。减小压杆的长度是降低压杆柔度,提高压杆稳定性的有效方法之一。在条件允许的情况下,应尽可能地使压杆的长度减小,或者在压杆中间增加支承(图 11-9)。

11.5.2　改善支承情况,减小长度系数

长度系数 μ 反映了压杆的支承情况,从表 11-1 中可看到,杆端处固结程度越高,μ 值越小。因此,在结构条件允许的情况下,应尽可能地使杆端约束牢固些,以使压杆的稳定性得到相应提高。

11.5.3　选择合理的截面形状

当截面面积相同的情况下,可增大惯性矩 I,从而达到增大惯性半径 i、减小柔度 λ、提高压杆的临界应力的目的。图 11-10 所示的空心环形截面[图 11-10(a)]比实心圆截面[图 11-10(b)]合理。

当压杆在各个弯曲平面内的支承条件相同时,压杆的稳定性由 $I_{\min}$ 方向的临界应力控制。因此,应尽量使截面对任一形心主轴的惯性矩相同,这样可使压杆在各个弯曲平面内具有相同的稳定性。如由两根槽钢组合而成的压杆,采用图 11-11(b)的形式比图 11-11(a)的形式好。

(a)　(b)

图 11-10

(a)　(b)

图 11-11

当压杆在两个相互垂直平面的支承条件不同时,可采用 $I_z \neq I_y$ 的截面来与相应的支承条件配合,使压杆在两个相互垂直平面内的柔度值相等,即 $\lambda_z=\lambda_y$。这样就保证了压杆在这两个方向上具有相同的稳定性。

11.5.4　合理选择材料

对于大柔度杆,临界应力与材料的弹性模量 E 有关。由于各种钢材的弹性模量 E 值相差不大,所以,对大柔度杆来说,选用优质钢材对提高临界应力意义不大。对于中柔度杆,其临界

应力与材料强度有关，强度越高的材料，临界应力越高。所以，对中柔度杆而言，选择优质钢材将有助于提高压杆的稳定性。

本章要点提示

(1) 概念

构件受力作用且经干扰后能保持原有平衡状态，称之为稳定平衡，即构件具有稳定性；反之，构件为不稳定平衡，即为压杆丧失稳定性，简称失稳。

(2) 公式及其适用范围和使用(填表 11-9)

表 11-9

	公式形式	适用范围	各参数的意义	计量单位
临界力的欧拉公式	$F_{cr}=\frac{\pi^2 EI}{(\mu l)^2}$	$(\lambda \geqslant \lambda_p)$		
临界应力的欧拉公式	$\sigma_{cr}=\frac{\pi^2 E}{\lambda^2}$			
稳定条件	$\sigma=\frac{F_N}{A}\leqslant\varphi[\sigma]$			

(3) 在稳定计算时应注意的问题

① 根据压杆的支承情况，确定长度系数 μ。

② 判断压杆可能在哪个平面内失稳。如果压杆在两个纵向平面内的约束情况相同，则比较两个主惯性矩的大小；如果截面的两个惯性矩相等，则根据在两个平面内的约束情况来判断；如果两个平面的约束情况和对应的惯性矩均不相同，则以柔度 $\lambda=\frac{\mu l}{i}$ 的大小判断。

③ 计算临界力时，先计算 λ，判断是否可用欧拉公式。

复 习 题

11-1 图 11-12 所示矩形截面杆，两端受轴向压力 F 作用。设杆端约束条件是：在 xy 平面内两端视为铰支；在 xz 平面内两端视为固定端。试问该压杆的 b 与 h 的比值等于多少时才是合理的？

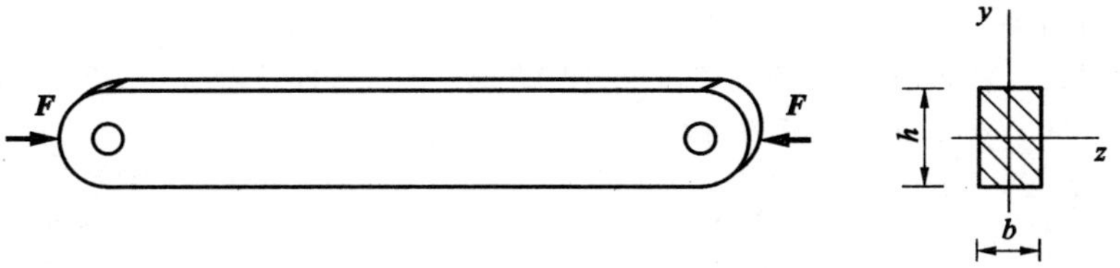

图 11-12

11-2 有一圆截面细长压杆，试问：

(1) 杆长增加 1 倍，临界力有何变化？

(2) 直径 d 增加 1 倍时，临界力有何变化？

11-3 根据柔度大小，可将压杆分为哪些类型？这些类型压杆的临界应力 σ_{cr} 计算式是什么？其破坏分别属于什么破坏？

11-4 图 11-13 所示为各种截面形状的中心受压直杆，两端均为球铰支承，试确定杆件在失稳时将绕截面的哪一根形心轴转动。

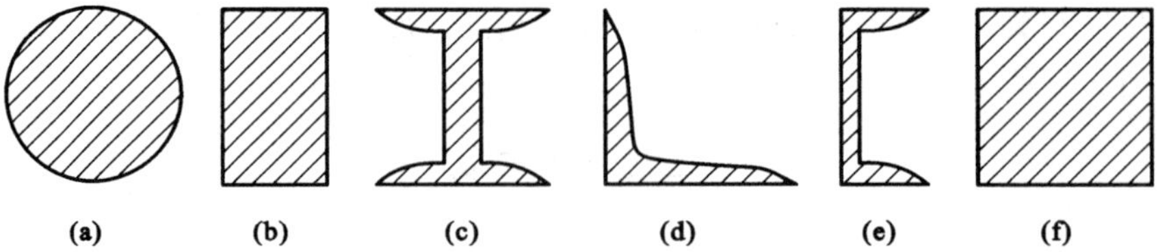

图 11-13

11-5　图 11-14 所示四根压杆的材料及截面均相同，试判断哪个杆的临界力最大？

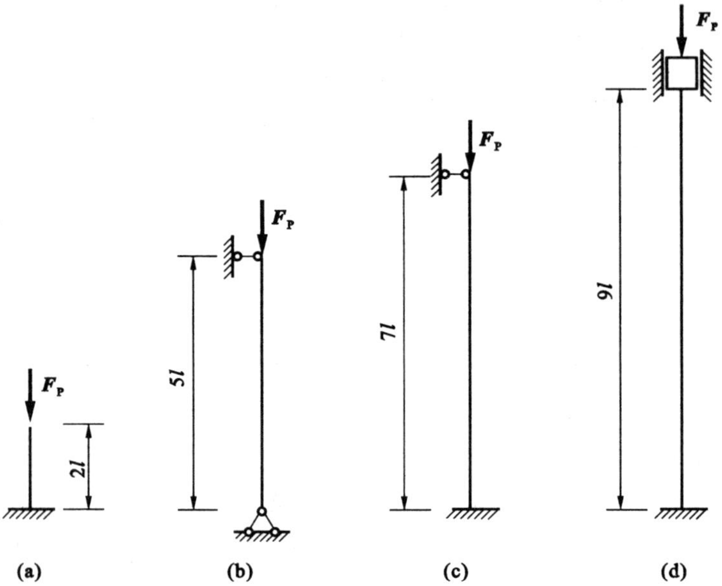

图 11-14

11-6　试判断以下两种说法是否正确？

(1) 临界力是使压杆丧失稳定的最小荷载。

(2) 临界力是压杆维持直线稳定平衡状态的最大荷载。

11-7　何为折减系数？它随哪些因素变化？

11-8　何为柔度？柔度表征压杆的什么特征？它与哪些因素有关？

11-9　两端铰支的 22a 工字钢细长压杆(图 11-15)。已知杆长 $l=6$ m，材料为 Q235 钢，其弹性模量 $E=200$ GPa。试求该压杆的临界力。

11-10　一端固定一端铰支的圆截面细长压杆(图 11-16)。已知杆长 $l=3$ m，$d=50$ mm，材料为 Q235 钢，其弹性模量 $E=200$ GPa。试求该杆的临界力。

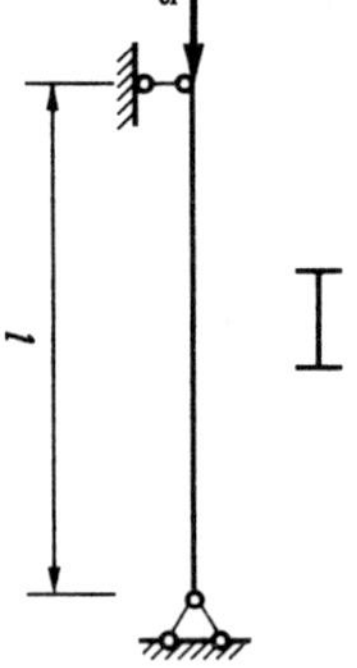

图 11-15

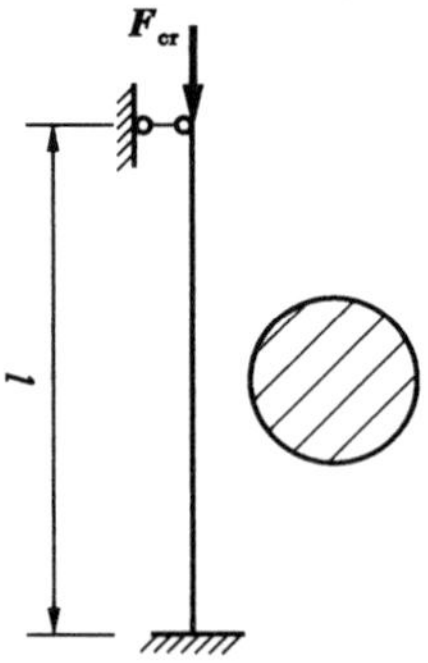

图 11-16

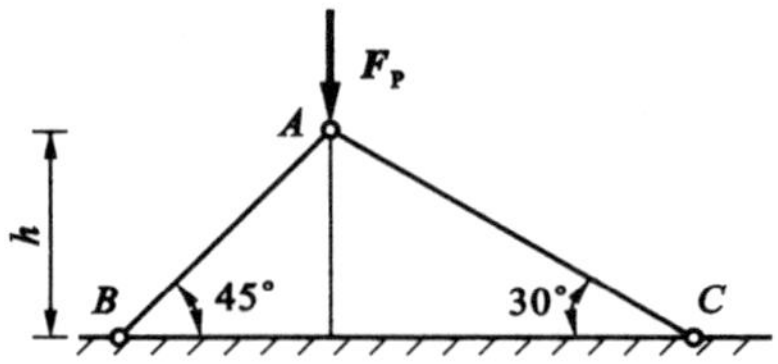

图 11-17

11-11 图 11-17 所示结构由两个圆截面杆组成，已知二杆的直径 d 及所用材料均相同，且二杆均为细长杆。问：当 F_P 从零开始逐渐增加时，哪个杆先失稳（只考虑图示平面）？

11-12 图 11-18 所示压杆由 Q235 钢制成，材料的弹性模量 $E=200$ GPa。在 xy 平面内，两端为铰支；在 xz 平面内，两端固定。试求该压杆的临界力。

11-13 两端铰支的木柱横截面为 120 mm×120 mm 的矩形，$l=4$ m，木材的强度等级为 TC13，弹性模量 $E=10$ GPa，$\sigma_P=20$ MPa。试求木柱的临界应力。

（提示：若需经验公式，可用 $\sigma_{cr}=28.7-0.19\lambda$）

11-14 图 11-19 所示三角支杆中，BC 为圆截面杆，材料为 Q235 钢。已知 $F_P=12$ kN，$a=1$ m，$d=40$ mm，材料的许用应力$[\sigma]=170$ MPa。

(1) 校核 BC 杆的稳定性。

(2) 从 BC 杆的稳定条件考虑，求此三角支杆所能承受的最大荷载 $F_{P,max}$。

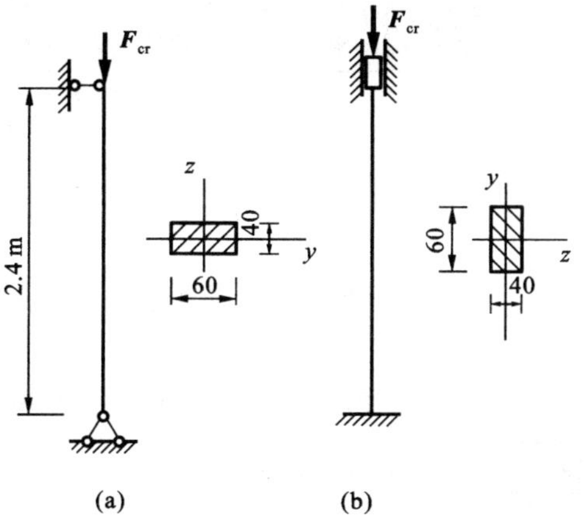

图 11-18

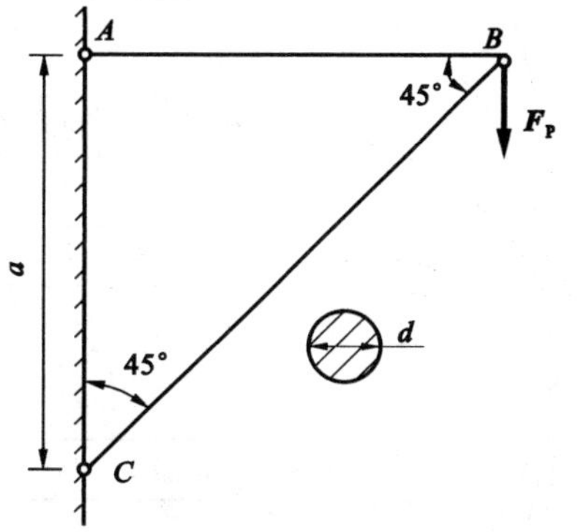

图 11-19

11-15 结构及受力如图 11-20 所示，试作梁 ABC 的强度与柱 BD 的稳定校核。梁 ABC 为 22b 工字钢，$[\sigma]=170$ MPa；BD 杆为圆截面木杆，直径 $d=160$ mm，木杆的强度等级为 TC13，许用应力$[\sigma]=10$ MPa。

11-16 图 11-21 所示托架的斜撑 BC 为圆截面木杆，材料的强度等级为 TC13，许用压应力$[\sigma]=10$ MPa。试确定斜撑 BC 所需直径 d。

11-17 图 11-22 所示压杆是由两根 18a 槽钢组成，杆两端为铰支。已知杆长 $l=6$ m，两槽钢之间的距离 $a=0.1$ m，材料的许用应力$[\sigma]=170$ MPa。试求该压杆能承受的最大荷载。

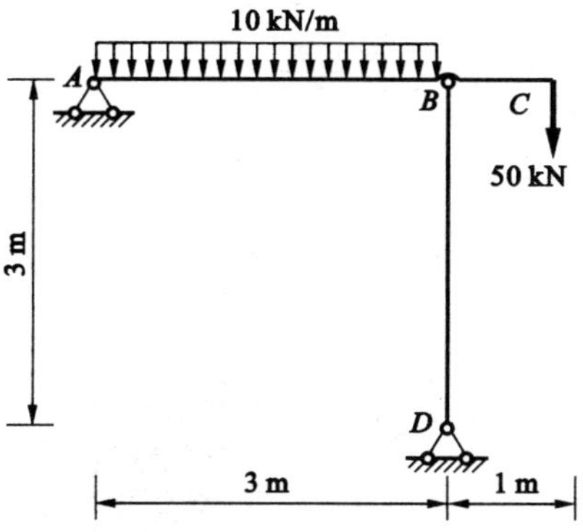

图 11-20

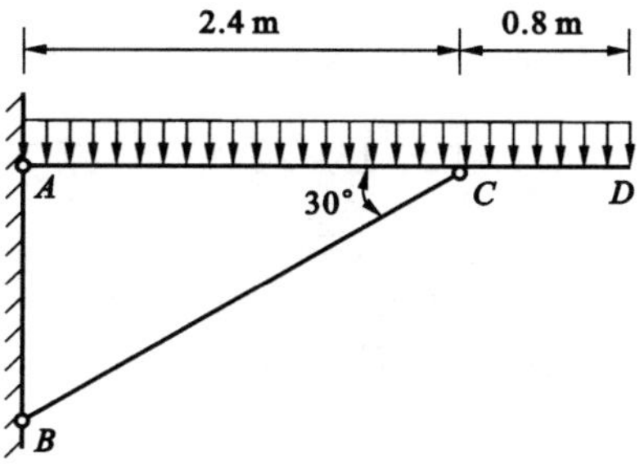

图 11-21

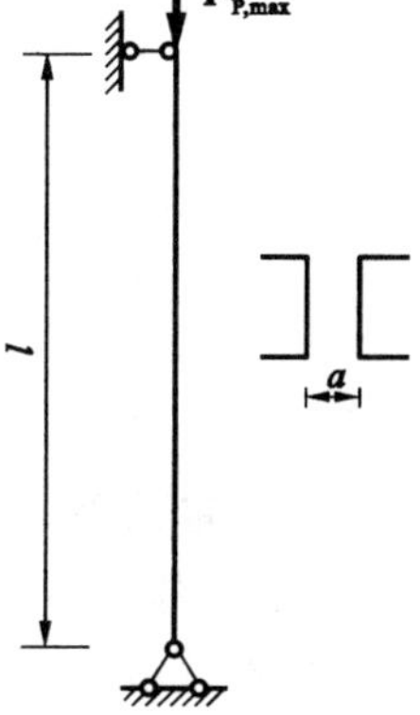

图 11-22

12　位　移　法

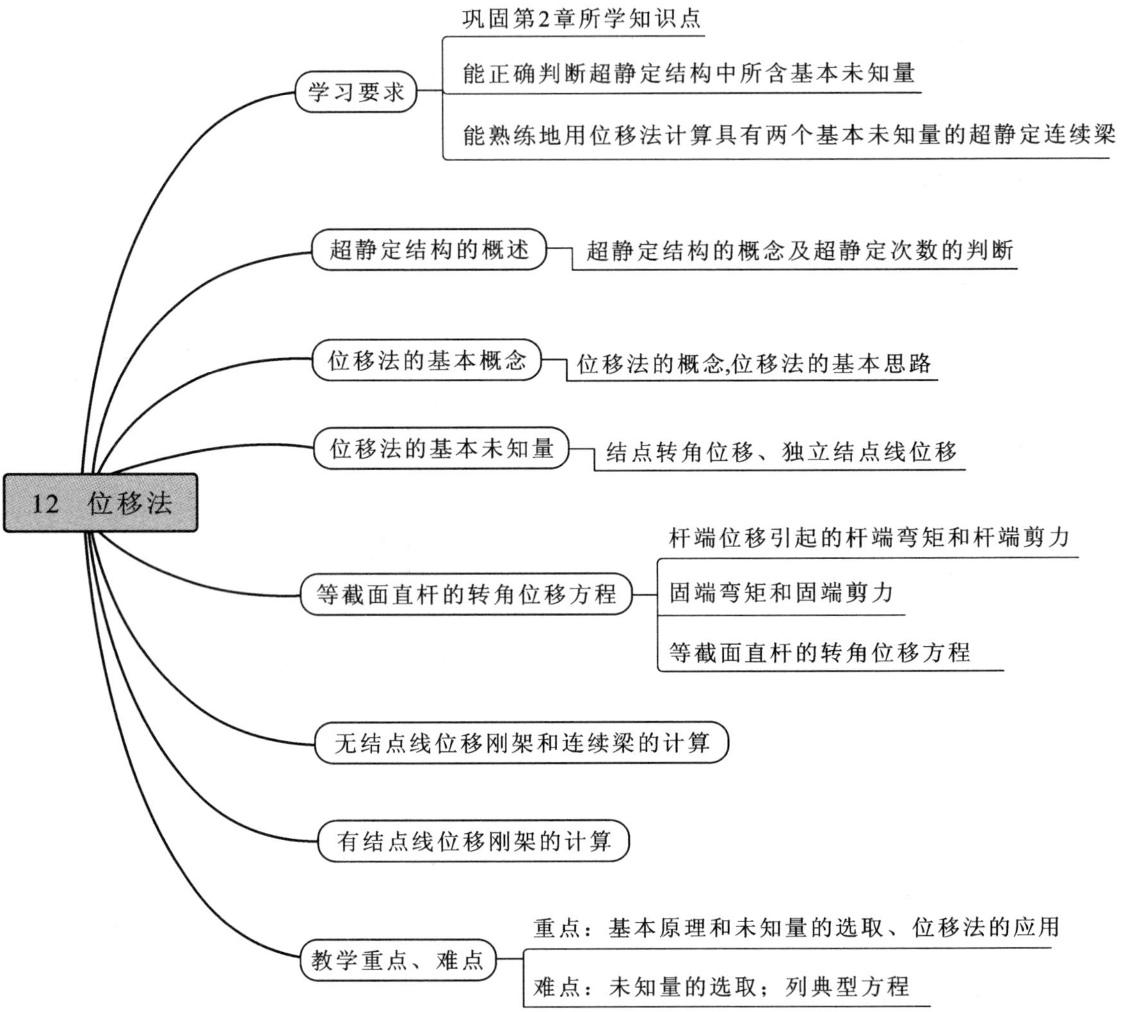

12.1　超静定结构概述

超静定结构是工程实际中常用的一类结构。超静定结构的计算方法很多,其中最基本的方法是力法、位移法。其他如力矩分配法,则是位移法的另一种表现形式,此外,还有适合于计算机运算的矩阵位移法。本章重点介绍位移法。

动画 12.1
位移法基本概念

大家知道:几何不变体系分为无多余约束的几何不变体系和有多余约束的几何不变体系。其中,静定结构是无多余约束的几何不变体系,而超静定结构则是有多余约束的几何不变体系。多余约束的存在,使得超静定结构从计算方法和计算原理上都有别于静定结构。因此,从计算的角度而言,**超静定结构是指约束反力和内力仅由静力平衡条件不能全部求出的结构**。

图 12-1 所示的连续梁,是有一个多余约束的几何不变体系,该结构含有四个支座反力,只凭三个静力学关系的平衡方程无法确定全部的支座反力,更无法确定全部的内力,因此是超静定结构。图 12-2 所示的桁架结构,它是有两个多余约束的几何不变体系,虽然其支座反力和少数杆件的内力可通过静力平衡条件求出,但无法通过静力平衡条件确定结构全部杆件的内力,因而也是超静定结构。

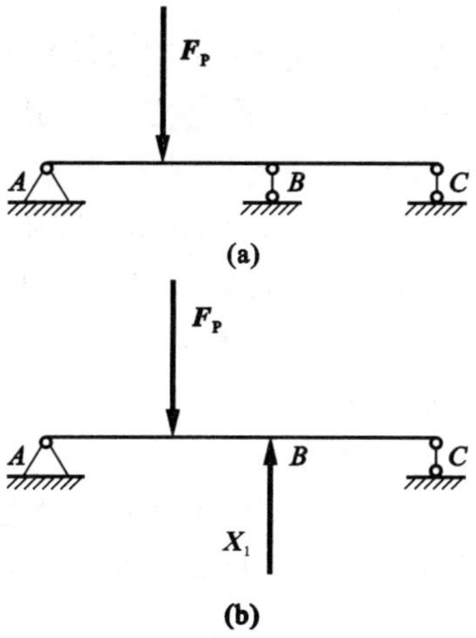

图 12-1

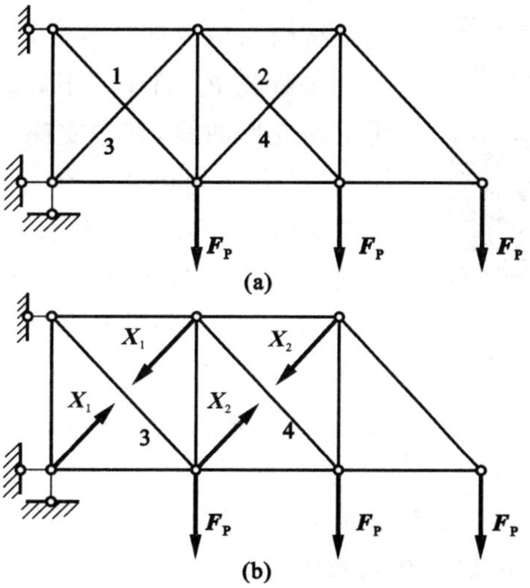

图 12-2

超静定结构中多余约束的数目称为原结构的**超静定次数**。有多少个多余约束就有多少个多余且未知的约束反力。

应用去掉多余约束的方式,可以确定任何超静定结构的超静定次数。图 12-3(a)、图 12-3(b)和图 12-4(a)、图 12-4(b)所示超静定结构的超静定次数分别为 2、1、5、3(图 12-5)。

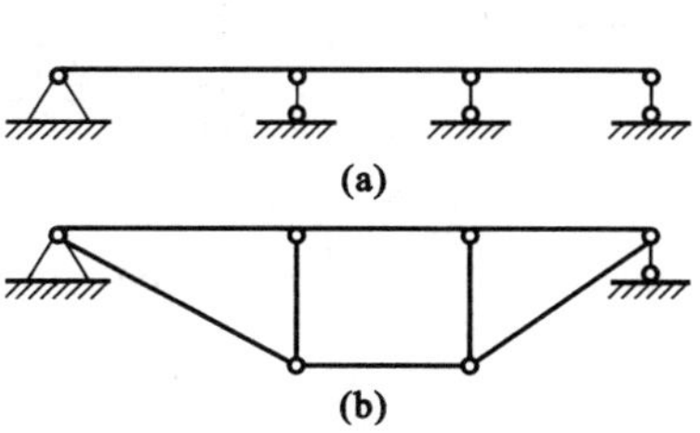

图 12-3

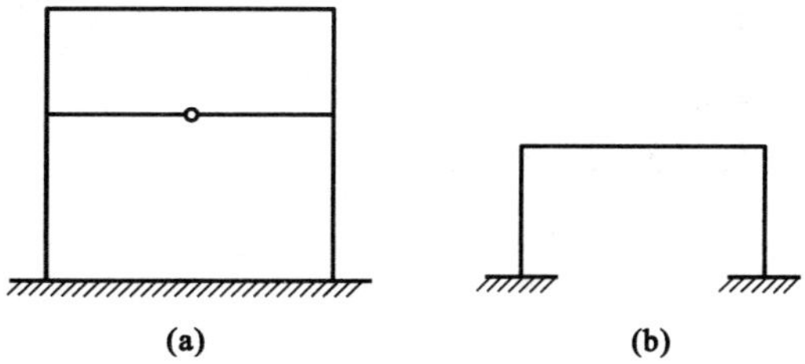

图 12-4

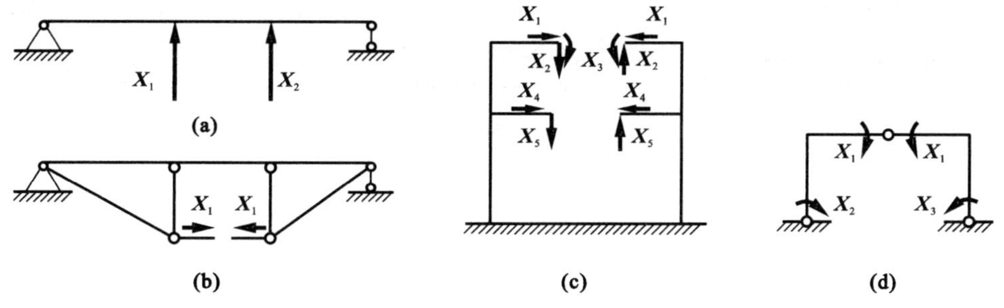

图 12-5

12.2　位移法的基本概念

动画 12.2 位移法的基本未知量

微课 12.1　位移法的基本概念

位移法是以结构的结点位移作为基本未知量，通过平衡条件建立位移法的基本方程，将这些位移求出，然后利用位移和内力之间的关系，进一步求出结构的内力和位移。位移法不仅可以直接解算超静定结构，同时也是力矩分配法等计算的基础。

为了说明位移法的基本概念及其计算原理，现以图 12-6(a)所示超静定刚架结构为例说明位移法的计算原理和思路。

在荷载 $\boldsymbol{F}_P$ 的作用下，超静定刚架结构将产生如图 12-6(a)中双点画线所示的变形曲线，其中支座 A、C 处没有任何位移，刚结点 B 所连接的 BA、BC 杆件有转角产生。在忽略杆件轴向变形影响的情况下，BA、BC 杆件的长度保持不变，即 B 结点既无水平线位移也无竖向线位移，只在结点 B 发生角位移。根据变形连续条件和节点特征得知：汇交于 B 结点的 BA 杆和 BC 杆将发生相同的转角 θ_B。如果将 B 结点的 BA 杆件和 BC 杆件看作两个单跨超静定梁，那么，BA 杆件是两端固定的单跨超静定梁，BC 杆件是一端固定，一端铰支的单跨超静定梁，它们在固定端 B 发生相同的角位移。其中，BA 梁在 B 端的杆端弯矩是由角位移 θ_B 引起的[图 12-6(c)]，可通过查形常数表确定；而 BC 梁的杆端弯矩是由角位移 θ_B[图 12-6(d)]与荷载[图 12-6(e)]共同引起的，可通过载常数表和形常数表共同来确定。

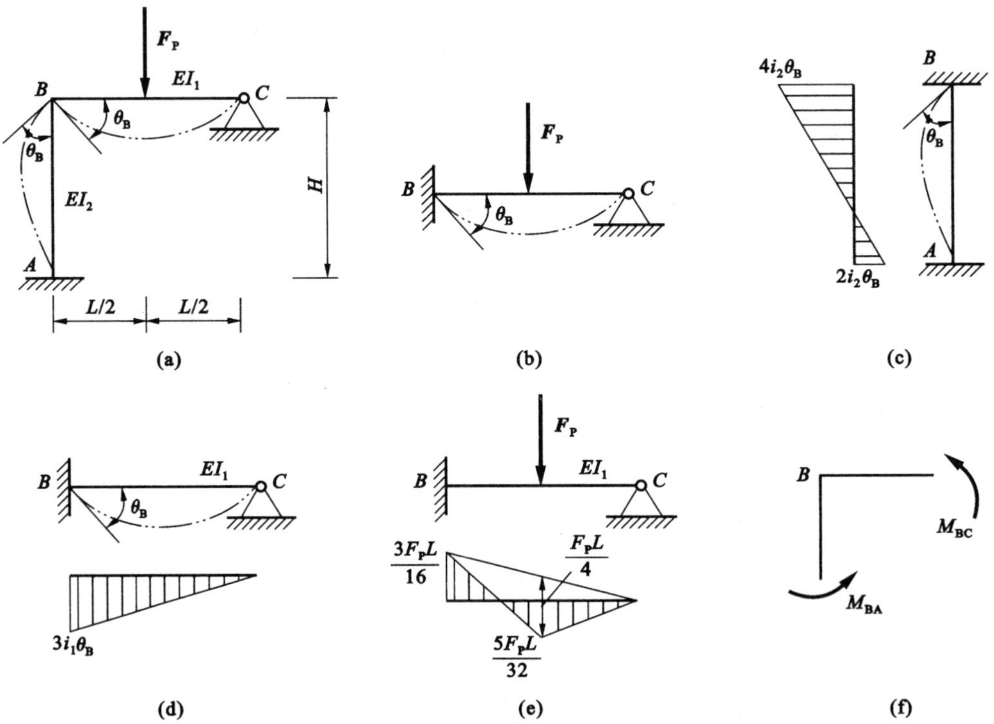

图 12-6

规定：$i=\dfrac{EI}{L}$为线刚度，它是指杆件单位长度的抗弯刚度。

因此，确定杆端弯矩值如下：

$$i_1 = \frac{EI_1}{L}$$

$$i_2 = \frac{EI_2}{H}$$

$$M_{BA} = 4\frac{EI_2}{H}\theta_B = 4i_2\theta_B \tag{12-1}$$

$$M_{BC} = 3\frac{EI_1}{L}\theta_B - \frac{3F_PL}{16} = 3i_1\theta_B - \frac{3F_PL}{16} \tag{12-2}$$

为了求得角位移 θ_B，必须取结点 B 为脱离体，画出 12-6(f)所示的弯矩示力图，由结点 B 的平衡条件 $\sum M_B = 0$ 可得：

$$M_{BA} + M_{BC} = 0 \tag{12-3}$$

将式(12-1)和式(12-2)代入式(12-3)，可得：

$$4i_2\theta_B + 3i_1\theta_B - \frac{3F_PL}{16} = 0$$

$$\theta_B = \frac{\frac{3F_PL}{16}}{4i_2 + 3i_1} = \frac{3F_PL}{16(4i_2 + 3i_1)}$$

将此值代入式(12-1)、式(12-2)，便可计算出杆端弯矩值，即 M_{BA}、M_{BC}、M_{AB}、M_{CB}的数值可以确定。

最后，可以根据杆端弯矩和荷载画出结构的弯矩图。

由上述解题过程可见，位移法的基本思路是：

(1) 根据结构及其在荷载作用下的变形情况，确定结点位移并以此作为基本未知量。

(2) 将整体结构拆分成若干根单元杆件，根据连接和支承情况的不同，这些单元杆件均可看作单跨的超静定梁，利用已有的形常数表和载常数表确定单跨超静定梁的杆端力，即杆端弯矩及杆端剪力与结点位移或荷载的关系式。

(3) 利用平衡条件建立求解结点位移的方程式，计算出结点位移后，回代到杆件的杆端弯矩方程中，可进一步求出各杆的杆端弯矩值。

(4) 最后根据杆端弯矩和荷载便可画出结构的弯矩图。

12.3 位移法的基本未知量

微课 12.2 位移法的基本未知量

位移法的**基本未知量**是结点位移，选择哪些结点位移作为位移法的基本未知量是位移法的解题关键，结点位移有两种，即结点转角位移和独立结点线位移。

12.3.1 结点转角位移

结点转角位移是位移计算的基本未知量之一。在结构中，相交于同一刚结点处各杆的杆端转角是相等的。图 12-7 所示刚架中的 B 结点是刚性结点。根据变形的连续条件和结点特征知：BC 杆的 B 端转角、BA 杆 B 端转角和 BD 杆 B 端的转角彼此相等。因此，**每个刚结点处只有一个独立结点的转角未知量**。

位移法中结点转角未知量的个数等于该结构的刚结点数。图 12-8 所示连续梁中，B、C 处是刚结点，A、D 为铰支座。由于铰支座不约束转动，其转角将随 B、C 处转角而变化，不独立，不能作为基本未知量。于是，该连续梁只有刚结点 B、C 的转角 θ_B 与 θ_C 两个基本未知量。

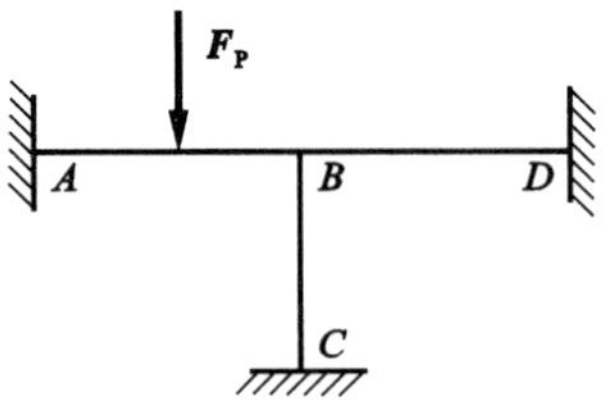

图 12-7

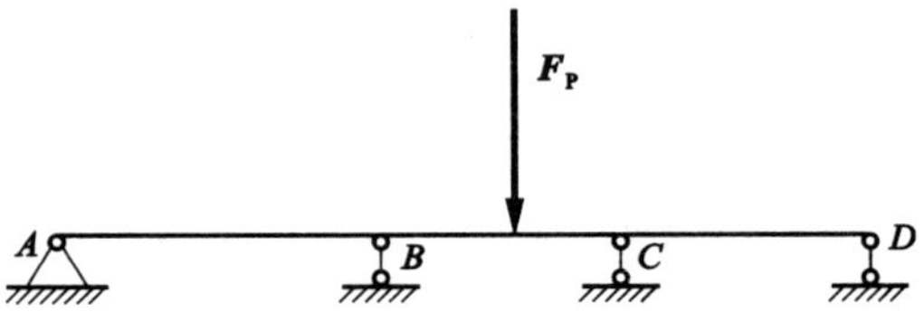

图 12-8

12.3.2 独立结点线位移

独立结点线位移是位移法计算中的另一种基本未知量。

用位移法计算刚架时，为了确定其独立结点线位移的数目，常作如下几项假定：

(1) 忽略由轴力产生的小变形；

(2) 结点转角和各杆的弦转角都很小；

(3) 直杆变形后，曲线两端的连线长度等于原直杆长度。

确定独立结点线位移的个数有两种方法，现分述如下：

(1) 直观判断

对于一般的刚架，独立结点线位移的数目可直接通过观察确定。图 12-9 所示刚架中，当不考虑各杆长度的变化时，结点 B 和结点 C 均无竖向位移，同时，结点 B 的水平位移 Δ_B 和结点 C 的水平位移 Δ_C 也应当相等，可以用同一个符号 Δ 代替，即 $\Delta_B=\Delta_C=\Delta$，因此，只有一个独立结点线位移。同样，图 12-10 所示的两层刚架，结点 A、B 的水平线位移彼此相等，可以用 Δ_1 表示；结点 C、D 的水平线位移彼此相等，可用 Δ_2 表示。因此，图 12-10 所示两层刚架的独立结点线位移个数为 2，即 Δ_1、Δ_2。由此可见，对于多层刚架，独立结点线位移的数目等于不发生侧移的刚架的层数。

(2) 铰化结点判定

对比较复杂的刚架，首先，把该刚架的各个结点全部改为铰接点(包括固定端改为固定铰支座)。然后进行几何构造分析，如果此铰接体系几何不变，说明原结构是没有结点线位移的。若需增加链杆才能组成几何不变体系，则所需增加的链杆的根数等于原结构的独立结点线位移的个数。例如将图 12-10 所示刚架铰化成图 12-11 所示的体系，此体系几何可变。需增加图中虚线所示的两根链杆才能组成几何不变体系。于是得到与用直观判断一样的结论，即图 12-10 所示刚架有两个独立结点线位移。

一般情况下，位移法的基本未知量包括结点转角位移和独立结点线位移。图 12-9 所示刚架的基本未知量是结点 B 和结点 C 的转角 θ_B 和 θ_C，及独立结点线位移 Δ，共 3 个。图 12-10 所示刚架的基本未知量是结点 A、B、C、D 的转角 θ_A、θ_B、θ_C、θ_D，及独立结点线位移 Δ_1、Δ_2 等，共 6 个。

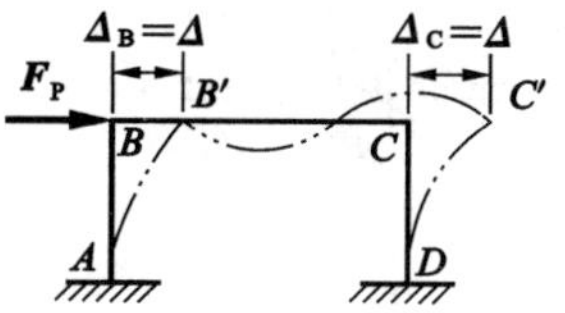

图 12-9

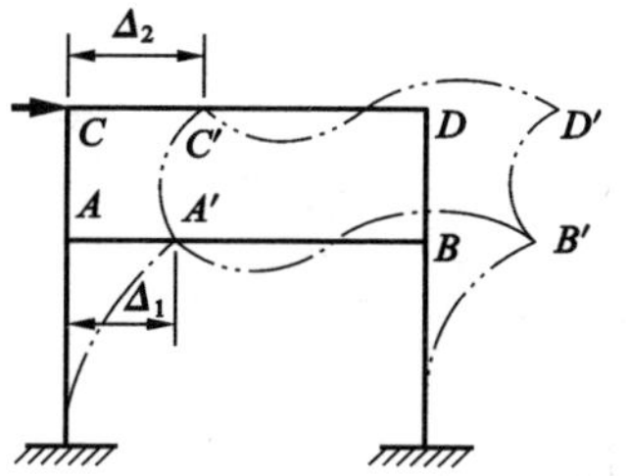

图 12-10

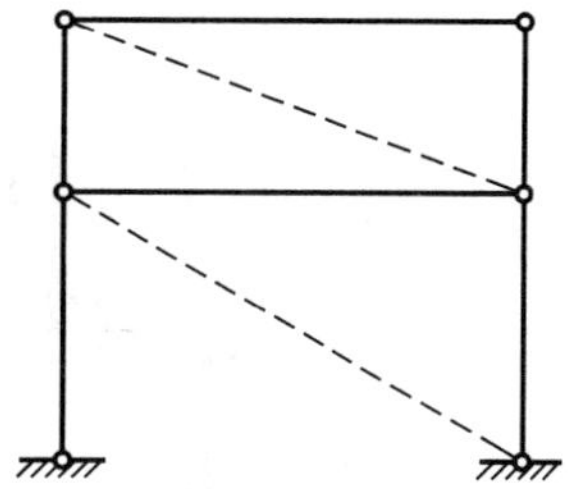

图 12-11

★★ 分别确定结构的结点转角位移个数和独立结点线位移的个数，其总和即为该结构的基本未知量数。

12.4 等截面直杆的转角位移方程

等截面直杆的转角位移方程，就是图 12-12 所示的三种形式的单跨超静定梁，在荷载作用下，同时发生杆端转角位移和杆端线位移的情况下，所产生的杆端力(主要是杆端弯矩)方程。

由于支座位移和荷载作用引起的杆端弯矩和杆端剪力的符号采取**双下标**：第 1 下标表示该杆端弯矩(或杆端剪力)所在杆端的名称，第 2 下标表示该杆端所属杆件的另一端。

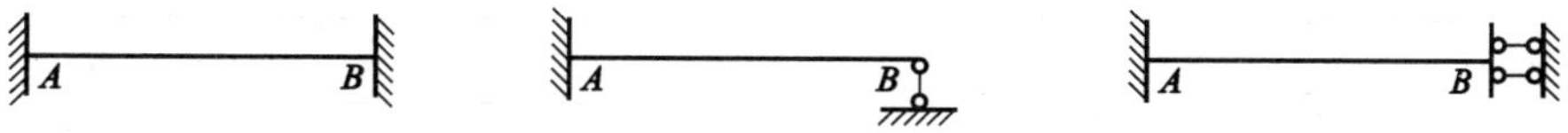

(a) (b) (c)

图 12-12

12.4.1 杆端位移引起的杆端弯矩和杆端剪力

图 12-13(a)所示刚架结构承受荷载后，任取其中 AB 单元杆件如图 12-13(b)所示(图中未画轴力和剪力)。用 M_{AB}、M_{BA} 表示杆端弯矩。将杆在两端切开，在切口处画出杆端弯矩。**杆端弯矩的正负号规定如下：对于杆件而言，杆端弯矩以顺时针转动为正；对于结点或支座而言，杆端弯矩以逆时针转动为正**。图中所画的杆端弯矩都是正的。这样的杆端弯矩以杆件的左端下侧受拉，右端上侧受拉为正。应特别注意的是：这种对弯矩正负号的规定，只适用于**杆端弯矩**，对于杆间任一截面仍不需标明正负号，只是画弯矩图时应将弯矩画在杆件受拉的一侧。对于杆端剪力的正负号规定和以前一样，仍然以使截离体顺时针转动为正，逆时针转动为负(无论对杆件，还是结点或支座均相同)。

微课 12.3 等截面直杆的转角位移方程

图 12-14(a)所示两端固定的梁 AB，当 A 端发生转角 θ_A，B 端发生转角 θ_B，两端产生垂直于梁轴的相对线位移 Δ 时，AB' 与水平方向的夹角称为弦转角，用 φ_{AB} 或 φ_{BA} 表示。以上各种位移的正负号规定如下：**杆端转角 θ_A、θ_B 以及弦转角 φ_{AB}、φ_{BA} 都以顺时针转向为正；线位移 Δ 的正负应与弦转角一致，即右端下沉，左端上升为正**，图中所画的各种位移都是正的。

为方便起见，我们给出了用力法计算的单跨超静定梁在各种不同荷载作用下的固端弯矩、固端剪力及杆端发生各种单位正位移时杆端弯矩、杆端剪力的形常数表和载常数表，以方便查阅和计算。详见表 12-1 和表 12-2。

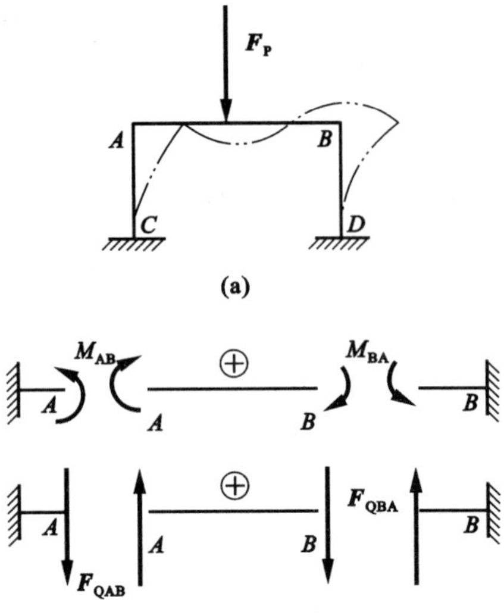

图 12-13

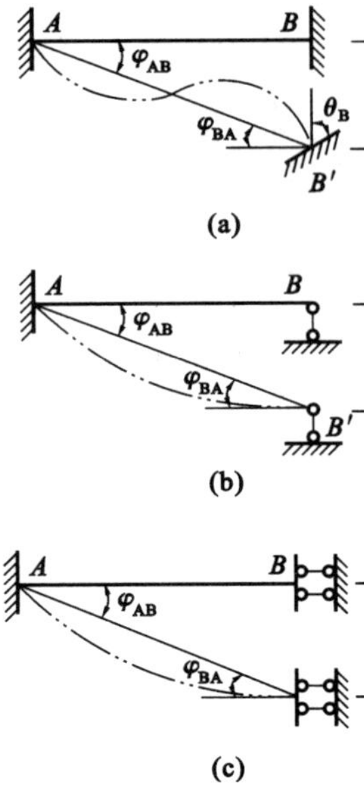

图 12-14

表 12-1　等截面单跨超静定梁的形常数表

编　号	简图及弯矩图	杆　端　弯　矩		杆　端　剪　力	
		M_{AB}	M_{BA}	F_{QAB}	F_{QBA}
1	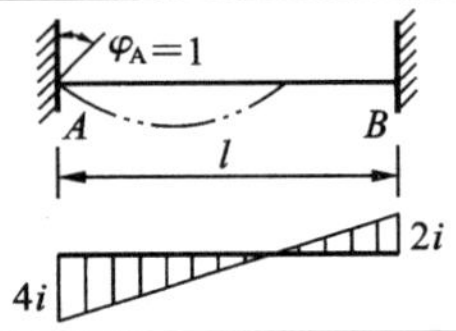	$4i$	$2i$	$-\dfrac{6i}{l}$	$-\dfrac{6i}{l}$
2	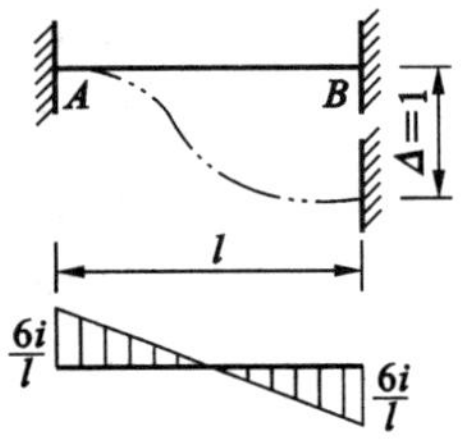	$-\dfrac{6i}{l}$	$-\dfrac{6i}{l}$	$\dfrac{12i}{l^2}$	$\dfrac{12i}{l^2}$
3	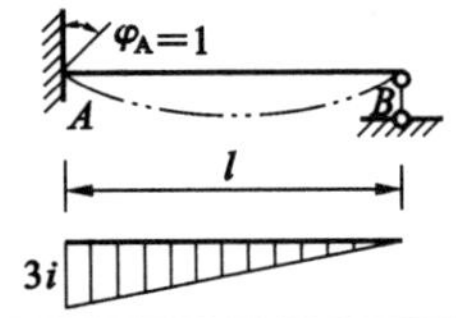	$3i$	0	$-\dfrac{3i}{l}$	$-\dfrac{3i}{l}$
4	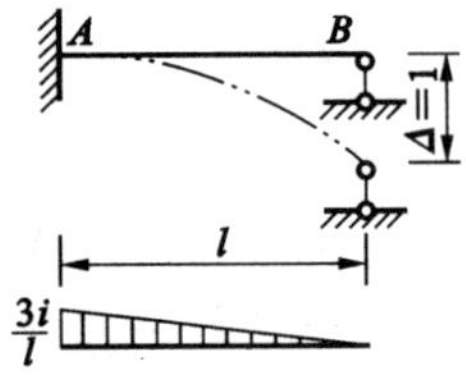	$-\dfrac{3i}{l}$	0	$\dfrac{3i}{l^2}$	$\dfrac{3i}{l^2}$

续表 12-1

编号	简图及弯矩图	杆端弯矩		杆端剪力	
		M_{AB}	M_{BA}	F_{QAB}	F_{QBA}
5	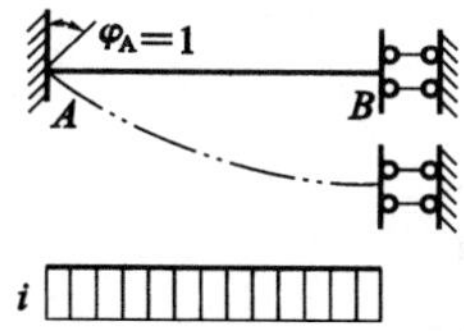	i	$-i$	0	0

表 12-2 等截面单跨超静定梁的载常数表

编号	简图及弯矩图	杆端弯矩		杆端剪力	
		M_{AB}	M_{BA}	F_{QAB}	F_{QBA}
1	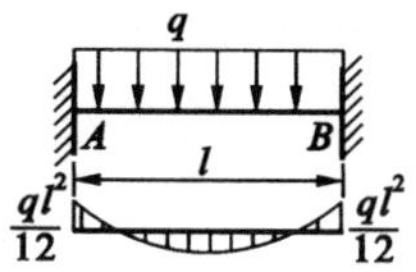	$-\frac{ql^2}{12}$	$\frac{ql^2}{12}$	$\frac{ql}{2}$	$-\frac{ql}{2}$
2	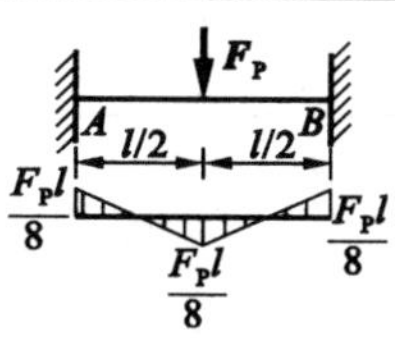	$-\frac{F_P l}{8}$	$\frac{F_P l}{8}$	$\frac{1}{2}F_P$	$-\frac{1}{2}F_P$
3	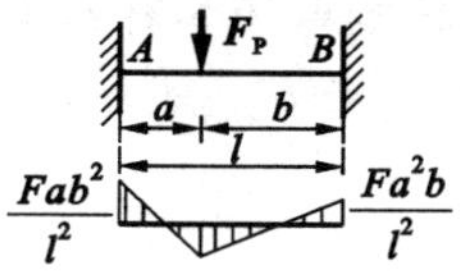	$-\frac{F_P ab^2}{l^2}$	$\frac{F_P a^2 b}{l^2}$	$\frac{F_P b^2}{l^2}\left(1+\frac{2a}{l}\right)$	$-\frac{F_P a^2}{l^2}\left(1+\frac{2b}{l}\right)$
4	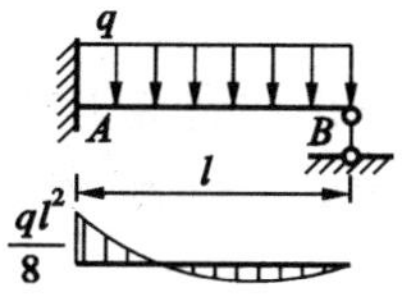	$-\frac{ql^2}{8}$	0	$\frac{5ql}{8}$	$-\frac{3ql}{8}$
5	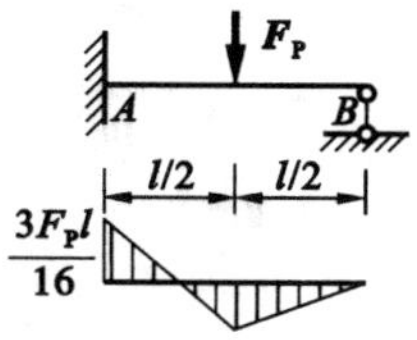	$-\frac{3F_P l}{16}$	0	$\frac{11}{16}F_P$	$-\frac{5}{16}F_P$
6	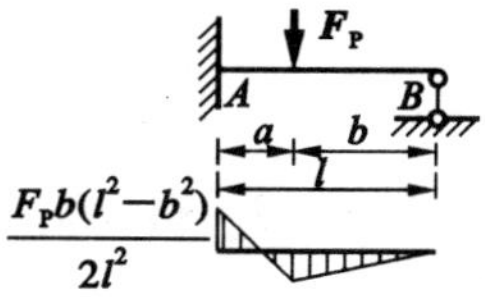	$-\frac{F_P b(l^2-b^2)}{2l^2}$	0	$\frac{F_P b(3l^2-b^2)}{2l^3}$	$-\frac{F_P a^2(2l+b)}{2l^3}$

续表 12-2

编号	简图及弯矩图	杆端弯矩		杆端剪力	
		M_{AB}	M_{BA}	F_{QAB}	F_{QBA}
7	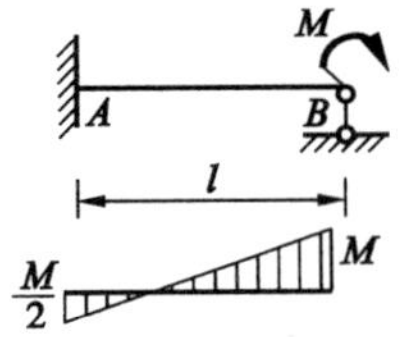	$\frac{1}{2}M$	M	$-\frac{3M}{2l}$	$-\frac{3M}{2l}$
8	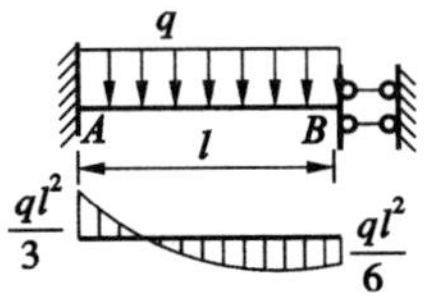	$-\frac{ql^2}{3}$	$-\frac{ql^2}{6}$	ql	0
9	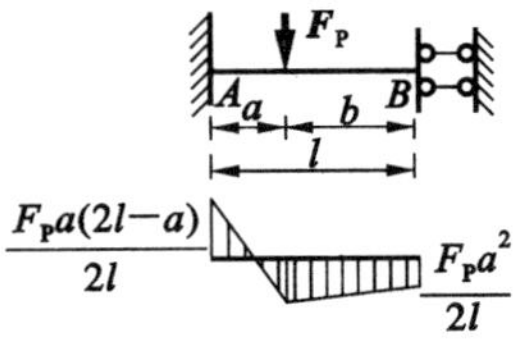	$-\frac{F_P a(2l-a)}{2l}$	$-\frac{F_P a^2}{2l}$	F_P	0

12.4.2　固端弯矩和固端剪力

对于图 11-12 所示的三种单跨超静定梁，**在荷载作用下的杆端弯矩和杆端剪力称为固端弯矩和固端剪力**。固端弯矩用 M_{AB}^F 和 M_{BA}^F 表示，固端剪力用 F_{QAB}^F 和 F_{QBA}^F 表示，其大小可以通过载常数表查得。

12.4.3　等截面直杆的转角位移方程的推导

上述三种等截面超静定梁，在有荷载作用，同时又发生杆端转角和垂直于杆轴的杆端相对线位移时，所引起的杆端弯矩应该根据叠加原理(通过载常数表和形常数表)求得。即：由杆端弯矩和固端弯矩相叠加。例如：

(1) 对于图 12-14(a)中所示的两端固定梁(梁的跨长为 l)

① 由于 A 端转角 θ_A 引起的杆端弯矩查形常数表可知：

$$M'_{AB} = 4i\theta_A, \quad M'_{BA} = 2i\theta_A$$

② 由于 B 端转角 θ_B 引起的杆端弯矩由形常数表查得为：

$$M''_{AB} = 2i\theta_B, \quad M''_{BA} = 4i\theta_B$$

③ 由于两端相对线位移 Δ 引起的杆端弯矩由形常数表查得：

$$M'''_{AB} = -\frac{6i}{l}\Delta, \quad M'''_{BA} = -\frac{6i}{l}\Delta$$

④ 在有荷载作用的情况下，通过查载常数表可以查到固端弯矩 M_{AB}^F 和 M_{BA}^F 值，最后根据叠加原理，将以上所得叠加起来得到最后的杆端弯矩：

$$
\left.\begin{aligned}
M_{AB} &= 4i\theta_A + 2i\theta_B - \frac{6i}{l}\Delta + M_{AB}^F \\
M_{BA} &= 2i\theta_A + 4i\theta_B - \frac{6i}{l}\Delta + M_{BA}^F
\end{aligned}\right\} \qquad (12\text{-}4)
$$

(2) 对于图 12-14(b)中所示的一端固定一端铰支的梁(梁的跨长为 l)可用上述同样的方法计算杆端弯矩值：

$$
\left.\begin{aligned}
M_{AB} &= 3i\theta_A - \frac{3i}{l}\Delta + M_{AB}^F \\
M_{BA} &= 0
\end{aligned}\right\} \qquad (12\text{-}5)
$$

(3) 对于图 12-14(c)中所示的一端固定一端是定向滑动支座的梁(梁的跨长为 l)则

$$
\left.\begin{aligned}
M_{AB} &= i\theta_A + M_{AB}^F \\
M_{BA} &= -i\theta_A + M_{BA}^F
\end{aligned}\right\} \qquad (12\text{-}6)
$$

式(12-4)至式(12-6)分别是常用的不同支座形式的等截面单跨超静定梁杆端弯矩的一般计算公式,称为**转角位移方程**。

12.5 无结点线位移刚架和连续梁的计算

图 12-7、图 12-8 所示的刚架和连续梁,在任何荷载作用下,都是没有结点线位移的结构,而图 12-15 所示的刚架是有结点线位移的结构,但在对称荷载作用下,其变形如图中双点画线所示时,结点 B 和 C 既无垂直线位移也无水平线位移。可见,有时从结构的构造情况看,可能有结点线位移,但在某些特殊荷载作用下(例如对称荷载),实际上却不可能产生结点线位移。所以判断一个结构在荷载作用下,是否存在结点线位移,需从结构和荷载两方面分析。

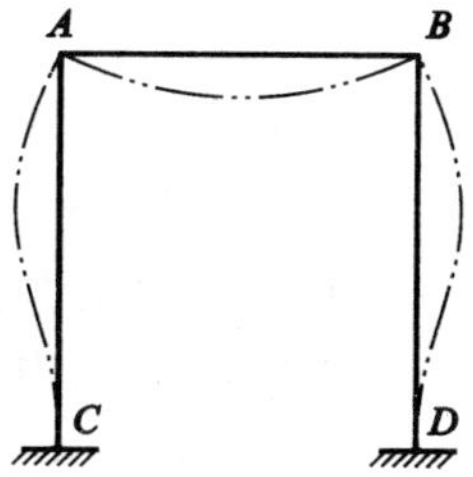

图 12-15

下面以图 12-16 所示刚架为例,说明位移法的计算步骤。

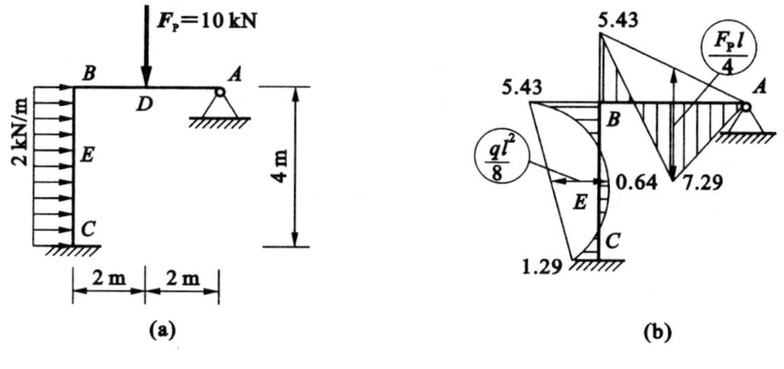

图 12-16

(1) 确定基本未知量

在荷载作用下,只有刚结点 B 的转角 θ_B 一个基本未知量。

(2) 建立单元杆的转角位移方程

① 根据各杆的结构形式与杆端位移(参照图 12-6),查表可得 AB 杆杆端弯矩为：

$$\begin{cases} M_{AB} = 0 \\ M_{BA} = 3i\theta_B \end{cases}$$

BC 杆相当于两端固定的梁，由 θ_B 产生的杆端弯矩为：

$$\begin{cases} M_{BC} = 4i\theta_B \\ M_{CB} = 2i\theta_B \end{cases}$$

② 根据各杆的结构形式和所承担的荷载，查表可得各杆的固端弯矩为：

AB 杆：

$$\begin{cases} M_{AB}^F = 0 \\ M_{BA}^F = -\dfrac{3}{16}F_P l = -\dfrac{3}{16}\times 10\times 4 = -7.5\ \text{kN}\cdot\text{m} \end{cases}$$

BC 杆：

$$M_{BC} = -M_{CB} = \frac{ql^2}{12} = \frac{2\times 4^2}{12} = 2.67\ \text{kN}\cdot\text{m}$$

③ 叠加后的转角位移方程为

$$\begin{cases} M_{AB} = 0 \\ M_{BA} = 3i\theta_B - 7.5 \\ M_{BC} = 4i\theta_B + 2.67 \\ M_{CB} = 2i\theta_B - 2.67 \end{cases}$$

由上式可见，只要求出结点角位移 θ_B，则杆端弯矩即可求出。

(3) 建立位移法的基本方程，求结点位移 θ_B

取结点 B 为脱离体，画其弯矩示力图[参看图 12-6(f)(图中未画剪力和轴力)]。

用结点 B 的力矩平衡条件列出平衡方程式，即**位移法的基本方程**。

由 $\sum M_B = 0$，得

$$M_{BA} + M_{BC} = 0$$

即

$$7i\theta_B - 4.83 = 0$$

$$\theta_B = \frac{4.83}{7i}$$

(4) 计算各杆的杆端弯矩值

将所得的基本未知量数值，代入转角位移方程，就可以求出各杆端弯矩的数值。将 θ_B 代入后，得

$$\begin{cases} M_{AB} = 0 \\ M_{BA} = 3i\times\dfrac{4.83}{7i} - 7.5 = -5.43\ \text{kN}\cdot\text{m} \\ M_{BC} = 4i\times\dfrac{4.83}{7i} + 2.67 = 5.43\ \text{kN}\cdot\text{m} \\ M_{CB} = 2i\times\dfrac{4.83}{7i} - 2.67 = -1.29\ \text{kN}\cdot\text{m} \end{cases}$$

(5) 根据所得数据画出结构的弯矩图

首先，将各杆的杆端弯矩图画在受拉的一边，然后以每根杆件为单元画出弯矩图。

以 AB 杆件的杆端弯矩的连线作为基线，再将杆看成简支梁，求出集中荷载作用处的弯矩值 $M'_D=\frac{F_P l}{4}$。再与简支梁在杆端弯矩作用下的弯矩值 $M''_D=-\frac{M_{BA}}{2}$ 相叠加，得：

$$M_D=M'_D+M''_D=\frac{F_P l}{4}-\frac{M_{BA}}{2}=\frac{10\times4}{4}-\frac{5.43}{2}=7.29\ \text{kN}\cdot\text{m}$$

同理，画杆件的弯矩图时将杆件看成简支梁，分别求出简支梁单独在荷载和杆端弯矩作用下截面 E 的弯矩值，然后相叠加，得

$$M_E=\frac{ql^2}{8}-\frac{5.43+1.29}{2}=0.64\ \text{kN}\cdot\text{m}$$

画得弯矩图，如图 12-16(b)所示。图中各弯矩的单位为：kN · m。

由以上计算可见，在刚结点 B 处有一个结点转角作为基本未知量，同时写出这个刚结点处的力矩平衡方程作为基本方程。于是基本方程的个数和基本未知量的个数彼此相等，且一一对应。因此全部基本未知量就此解出。

【例 12-1】 试作出图 12-17 所示连续梁的弯矩图。各杆 EI=常数。

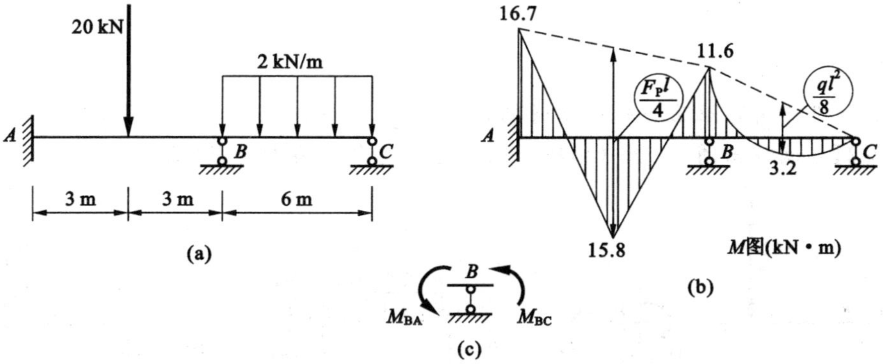

图 12-17

【解】

(1) 确定基本未知量

只有结点 B 是刚性结点，故取 θ_B 作为基本未知量。

(2) 建立转角位移方程

为简便起见，可由表 12-1、表 12-2 确定杆端位移产生的杆端弯矩和由荷载产生的固端弯矩，并叠加，直接得到转角位移方程

$$\begin{cases}M_{AB}=2i\theta_B-\frac{F_P l}{8}=\frac{1}{3}EI\theta_B-\frac{1}{8}\times20\times6=\frac{1}{3}EI\theta_B-15\\M_{BA}=4i\theta_B+\frac{F_P l}{8}=\frac{2}{3}EI\theta_B+\frac{1}{8}\times20\times6=\frac{2}{3}EI\theta_B+15\\M_{BC}=3i\theta_B-\frac{ql^2}{8}=\frac{1}{2}EI\theta_B-\frac{1}{8}\times2\times6^2=\frac{1}{2}EI\theta_B-9\\M_{CB}=0\end{cases}$$

(3) 建立位移法的基本方程，求结点位移

取结点为脱离体，画弯矩示力图[图 12-17(c)]。

由 $\sum M_B=0$，得

$$M_{BA} + M_{BC} = 0$$

将式中相应的值代入，得：

$$\frac{2}{3}EI\theta_B + 15 + \frac{1}{2}EI\theta_B - 9 = 0$$

解得

$$EI\theta_B = -\frac{36}{7}$$

(4) 计算各杆的杆端弯矩

将 $EI\theta_B$ 的数值代入转角位移方程，得各杆的杆端弯矩为：

$$\begin{cases} M_{AB} = \frac{1}{3} \times \left(-\frac{36}{7}\right) - 15 = -16.7 \text{ kN} \cdot \text{m} \\ M_{BA} = \frac{2}{3} \times \left(-\frac{36}{7}\right) + 15 = 11.6 \text{ kN} \cdot \text{m} \\ M_{BC} = \frac{1}{2} \times \left(-\frac{36}{7}\right) - 9 = -11.6 \text{ kN} \cdot \text{m} \\ M_{CB} = 0 \end{cases}$$

(5) 画出弯矩图。

根据求得的杆端弯矩及各杆所承受的荷载，画出弯矩图，如图 12-17(b)所示。

【例 12-2】 试作出图 12-18 (a)所示刚架的内力图。各杆 EI=常数。

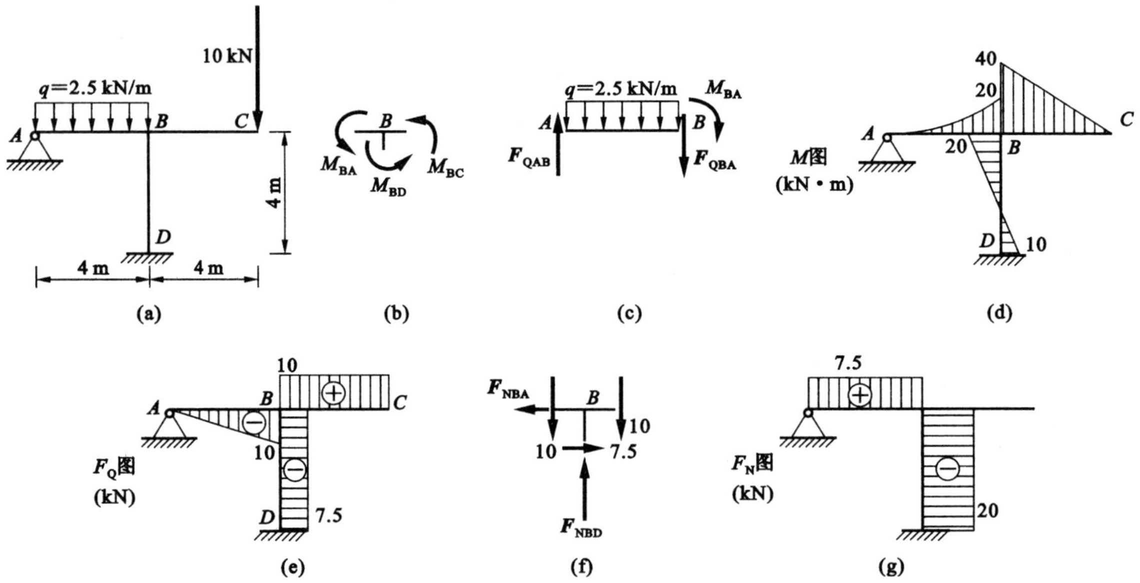

图 12-18

【解】

(1) 确定基本未知量

只有刚结点 B 一个基本未知量 θ_B。

(2) 建立各单元杆的转角位移方程式

由查表确定杆端位移产生的杆端弯矩和由荷载产生的固端弯矩，并叠加，得转角位移方

程为

$$\begin{cases} M_{BA}=3i\theta_B+\dfrac{ql^2}{8}=3i\theta_B+\dfrac{1}{8}\times 2.5\times 4^2=3i\theta_B+5 \\ M_{BC}=-F_Pl=-10\times 4=-40 \\ M_{BD}=4i\theta_B \\ M_{DB}=2i\theta_B \end{cases}$$

(3) 建立位移法基本方程,求结点位移

取结点 B 为脱离体画受力图,如图 12-18(b)所示。

由 $\sum M_B=0$,得

$$M_{BA}+M_{BD}+M_{BC}=0$$
$$3i\theta_B+5+4i\theta_B-40=0$$

解得

$$\theta_B=\frac{5}{i}$$

(4) 计算各杆的杆端弯矩,画弯矩图

① 将求得的 θ_B 值代入各杆端转角位移方程式,以求得杆端弯矩值:

$$\begin{cases} M_{BA}=3i\times\dfrac{5}{i}+5=20\ \text{kN}\cdot\text{m} \\ M_{BC}=-40\ \text{kN}\cdot\text{m} \\ M_{BD}=4i\times\dfrac{5}{i}=20\ \text{kN}\cdot\text{m} \\ M_{DB}=2i\times\dfrac{5}{i}=10\ \text{kN}\cdot\text{m} \end{cases}$$

② 画出弯矩图

首先将各杆端弯矩画在受拉边,然后以每根杆为单元画出弯矩图,其中:

BD 杆段:无荷载作用,弯矩图是斜线,连接杆端弯矩即得 BD 杆段的弯矩图。

BC 杆段:是悬臂梁段,荷载作用在杆端,弯矩图也是斜线,且 C 端弯矩 $M_{CB}=0$。连接杆端弯矩得 BC 段的弯矩图。

BA 杆段:由于均布荷载作用,其弯矩图是一条抛物线,故须计算 BA 杆跨中截面 E 的弯矩或计算该杆端的最大弯矩,如图 12-18(d)所示。

(5) 画出剪力图

根据各杆段杆端弯矩及作用在该杆段上的荷载,逐杆求出杆端剪力画剪力图。

由图可见:

BC 杆段:是悬臂杆段,其各截面剪力均等于 10 kN。

BD 杆段:其上无荷载作用,其各截面的剪力也是常数。

BA 杆段:其上作用有均布荷载,剪力图是一条斜线。其杆端剪力可由图中根据平衡条件求得[图 12-18(c)]。

最后,画得剪力图,如图 12-18(e)所示。

(6) 画轴力图

利用刚结点处的平衡条件,由杆端剪力求出杆端轴力,画出轴力图。

由图可见：

BC 杆段是悬臂梁段且荷载与杆轴相垂直，因此各截面轴力相等，且等于零。为确定 BA、BD 杆段轴力，画 B 结点受力图，如图 12-18(f)所示，其杆端剪力数值由剪力图求得，且为简单起见，未画出杆端弯矩值。

由 $\sum F_x = 0$，得

$$F_{NBA} = 7.5\ \text{kN}\ (拉)$$

由 $\sum F_y = 0$，得

$$F_{NBD} = -20\ \text{kN}\ (压)$$

最后，画出结构的轴力图，如图 12-18(g)所示。

12.6　有结点线位移刚架的计算

有结点线位移的刚架，计算时的基本未知量，除了有结点转角 θ 外，还有结点线位移。其中：结点转角数目等于该结构的刚结点数，独立结点线位移的数目可用直观判断或铰化结点法求得。

有结点线位移刚架计算时，除对每个刚结点均可列出该点力矩平衡方程作为基本方程外，对每个独立结点线位移，也可列出相应的平衡方程，现举例说明。

【例 12-3】 试作图 12-19(a)所示排架的弯矩图。

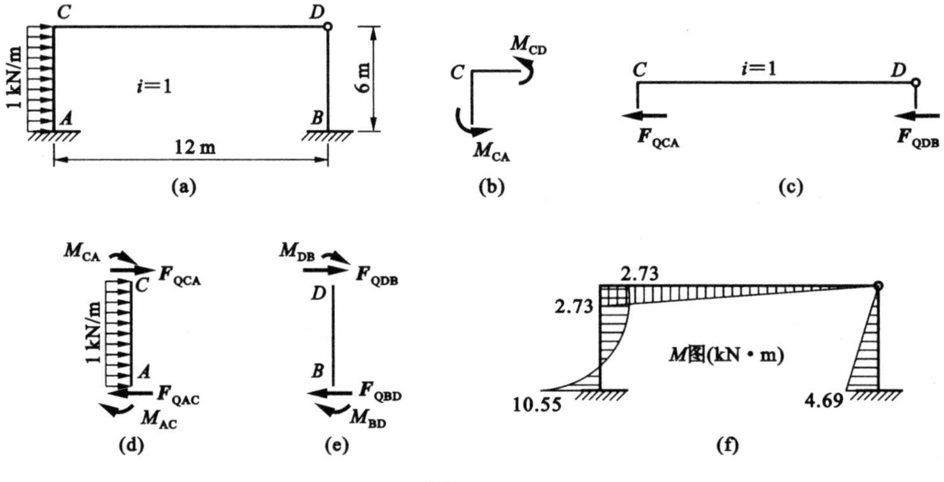

图 12-19

【解】

(1) 确定基本未知量

该结构共有刚结点 C 的转角 θ_C 和横梁 CD 的水平线位移 Δ 两个基本未知量。

(2) 建立各单元杆的转角位移方程

同样为了简便起见，在写出由杆端位移引起的杆端力的同时，叠加上由荷载引起的固端弯矩而直接得到转角位移方程。要注意的是 AC、BD 两杆的两端结点有相对侧移 Δ，但杆 CD 的两端结点只有整体的水平位移，并没有相对的线位移。于是，各杆的转角位移方程为：

$$\begin{cases} M_{AC}=2i\theta_C-\dfrac{6i\Delta}{l}-\dfrac{ql^2}{12}=2\theta_C-\Delta-3 \\ M_{CA}=4i\theta_C-\dfrac{6i\Delta}{l}+\dfrac{ql^2}{12}=4\theta_C-\Delta+3 \\ M_{CD}=3i\theta_C=3\theta_C \\ M_{BD}=-\dfrac{3i}{l}\Delta=-0.5\Delta \end{cases}$$

(3) 建立位移法基本方程,求解基本未知量

① 利用结点 C,建立结点的力矩平衡方程。

取结点 C 为脱离体画出受力图,如图 12-19(b)所示。

由 $\sum M_C=0$,得

$$M_{CA}+M_{CD}=7\theta_C-\Delta+3=0 \tag{a}$$

② 截取两立柱顶端以上部分,建立立柱的投影式平衡方程。

取两立柱顶端以上的横梁 CD 为脱离体,画出其示力图,如图 12-19(c)所示。

由 $\sum F_x=0$,得

$$F_{QCA}+F_{QDB}=0$$

为了计算 F_{QCA} 和 F_{QDB},分别考虑立柱 CA 和 DB 的平衡。

取立柱 CA 为脱离体,画受力图,如图 12-19(d)所示。

由 $\sum M_A=0$,得

$$F_{QCA}=-\frac{6\theta_C-2\Delta}{6}-\frac{ql}{2}=-\theta_C+\frac{\Delta}{3}-3$$

取立柱 DB 为脱离体,画受力图,如图 12-19(e)所示。

由 $\sum M_B=0$,得

$$F_{QDB}=\frac{0.5\Delta}{6}=\frac{\Delta}{12}$$

将 F_{QCA} 和 F_{QDB} 代入式中,得

$$-\theta_C+\frac{\Delta}{3}+\frac{\Delta}{12}-3=0$$

即

$$-\theta_C+\frac{5}{12}\Delta-3=0 \tag{b}$$

这就是与独立线位移 Δ 相对应的力的投影平衡方程式。

③ 求解基本未知量。

联立方程(a)、(b),得位移法基本方程为

$$\begin{cases} 7\theta_C-\Delta-3=0 \\ -\theta_C+\dfrac{5\Delta}{12}-3=0 \end{cases}$$

解得:

$$\theta_C=0.91$$

$$\Delta = 9.37$$

(4) 计算各杆的杆端弯矩

将 θ_C 和 Δ 的数值代入各转角位移方程，得

$$\begin{cases} M_{AC} = 2 \times 0.91 - 9.37 - 3 = -10.55\ \text{kN} \cdot \text{m} \\ M_{CA} = 4 \times 0.91 - 9.37 + 3 = -2.73\ \text{kN} \cdot \text{m} \\ M_{CD} = 3 \times 0.91 = 2.73\ \text{kN} \cdot \text{m} \\ M_{BD} = -0.5 \times 9.37 = -4.69\ \text{kN} \cdot \text{m} \end{cases}$$

(5) 画出弯矩图

根据所得杆端弯矩，以及已知的荷载，可画出弯矩图，如图 12-19(f)所示。

由此可见，位移法的基本未知量中，每一个转角对应有一个相应的刚结点力矩平衡方程，每一个独立结点线位移对应有一个相应的梁与柱顶沿剪力方向的投影平衡方程。平衡方程的个数和基本未知量的个数相等。正好可以解出全部的基本未知量。

本章要点提示

位移法以刚结点转角和独立结点线位移为基本未知量。其未知量的数目与超静定次数无关。因此，对于超静定次数高而结点位移数目少的超静定结构用位移法比用力法要简便得多。

在位移法计算中，把结构分解成为单个杆件，每一根杆件都可以认为是单跨的超静定梁。

位移法的基本方程是平衡方程，包括刚结点的力矩平衡方程、梁与立柱顶端沿剪力方向的投影平衡方程。通过平衡方程确定位移法的基本未知量，然后用转角位移方程计算杆端弯矩，并画出内力图。

位移法的解题步骤是：

(1) 确定基本未知量；

(2) 建立各单元杆件的转角位移方程；

(3) 建立位移法的基本方程以求解基本未知量；

(4) 计算各杆的杆端弯矩，画弯矩图；

(5) 由各杆的力的平衡方程计算杆端剪力，画剪力图。

(6) 由各杆的力的平衡方程计算杆端轴力，画轴力图。

确定结构上的基本未知量并写出各杆的转角位移方程，是位移法的解题关键。

复　习　题

12-1　位移法中对杆端角位移、杆端线位移、杆端弯矩和杆端剪力的正负号是怎样规定的？

12-2　位移法的基本未知量有哪些类型？

12-3　结点角位移的数目怎样确定？

12-4　独立结点线位移的数目是怎样确定的？

12-5　什么是固端弯矩？什么是等截面直杆的转角位移方程，如何利用查表法确定等截面直杆的转角位移方程？应注意什么问题？

12-6　试确定图 12-20 所示结构用位移法计算时的基本未知量数量。

12-7　写出图 12-21 所示结构由荷载产生的固端弯矩和由基本未知量产生的杆端弯矩。各杆 EI=常数。

12-8　画图 12-22 所示连续梁的内力图，并求支座反力。

12-9　画出图 12-23 所示结构的弯矩图。

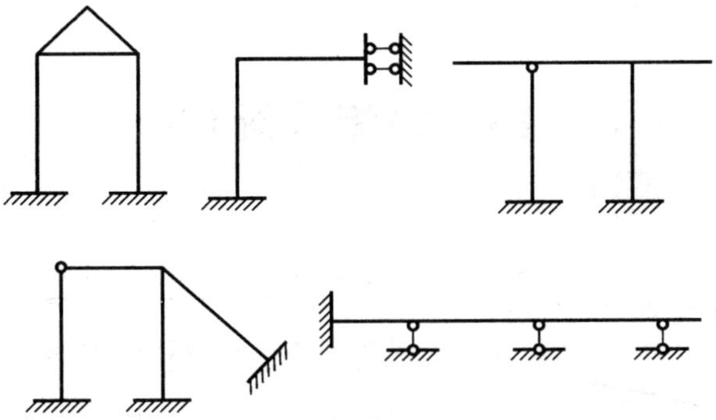

图 12-20

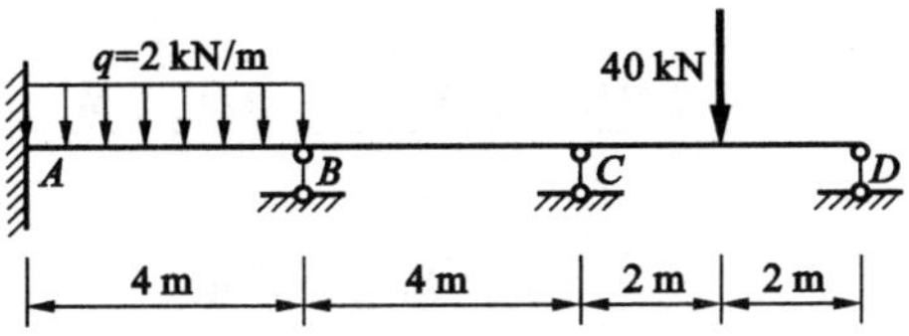

图 12-21

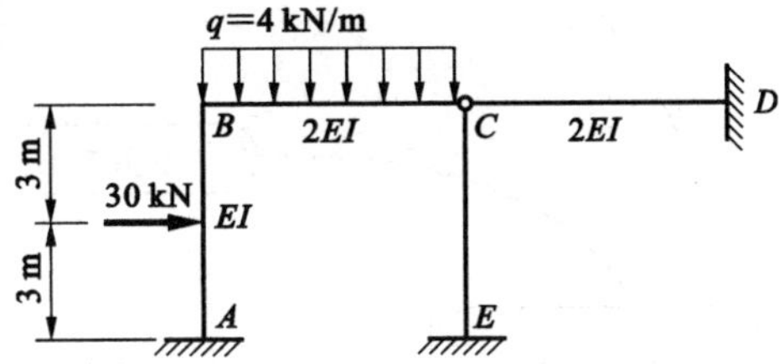

图 12-22

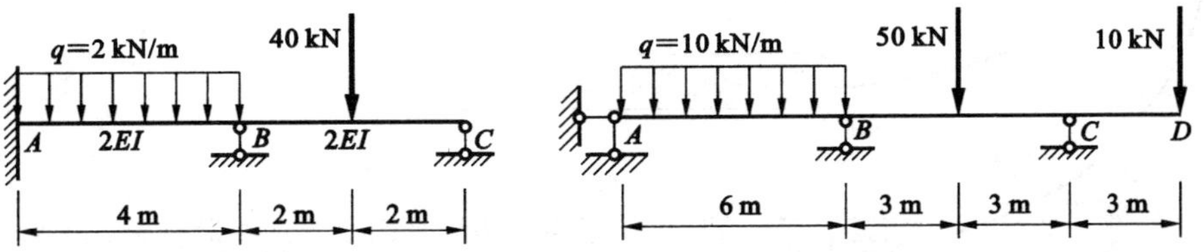

(a) (b)

图 12-23

12-10 画出图 12-24(a)、图 12-24(b)所示刚架弯矩图、剪力图和轴力图。EI=常数。

12-11 画图 12-24(c)、(d)所示刚架的弯矩图。

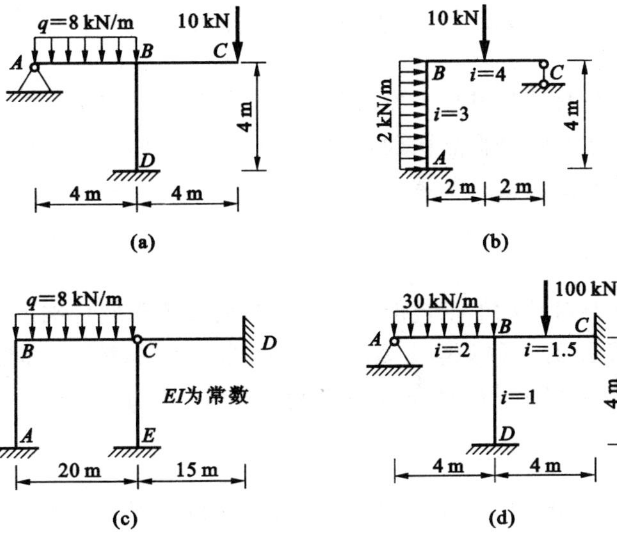

(a) (b) (c) (d)

图 12-24

13　力矩分配法

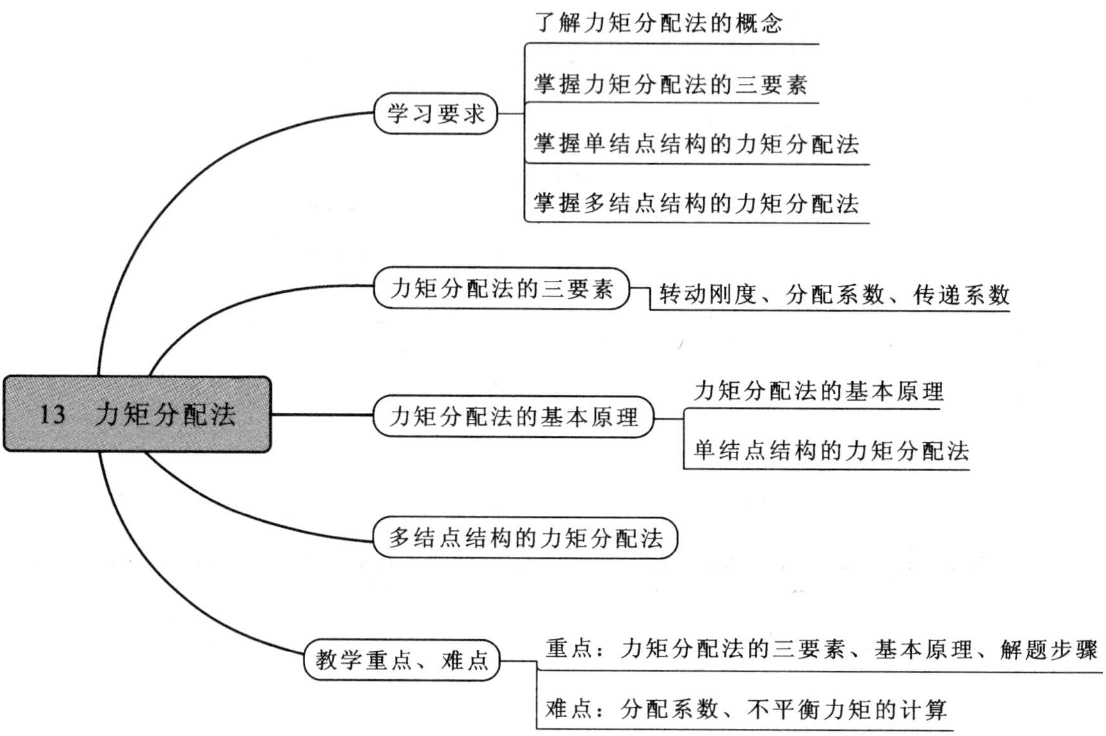

13.1　力矩分配法的三要素

力矩分配法是在位移法的基础上发展起来的一种渐近算法，主要用于计算连续梁和结点无线位移的刚架。由于它物理概念明确，计算步骤简单，所以被广泛应用于工程计算。

下面先介绍力矩分配法的三要素。

13.1.1　转动刚度

转动刚度表示杆端对转动的抵抗能力。它在数值上等于使杆端产生单位转角时需要施加的力矩。如图 13-1 所示的三种基本类型的 AB 杆，当仅在 A 端(或称近端)产生单位转角时，在 A 端所需施加的力矩称为 AB 杆在 A 端的转动刚度，并用 S_{AB}表示。其值与杆件的线刚度 $i=\dfrac{EI}{l}$和杆件另一端 B(或称远端)的支承情况有关。

对等截面直杆，当远端为固定端时，A 端的转动刚度为 $S_{AB}=4i$；当远端为铰支端时，A 端的转动刚度为 $S_{AB}=3i$；当远端为滑动支座时，A 端的转动刚度为 $S_{AB}=i$。

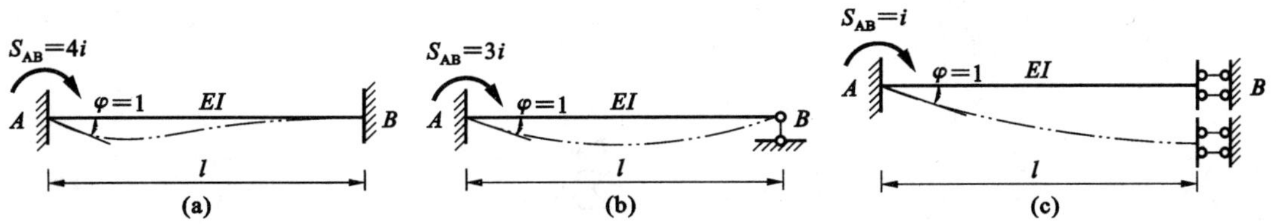

图 13-1

13.1.2 分配系数

如图 13-2(a)所示的三根杆由刚结点联结在一起。当结点 A 有外力矩 $\boldsymbol{M}$ 作用时，各杆发生如图 13-2(a)双点画线所示的变形，结点 A 产生转角 φ_A。这时各杆杆端弯矩为 $\boldsymbol{M}_{AB}$、$\boldsymbol{M}_{AC}$ 和 $\boldsymbol{M}_{AD}$，由转动刚度的定义可知：

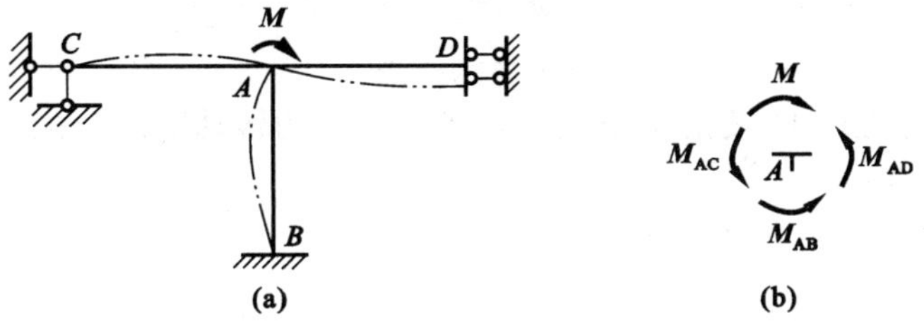

图 13-2

$$\left.\begin{aligned} M_{AB} &= S_{AB}\varphi_A = 4i_{AB}\varphi_A \\ M_{AC} &= S_{AC}\varphi_A = 3i_{AC}\varphi_A \\ M_{AD} &= S_{AD}\varphi_A = i_{AD}\varphi_A \end{aligned}\right\} \tag{13-1}$$

取结点 A 作研究对象，由平衡方程可得：

$$M = M_{AB} + M_{AC} + M_{AD} = (S_{AB} + S_{AC} + S_{AD})\varphi_A$$

$$\varphi_A = \frac{M}{S_{AB} + S_{AC} + S_{AD}} = \frac{M}{\sum_A S}$$

式中 $\sum_A S$—— 各杆 A 端转动刚度之和。

将 φ_A 代入式(13-1)，得：

$$\left.\begin{aligned} M_{AB} &= \frac{S_{AB}}{\sum_A S}M \\ M_{AC} &= \frac{S_{AC}}{\sum_A S}M \\ M_{AD} &= \frac{S_{AD}}{\sum_A S}M \end{aligned}\right\} \tag{13-2}$$

由此可见，各杆 A 端的弯矩与各杆 A 端的转动刚度成正比，与结点 A 的转动刚度之和成反比。

若令

$$\begin{cases} \mu_{AB} = \dfrac{S_{AB}}{\sum\limits_{A} S} \\ \mu_{AC} = \dfrac{S_{AC}}{\sum\limits_{A} S} \\ \mu_{AD} = \dfrac{S_{AD}}{\sum\limits_{A} S} \end{cases}$$

式中　μ_{AB},μ_{AC},μ_{AD}——杆 AB、AC 和 AD 在 A 端的**分配系数**。

则式(13-2)可改写为

$$\left.\begin{aligned} M_{AB} &= \mu_{AB} M \\ M_{AC} &= \mu_{AC} M \\ M_{AD} &= \mu_{AD} M \end{aligned}\right\} \tag{13-3}$$

即作用于 A 点的力矩 $\boldsymbol{M}$ 按汇交于该结点各杆杆端的转动刚度分配给各杆端，故称 $\boldsymbol{M}_{AB}$、$\boldsymbol{M}_{AC}$ 和 $\boldsymbol{M}_{AD}$ 为**分配弯矩**。

★★　同一结点各杆分配系数之间存在以下关系：

$$\mu_{AB} + \mu_{AC} + \mu_{AD} = 1$$

式(13-3)表明，杆端分配弯矩等于分配系数乘以作用于结点 A 的外力矩。

13.1.3　传递系数

如图 13-2(a)所示，外力矩 $\boldsymbol{M}$ 作用于结点 A，使各杆 A 端得到分配弯矩的同时，也使各杆远端产生弯矩，称为传递弯矩。

传递弯矩与分配弯矩之间的关系为：

$$M_{BA} = C_{AB} M_{AB}$$

式中　C_{AB}——传递系数。

对等截面杆件，传递系数 C 与远端的支承情况有关：

远端为固定支座时：

$$C = \frac{1}{2}$$

远端为铰支座时：

$$C = 0$$

远端为滑移支座时：

$$C = -1$$

13.2　力矩分配法的基本原理及应用

13.2.1　力矩分配法的基本原理

下面以图 13-3(a)所示的单结点连续梁为例说明力矩分配法的基本原理。图中双点画线表示梁在荷载作用下的变形曲线，现在要计算出杆端弯矩值 M_{AB}、M_{BA} 和 M_{BC}。

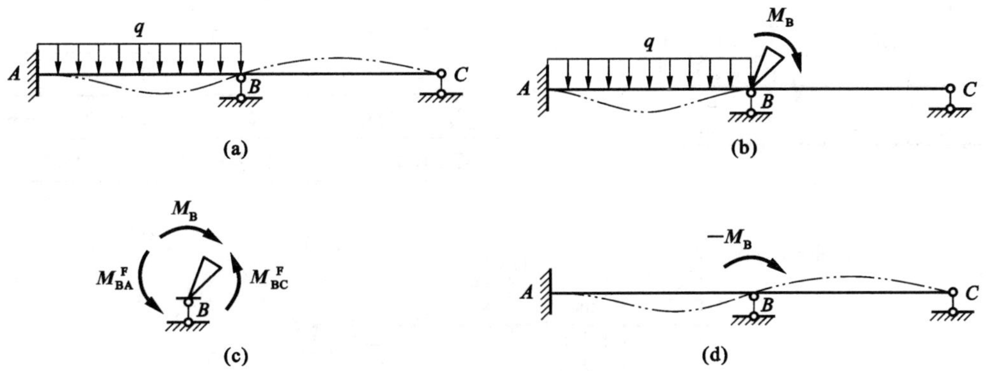

图 13-3

首先，在结点 B 加一阻止其转动的刚臂，然后再将原荷载作用上去，如图 13-3(b)所示，这样，刚臂就把连续梁 ABC 分成两个单跨超静定梁 AB 和 BC。这时各杆的杆端将产生固端弯矩 $\boldsymbol{M}_{AB}^{F}$、$\boldsymbol{M}_{BA}^{F}$ 和 $\boldsymbol{M}_{BC}^{F}$，其值可查载常数表得到。取结点 B 为研究对象，对其列力矩平衡方程，可求得附加刚臂对结点 B 的约束力矩：

$$M_{B} = M_{BA}^{F} + M_{BC}^{F}$$

即约束力矩等于汇交于结点 B 的各杆端的固端弯矩的代数和，称为**结点不平衡力矩**，规定以顺时针为正。

其次，比较图 13-3(b)与原结构图 13-3(a)的受力情况，其差别仅在于结点 B 多了一个不平衡力矩 $\boldsymbol{M}_{B}$。为使它的受力情况与原结构一致，必须在结点 B 加一个反向的力矩以消除不平衡力矩 $\boldsymbol{M}_{B}$，如图 13-3(d)所示。此时，结点 B 处各杆在近。端 B 产生的弯矩 $\boldsymbol{M}_{BA}^{\mu}$ 和 $\boldsymbol{M}_{BC}^{\mu}$，即为分配弯矩；在远端 A 产生的弯矩 $\boldsymbol{M}_{AB}^{C}$，即为传递弯矩。

因此，图 13-3(a)等于图 13-3(b)和图 13-3(d)的叠加，故原结构的最终杆端弯矩等于各杆端相应的固端弯矩、分配弯矩与传递弯矩的代数和。

13.2.2 单结点结构的力矩分配法

单结点的连续梁和无侧移刚架，力矩分配法计算步骤可归纳如下：

(1) 求分配系数；

(2) 求固端弯矩及不平衡力矩；

(3) 求分配弯矩与传递弯矩；

(4) 求最终杆端弯矩；

(5) 画出内力图。

【例 13-1】 用力矩分配法作图 13-4 所示连续梁的弯矩图。

【解】

(1) 求分配系数

转动刚度

$$S_{BA} = 4i, \quad S_{BC} = 3i$$

分配系数

$$\mu_{BA} = \frac{S_{BA}}{S_{BA} + S_{BC}} = \frac{4}{7}, \quad \mu_{BC} = \frac{S_{BC}}{S_{BA} + S_{BC}} = \frac{3}{7}$$

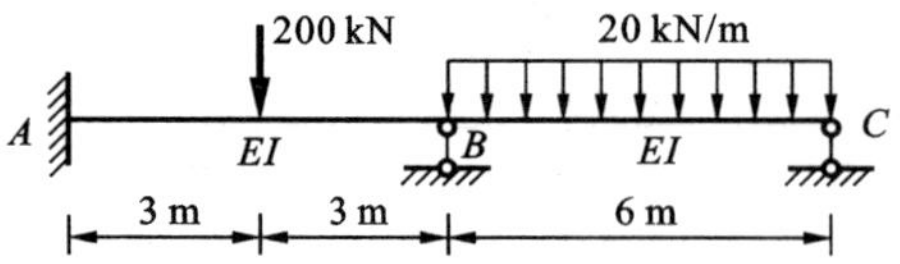

(a)

分配系数	$\frac{4}{7}$		$\frac{3}{7}$	
固端弯矩	−150	150	−90	0
分配与传递	−17.2 ←	−34.3	−25.7 →	0
最终杆端弯矩	−167.2	115.7	−115.7	0

(b)

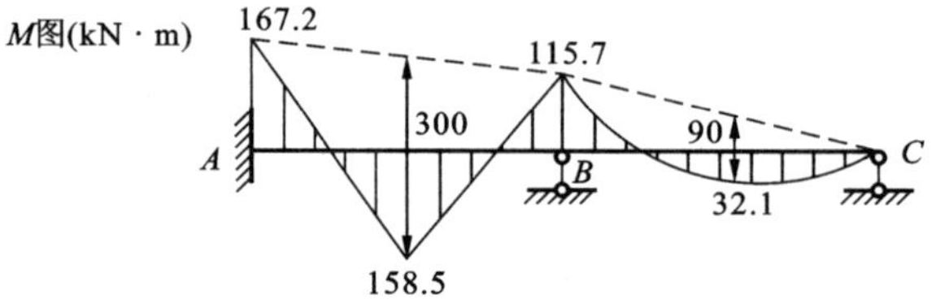

(c)

图 13-4

(2) 求固端弯矩及不平衡力矩

$$M_{AB}^{F}=-\frac{Fl}{8}=-\frac{200\times 6}{8}=-150\ \text{kN}\cdot\text{m}$$

$$M_{BA}^{F}=\frac{Fl}{8}=150\ \text{kN}\cdot\text{m}$$

$$M_{BC}^{F}=-\frac{ql^{2}}{8}=-\frac{20\times 6^{2}}{8}=-90\ \text{kN}\cdot\text{m}$$

$$M_{CB}^{F}=0$$

结点 B 的不平衡力矩：

$$M_{B}=M_{BA}^{F}+M_{BC}^{F}=150-90=60\ \text{kN}\cdot\text{m}$$

(3) 求分配弯矩与传递弯矩

近端分配弯矩

$$M_{BA}^{\mu}=\mu_{BA}(-M_{B})=\frac{4}{7}\times(-60)=-34.3\ \text{kN}\cdot\text{m}$$

$$M_{BC}^{\mu}=\mu_{BC}(-M_{B})=\frac{3}{7}\times(-60)=-25.7\ \text{kN}\cdot\text{m}$$

远端传递弯矩

$$M_{AB}^{C}=\frac{1}{2}\times(-34.3)=-17.2\ \text{kN}\cdot\text{m}$$

$$M_{CB}^{C}=0$$

(4) 求最终的杆端弯矩

$$M_{AB}=M_{AB}^{F}+M_{AB}^{C}=-150-17.2=-167.2\ \text{kN}\cdot\text{m}$$
$$M_{BA}=M_{BA}^{F}+M_{BA}^{\mu}=150-34.3=115.7\ \text{kN}\cdot\text{m}$$
$$M_{BC}=M_{BC}^{F}+M_{BC}^{\mu}=-90-25.7=-115.7\ \text{kN}\cdot\text{m}$$
$$M_{CB}=0$$

(5) 画弯矩图

根据各杆的最终杆端弯矩，由叠加法作弯矩图。

【例 13-2】 用力矩分配法作图 13-5 所示刚架的弯矩图。

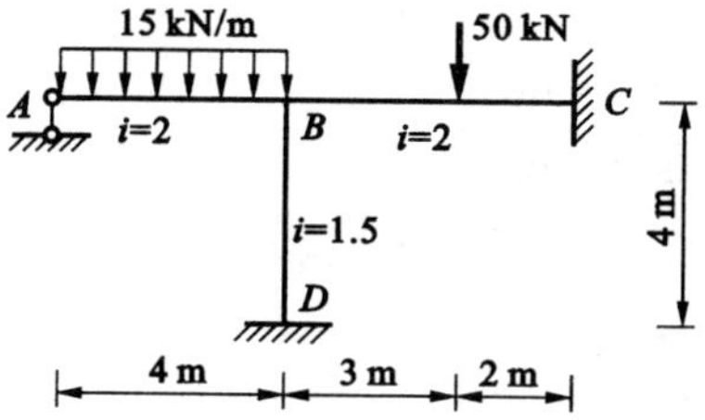

(a)

结点	A	D	B			C
杆端	AB	DB	BD	BA	BC	CB
分配系数			0.3	0.3	0.4	
固端弯矩	0	0	0	30	−24	36
分配与传递	0	−0.9	−1.8	−1.8	−2.4	−1.2
最终杆端弯矩	0	−0.9	−1.8	28.2	−26.4	34.8

(b)

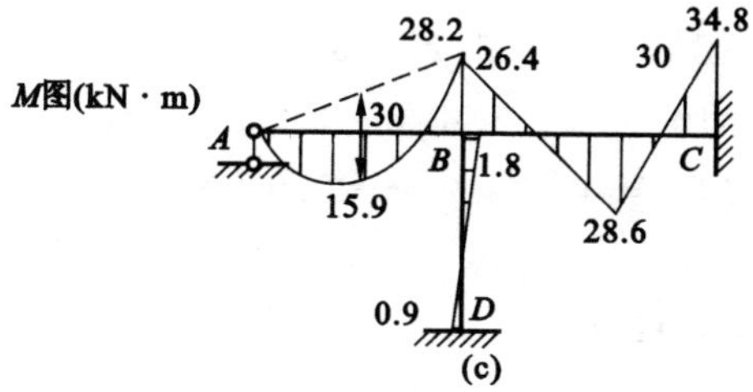

(c)

图 13-5

【解】

(1) 求分配系数

转动刚度：

$$S_{BA}=3i_{BA}=6,\quad S_{BC}=4i_{BC}=8,\quad S_{BD}=4i_{BD}=6$$

分配系数：

$$\mu_{BA}=\frac{S_{BA}}{S_{BA}+S_{BC}+S_{BD}}=0.3$$

$$\mu_{BC}=\frac{S_{BC}}{S_{BA}+S_{BC}+S_{BD}}=0.4$$

$$\mu_{BD}=\frac{S_{BD}}{S_{BA}+S_{BC}+S_{BD}}=0.3$$

(2) 求固端弯矩及不平衡力矩

$$M_{AB}^{F}=M_{BD}^{F}=M_{DB}^{F}=0$$

$$M_{BA}^{F}=\frac{ql^2}{8}=\frac{15\times4^2}{8}=30\ \text{kN}\cdot\text{m}$$

$$M_{BC}^{F}=-\frac{Fab^2}{l^2}=-\frac{50\times3\times2^2}{5^2}=-24\ \text{kN}\cdot\text{m}$$

$$M_{CB}^{F}=\frac{Fa^2b}{l^2}=\frac{50\times3^2\times2}{5^2}=36\ \text{kN}\cdot\text{m}$$

结点 B 的不平衡力矩：

$$M_B=M_{BA}^{F}+M_{BC}^{F}+M_{BD}^{F}=30-24+0=6\ \text{kN}\cdot\text{m}$$

(3) 求分配弯矩与传递弯矩

近端分配弯矩：

$$M_{BA}^{\mu}=\mu_{BA}(-M_B)=0.3\times(-6)=-1.8\ \text{kN}\cdot\text{m}$$

$$M_{BC}^{\mu}=\mu_{BC}(-M_B)=0.4\times(-6)=-2.4\ \text{kN}\cdot\text{m}$$

$$M_{BD}^{\mu}=\mu_{BD}(-M_B)=0.3\times(-6)=-1.8\ \text{kN}\cdot\text{m}$$

远端传递弯矩：

$$M_{AB}^{C} = 0$$
$$M_{CB}^{C} = 0.5 \times (-2.4) = -1.2\ \text{kN} \cdot \text{m}$$
$$M_{DB}^{C} = 0.5 \times (-1.8) = -0.9\ \text{kN} \cdot \text{m}$$

(4) 求最终的杆端弯矩

$$M_{AB} = M_{AB}^{F} + M_{AB}^{C} = 0$$
$$M_{BA} = M_{BA}^{F} + M_{BA}^{\mu} = 30 - 1.8 = 28.2\ \text{kN} \cdot \text{m}$$
$$M_{BC} = M_{BC}^{F} + M_{BC}^{\mu} = -24 - 2.4 = -26.4\ \text{kN} \cdot \text{m}$$
$$M_{CB} = M_{CB}^{F} + M_{CB}^{C} = 36 - 1.2 = 34.8\ \text{kN} \cdot \text{m}$$
$$M_{BD} = M_{BD}^{F} + M_{BD}^{\mu} = 0 - 1.8 = -1.8\ \text{kN} \cdot \text{m}$$
$$M_{DB} = M_{DB}^{F} + M_{DB}^{C} = 0 - 0.9 = -0.9\ \text{kN} \cdot \text{m}$$

(5) 画弯矩图

根据各杆的最终杆端弯矩，由叠加法作弯矩图。

13.2.3　多结点结构的力矩分配法

单结点力矩分配法的基本原理可推广到多结点的连续梁和无侧移的刚架。对于多结点的连续梁和刚架(各结点无线位移)，将各个刚结点全部加上刚臂后，再把原荷载施加上去，查表 12-2 求出各杆端弯矩，计算出各结点的不平衡力矩。为了消除各个结点上的不平衡力矩，须将各结点轮流固定、放松，逐个结点进行力矩分配与传递，当各结点的不平衡力矩愈来愈小，达到所需精度后，便可停止运算。所以，它是一种渐近算法。为了缩短计算过程，通常从不平衡力矩绝对值较大的结点开始分配。

【例 13-3】　用力矩分配法作图 13-6 所示连续梁的弯矩图，EI 为常数。

【解】

在荷载作用下，两个中间结点 B、C 将发生转角，即具有两个结点角位移。首先用附加刚臂固定结点 B 和 C，使之不能转动，则此连续梁被分隔成三个单跨超静定梁。

(1) 求分配系数

设 $EI=24$，则

结点 B：

$$i_{BA} = \frac{24}{8} = 3,\quad i_{BC} = \frac{24}{6} = 4$$
$$S_{BA} = 4i_{BA} = 12,\quad S_{BC} = 4i_{BC} = 16$$
$$\mu_{BA} = \frac{S_{BA}}{S_{BA} + S_{BC}} = 0.429,\quad \mu_{BC} = \frac{S_{BC}}{S_{BA} + S_{BC}} = 0.571$$

结点 C：

$$i_{CB} = \frac{24}{6} = 4,\quad i_{CD} = \frac{24}{8} = 3$$
$$S_{CB} = 4i_{CB} = 16,\quad S_{CD} = 3i_{CD} = 9$$
$$\mu_{CB} = \frac{S_{CB}}{S_{CB} + S_{CD}} = 0.64,\quad \mu_{CD} = \frac{S_{CD}}{S_{CB} + S_{CD}} = 0.36$$

(2) 求固端弯矩及不平衡力矩

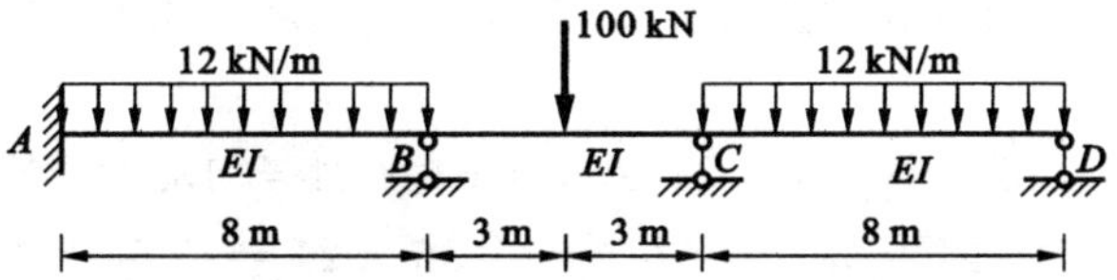

(a)

		B		C		
分配系数		0.429	0.571	0.64	0.36	
固端弯矩	−64	64	−75	75	−96	0
分配与传递			6.72 ←	13.44	7.56 →	0
	0.92 ←	1.84	2.44 →	1.22		
			−0.39 ←	−0.78	−0.44 →	0
	0.09 ←	0.17	0.22 →	0.11		
			−0.04 ←	−0.07	−0.04 →	0
		0.02	0.02			
最终杆端弯矩	−62.99	66.03	−66.03	88.92	−88.92	0

(b)

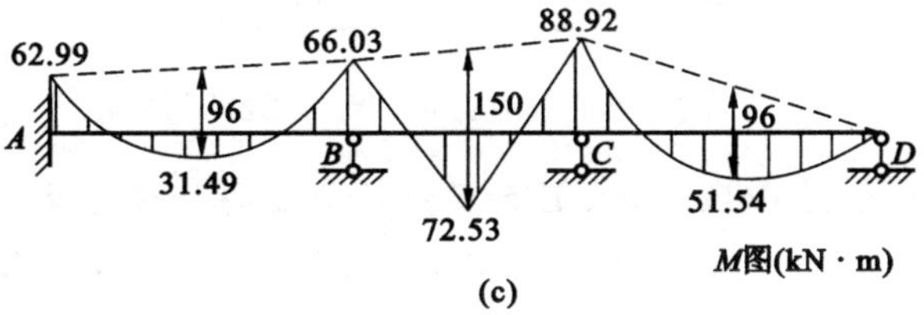

(c)

图 13-6

$$M_{AB}^{F} = -\frac{ql^2}{12} = -\frac{12 \times 8^2}{12} = -64\ \text{kN} \cdot \text{m}$$

$$M_{BA}^{F} = \frac{ql^2}{12} = 64\ \text{kN} \cdot \text{m}$$

$$M_{BC}^{F} = -\frac{Fl}{8} = -\frac{100 \times 6}{8} = -75\ \text{kN} \cdot \text{m}$$

$$M_{CB}^{F} = \frac{Fl}{8} = 75\ \text{kN} \cdot \text{m}$$

$$M_{CD}^{F} = -\frac{ql^2}{8} = -\frac{12 \times 8^2}{8} = -96\ \text{kN} \cdot \text{m}$$

$$M_{DC}^{F} = 0$$

结点 B 的不平衡力矩：

$$M_B = M_{BA}^{F} + M_{BC}^{F} = 64 - 75 = -11\ \text{kN} \cdot \text{m}$$

结点 C 的不平衡力矩：

$$M_C = M_{CB}^{F} + M_{CD}^{F} = 75 - 96 = -21\ \text{kN} \cdot \text{m}$$

(3) 在结点 B 与 C 轮流进行分配与传递

结点 C 的不平衡力矩绝对值大，因此，第 1 次先放松结点 C(结点 B 仍固定)。

分配弯矩：

$$M_{CB}^{\mu} = \mu_{CB}(-M_C) = 0.64 \times 21 = 13.44\ \text{kN} \cdot \text{m}$$
$$M_{CD}^{\mu} = \mu_{CD}(-M_C) = 0.36 \times 21 = 7.56\ \text{kN} \cdot \text{m}$$

远端传递弯矩：

$$M_{BC}^{C} = \frac{1}{2} \times 13.44 = 6.72\ \text{kN} \cdot \text{m}$$
$$M_{DC}^{C} = 0$$

这样就完成了结点 C 的第 1 次分配与传递，将计算结果列于图 13-6(b)。此时，结点 C 获得了暂时的平衡。

然后，再固定结点 C，放松结点 B。此时，结点 B 的不平衡力矩为原不平衡力矩与结点 C 传来的传递弯矩的代数和，即

$$M_B = M_{BA}^{F} + M_{BC}^{F} + M_{BC}^{C} = 64 - 75 + 6.72 = -4.28\ \text{kN} \cdot \text{m}$$

分配弯矩：

$$M_{BA}^{\mu} = \mu_{BA}(-M_B) = 0.429 \times 4.28 = 1.84\ \text{kN} \cdot \text{m}$$
$$M_{BC}^{\mu} = \mu_{BC}(-M_B) = 0.571 \times 4.28 = 2.44\ \text{kN} \cdot \text{m}$$

远端传递弯矩：

$$M_{AB}^{C} = \frac{1}{2} \times 1.84 = 0.92\ \text{kN} \cdot \text{m}$$
$$M_{CB}^{C} = \frac{1}{2} \times 2.44 = 1.22\ \text{kN} \cdot \text{m}$$

将计算结果列于图 13-6(b)，结点 B 的第一次分配与传递结束。此时，结点 C 又有了新的不平衡力矩(即由结点 B 传来的传递弯矩 $M_{CB}^{C}=1.22\ \text{kN} \cdot \text{m}$)，为此，需再次固定结点 B，对结点 C 进行第 2 次分配与传递，如此重复上面的计算，直到所需精度后，便可停止运算。

(4) 求最终杆端弯矩

最后将各杆端的固端弯矩、相应的历次分配与传递弯矩相加，便得到各杆端的最终杆端弯矩。

(5) 画弯矩图

根据各杆的最终杆端弯矩，由叠加法作弯矩图。

【例 13-4】 用力矩分配法作图 13-7 所示连续梁的弯矩图。

【解】

次梁的外伸段 EF 为一静定部分，该部分的内力按静力平衡条件即可求得，$M_{EF} = -40\ \text{kN} \cdot \text{m}$，$F_Q = 20\ \text{kN}$。若将该部分去掉，而将 M_{EF} 和 F_Q 作为外力作用于结点 E 处，则结点 E 即化为铰支端，整个超静定部分的计算可按图 13-7(b)来考虑。

(1) 求分配系数

结点 B：

$$S_{BA} = 4i_{BA} = 24, \quad S_{BC} = 4i_{BC} = 16$$
$$\mu_{BA} = \frac{S_{BA}}{S_{BA} + S_{BC}} = 0.6, \quad \mu_{BC} = \frac{S_{BC}}{S_{BA} + S_{BC}} = 0.4$$

结点 C：

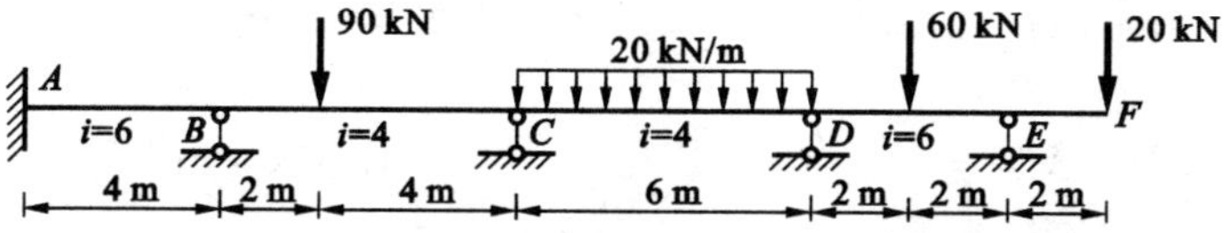

(a)

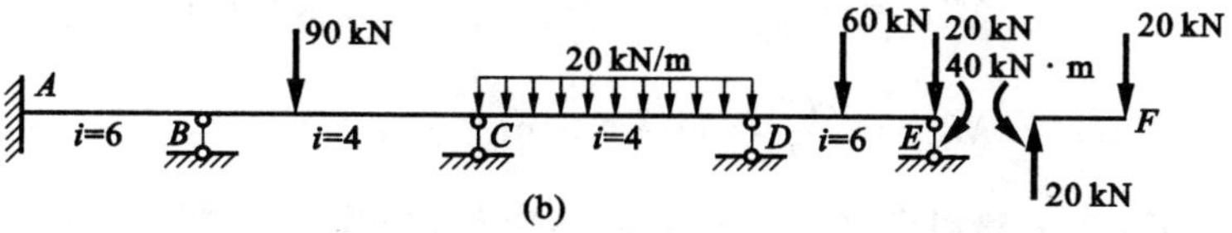

(b)

	B			C		D			
分配系数		0.600	0.400	0.500	0.500	0.471	0.529		
固端弯矩	0	0	−80	40	−60	60	−25	40	−40
B、D分配传递	24	48	32	16	−8.24	−16.49	−18.51		
C分配传递			3.06	6.12	6.12	3.06			
B、D分配传递	−0.92	−1.84	−1.22	−0.61	−0.72	−1.44	−1.62		
C分配传递			0.33	0.66	0.67	0.33			
B、D分配传递	−0.1	−0.2	−0.13	−0.07	−0.08	−0.16	−0.17		
C分配传递			0.04	0.07	0.08	0.04			
B、D分配传递	−0.01	−0.02	−0.02	−0.01	−0.01	−0.02	−0.02		
C分配传递				0.01	0.01				
最终杆端弯矩	22.97	45.94	−45.94	62.17	−62.17	45.32	−45.32	40	−40

(c)

M图（kN · m）

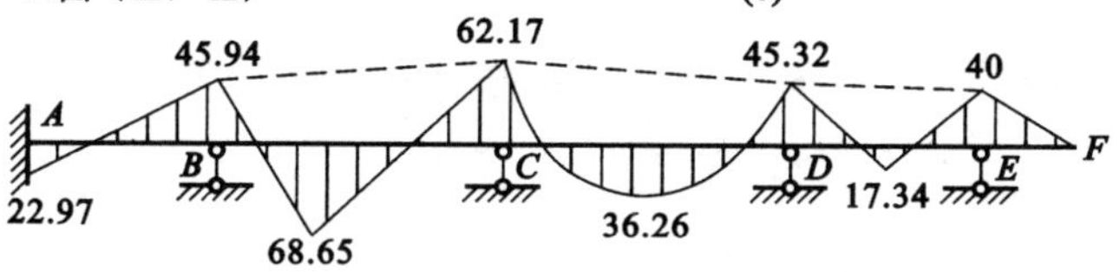

(d)

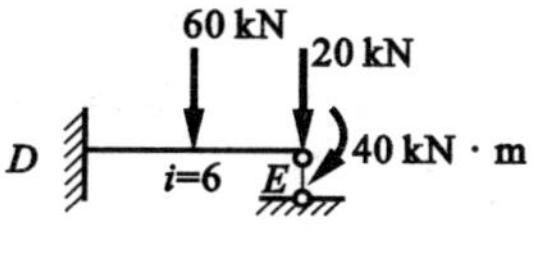

(e)

图 13-7

$$S_{CB}=4i_{CB}=16,\quad S_{CD}=4i_{CD}=16$$

$$\mu_{CB}=\frac{S_{CB}}{S_{CB}+S_{CD}}=0.5,\quad \mu_{CD}=\frac{S_{CD}}{S_{CB}+S_{CD}}=0.5$$

结点 D：

$$S_{DC}=4i_{DC}=16,\quad S_{DE}=3i_{DE}=18$$

$$\mu_{DC}=\frac{S_{DC}}{S_{DC}+S_{DE}}=0.471,\quad \mu_{DE}=\frac{S_{DE}}{S_{DC}+S_{DE}}=0.529$$

（2）求固端弯矩及不平衡力矩

$$M_{AB}^{F}=M_{BA}^{F}=0$$

$$M_{BC}^{F}=-\frac{Fab^2}{l^2}=-\frac{90\times2\times4^2}{6^2}=-80\ \text{kN}\cdot\text{m}$$

$$M_{CB}^{F}=\frac{Fa^2b}{l^2}=\frac{90\times2^2\times4}{6^2}=40\ \text{kN}\cdot\text{m}$$

$$M_{CD}^{F}=-\frac{ql^2}{12}=-\frac{20\times6^2}{12}=-60\ \text{kN}\cdot\text{m}$$

$$M_{DC}^{F}=\frac{ql^2}{12}=60\ \text{kN}\cdot\text{m}$$

对于 DE 杆，相当于一端固定另一端铰支的单跨梁，除跨中受集中力作用外，还在铰支座 E 处受一集中力和集中力偶的作用，如图 13-7(e)所示。因此，求 DE 杆的固端弯矩时，可采用叠加原理，其中作用于 E 处的集中力由支座直接承受，在梁内不引起弯矩，即

$$M_{DE}^{F}=-\frac{3Fl}{16}+\frac{1}{2}M=-\frac{3\times60\times4}{16}+\frac{1}{2}\times40=-25\ \text{kN}\cdot\text{m}$$

$$M_{ED}^{F}=40\ \text{kN}\cdot\text{m}$$

(3) 在结点 B 与 C 轮流进行分配与传递。放松结点，按(B、D)→(C)→(B、D)→(C)…的顺序进行。计算过程见图 13-7(c)。

(4) 求最终杆端弯矩。

(5) 画弯矩图。

【例 13-5】 用力矩分配法作图 13-8 所示刚架的弯矩图。

【解】

(1) 求分配系数

设 $I=1$，则

$$i_{BA}=\frac{4I}{4}=1,\quad i_{BC}=\frac{5I}{5}=1,\quad i_{BE}=\frac{3I}{4}=\frac{3}{4}$$

$$i_{CB}=\frac{5I}{5}=1,\quad i_{CD}=\frac{4I}{4}=1,\quad i_{CF}=\frac{3I}{6}=\frac{1}{2}$$

$$S_{BA}=3i_{BA}=3,\quad S_{BC}=4i_{BC}=4,\quad S_{BE}=4i_{BE}=3$$

$$S_{CB}=4i_{CB}=4,\quad S_{CD}=3i_{CD}=3,\quad S_{CF}=4i_{CF}=2$$

结点 B：

$$\mu_{BA}=\frac{S_{BA}}{S_{BA}+S_{BC}+S_{BE}}=0.3$$

$$\mu_{BC}=\frac{S_{BC}}{S_{BA}+S_{BC}+S_{BE}}=0.4$$

$$\mu_{BE}=\frac{S_{BE}}{S_{BA}+S_{BC}+S_{BE}}=0.3$$

结点 C：

$$\mu_{CB}=\frac{S_{CB}}{S_{CB}+S_{CD}+S_{CF}}=0.444$$

$$\mu_{CD}=\frac{S_{CD}}{S_{CB}+S_{CD}+S_{CF}}=0.333$$

$$\mu_{CF}=\frac{S_{CF}}{S_{CB}+S_{CD}+S_{CF}}=0.222$$

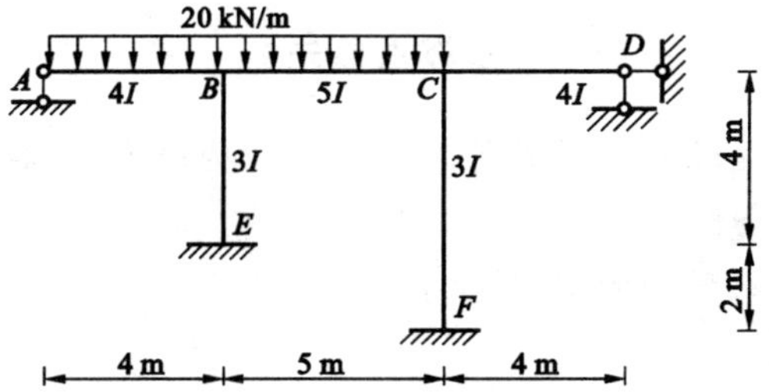

(a)

结点	A	E	B			C			D	F
杆端	AB	EB	BA	BE	BC	CB	CF	CD	DC	FC
分配系数			0.3	0.3	0.4	0.444	0.222	0.333		
固端弯矩			40		−41.67	41.67				
分配与传递					−9.3	−18.50	−9.25	−13.88		−4.63
		1.65	3.29	3.29	4.38	2.19				
					−0.49	−0.97	−0.49	−0.73		−0.25
		0.08	0.15	0.15	0.20					
最终杆端弯矩		1.73	43.44	3.44	−46.88	24.39	−9.74	−14.61		−4.88

(b)

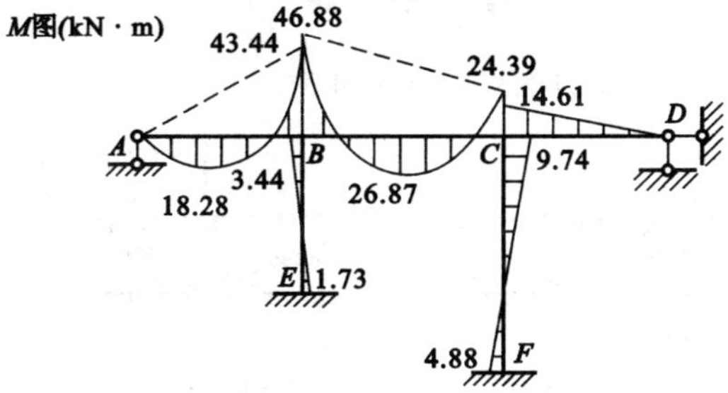

(c)

图 13-8

(2) 求固端弯矩及不平衡力矩

$$M_{AB}^{F}=M_{BE}^{F}=M_{EB}^{F}=M_{CF}^{F}=M_{FC}^{F}=M_{CD}^{F}=M_{DC}^{F}=0$$

$$M_{BA}^{F}=\frac{ql_{BA}^{2}}{8}=\frac{20\times4^{2}}{8}=40\ \text{kN}\cdot\text{m}$$

$$M_{BC}^{F}=-\frac{ql_{BC}^{2}}{12}=-\frac{20\times5^{2}}{12}=-41.67\ \text{kN}\cdot\text{m}$$

$$M_{CB}^{F}=\frac{ql_{CB}^{2}}{12}=41.67\ \text{kN}\cdot\text{m}$$

(3) 求分配弯矩与传递弯矩。按 C、B 顺序分配及传递,计算过程见图 13-8(b)。

(4) 求最终杆端弯矩。

(5) 画弯矩图。

本章要点提示

力矩分配法是一种逐次逼近精确解的计算超静定结构的方法，其要点归纳如下：

(1) 力矩分配法的适用条件

适用于连续梁和结点无线位移的刚架。

(2) 力矩分配法的三要素

① 固端弯矩。

② 分配系数。

③ 传递系数。

(3) 单结点的力矩分配法

① 先用附加刚臂固定刚结点，求固端弯矩和不平衡力矩。

② 放松结点，求各杆近端分配弯矩和远端传递弯矩。

③ 最后将各杆端的固端弯矩、相应的分配与传递弯矩相加，得到各杆端的最终杆端弯矩。

(4) 多结点的力矩分配法

① 先用附加刚臂固定所有刚结点。

② 逐次放松每一结点(每次放松一个结点，其余结点仍固定)，经多次循环后，使所有结点逐渐趋于平衡。

③ 最后将各杆端的固端弯矩、相应的历次分配与传递弯矩相加，得到各杆端的最终杆端弯矩。

复　习　题

13-1　用力矩分配法计算图 13-9 所示连续梁，并画弯矩图。

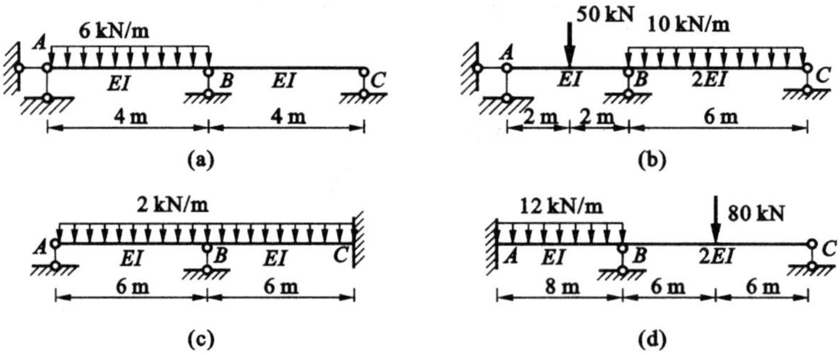

图 13-9

13-2　用力矩分配法计算图 13-10 所示刚架，并画弯矩图。

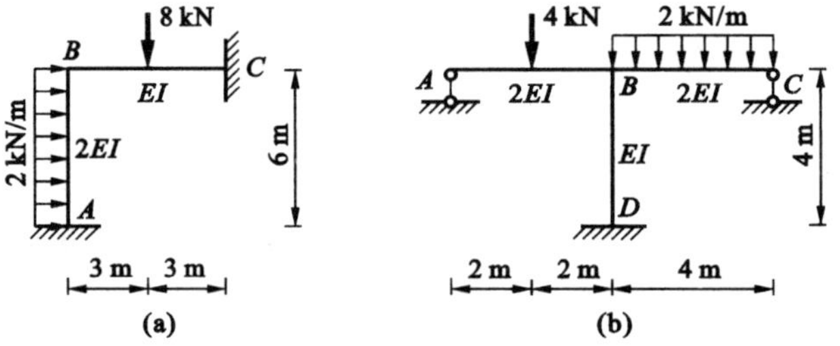

图 13-10

13-3 用力矩分配法计算图 13-11 所示连续梁，并画弯矩图。

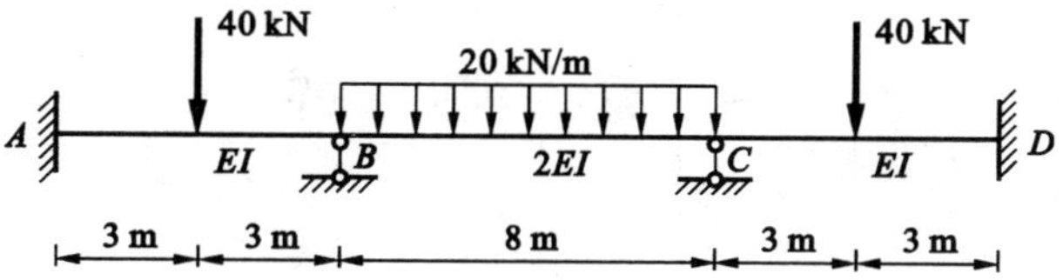

图 13-11

13-4 用力矩分配法计算图 13-12 所示连续梁，并画弯矩图。

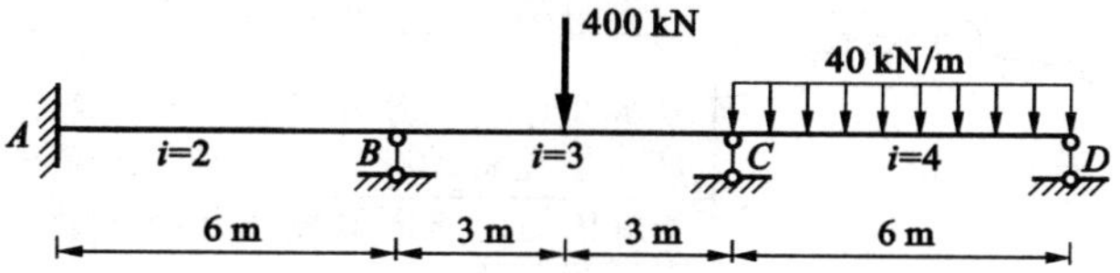

图 13-12

13-5 用力矩分配法计算图 13-13 所示连续梁，并画弯矩图。

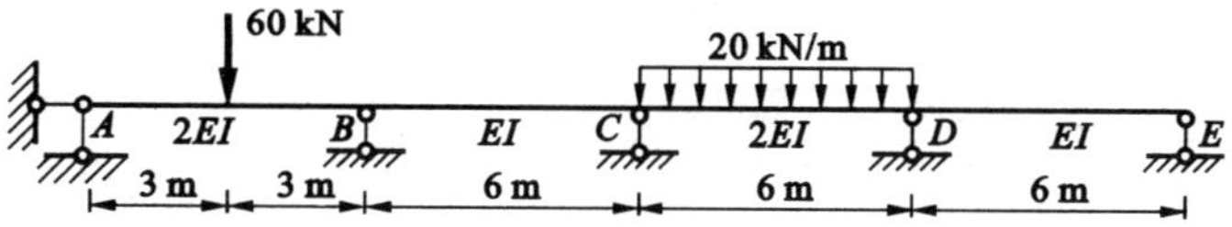

图 13-13

13-6 用力矩分配法计算图 13-14 所示刚架，并画弯矩图。

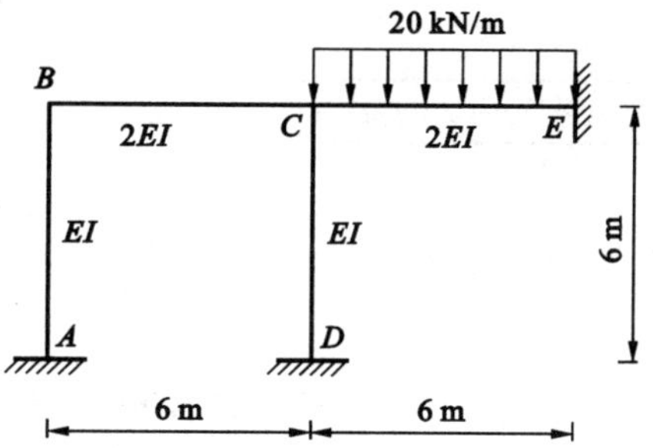

图 13-14

14 影 响 线

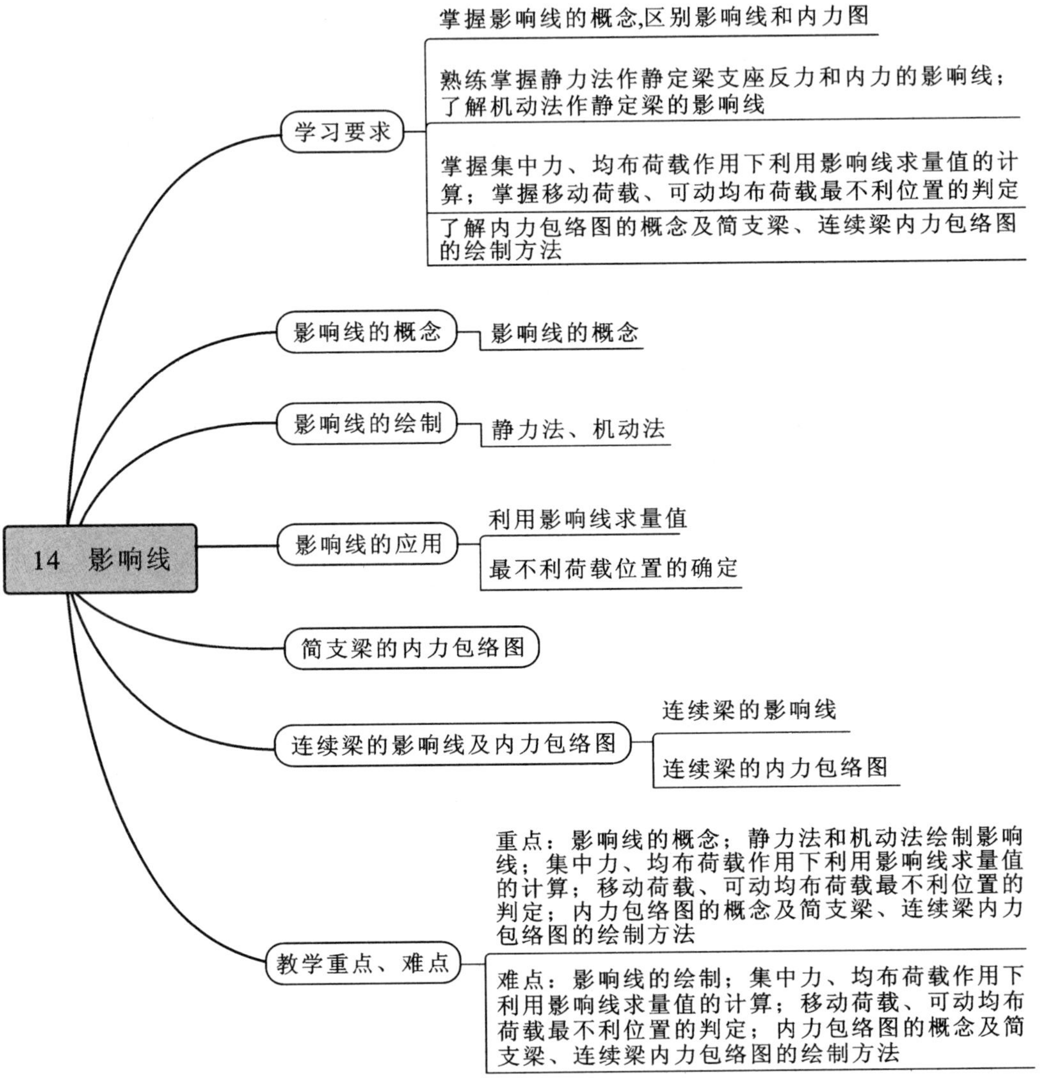

14.1 影响线的概念

前面几章讨论结构的内力计算时，荷载的作用位置是固定不变的，称为固定荷载。但在实际工程中，结构除了承受固定荷载外，还要承受移动荷载的作用，这种荷载的作用位置在结构上是移动的，例如桥梁上行驶的火车、汽车荷载，厂房中吊车梁承受的吊车荷载等。显然，结构在移动荷载作用下，其约束反力和内力将随着荷载位置的不同而变化。因此在结构设计中，需要研究约束反力和内力的变化规律，求出在移动荷载作用下约束反力和内力的最大值及产生最大值时的荷载位置(最不利荷载位置)。

实际工程中的移动荷载通常是由一系列间距保持不变的竖向荷载所组成，其类型是多种多样的，我们不可能逐一加以研究。为此，我们可先研究一个单位集中荷载($F=1$)在结构上移动时，对某一量值(例如某一反力或结构某一截面的某一内力)所产生的影响，然后根据叠加原理就可进一步研究各种移动荷载对该量值的影响。

如图 14-1(a)所示简支梁，当荷载 $F=1$ 分别移动到 A、C、D、E、B 各点时，支座反力 $\boldsymbol{F}_{Ay}$ 的数值分别为 1、3/4、1/2、1/4、0。如果以横坐标表示荷载 $F=1$ 的位置，以纵坐标表示支座反力 $\boldsymbol{F}_{Ay}$ 的数值，并将各数值在水平的基线上用纵坐标绘出，再将各纵坐标顶点连接起来，这样所得图形[图 14-1(b)]就表示了 $F=1$ 在梁上移动时支座反力 $\boldsymbol{F}_{Ay}$ 的变化规律。这一图形称为支座反力 $\boldsymbol{F}_{Ay}$ 的影响线。

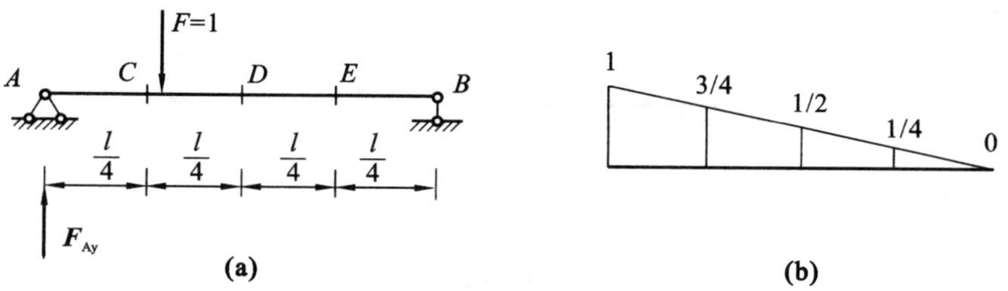

图 14-1

由此可得出，影响线定义：当一个指向不变的竖直向下单位集中荷载 $F=1$ 沿结构移动时，表示结构某指定截面的某一量值变化规律的图形，称为该量值的影响线。

某量值的影响线绘出后，就可以利用它来确定给定移动荷载的最不利荷载位置，从而求出该量值的最大值。下面先讨论用静力法绘制影响线的方法，然后再讨论影响线的应用。

14.2 影响线的绘制

14.2.1 用静力法作静定梁的影响线

用静力法绘制影响线的方法：先把荷载 $F=1$ 放在任意位置，以 x 表示作用点的横坐标；然后利用静力平衡条件求出所研究的量值与荷载($F=1$)的位置(x)关系，表示这种关系的方程称为影响线方程。根据影响线方程即可作出影响线。

现以图 14-2(a)所示简支梁为例来说明。

(1) 支座反力的影响线

现在拟作支座反力 $\boldsymbol{F}_{Ay}$(假定竖直向上)的影响线。将荷载 $F=1$ 作用于距左支座(坐标原点 A)为 x 处，根据平衡条件 $\sum M_B = 0$，得：

$$F_{Ay}=\frac{l-x}{l}\ (0\leqslant x\leqslant l)$$

这个方程表示支座反力 $\boldsymbol{F}_{Ay}$ 随荷载 $F=1$ 移动而变化的规律，称为 $\boldsymbol{F}_{Ay}$ 影响线方程。将它绘成函数图形，即得 $\boldsymbol{F}_{Ay}$ 影响线。由方程可知 F_{Ay} 是一次函数，故 $\boldsymbol{F}_{Ay}$ 影响线是一条直线。于是只需定出两个纵坐标即可绘出此影响线。

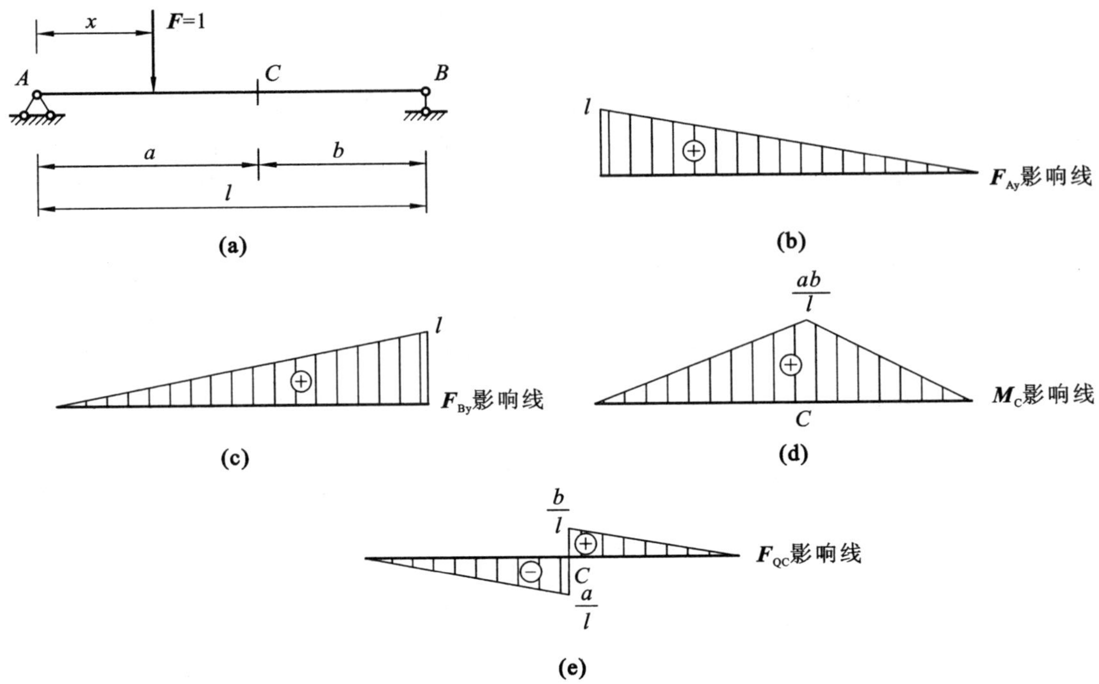

图 14-2

当 $x=0$ 时　　　　　　　　　　　$F_{Ay}=1$

当 $x=l$ 时　　　　　　　　　　　$F_{Ay}=0$

如果取横坐标 x 表示移动荷载的作用位置，则画出的 $\boldsymbol{F}_{Ay}$影响线如图 14-2(b)所示。

同理，可作支座反力 $\boldsymbol{F}_{By}$的影响线，由 $\sum M_A=0$，得 $\boldsymbol{F}_{By}$ 影响线方程：

$$F_{By}=\frac{x}{l}\qquad(0\leqslant x\leqslant l)$$

F_{By}是 x 的一次函数，故 $\boldsymbol{F}_{By}$影响线仍为一条直线。$\boldsymbol{F}_{By}$影响线如图 14-2(c)所示。

在作影响线图时，通常规定正值纵坐标绘在基线的上方，负值纵坐标绘在下方，并在影响线图上注明正、负号。由于 $F=1$ 是无量纲的值，因此支座反力影响线的纵坐标也为无量纲的值。

(2) 弯矩的影响线

现拟作图 14-2(a)所示简支梁截面 C 的弯矩 $\boldsymbol{M}_C$影响线。以 A 为坐标原点，当 $F=1$ 在 AC 段移动时，可取 CB 段为隔离体，由平衡条件可得影响线方程为

$$M_C=F_{By}b=\frac{b}{l}x\quad(0\leqslant x\leqslant a)$$

由此可知，$\boldsymbol{M}_C$的影响线在截面 C 以左部分为一直线。

当 $x=0$ 时　　　　　　　　　　　$M_C=0$

当 $x=a$ 时　　　　　　　　　　　$M_C=\dfrac{ab}{l}$

故只需连接这两点纵坐标，即可得出 $F=1$ 在 C 截面以左移动时 $\boldsymbol{M}_C$影响线[图 14-2(d)]

当 $F=1$ 在 BC 段移动时，可取 AC 段为隔离体，由平衡条件可得影响线方程为

$$M_C=F_{Ay}a=\frac{l-x}{l}a\quad(a\leqslant x\leqslant l)$$

方程式表明，M_C的影响线在截面 C 以右部分仍为一直线。

当 $x=a$ 时 $$M_C=\frac{ab}{l}$$

当 $x=l$ 时 $$M_C=0$$

即可画出 $F=1$ 在 C 截面以右移动时 M_C 影响线[图 14-2(d)]。由图可知，M_C 影响线是由两段直线组成，交点在 C 截面。弯矩影响线纵坐标的量纲为米(m)。

(3) 剪力的影响线

下面绘制图 14-2(a)所示简支梁截面 C 的剪力 F_{QC} 影响线。仍以 A 为坐标原点，当 $F=1$ 在 AC 段移动时，取 CB 段为隔离体，由平衡条件可得影响线方程为

$$F_{QC}=-F_{By}=-\frac{x}{l}\quad(0\leqslant x<a)$$

当 $F=1$ 在 BC 段移动时，取 AC 段为隔离体，由平衡条件可得影响线方程为

$$F_{QC}=F_{Ay}=\frac{l-x}{l}\quad(a<x\leqslant l)$$

由 F_{QC} 的影响线方程可知，当 $F=1$ 在 AC 段时，F_{QC} 的变化与支座反力 F_{By} 在 AC 段的变化规律相同，但符号相反；当 $F=1$ 在 CB 段时，F_{QC} 的变化与支座反力 F_{Ay} 在 CB 段的变化规律完全一致。据此，可作出 F_{QC} 的影响线[图 14-2(e)]。由图 14-2(e)可知，剪力影响线由两条平行线组成，在 C 截面发生突变，突变值为 1。

剪力影响线纵坐标为无量纲的值。

14.2.2 用机动法作静定梁的影响线

作静定结构的内力或支座反力影响线时，除可采用静力法外，还可采用机动法。机动法的基本原理：为了作出某量值 S 的影响线，只需将与该量值 S 相对应的约束去掉，并使所得体系沿量值 S 的正方向发生一个单位位移 δ，由此所得体系的位移图形就是该量值 S 的影响线。图 14-3 所示就是利用机动法作出简支梁 F_{Ay} 影响线。

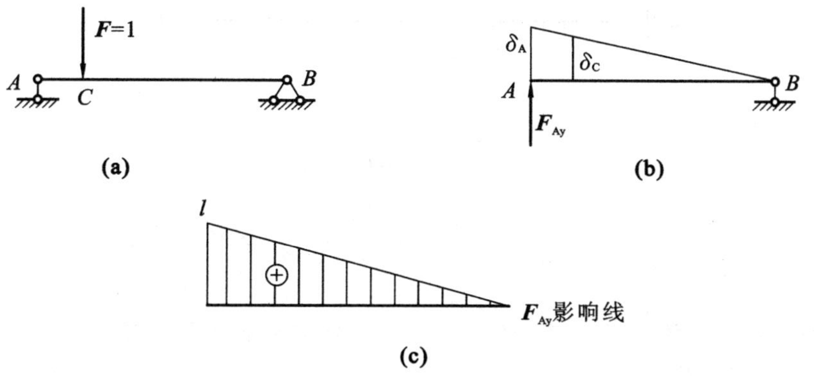

图 14-3

机动法可以不经具体计算就能迅速绘出影响线的轮廓，我们可以利用它对静力法所绘制的影响线进行校核。机动法不仅适用于作单跨静定梁的支座反力或内力影响线，也适用于作其他静定结构及超静定结构的支座反力或内力影响线。

【例 14-1】 试用机动法作图 14-4 所示简支梁任意截面 C 的弯矩和剪力影响线。

【解】

(1) 弯矩 $\boldsymbol{M}_C$ 影响线。去掉截面 C 处的弯矩约束，即将截面 C 的刚性连接改为铰接，代以一对等值反向的力偶 $\boldsymbol{M}_C$。然后，使梁沿 $\boldsymbol{M}_C$ 正方向发生单位相对转角位移 $\theta_k=1$，利用几何关系求出 C 点的竖向位移为 $\frac{ab}{l}\theta_k$，即 $\frac{ab}{l}$。所得位移图形即表示 $\boldsymbol{M}_C$ 影响线，如图 14-4(c)所示。

(2) 剪力 $\boldsymbol{F}_{QC}$ 影响线。去掉截面 C 处与 $\boldsymbol{F}_{QC}$ 相应的约束(在截面 C 处加两根平行链杆)，代以一对等值反向的剪力 $\boldsymbol{F}_{QC}$。沿 $\boldsymbol{F}_{QC}$ 正方向使体系发生单位位移 $\delta_k=1$，同时使 AC_1 和 BC_2 保持平行。$\delta_k=1$，使 AC 和 BC 两部分在垂直于两平行链杆的方向相对位移保持为 1，即得 $\boldsymbol{F}_{QC}$ 影响线，如图 14-4(e)所示。

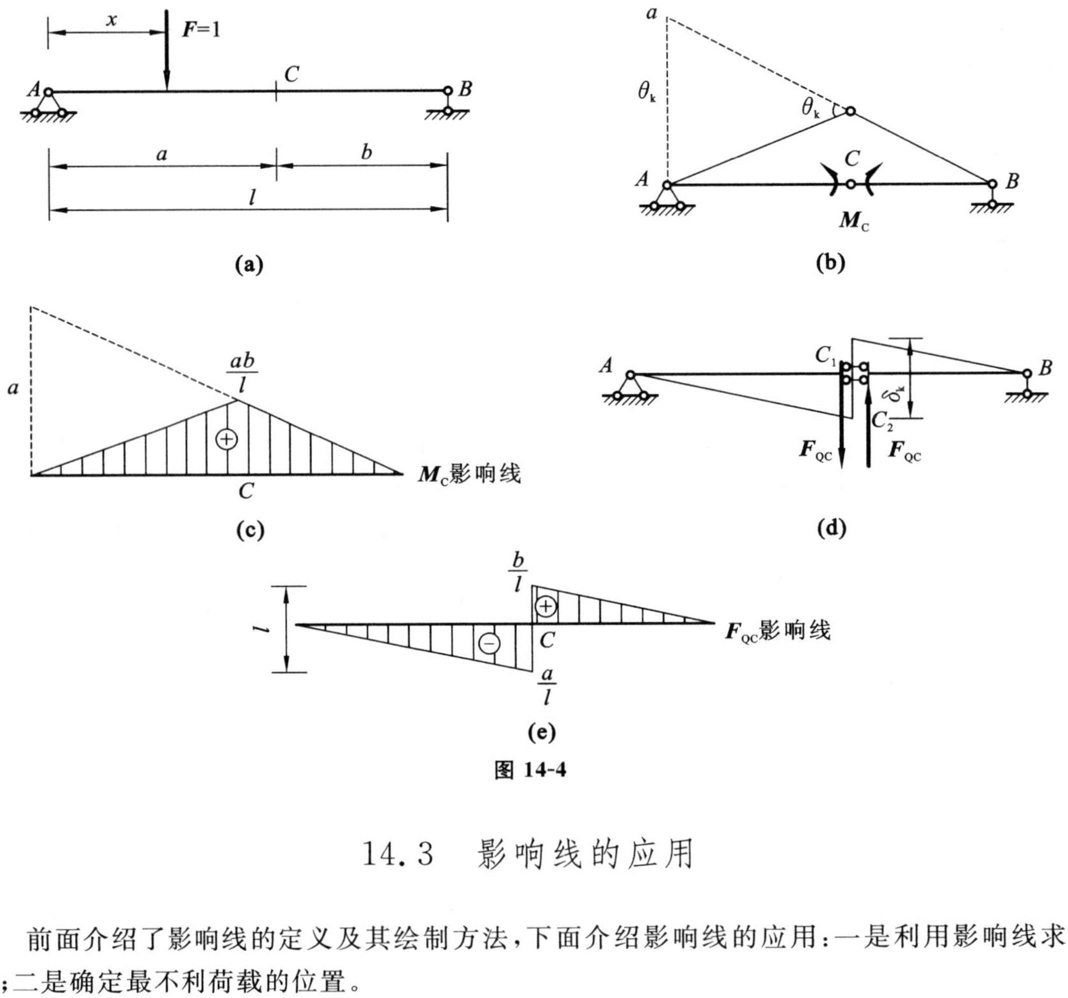

图 14-4

14.3 影响线的应用

前面介绍了影响线的定义及其绘制方法，下面介绍影响线的应用：一是利用影响线求量值；二是确定最不利荷载的位置。

14.3.1 利用影响线求量值

(1) 集中荷载作用

如图 14-5(a)所示简支梁，在一组位置确定的集中荷载 $\boldsymbol{F}_1$、$\boldsymbol{F}_2$、$\boldsymbol{F}_3$ 的作用下，求截面 C 的剪力。

图 14-5(b)所示为 $\boldsymbol{F}_{QC}$ 的影响线，在各荷载作用点处影响线的纵坐标为 y_1、y_2、y_3。根据影响线纵坐标的含义，应用叠加原理，可求得这组荷载作用下 F_{QC} 值为

$$F_{QC}=F_1y_1+F_2y_2+F_3y_3$$

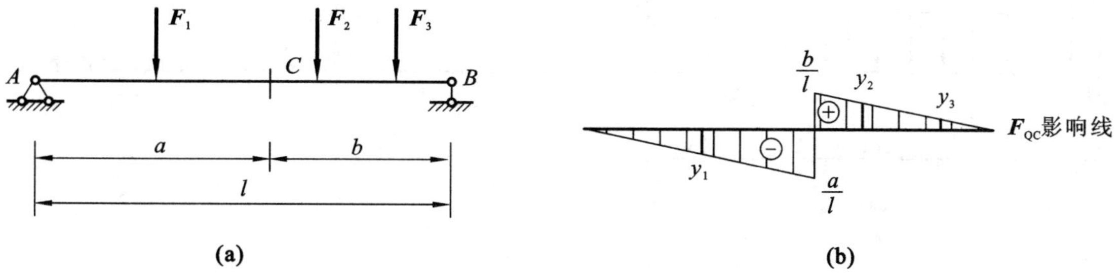

图 14-5

将上述结果推广到一般情况：若结构上承受一组位置固定的 n 个集中荷载 $\boldsymbol{F}_1,\boldsymbol{F}_2,\boldsymbol{F}_3,\cdots,\boldsymbol{F}_n$ 的作用，某截面某量值 S 的影响线在各荷载作用点处相应的纵坐标依次为 $y_1,y_2,y_3,\cdots,y_n$，则

$$S=F_1y_1+F_2y_2+F_3y_3+\cdots+F_ny_n=\sum F_iy_i$$

应用上式需注意影响线纵坐标 y_i 的正、负号，影响线纵坐标 y 在基线上方为正、下方为负。

(2) 均布荷载作用

当均布荷载位于图 14-6(a)所示简支梁的 DE 段时，若求截面 C 的剪力，可将均布荷载沿其分布长度分成许多无穷小的微段 $\mathrm{d}x$，视每一微段上的荷载 $q\mathrm{d}x$ 为一集中力，其对应 $\boldsymbol{F}_{QC}$ 影响线图上的纵坐标为 y，则微段集中力 $q\mathrm{d}x$ 作用下截面 C 的剪力值为 $q\mathrm{d}x\cdot y$，沿均布荷载分布范围积分，即得到整段分布荷载作用下的 F_{QC} 值

$$F_{QC}=\int_D^E q\mathrm{d}x\cdot y=q\int_D^E y\mathrm{d}x=qA$$

式中 A——影响线在均布荷载分布范围内的面积。

在计算面积 A 时，同样需要考虑正、负号。

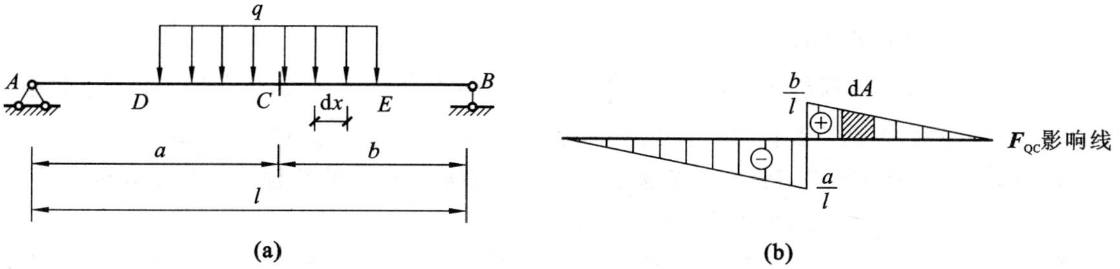

图 14-6

由此可知，在均布荷载作用下，某一量值 S 的大小等于荷载集度 q 与该量的影响线在荷载范围内的面积 A 的乘积，即

$$S=qA$$

【例 14-2】 利用影响线求外伸梁在图 14-7(a)所示荷载作用下的 F_{QC} 值。

【解】

(1) 作出 F_{QC} 影响线,如图 14-7(b)所示。注意:外伸梁某量值的影响线只需将简支梁相同量值影响线向伸臂部分延长即可。

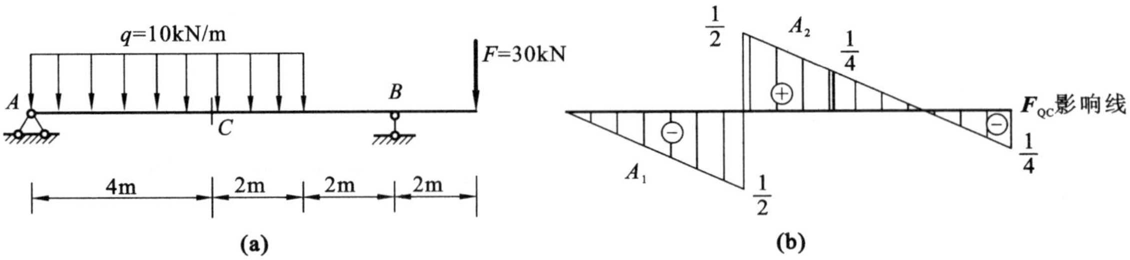

图 14-7

(2) 计算 $\boldsymbol{F}$ 作用点处及 $\boldsymbol{q}$ 作用范围边缘所对应的影响线图上的纵坐标 y 值,如图 14-7(b)所示,由此可计算出:

$$A_1=\frac{1}{2}\times\left[4\times\left(-\frac{1}{2}\right)\right]=-1\ \mathrm{m},A_2=\frac{1}{2}\times\left(\frac{1}{2}+\frac{1}{4}\right)\times 2=\frac{3}{4}\ \mathrm{m}$$

(3) 计算剪力 F_{QC} 值。

$$\begin{aligned}F_{QC}&=Fy+q(A_1+A_2)\\&=\left[30\times\left(-\frac{1}{4}\right)+10\left(-1+\frac{3}{4}\right)\right]=-10\ \mathrm{kN}\end{aligned}$$

14.3.2 最不利荷载位置的确定

(1) 一个移动集中荷载作用

由 $S=F\cdot y$ 可知,$\boldsymbol{F}$ 作用于影响线 S 的最大纵坐标处时将引起最大量值 S_{max},$\boldsymbol{F}$ 作用于影响线 S 的最小纵坐标处(负值最大)时将引起最小量值 S_{min}。

(2) 均布移动荷载作用

当荷载是可移动的均布荷载,且可以是任意布置(如人群荷载)时,由 $S=qA$ 可知,当荷载布满影响线所有正面积时,产生最大量值 S_{max},当荷载布满影响线所有负面积时,产生最小量值 S_{min}。

(3) 一组移动集中荷载

对于一组移动集中荷载作用,由 $S=\sum F_i y_i$ 可知,当 $\sum F_i y_i$ 为最大值时,相应的荷载位置即为量值 S 的最不利荷载位置。由此推断,最不利荷载位置必然发生在荷载位置密集于影响线纵坐标值最大处,并且可进一步论证必有一集中荷载位于影响线顶点。为了分析方便,通常将这一位于影响线顶点的集中荷载称为临界荷载。

【例 14-3】 利用影响线求简支梁在集中荷载 $F=6$ kN 和均布荷载 $q=4$ kN/m 作用下[图 14-8(a)],截面 C 的最大弯矩。

【解】

(1) 作出 $\boldsymbol{M}_C$ 影响线,如图 14-8(b)所示。

(2) 确定荷载最不利位置。求截面 C 的最大弯矩,集中荷载 $\boldsymbol{F}$ 应作用在影响线的最大纵坐标处,即位于 C 点;均布荷载 $\boldsymbol{q}$ 应满布于影响线正号面积范围,如图 14-8(c)所示。

(3) 由图 14-8(c)所示情况计算,有:

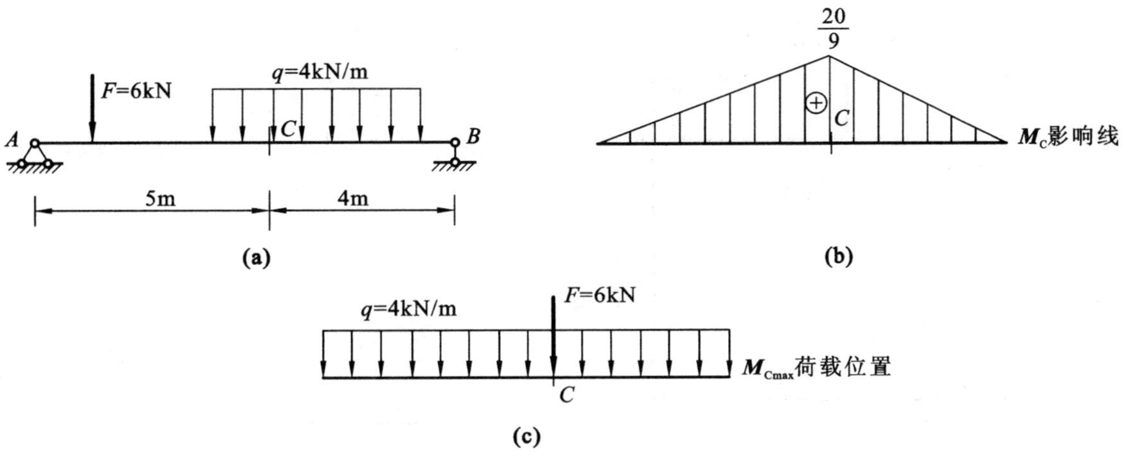

图 14-8

$$M_{Cmax}=6\times\frac{20}{9}+4\times\frac{1}{2}\times9\times\frac{20}{9}=53.33\ \text{kN}\cdot\text{m}$$

14.4 简支梁的内力包络图

内力包络图是指结构在恒荷载和活荷载共同作用下，由各截面内力最大值和最小值连接而成的曲线图形，分为弯矩包络图和剪力包络图。内力包络图是结构设计的重要依据，如在钢筋混凝土结构设计时，需要根据内力包络图来确定纵向和横向受力钢筋的布置。

绘制内力包络图的步骤：

(1) 将梁等分为若干份(通常分为十等份)，绘出各等分点截面的内力影响线，确定相应的最不利荷载位置。

(2) 求出各等分点截面在恒荷载和活荷载共同作用下内力的最大值和最小值。

(3) 将各等分点截面的最大(最小)内力值按同一比例绘于图上，连成曲线即得内力包络图。

【例 14-4】 绘制图 14-9(a)所示吊车梁在吊车荷载作用下的弯矩包络图和剪力包络图。

【解】

(1) 将简支梁分成十等份，以截面 C 为例研究，绘制出截面 C 的剪力影响线，如图 14-9(b)所示。

(2) $\boldsymbol{F}_{QCmax}$作用位置如图 14-9(c)所示，对应的纵坐标分别为 y_1、y_2、y_3，

$$F_{QCmax}=F_2y_1+F_3y_2+F_4y_3=152\times(0.7+0.595+0.228)=231.50\ \text{kN}$$

$\boldsymbol{F}_{QCmin}$作用位置如图 14-9(d)所示，对应的纵坐标分别为 y_4，

$$F_{QCmin}=F_4y_4=152\times(-0.3)=-45.6\ \text{kN}$$

同理，计算出其他等分点截面的剪力最大值和最小值。

(3) 将各等分点截面的剪力最大(最小)值按同一比例绘于图上，连成曲线即得内力包络图，如图 14-9(e)所示。

(4) 同理，可绘制出弯矩包络图[图 14-9(f)]。

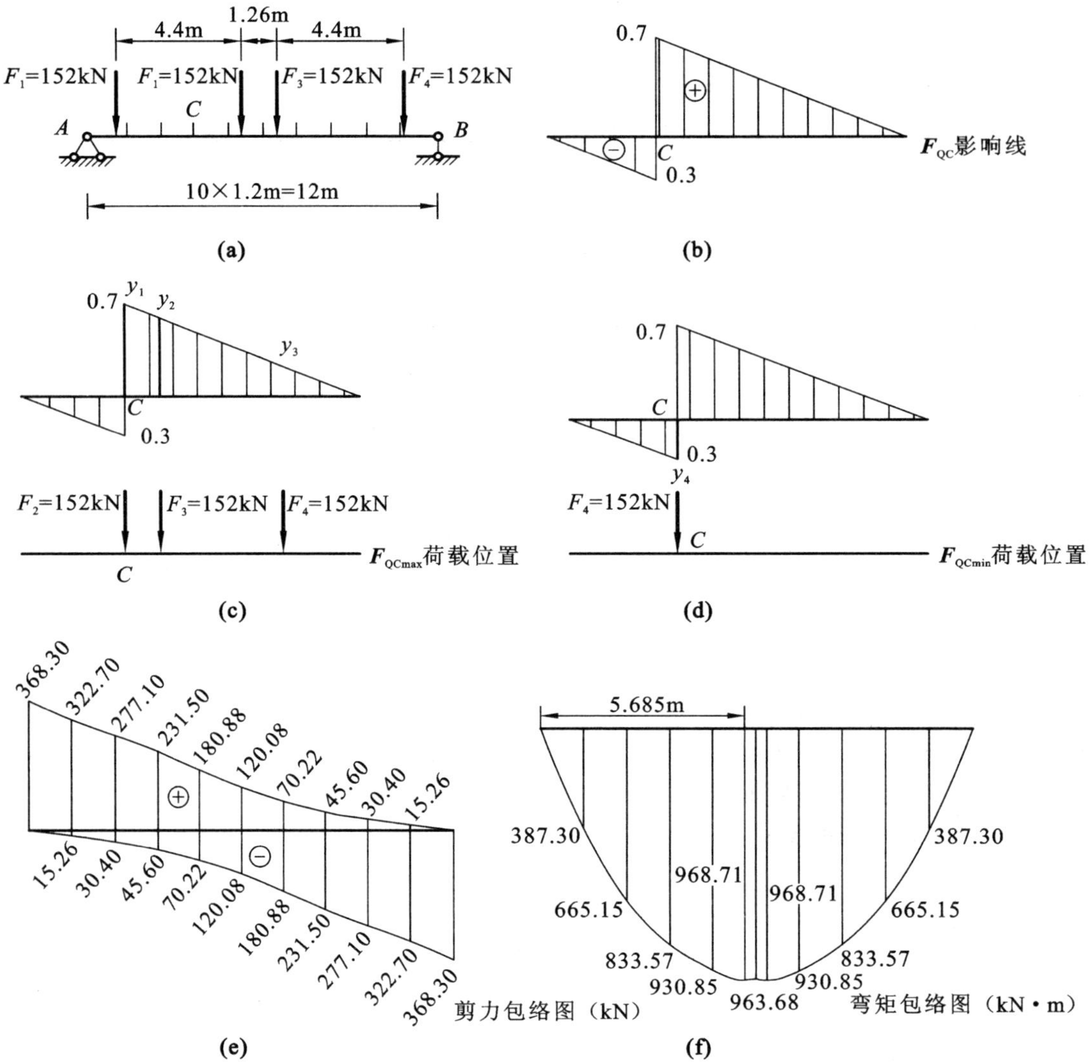

图 14-9

14.5 连续梁的影响线及内力包络图

14.5.1 连续梁的影响线

连续梁是工程中常用的一种结构，如房屋建筑中的梁板式楼盖，其上的板、次梁和主梁一般都按连续梁来计算，而连续梁承受的活荷载多为可移动均布活荷载(如楼面上的人群荷载)，这时只要知道影响线的轮廓就可确定其最不利荷载位置，而不必求出影响线纵坐标的具体数值。

一般用机动法作连续梁的影响线。方法如下：欲作图 14-10(a)所示连续梁截面 K 的弯矩 $\boldsymbol{M}_K$ 影响线，先去掉截面 K 的弯矩约束，即将截面 K 的刚性连接改为铰接，并加一对力偶 $\boldsymbol{M}_K$ 代替原结构的约束作用；然后使梁沿 $\boldsymbol{M}_K$ 正方向发生单位相对转角位移 $\theta_K=1$，由此所得的位

移图形就是弯矩 $\boldsymbol{M}_K$ 影响线轮廓[14-10(b)]。

有了影响线轮廓，就可以很方便地确定连续梁在均布可变荷载作用下的最不利荷载位置。如图 14-10(b)所示，将均布可变荷载布满影响线面积的正号部分时，即得到弯矩 M_K 最大值的最不利荷载分布情况，如图 14-10(c)所示；将均布可变荷载布满影响线面积的负号部分时，即得到弯矩最小值(即最大负值)时的最不利荷载分布情况，如图 14-8(d)所示。荷载的最不利位置确定后，便可求出该量值的最大值或最小值。

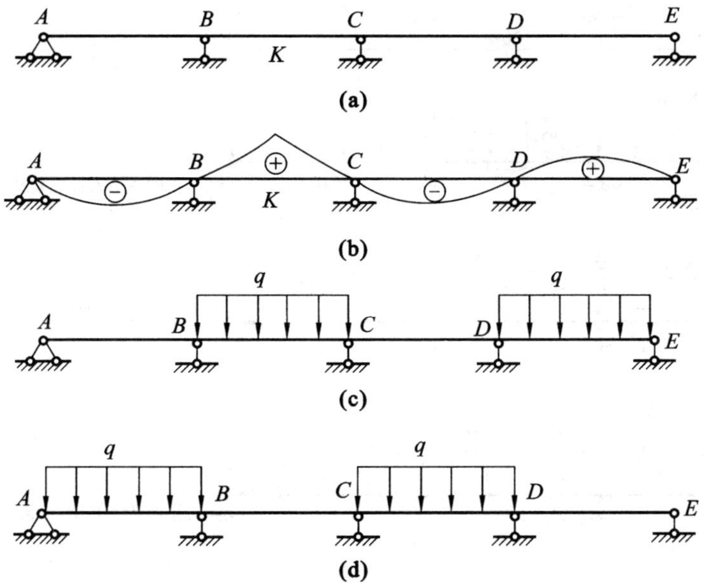

图 14-10

14.5.2 连续梁的内力包络图

连续梁所受的荷载通常包括恒荷载和活荷载两部分，恒荷载经常存在且会布满全跨，它所产生的内力是固定不变的；活荷载不经常存在且可按任意长度分布，它所产生的内力则将随着活荷载分布的不同而改变。因此，只要求出活荷载作用下某一截面的最大或最小内力，再加上恒荷载作用下该截面的内力，用图形的形式表示出来，就得到连续梁的内力包络图。

当连续梁受均布可变荷载作用时，各截面上的弯矩的最不利位置是在若干跨内布满荷载。这只需要将每一跨单独布满荷载的情况逐一绘出其弯矩图，然后对于任一截面，将这些弯矩图中对应的所有正弯矩值相加，便得到该截面在可变荷载作用下的最大正弯矩值；将对应的所有负弯矩值相加，便得到该截面在可变荷载作用下的最大负弯矩值。因此，对于均布可变荷载作用下的连续梁，其弯矩包络图绘制步骤如下：

(1) 绘出永久荷载作用下的弯矩图。

(2) 依次按每一跨上单独布满可变荷载的情况，逐一绘出其弯矩图。

(3) 将各跨分为若干等份，对每一等分点处的截面，将永久荷载弯矩图中各截面上的纵坐标值与所有各个可变荷载弯矩图中对应的正(负)纵坐标值叠加，便得到各截面上的最大(小)弯矩值。

(4) 将上述各最大(小)弯矩值按同一比例用纵坐标表示，并以曲线相连，得到弯矩包络图。

连续梁的剪力包络图绘图步骤与弯矩包络图相同，由于在均布可变荷载作用下剪力的最大值(包括最大正、负值)发生在支座两侧截面上，因此通常只将各跨两端靠近支座处截面上的最大剪力和最小剪力求出，在各跨用直线相连，得到近似剪力包络图。

【例 14-5】 绘制图 14-11(a)所示的三跨等截面连续梁的弯矩包络图和剪力包络图。梁上承受的均布永久荷载为 $g=20\ \text{kN/m}$，均布可变活荷载为 $q=40\ \text{kN/m}$。

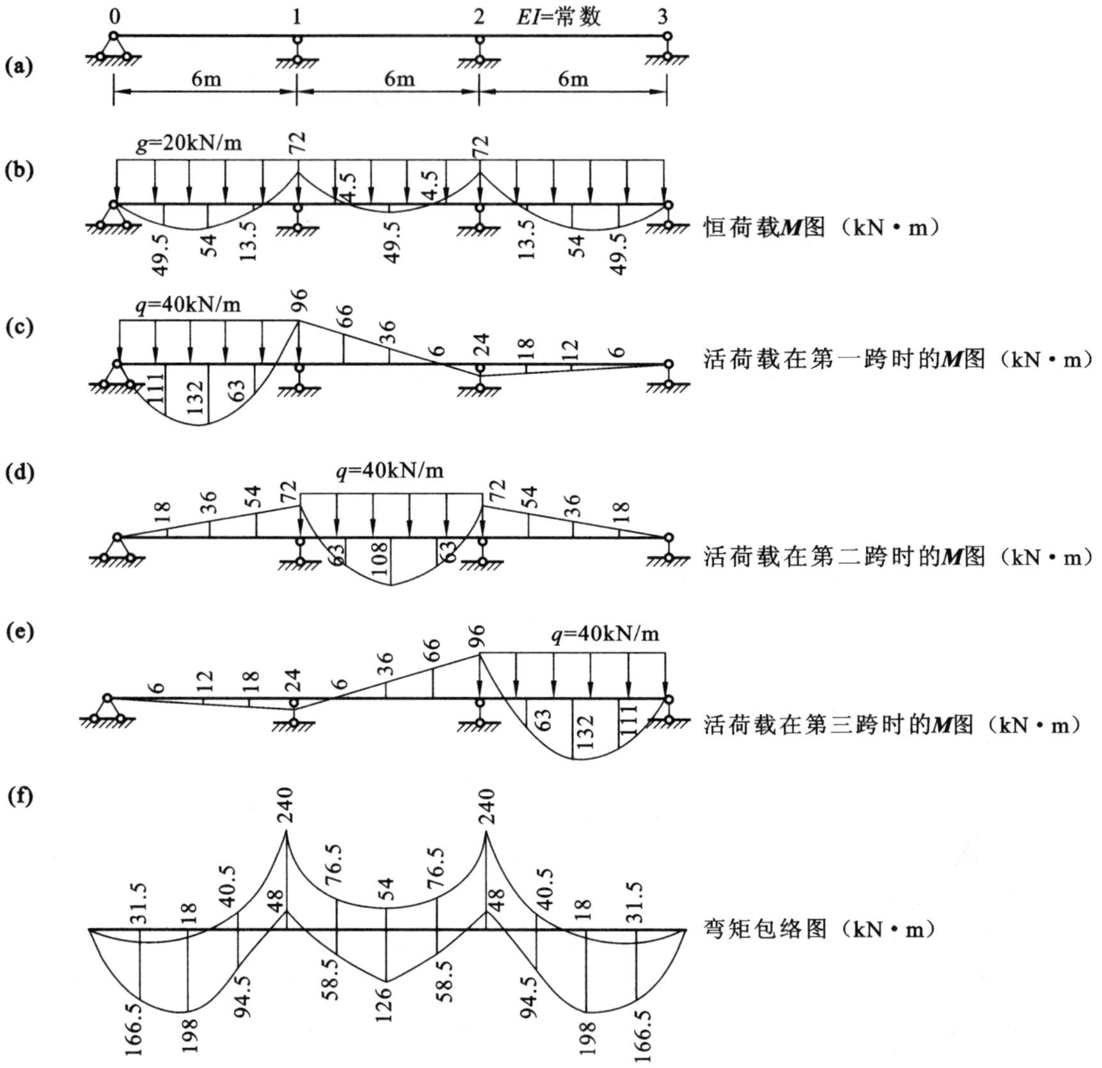

图 14-11

【解】

(1) 绘制弯矩包络图

① 用力矩分配法作出均布永久荷载作用下的弯矩图，如图 14-11(b)所示。

② 用力矩分配法作出各跨单独布满均布可变荷载时的弯矩图，如图 14-11(c)、(d)、(e)所示。

③ 将连续梁的每一跨分为四等份，求出各弯矩图中每一等分点处的纵坐标值，如图 14-11(b)、(c)、(d)、(e)所示。

④ 将对应等分点处的正、负纵坐标值分别与恒荷载弯矩图中相对应的纵坐标值相叠加，

即得到每一等分点处的最大、最小弯矩值。例如在支座 1 处的最大和最小弯矩值分别为

$$M_{1\max}=-72+24=-48\ \text{kN}\cdot\text{m}$$

$$M_{1\min}=-72-96-72=-240\ \text{kN}\cdot\text{m}$$

⑤ 将各等分点处的最大弯矩值和最小弯矩值分别用曲线相连，即得到连续梁的弯矩包络图，如图 14-11(f)所示。

(2) 绘制剪力包络图

① 作出均布永久荷载作用下的剪力图，如图 14-12(a)所示。

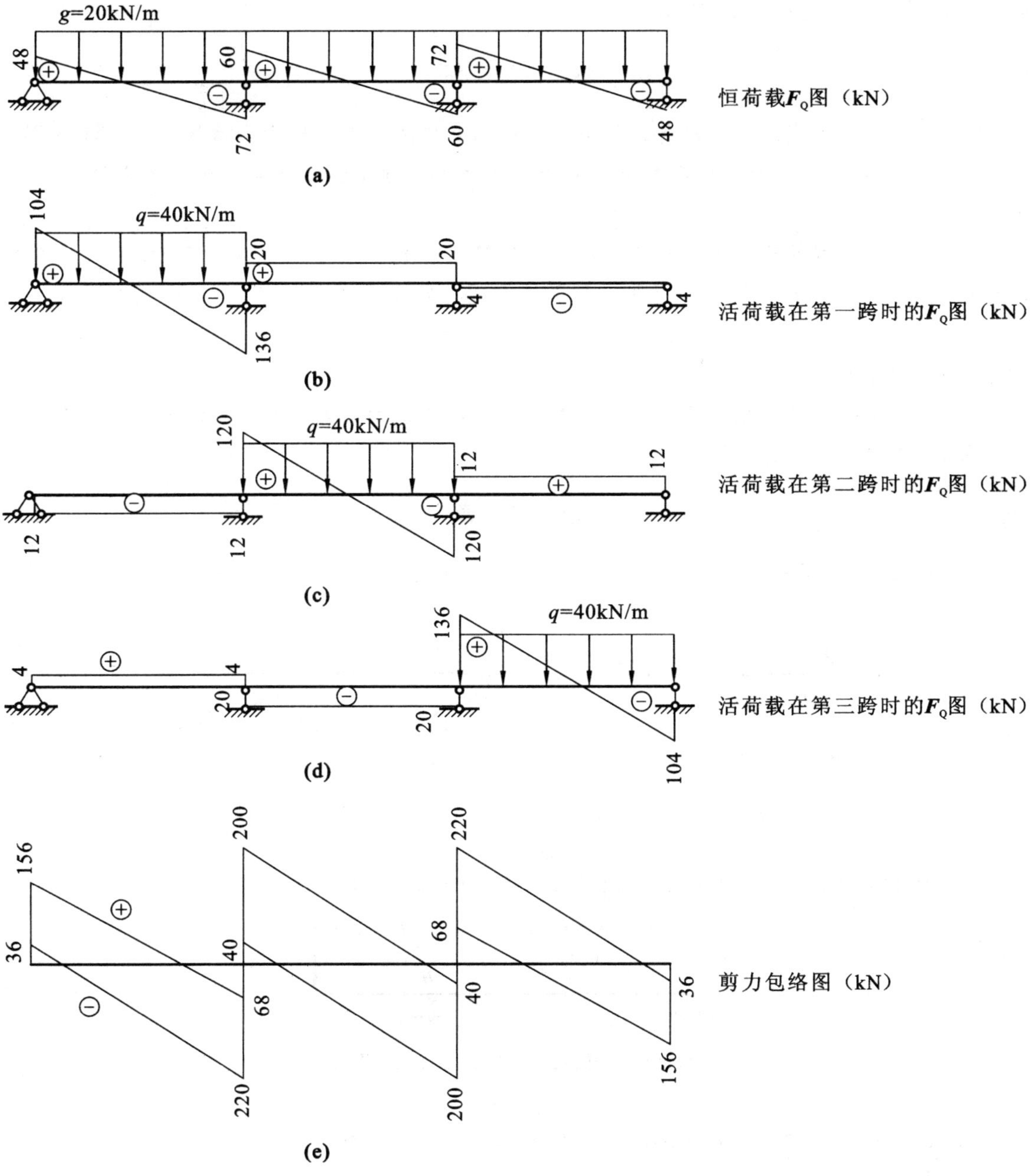

图 14-12

② 作出各跨单独布满均布可变荷载时的剪力图，如图 14-12(b)、(c)、(d)所示。

③ 将永久荷载作用下的剪力图中各支座左、右两侧截面的纵坐标值与可变荷载作用的剪力图中相对应的正(负)纵坐标值相叠加，便可得到各支座左、右两侧截面上的最大、最小剪力值。例如在支座 2 右截面的最大和最小剪力值分别为

$$F_{Q2max}=72+12+136=220\ \text{kN}$$

$$F_{Q2min}=72-4=68\ \text{kN}$$

④ 把各支座两侧截面上的最大剪力值和最小剪力值分别用直线相连，即得到近似连续梁的剪力包络图，如图 14-12(e)所示。

本章要点提示

(1) 本章主要研究了在移动荷载作用下求结构的内力及支座反力。结构某一量值 S 影响线的每一个纵坐标对应着移动荷载 $F=1$ 的一个作用位置，它的全部纵坐标都是表示 S 的数值。

(2) 绘制影响线的基本方法是静力法。采用静力法作影响线时是以 x 表示 $F=1$ 在结构上的位置，取隔离体，用平衡方程求解。所得的函数式就是影响线方程，对应的图形就是影响线。当 $F=1$ 作用在结构不同部分上，所求量值的影响线方程不同时，应将它们分段求出，在作图时要注意各方程的适用范围。

(3) 利用某一量值影响线可求得在荷载作用下该量值的最大值及发生此最大值时移动荷载的位置，即最不利荷载位置。

复　习　题

14-1 试用静力法作出图 14-13 所示结构中指定量值的影响线。

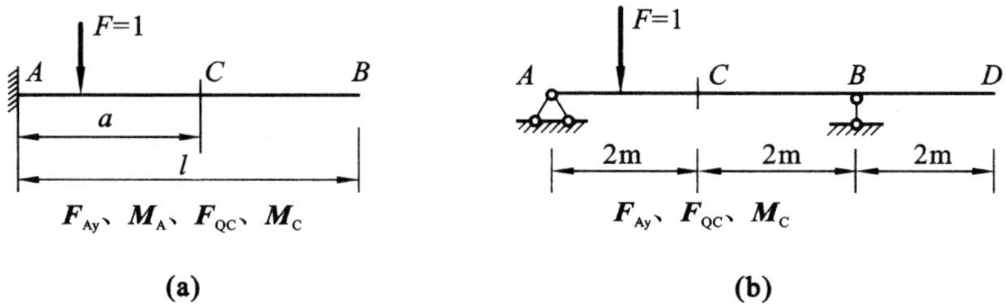

图 14-13

14-2 利用影响线求图 14-14 所示外伸梁支座 B 的反力和截面 C 的弯矩、剪力值。

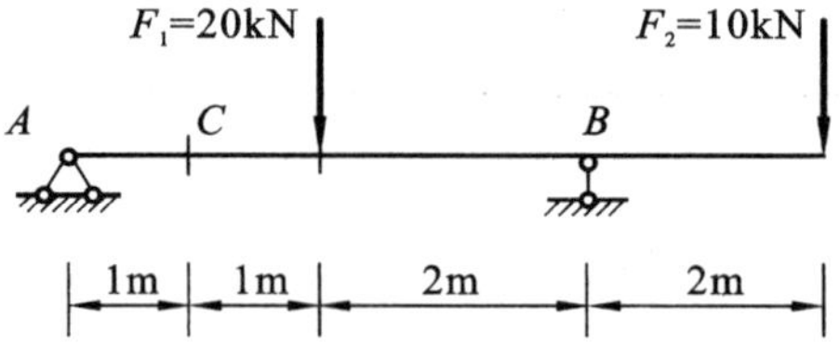

图 14-14

14-3 求图 14-15 所示简支梁在所给移动荷载作用下截面 C 的最大弯矩值。

14-4 图 14-16 所示连续梁各跨承受的均布恒荷载 $g=10$ kN/m，均布活荷载 $q=20$ kN/m，EI 为常数。试

绘制其弯矩包络图和剪力包络图。

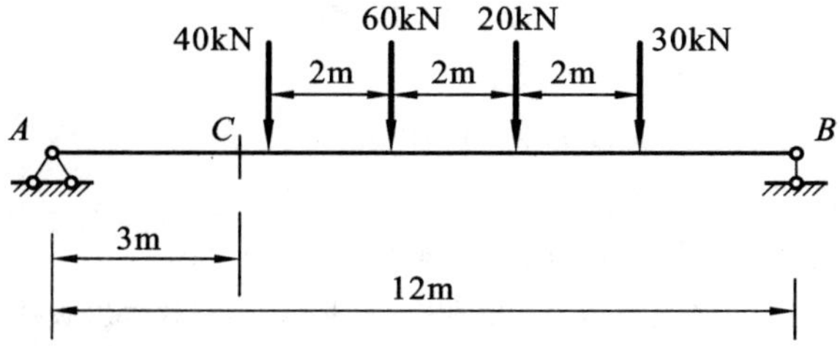

图 14-15

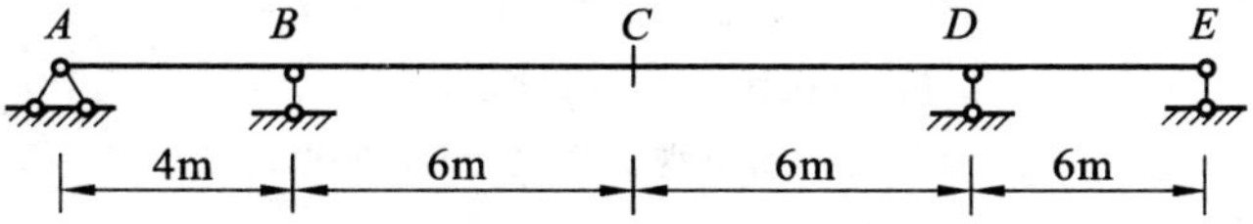

图 14-16

参 考 文 献

[1] 刘明威.工程力学[M].武汉:武汉大学出版社,2008.

[2] 刘鸿文.材料力学[M].6版.北京:高等教育出版社,2017.

[3] 杨力彬,赵萍.建筑力学[M].2版.北京:机械工业出版社,2014.

[4] 李书海,关荣策,沈伦序.建筑力学简明教程[M].北京:高等教育出版社,1989.

[5] 朱慈勉,张伟平.结构力学[M].5版.北京:高等教育出版社,2019.

[6] 李永光,白秀英.建筑力学结构[M].北京:机械工业出版社,2009.

[7] 林贤根. 土木工程力学[M].北京:机械工业出版社,2006.

[8] 范钦珊.工程力学[M].北京:中央广播电视大学出版社,2000.

[9] 张定华.工程力学[M].北京:高等教育出版社,2002.

[10] 张曦.建筑力学[M].北京:中国建筑工业出版社,2000.

[11] 陈永龙.建筑力学[M].北京:高等教育出版社,2002.

[12] 孙元桃.结构设计原理[M].4版.北京:人民交通出版社,2020.

[13] 中交公路规划设计院有限公司.公路桥涵设计通用规范:JTG D60—2015[S].北京:人民交通出版社,2015.